现代食品科学技术著作丛书

GREEN MANUFACTURE

FOR PROCESSED MEATS

肉制品绿色制造

彭增起
郭秀云 张雅玮
姚瑶 著

中国轻工业出版社

图书在版编目（CIP）数据

肉制品绿色制造／彭增起等著. — 北京：中国
轻工业出版社，2023.9
ISBN 978-7-5184-4458-8

Ⅰ.①肉… Ⅱ.①彭… Ⅲ.①肉制品—食品加工—无
污染技术 Ⅳ.①TS251.5

中国国家版本馆 CIP 数据核字（2023）第 103514 号

责任编辑：贾　磊　　责任终审：李建华　　整体设计：锋尚设计
策划编辑：贾　磊　　责任校对：朱燕春　　责任监印：张　可

出版发行：中国轻工业出版社（北京东长安街 6 号，邮编：100740）
印　　刷：艺堂印刷（天津）有限公司
经　　销：各地新华书店
版　　次：2023 年 9 月第 1 版第 1 次印刷
开　　本：787×1092　1/16　印张：21.25
字　　数：500 千字
书　　号：ISBN 978-7-5184-4458-8　定价：128.00 元
邮购电话：010-65241695
发行电话：010-85119835　传真：85113293
网　　址：http://www.chlip.com.cn
Email：club@chlip.com.cn
如发现图书残缺请与我社邮购联系调换
201338K1X101ZBW

作者简介

彭增起　博士，博士生导师，南京农业大学食品科学技术学院教授，从事食品绿色制造理论与应用等研究。曾任国家现代农业产业技术体系岗位科学家（2008—2016）。主持和参加国家自然科学基金项目、国家"973""948""863"项目以及国家科技支撑计划项目、国家公益性行业（农业）科研专项。近年获国家发明专利20多项，发表论文100多篇，出版专著和高等教育教材7部，制订、修订国家标准和行业标准多项。主持或参与的"传统肉制品绿色制造技术与应用"获中国产学研合作创新成果二等奖（2015年）、"冷却肉品质控制关键技术及装备创新与应用"获国家科技进步奖二等奖（2013年）、"肉品风味与凝胶品质控制关键技术研发及产业化应用"获国家科技进步奖二等奖（2019年）。

张雅玮　博士，硕士生导师，南京农业大学食品科学技术学院副教授，主要从事肉品减盐保质及有害物减控研究。近五年作为项目负责人，主持国家自然科学基金2项、国家自然科学基金地区基金1项、"十三五"国家重点研发计划项目子课题1项、省级重点研发与转化项目1项、省农业自主创新项目1项，同时开展企业合作项目3项。以第一作者或通信作者发表学术论文30余篇，获授权、受理发明专利各2项。被评为南京农业大学第五届"钟山学术新秀"。作为指导老师获得"科创江苏"创新创业大赛一等奖；作为主要参与人获得中国畜产品加工研究会科技进步奖二等奖、安徽省科学技术奖三等奖。

郭秀云　博士后，硕士生导师，扬州大学旅游烹饪学院讲师，主要从事肉品加工与质量安全控制研究，重点开展蛋白质功能改性、低盐肉制品加工技术与肉制品加工过程中有害物的形成与消减技术研究。获中国产学研合作创新成果二等奖1项、江苏省轻工业科学技术三等奖1项、授权国家发明专利4项，以第一作者在 *Food Chemistry* 等期刊上发表论文10篇。

姚　瑶　博士，江西农业大学食品科学与工程学院讲师，美国艾奥瓦州立大学访问学者，主要从事畜产品加工与质量控制研究。主持江西省科技厅项目2项，参与多项国家级、省部级课题研究。以第一作者或通信作者在 *Critical Reviews in Food Science and Nutrition*、*Food Chemistry*、*Poultry Science*、《食品科学》等期刊发表论文近10篇。获得江苏省海洋与渔业局科技创新奖三等奖1项、江西省自然科学奖三等奖1项。

序

我国的现代化是人与自然和谐共处的现代化，在创造更多物质财富和精神财富以满足人民日益增长的美好生活需要的同时，也要创造更多优质生态产品以满足人民日益增长的优美生态环境需要。近年来，我国大力推进绿色发展，取得了显著成效，同时也面临诸多矛盾和挑战。因此，为了人与自然的和谐共处，必须坚持绿色低碳发展的坚定决心，推动经济社会高质量发展，促进各行各业全面绿色转型。

随着健康中国建设的推进，我国居民体格发育与营养不足问题得以改善，居民健康意识逐步变强，因重大慢性病过早死亡率逐年下降。随着慢性病患者生存期的不断延长，加之人口老龄化、城镇化、工业化进程的加快以及行为危险因素流行对慢性病发病的影响，我国慢性病患者基数仍将不断扩大，防控工作仍面临巨大挑战。未来，食品工业及其相关产业将在日益严峻的环境约束下，逐步由数量增长向经济、生态和社会效益并重的高质量、绿色低碳发展转型。未来，应从政府、社会各界、家庭和个人生活行为等多层面协同推进，普及健康知识，开展健康行动，提供绿色产品和健康服务，积极推进全民健康的实现。

绿色制造是当今时代绿色低碳发展模式之一，也是可持续绿色发展思想在现代食品制造业中的表现，其目标是使得产品在其整个生命周期中，资源消耗极少、生态环境负面影响极小、对人体健康与安全的危害极小，并最终实现企业经济效益和社会效益的持续协调优化。通过全方位全过程推行绿色规划、绿色工艺设计、绿色制品生产、绿色流通、绿色生活和绿色消费等，建立健全绿色低碳循环发展经济体系，新时代的中国绿色发展的伟大目标一定能够实现。在此背景下，中国轻工业出版社出版了《肉制品绿色制造》一书。

该书介绍了肉类食品组分在传统加热过程中主要有害物质的形成和向环境排放的颗粒物及温室气体，分析了肉制品中多环芳烃的抑制方法，阐明了常见多酚化合物抑制吡啶类、喹啉类和喹喔类等杂环芳香胺形成的基本机制，探讨了加热过程中引起肉品脂质氧化和蛋白质氧化的自由基机制，提出了传统加热过程中有效消减肉类制品中有害化学物质形成的技术措施。

未来已来。我们希望，今后会有更多高水平的食品绿色制造专著能够及早问世，发挥科学技术创新在促进经济社会发展全面绿色转型中的作用，推动食品工业及其相关产业高质量绿色低碳发展。

南京农业大学食品科技学院原院长、教授、博士生导师　徐幸莲

2023 年 3 月

前言

从人类意识到环境污染的严重性到绿色化学概念的提出，并不是一帆风顺的，而是经历了一个漫长而曲折的发展过程。这个过程可分为四个阶段，即公众环保意识觉醒阶段、污染的稀释阶段、立法阶段和倡导采用绿色化学的途径彻底解决环境污染问题（绿色化学的诞生）。

第一阶段，公众环保意识觉醒阶段（1960—1982 年）。第二次世界大战之后的一些年月里，人们对化学污染的危害认识尚浅，对化学物品的生产、使用和处理的方法则几乎无任何立法。直到 20 世纪 50 年代末至 60 年代初，化学污染对人类健康及环境的危害才逐渐受到关注。例如，1961 年，沙利度胺（Thalidomide）能减轻孕妇妊娠反应，但是会导致婴儿的严重畸形，仅在德国就有 5000 名畸形婴儿，给欧洲带来恐慌。此间，世界各地约有 1 万名因沙利度胺致畸的婴儿出生，美国因为对该药的安全性存在怀疑，没有进口，避免了一场悲剧。1982 年，在美国密苏里州圣路易斯市时代海滩镇的路边土壤中，发现二噁英（dioxin）污染，含量在 $30\sim40mg/kg$。美国疾病控制与预防中心（CDC）发现，如长期接触二噁英含量高于 $1mg/kg$ 的土壤就会有致癌、致畸的风险。此阶段发生的其他环境灾害，也都给公众带来了恐慌，同时使人们对化学污染的危害有了新的认识。

第二阶段，污染的稀释阶段（1982—1990 年）。该阶段也是初级阶段，是指利用稀释的办法来解决污染问题。在人类环境保护意识尚且薄弱的时候，通常的处理办法是将化学污染物直接排放到水、大气及土壤中。在当时，人们认为只要将化学品在某些溶剂中降低到一定的浓度就足以减轻其对自然界的危害。在人类对慢性毒性、生物积累等知识还没有充分认知的情况下，这一做法得到广泛应用，成为处理有害物质的主要方法，如将垃圾焚烧、水泥和钢铁生产等过程产生的二噁英排放到开放的大气环境中。

第三阶段，立法阶段（1990—1999 年）。该阶段人们通过政策法规控制污染。随着对化学品毒性作用及其对环境影响的进一步了解，加上工业、农业的快速发展，人们认识到仅仅通过稀释无法从根本上解决日益严峻的污染问题。于是，各国开始了环境保护方面的立法，要求对排放的废气、废水、废渣等进行必要的强制性的处理，规定排放标准和污染物的最大安全浓度，严格控制有害物质的排放量。

第四阶段，绿色化学的诞生（1999 年—至今）。立法阶段的主要缺陷是无法考虑有害污染物之间的叠加影响和相互作用。如在石油产品燃烧、城市废弃物燃烧、煤炭燃烧、食品工业和餐饮业的油炸和烧烤等过程排放的烟尘中，有许多 PM2.5 细颗粒物和无法去除的超细颗粒物，以及排放二氧化硫、氮氧化物和甲烷等温室气体，这些前体污染物与空气中其他污染物通过复杂的大气化学反应，又会形成二次颗粒，使人类再次暴露于有害环境。又如，自工业革命以来，人类排放的温室气体及其相互作用导致了温室效应，助推了极端气温、极端干旱和洪水、沙尘暴、海水温度升高和海平面上升等气象灾害，有些气象灾害的发生又会进一步加剧温室效应。基于对这种相互影响和叠加效应的认识，随着对化学生产与环境、资源的关系不断反思和总结，科学家们提出了"绿色化学"的新对策。1991年，美国化学会提出，绿色化学就是在化学物质合成、加工和利用过程中减少对人类和环境产生风险的途径与方法。随后，美国科学家Trost（1991）提出了"原子经济性"，荷兰有机化学家Sheldon（1992）提出了"E-因子"；这两个重要的绿色化学基本概念的提出，引起了人们的极大关注。20世纪90年代，美国耶鲁大学Anastas提出了绿色化学十二条原则；1999年，世界第一本《绿色化学》杂志的创办，标志着绿色化学的诞生。

在我国，绿色化学和绿色制造技术研究发展很快。2006年，我国正式成立"中国化学会绿色化学专业委员会"。国内很多高校已将"绿色化学"作为有关专业的课程，加强了绿色化学意识和思想的教育。2009年，我国成立了绿色制造技术创新联盟。这些举措对于促进绿色化学和绿色制造技术在我国的发展起到了非常重要的作用。纵览国内外绿色制造的发展历程，自20世纪90年代末以来，我国和发达国家先后建立了绿色制造研究机构，研究领域多涉及机械工业、电子工业、制药工业、纺织工业、染料工业、纸浆和造纸工业、机电产品绿色设计、可回收性绿色设计、清洁生产技术等。世界各国肉制品（processed meat）的传统加热方法一般包括油炸、煮制、烟熏、烧烤等。随着社会和科学技术的进步、公众健康和安全意识的增强，食品加工过程中的污染排放和食源性致癌致突变物形成的问题日益受到重视。世界癌症研究基金会的专家早在20世纪90年代就提出，食源性致癌致突物可能会增加罹患癌症的风险，而且癌症研究机构一直认为，没有令人信服的证据支持现有的油炸、烟熏、烧烤等传统加热方法能改变这种致癌风险。应该指出的是，食源性致癌致突变物的形成主要决定于肉的加热方法，为了减少或消除加工对环境和健康带来的危害，肉制品绿色制造技术研究浪潮正在兴起。因此，发展食品绿色制造，实现传统食品加工业更新换代和消费升级，是现代食品科学技术发展的必然趋势，是可持续发展的内在要求。绿色制造应具备两个基本要素，一个是对环境友好，另一个是对人类健康友好，这也是衡量绿色制造的两个基本点。实质上，食品工业应该为人类提供色香味俱佳、卫生和健康的食品，实现现代工业文明与生态文明、中华饮食文化的内在统一。

特别感谢国家肉牛牦牛产业技术体系科学家和实验站给予的大力支持，感谢靳红果、闫利萍、汪张贵、李君珂、王蓉蓉、朱易、鲍英杰、任晓璞、钱烨和朱玉霞等在试验研究和书稿撰写方面所做的贡献。

由于时间和水平所限，本书难免在表述上存在不当和错误之处，殷切期待专家提出宝贵建议，不胜感谢。

彭增起
2023年1月于南京

目录

第十章 肉制品绿色制造技术

第一章　食物主要组分在热加工中的化学变化

食物组分，特别是畜禽肉类蛋白、鱼贝类蛋白、乳蛋白和禽蛋蛋白质，在加热过程中（如油炸、烧烤、蒸、煮、烟熏等），蛋白质中许多化学基团会与氧气、食品中的其他基团发生各种各样的化学反应。这些化学反应的方向和速率受许多因素的影响，如肉类蛋白质的种类、脂质和糖的种类、加工温度、pH、水分活度、离子类型与离子强度以及各种自由基。

第一节　氨基酸的热变化

肉类烧烤和油炸温度通常为 200~300℃，有时局部温度会更高，以致炭化和焦化。在这样的温度下，肉品表层的氨基酸残基会发生许多化学变化，如氨基酸的高温分解、氨基酸残基的脱氨基作用。脱氨基作用的速率和程度取决于加热温度的高低和加热时间的长短、反应介质的 pH 和蛋白质的性质，如蛋白质构象的局部变化和氨基附近多肽链的游动性。在氧和还原糖存在时，加热温度越高，热敏氨基酸残基的热降解速度越快。

一、高温分解

氨基酸高温分解机制和分解产物的种类及数量决定于氨基酸的结构、分解温度和作用时间、中间产物的稳定性和挥发性。小分子质量的高温分解产物的形成一般要经过脱羧、环化、脱氨等化学过程。

（一）色氨酸的高温分解

在油炸汉堡包、烤牛肉、牛肉膏香精中，有许多色氨酸的衍生物存在，如氨基咔啉类（amino-carbolines），有些咔啉类混合物具有致突活性。色氨酸对加热温度较为敏感（图 1-1）。单独加热色氨酸，100℃加热 20min 不能形成 2-氨基-1-甲基-6-苯基咪唑并 [4,5-b] 吡啶（PhIP，2-amino-1-methyl-6-phenylimidazo- [4,5-b] pyridine，CAS No：105650-23-5）；150℃时，PhIP 的形成逐渐增多；在 175~200℃时，PhIP 的形成急速加剧。

300℃时，色氨酸已有大约 60% 被炭化，能形成含氮杂环化合物，也能形成含氮多环芳香混合物，如 1-甲基-9H-吡啶并 [3,4-b] 吲哚（Harman）和 9H-吡啶并 [3,4-b] 吲哚（Norharman）及其衍生物。色氨酸的炭化物更易于含氮多环芳香混合物的形成。在 625℃条件下色氨酸高温分解形成的含氮多环芳香化合物的产率比在 300℃的产率高。色氨酸 750℃以上发生焦化，其高温分解过程中易于形成与吲哚环有关的含氮多环芳香化合物（N-PACs），但没有发现多环芳烃（PAHs）。

（二）天冬氨酸的高温分解

300℃时，天冬氨酸能形成含氮杂环化合物；超过 750℃时，天冬氨酸能形成含氮多环

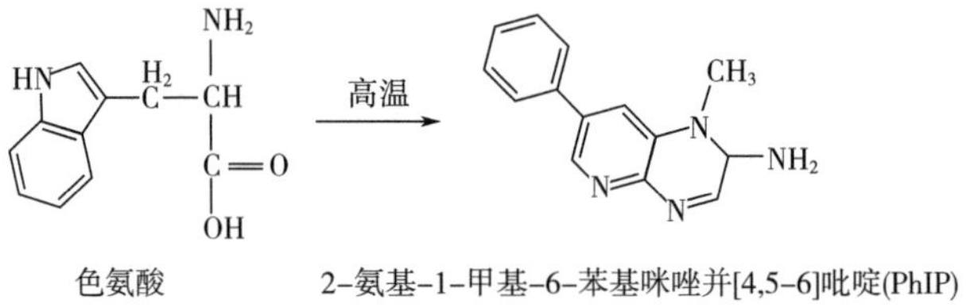

图1-1 色氨酸高温分解形成 PhIP

芳香化合物（N-PACs）和多环芳烃（PAHs），如图1-2所示，3,4-苯并芘是PAHs中的一种。而且天冬氨酸和脯氨酸所形成的含氮多环芳香化合物相似，却与色氨酸所形成的含氮多环芳香化合物区别很大。天冬氨酸和脯氨酸形成含氮多环芳香化合物的途径分两步，首先降解成小分子质量的前体物，而后合成多环化合物。天冬氨酸在625℃时大约80%被烧焦。色氨酸、天冬氨酸和脯氨酸随着加热温度的升高，三环和四环含氮多环芳香化合物的产率明显增加。

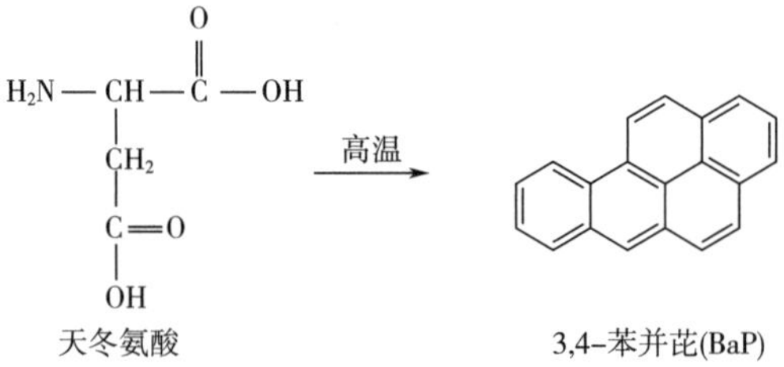

图1-2 天冬氨酸高温分解形成3,4-苯并芘

（三）脯氨酸的高温分解

脯氨酸高温分解的主要产物有吡咯、吲哚、吡啶、喹啉、异喹啉和甲基吡啶（图1-3）。脯氨酸300℃时也能形成含氮杂环化合物；750℃以上，脯氨酸能形成含氮多环芳香化合物和多环芳烃。

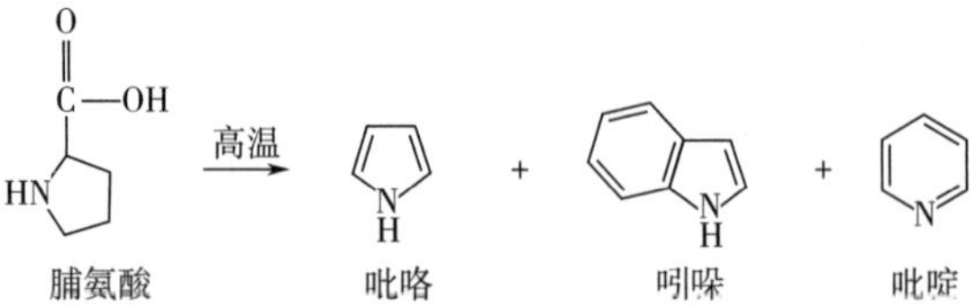

图1-3 脯氨酸高温分解

谷氨酸、赖氨酸、苯丙氨酸、鸟氨酸、亮氨酸在650~850℃条件下高温分解，会有含氮多环芳香化合物、多环芳烃、吲哚、喹啉和异喹啉产生。

肉类，包括鱼贝类，在烧烤、油炸等工艺过程中，有时会发生炭化或焦化，其高温分解产物十分复杂，包括含氮杂环化合物、含氮多环芳香化合物、多环芳烃、杂环胺化合物，其中最为关注的是3,4-苯并芘或苯并［a］芘（BaP），和含氮杂环多环芳香化合物。高温分解产物的形成决定于肉类蛋白质的性质和高温分解条件。氨基酸的结构和性质不同，产物的形成机制和产物的种类和性质也不一样。进一步理解肉类氨基酸高温分解和高温合成的机制及其产物的种类和性质，对于发展食品加工工程和改善食品安全水平是十分重要的。

二、脱酰胺作用

在中性和碱性条件下，蛋白质加热后其多肽链上的氨基氮与侧链上的羰基之间通过亲核反应形成环状酰亚胺，同时脱去氨基（图 1-4）。

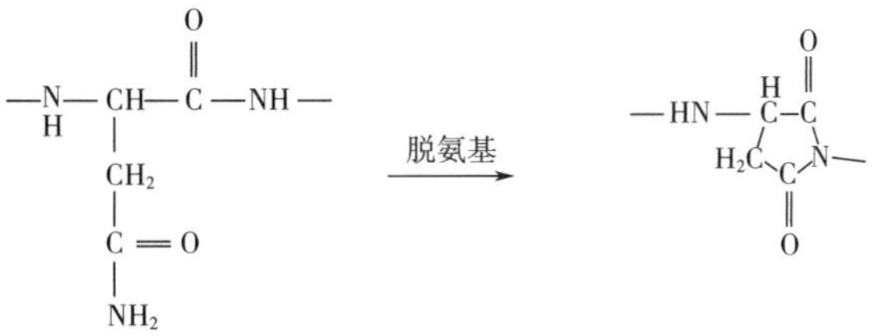

多肽　　　　酰亚胺

图 1-4　脱氨基作用

谷氨酸残基受热 200℃ 以上发生脱酰胺作用，生成戊二酰亚胺和氨（图 1-5）。

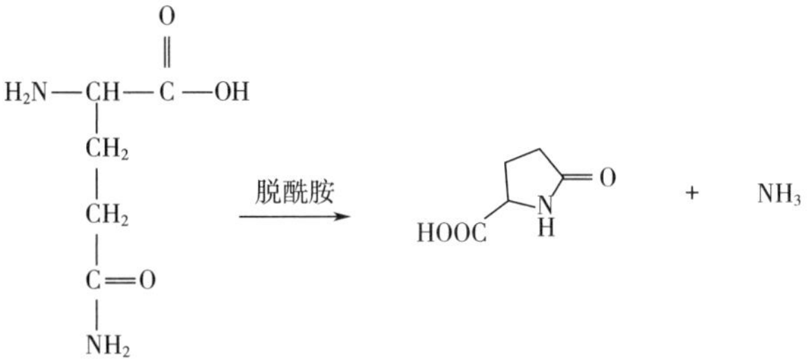

谷氨酰胺　　　　戊二酰亚胺

图 1-5　谷氨酰胺的脱酰胺作用

与谷氨酸相比，天冬氨酸的酰胺基与有催化作用的氨基酸残基相邻更近，其脱酰胺作用更容易发生（图 1-6）。

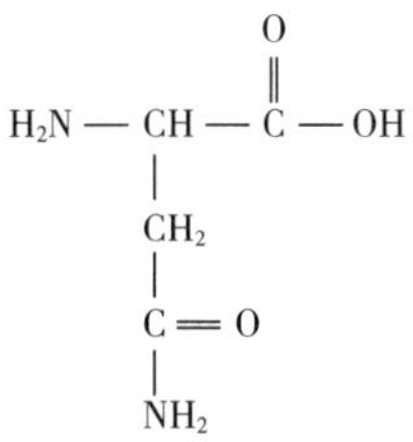

图 1-6　天冬酰胺

三、去磷酸化作用

蛋白质加热后的去磷酸化作用（图1-7），要么经磷酸丝氨酸水解而形成磷酸和丝氨酸，要么经消除作用而形成磷酸和脱氢丙氨酸，后者的活性很强，与赖氨酸反应形成赖丙氨酸，与组氨酸反应形成组丙氨酸（histidinoalanine），与半胱氨酸反应生成羊毛硫氨酸（lanthionine）与鸟氨酸和精氨酸反应生成鸟丙氨酸（ornithinoalanine），与氨反应生成氨基丙氨酸（aminoalanine）。

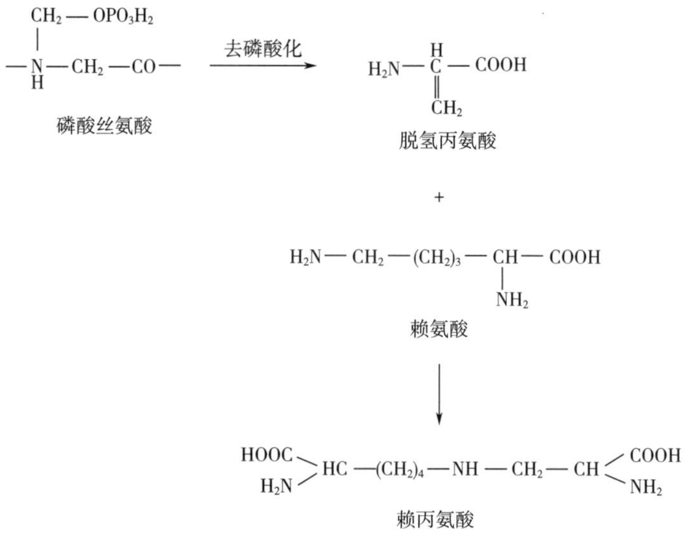

图1-7　去磷酸化作用

四、　pH对氨基酸热变化的影响

（一）常见反应

在中性和偏碱性条件下，肌肉蛋白质能够获得良好的提取性和加工特性，如凝胶特性。淡水鱼鱼糜制造过程中采用的pH漂变技术（pH shift），或酸碱变换技术（pH 3.5至pH 11之间变换），可提高鱼糜品质。在碱性和50℃条件下，半胱氨酸、丝氨酸和磷酸丝氨酸、苏氨酸的活性氨基酸残基，通过β-消除作用（elimination），可转换成脱氢丙氨酸，如图1-8所示。

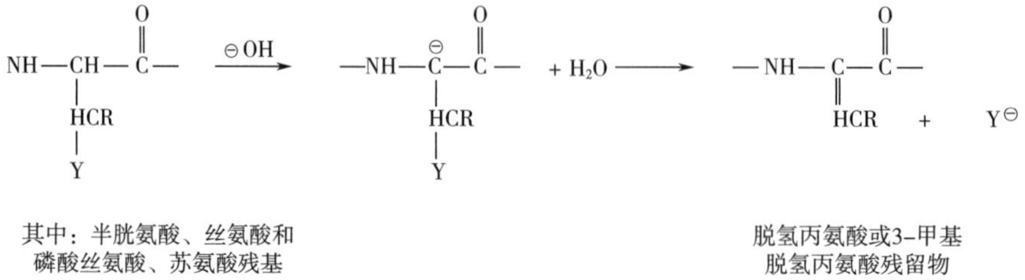

图1-8　β-消除反应

在碱性条件下，胱氨酸残基则发生二硫键破坏并释放二价硫离子和单体硫（图1-9）。由于碳阴离子与一个质子发生重组反应，可形成L-半胱氨酸和D-半胱氨酸。外消旋作用的速率决定于蛋白质和氨基酸残基的性质。在一定的温度和pH下，一般说来，蛋白质中氨基酸残基的外消旋作用速率比游离氨基酸要快得多。

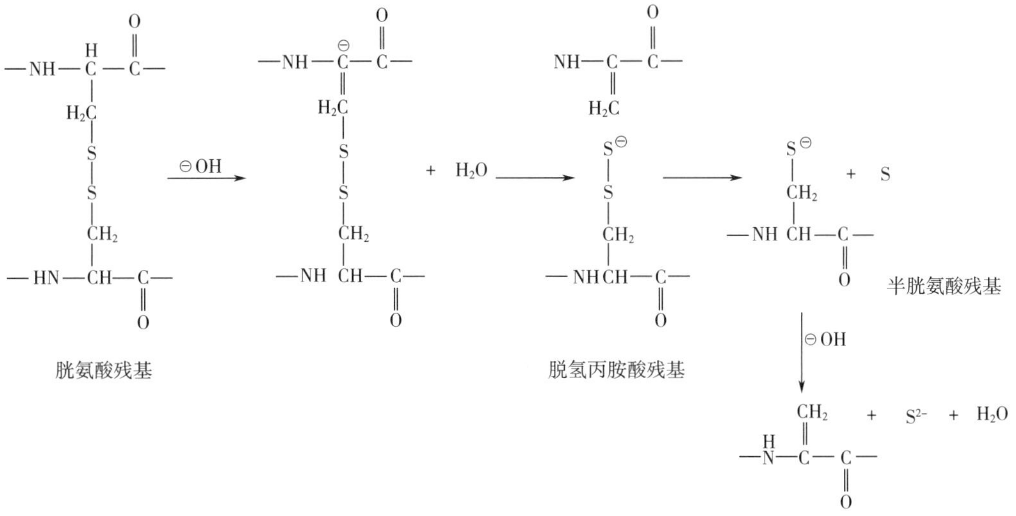

图 1-9　胱氨酸二硫键的破坏

在碱性条件下，精氨酸残基裂解为鸟氨酸（图1-10）。

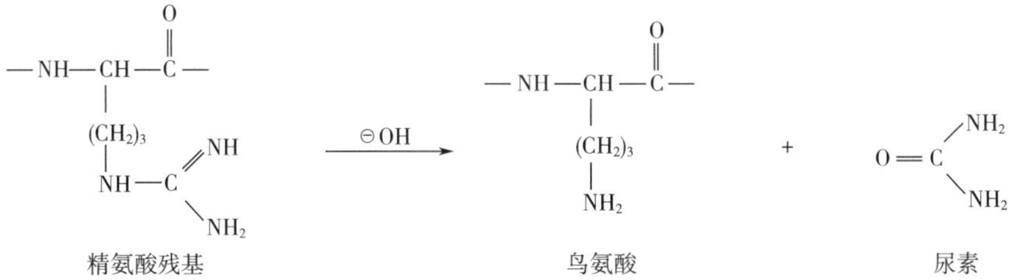

图 1-10　精氨酸残基裂解为鸟氨酸

蛋白质上的氨基和硫醇基团与脱氢氨基酸残基的双键发生亲核加成作用，从而形成交联，再经水解作用，释放出赖丙氨酸（LAL），如图1-11所示。在一定温度下，形成赖丙氨酸的速率决定于β-消除作用的速率和脱氢丙氨酸残基发生亲核作用的难易程度。

例如，松花蛋加工过程中，pH逐渐上升，至皮蛋成熟，蛋白的pH可达11.30，蛋黄的pH可达10.40。加工厂为了延长松花蛋的货架期，往往需要长时间高温加热。这样一来，就会形成更多的赖丙氨酸。研究指出，赖丙氨酸对人体健康有潜在的危害。首先，赖丙氨酸会导致食品中必需氨基酸含量的下降，同时伴随着某些特定氨基酸的外消旋化，降低蛋白质的消化率，进而降低食品的营养价值；其次，赖丙氨酸会螯合金属离子，钝化金属酶或使其失去活性；最重要的是，赖丙氨酸会特异性地导致白鼠肾细胞巨大症，给大鼠投喂碱处理的

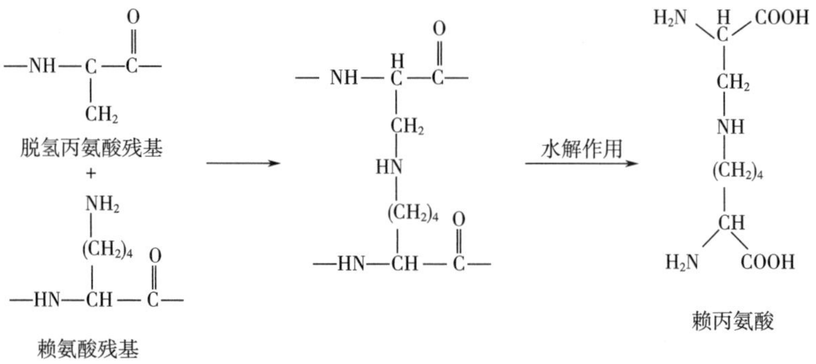

图 1-11　赖丙氨酸的形成

蛋白质（含赖丙氨酸）会导致肾细胞细胞核和细胞质的扩大，以及干扰 DNA 的合成和有丝分裂，直至肾小管细胞坏死。目前已有国家将赖丙氨酸的含量作为婴幼儿配方奶粉的一个质量指标，以避免赖丙氨酸对婴幼儿造成的伤害。碱性条件下氨基酸残基会发生有害反应，这种反应可被亲核基团所抑制（图 1-12），如通过酰化，或通过与氨基酸残基竞争脱氢丙氨酸双键的化合物。研究发现通过添加巯基化合物、亚硫酸钠、糖类、有机酸、生物胺、二甲基亚砜等可以抑制食品中赖丙氨酸的生成，同时蛋白质经乙酸酐和琥珀酸酐酰化也起到抑制赖氨酸的破坏和降低赖丙氨酸生成的作用。

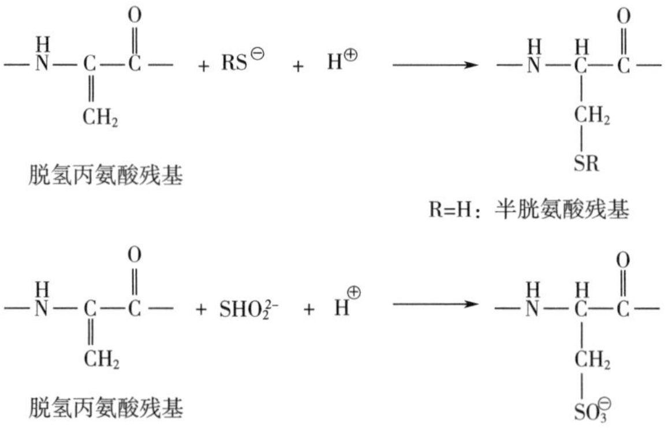

图 1-12　阻断氨基酸残基的有害反应

　　例如，松花蛋加热 20min 后，硫胺素几乎完全分解；加热不新鲜的鸡蛋（蛋清 pH 9.5，贮藏期间，由于逸出二氧化碳，pH 逐渐升高，至 10d 左右可达 9.0~9.7），也会使硫胺素大量分解。肉类和鱼贝类经烧烤、油炸、水煮和罐制加工后，硫胺素会随肉汁的流失而流失，一般损失 20%~70%。硫胺素及其降解产物（图 1-13）也会参与美拉德反应。

（二）松花蛋加工中赖丙氨酸的形成

　　皮蛋作为典型的蛋加工制品，其在加工过程中会形成大量的赖丙氨酸，其一般以赖丙氨酸-蛋白质结合的形式存在。研究发现，皮蛋腌制期间必需氨基酸的含量逐渐下降，赖丙氨酸逐渐形成，赖丙氨酸生成的同时伴随着 L-丝氨酸、L-天冬氨酸等其他必需氨基酸的外消

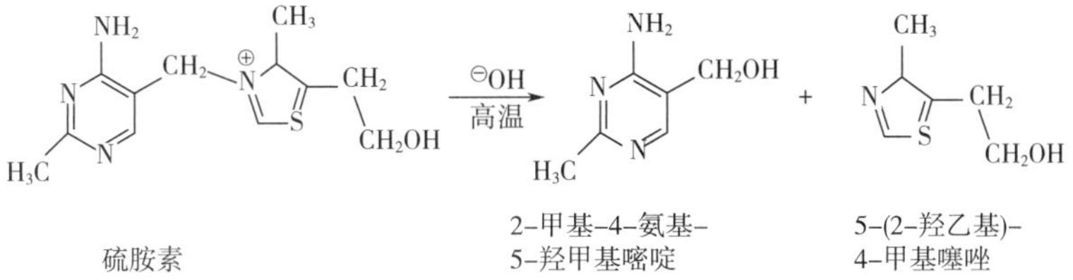

图 1-13　硫胺素的降解

旋化。赖丙氨酸的形成规律与 pH 的变化趋势是一致的，腌制前期，蛋白的 pH 迅速上升，赖丙氨酸的含量也随之急剧增加，腌制后期蛋白的 pH 增速放缓，其赖丙氨酸的含量也呈现缓慢增加的趋势；而蛋黄的 pH 在整个腌制过程中一直是逐渐增加的，其赖丙氨酸的含量主要依赖于 pH 增加的程度，呈逐渐上升的趋势。皮蛋中赖丙氨酸的形成是受到多种因素影响的，包括碱的用量、碱的种类、腌制温度、腌制时间、金属盐等，随着温度的升高、腌制时间的延长、碱浓度的加大，皮蛋中的赖丙氨酸含量逐步提高。

五、脱氨基作用

肉类在油炸、烧烤、煮制和烟熏过程中，会产生许多典型的风味物质。许多研究表明，经由美拉德反应可形成许多独特的风味物质，特别是一些氨基酸的产物，如半胱氨酸、甲硫氨酸和脯氨酸的产物。商业上，油炸肉类时，往往在肉表面挂糊（或不同浓度的饴糖、蜂蜜）。这些原料中的天冬氨酸与还原糖的美拉德反应产物及其后续产物经脱氨基作用可形成丙烯酰胺（图 1-14）。半胱氨酸和甲硫氨酸与葡萄糖反应，也能形成丙烯酰胺。

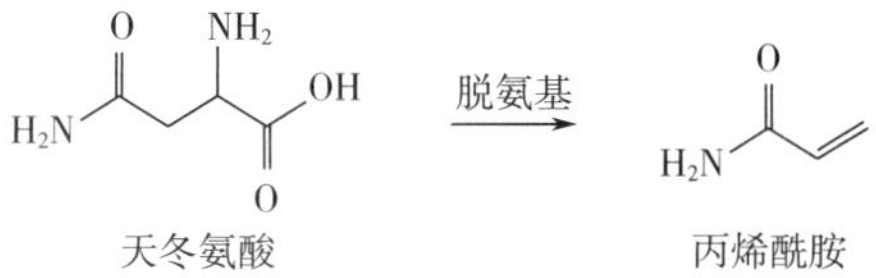

图 1-14　天冬氨酸的脱氨基作用

赖氨酸残基遇过氧化物酶或 H_2O_2，会发生氧化脱氨基作用、羟醛缩合和醛亚胺缩合，进而使小分子蛋白质之间发生交联，形成大分子蛋白质。

第二节　糖的热变化

在食品加工过程中，糖类可作为食品工业的原料，用作甜味剂，改善食品的加工性能。但是，某些糖在加工中由于加热的温度和时间会发生一些热变化，导致有害物质的产生。

一、糖的化学反应
（一）单糖的复合反应
受酸和热的作用，一个单糖分子的半缩醛羟基与另一个单糖分子的羟基缩合，失水生成双糖，这种反应称为复合反应。糖的浓度越高，复合反应进行的程度越大。若复合反应进行的程度高，还能生成三糖和其他低聚糖。复合反应的简式如下：

$$2C_6H_{12}O_6 \longrightarrow C_{12}H_{22}O_{11} + H_2O$$

（二）脱水反应

糖受强酸和热的作用易发生脱水反应，生成环状结构体或双键化合物。例如戊糖脱水生成糠醛，己糖脱水生成5-羟甲基糠醛（5-HMF），己酮糖较己醛糖更易发生此反应。在六碳糖脱水生成5-羟甲基糠醛的过程中，还伴有其他副反应，同时生成很多复杂的副产物，如2-羟基乙酰呋喃、呋喃甲醛、5-氯甲基糠醛、甲酸、乙酰丙酸等。在反应进程中，这些副产物容易发生聚合反应，生成可溶的聚合物和不溶的黑色物质。

单糖的复合反应以及糖的脱水反应的加热温度均在100~150℃，所以这些反应都是在较低的温度下进行的。

（三）热分解反应

糖类化合物的热分解反应是食品中的重要反应，通常被称为焦糖化反应。它也可以被酸或碱催化，分解中有大量的水脱出。焦糖化反应的温度在150~200℃。蔗糖的焦糖化反应在食品加工中有广泛的应用。例如传统肉制品中的糖熏制品，就是以蔗糖为熏料制作的，糖熏肉制品以其色泽鲜艳、风味独特深受广大消费者的喜爱。

多糖是由糖苷键结合的糖链，至少有超过10个单糖组成的聚合糖高分子碳水化合物。多糖不是一种纯粹的化学物质，而是聚合程度不同的物质的混合物，例如淀粉、纤维素和糖原等都属于多糖的范畴。以下以纤维素为例简单介绍一下其热降解的产物。

纤维素的热降解随着温度和时间的不同，其降解产物也不同，降解产物主要分为四大类：脱水糖、脱水糖衍生物、呋喃化合物以及羰基化合物。脱水糖主要有左旋葡聚糖（LG），脱水糖衍生物主要包括左旋葡萄糖酮（LGO）、1,4:3,6-二脱水 α-D-吡喃葡萄糖（DGP）、4-脱氧-1,5脱水-D-1,3-纤维素（APP）、1-羟基-3,6 二氧二环 [3.2.1] 辛-2-酮（LAC），呋喃化合物主要包括5-羟甲基糠醛（5-HMF）、糠醛（FF）、呋喃（F），羰基化合物主要有羟乙醇（HAA）和乙酰甲醇（HA）。左旋葡聚糖是最为重要的裂解产物，它可以使多糖链中的糖苷键连续裂解，同时左旋葡聚糖是热稳定性最高的产物。左旋葡萄糖酮产生于纤维素降解的初级阶段，低于450℃时才会生成；LAC源于APP的裂解，随着裂解温度升高和时间延长其生成量增加；5-羟甲基糠醛和糠醛在温度低于500℃时其生成量呈上升的趋势，而呋喃的明显增长是在600~700℃。所以纤维素的降解产物随着热降解条件的不同而不同。

二、糖高温分解过程中有害物质的产生

葡萄糖、蔗糖等在加热条件下会发生脱水、热解等化学反应，在产生特定的风味、色泽的同时，会导致一些有害物质的生成，如5-羟甲基糠醛、多环芳烃以及甲醛等。例如蔗糖在高温下分解（温度超过400℃）会经过一些复杂的化学反应，生成一些对人体有害的物质，5-羟甲基糠醛就是其中的一种。有相关研究报道称，在高于250℃的条件下烘烤饼干，若将葡萄糖或果糖置换成蔗糖，则有大量的5-羟甲基糠醛产生，这可能是蔗糖在高温下产生了具有较高活性的呋喃果糖基离子造成的。因此，糖类在加热过程中有害物质的产生与受

热温度、糖的种类密切相关。

（一）5-羟甲基糠醛（5-HMF）的产生

5-羟甲基糠醛（又名 5-羟甲基-2-糠醛、羟甲基糠醛、5-羟甲基呋喃甲醛或 5-羟甲基-2-呋喃甲醛，英文名 5-hydroxymethyl-2-furfural、5-hydroxymethylfurfural，简称 5-HMF），是一种重要的化工原料，其结构式如图 1-15 所示。

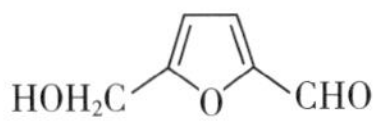

$$HOH_2C \diagdown O \diagdown CHO$$

图 1-15　5-羟甲基糠醛结构式

它的分子中含有一个醛基和一个羟甲基，可以通过加氢、氧化脱氢、酯化、卤化、聚合、水解以及其他化学反应，用于合成许多有用化合物和新型高分子材料，包括医药、树脂类塑料、柴油燃料添加物等。工业上生产糠醛和 5-羟甲基糠醛，主要使用富含糖类的生物质材料或农业废料，即它们在提取、加工和保存过程中降解生成戊糖、己糖等单糖，继而在受热、氧化或酸性环境发生水解、裂解、脱水反应，产生糠醛和 5-羟甲基糠醛等化合物。

5-羟甲基糠醛是一种呋喃类化合物，是美拉德反应的一种中间产物，它可以在食品热处理过程中的酸性条件下由糖（焦糖）直接水解产生。5-羟甲基糠醛作为糖的热解产物，在高压灭菌的过程中，葡萄糖注射液的储存过程中，或糖含量高的食品，如蜂蜜、甜酒、甜面酱等的储存过程中，都会产生糠醛和 5-羟甲基糠醛。经高温脱水生成 5-羟甲基糠醛，整个反应过程一般要经过异构化、双键断裂和脱水三个步骤。

反应温度和反应压力对 5-羟甲基糠醛的生成有很重要的影响。高温和高压都会加快反应速率，因此在较高的反应温度和反应压力下，糖的脱水反应更容易进行。除了温度压力外，食品中的 5-羟甲基糠醛含量与糖的种类、pH、水分活度、二价阳离子的浓度等均有密切的联系。

将蔗糖样品迅速加热到 700℃，测得挥发性物质中的 67.1% 是糠醛类化合物。D-葡萄糖、D-果糖和蔗糖在高温条件下的产物主要是 5-羟甲基糠醛。蔗糖与其他碳水化合物一样有呋喃环体系，图 1-16 是呋喃环高温裂解机制简介图。

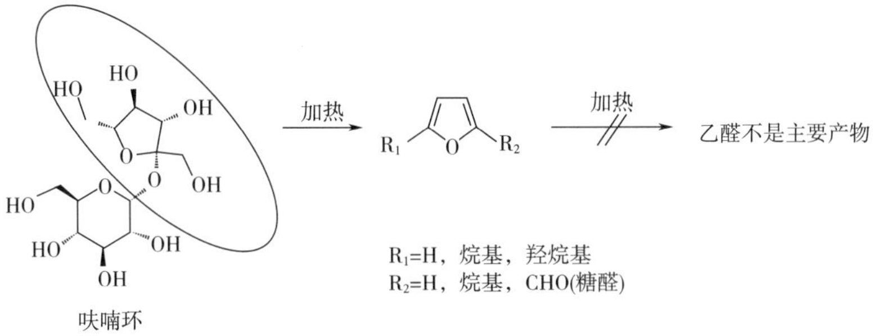

R₁=H, 烷基, 羟烷基
R₂=H, 烷基, CHO(糠醛)

加热　　加热　　乙醛不是主要产物

呋喃环

图 1-16　呋喃环高温裂解机制

5-羟甲基糠醛是一种食品内源性污染物，具有低毒性，一种弱致癌性的细胞毒素，其 LD_{50} 为 3.1g/kg，5-羟甲基糠醛具有抗心肌缺血、抗氧化、改变血液流变性和神经保护性的功效，但是有相关研究表明，高浓度的糠醛或5-羟甲基糠醛（5-HMF）可通过吸入或皮肤接触被人体吸收，对眼睛、上呼吸道、皮肤和黏膜等具有严重的刺激作用；对人体横纹肌及内脏有损害，且具有神经毒性，能与人体蛋白质结合产生蓄积中毒等症状。其实，5-羟甲基糠醛本身并没有毒性，主要是因为其能在体外和体内分别形成5-氯甲基糠醛（5-chloromethylfurfural，5-CMF）和磺酸氧甲基糠醛（sulfoxymethylfurfural，SMF），而这些物质都具有较强的致癌性和基因毒性。目前，对于5-羟甲基糠醛的安全性争议非常大，在5-羟甲基糠醛对人类是否具有致癌性和致畸性等方面还没有充分的理论根据。

（二）多环芳烃的产生

多环芳烃（Polycyclic aromatic hydrocarbons，PAHs）是分子中含有两个及两个以上苯环碳氢化合物，包括萘、蒽、菲、芘等140余种化合物，为煤、木材、石油和烟草等中的有机物不完全燃烧产生的挥发性碳氢化合物，属于严重影响环境和食品的污染物。糖熏肉制品，如熏鸡、熏肠、熏肉等是中国北方传统的肉制品加工工艺，其工艺是以鲜肉为主要原料，白砂糖为熏料制作的糖熏肉。糖熏肉制品以其色泽鲜艳，风味独特深受广大消费者的喜爱。但是在熏制过程中，由于糖的温度过高以及其燃烧不尽会产生多环芳烃，尤其是3,4-苯并芘（BaP）。

碳水化合物在超过800℃的高温下主要产生多环芳烃。有研究表明，在超过800℃的高温条件下，D-葡萄糖、D-果糖以及纤维素分解会导致大量酚醛和多环芳烃的产生。蔗糖的主要来源是甘蔗和甜菜，经过对甘蔗制品的研究发现，其中含有16种多环芳烃，其中含量最高的几种为萘（Naphthalene）、芴（Fluorene）、苯并［b］荧蒽｛Benzo［b］fluoranthene｝、菲（Phenanthrene）等，其中80%样品中多环芳烃的含量在0.07~4.03μg/kg，表明甘蔗燃烧或其生产过程对于这些有害物质进入蔗糖中是非常重要的。

多环芳烃是最早发现且为数最多的一类化学致癌物。大量研究表明多环芳烃是导致肺癌发病率上升的重要原因，同时有调查表明3,4-苯并芘浓度每100m³增加0.1μg时，肺癌死亡率上升5%。多环芳烃的毒性很大，对中枢神经、血液作用很强，尤其是带烷基侧链的多环芳烃，对黏膜的刺激性及麻醉性极强。在多环芳烃中，3,4-苯并芘污染最广，具有致癌、致畸、致突变性。3,4-苯并芘的毒性超过黄曲霉毒素，不仅是多环芳烃中毒性最大的一种，同时也是所占比例最高的一种。人体每日摄入3,4-苯并芘的量不能超过10μg（安全摄入量），否则，会对人体造成极大的伤害，甚至会危及生命。

（三）甲醛的产生

英国学者Baker对糖在高温下分解形成甲醛进行了深入的研究，结果表明：所有的糖类物质在220~550℃都会产生甲醛，糖类物质可能是甲醛的前体物。在10%含氧环境中，四种固体糖（红糖、白糖、果糖、葡萄糖）在400℃左右热解产生较多的甲醛，其含量在4~6μg/mg；蜂蜜在300℃左右产生的甲醛量最多，可高达10μg/mg；而转化糖在200~330℃热解产生较多的甲醛，其含量在8μg/mg左右。纤维素、淀粉主要通过燃烧与热解产生甲醛，而果糖、葡萄糖则主要是通过热解作用产生甲醛的。对于大部分的糖来说，甲醛是糖的直接降解产物，而对于转化糖来说，甲醛的形成机制比直接降解产生要复杂得多。在蜂蜜、枫糖浆中添加适量的L-脯氨酸，可起到降低甲醛产生的效果；添加适量的磷酸氢二铵可以有效地抑制葡萄糖、果糖热解产生甲醛。总之，一些含氨基的化合物在加热过程中会与糖类物质反应，从而抑制糖类降解产生甲醛；同时氨也可与甲醛形成复合物，进而抑制甲醛的产生。

第三节　食用油脂的热变化

食用油的精炼、脱臭、脱色和油炸等加热过程是食品加工的重要工序。加热时，热源、介质与食用油之间发生相互作用，使其理化特性、感官特性等都发生明显的变化，同时食用油在热处理后也会形成部分有害物质。

一、食用油中的多环芳烃

（一）食用油中的多环芳烃的形成

食用油脂中的多环芳烃主要在油料和油脂加工过程产生。油脂原料中的多环芳烃含量和种类取决于大气、土壤和水质的污染程度，以及收获和晒干的场所，如在沥青马路上晾晒，会使油料污染多环芳烃。在油脂加工的热处理过程中，油脂原料的焙炒或烘烤温度高低和时间长短是决定食用油中的多环芳烃含量的主要因素，温度越高，时间越长，油脂中多环芳烃含量就越高，如温度过高（>400℃），或时间过长（>20min），都可导致原料局部焦煳，致使蛋白质和脂肪热解和聚合，生成多环芳烃。制油方法、油脂精炼也影响油脂中多环芳烃含量。在有些市售食用油中，总多环芳烃和3,4-苯并芘（BaP）含量在菜籽油中分别为 $10\sim65\mu g/kg$ 和 $0.9\sim2.3\mu g/kg$，在花生油、葵花籽油、大豆油、橄榄油中则分别为 $45\sim165\mu g/kg$ 和 $0.5\sim4.6\mu g/kg$、$12\sim56\mu g/kg$ 和 $0.6\sim2.1\mu g/kg$、$11\sim50\mu g/kg$ 和 $0.5\sim4.6\mu g/kg$、$16\sim61\mu g/kg$ 和 $0.3\sim1.1\mu g/kg$。不同种类的食用油中多环芳烃含量的差异与油脂加工条件也有很大关系。即便是同一种类的食用油，其多环芳烃含量也有很大区别。如芝麻油，由于原料、车间及其周边环境、生产设备与工艺、品质控制手段等参差不齐，苯并芘含量可高达 $20\mu g/kg$，品质好的芝麻油中苯并芘含量往往小于 $0.5\mu g/kg$。

（二）食用油加热过程中多环芳烃的形成

食用油中多环芳烃是油脂中甘油三酯或脂肪酸高温分解的产物，其形成机制涉及许多步骤，如杂环芳烃和碳环芳烃是在缩合、环化和自由基反应中形成的，十分复杂，许多细节尚不十分清楚。甘油三酯在 $300\sim500℃$ 高温下发生裂解。棕榈油高温分解会产生烃类化合物和一些有机化合物的氧化物，如羧酸、烷烃、二烯烃以及烯烃等，而脂肪烃的进一步高温裂解产生了多种自由基。有些自由基十分活跃，它们与反应体系里的其他物质和自由基发生碰撞和重组，最终缩合成多环芳烃。

二、食用油中的反式脂肪酸

（一）食用油中的反式脂肪酸的产生

天然油脂中的不饱和脂肪酸主要是顺式脂肪酸，它可以转变成反式脂肪酸。反式脂肪酸的存在及产生方式主要有以下两大类：一是天然存在的反式脂肪酸，多见于反刍动物如牛、羊及其产品（如肉中的脂肪、牛奶）中；二是加工产生的反式脂肪酸，形成于食品加工过程，如氢化和热处理。市售的一级精炼大豆油中，反式脂肪酸总含量一般为 $39\sim79mg/100g$，三级精炼大豆油则为 $54 \sim 79mg/100g$。植物油中反式脂肪酸的含量少，一般不超过 1%。而有些菜籽油、葵花籽油、玉米油、山茶油的反式脂肪酸含量则高达 2% 以上。

（二）食用油加热过程中反式脂肪酸的形成

油炸是食用油中反式脂肪酸形成的主要途径。目前关于反式脂肪酸形成机制的研究相对较少，且单不饱和反式脂肪酸和多不饱和反式脂肪酸的形成机制不同。单不饱和反式脂肪酸通过自由基机制形成。有些自由基能使双键发生异构化，如含硫自由基和二氧化氮自由基等。这些自由基首先与顺式脂肪酸结合形成加合物，然后通过 β-消去反应，最初结合的自由基被去除，形成反式脂肪酸。而对于多不饱和反式脂肪酸，其形成方式包括自由基机制和分子内重排两种。人造奶油、起酥油等是植物油氢化的产物，其中的反式脂肪酸是在金属催化剂参与下形成的反式结构。

第四节 肉类加工中常见的美拉德反应

一、美拉德反应过程

加热肉类和鱼贝类等富含蛋白质的食物，由于美拉德反应（Maillard Reaction）的发生，会产生色泽和风味。美拉德反应是自然界广泛存在的一种化学现象，被法国化学家 Louis Camille Maillard 于 1912 年发现，是指食物在加工、贮藏过程中羰基化合物和氨基化合物在一定温度下发生的一系列非酶褐变反应。美拉德反应的一般反应机制分三个阶段。

（一）初始阶段

氨基酸和还原糖发生缩合反应，醛糖存在的条件下形成 N-糖基胺，然后再经 Amadori 重排而形成 1-氨基-1-脱氧-2-酮糖；酮糖存在时发生 Heynes 重排而形成 2-氨基-2-脱氧-1-醛糖。

（二）中级阶段

分为三个途径：①Amadori 重排产物 1-氨基-1-脱氧-2-酮糖进行 1,2-烯醇化反应，生成羟甲基糠醛化合物；②Heynes 重排产物 2-氨基-2-脱氧-1-醛糖发生 2,3-烯醇化反应，生成糠醛化合物；③氨基酸和二羰基化合物发生缩合反应形成席夫碱（Schiff's base），然后进行脱羧、加水反应，脱去一分子的二氧化碳，形成醛或酮类化合物，这也是美拉德反应生成风味物质的主要途径——Strecker 降解。例如，赖氨酸残基的非电离氨基 ε-NH$_2$ 或末端 α-NH$_2$ 与还原糖的羰基，或与脂质氧化的次级产物发生反应。在与醛糖的反应中，形成不稳定的醛亚胺（席夫碱），进一步异构化为醛糖胺（aldosylamine）。

（三）终极阶段

终极阶段即高级阶段，美拉德反应中间产物如醛类、酮类等与氨基化合物发生分子聚合，最终生成复杂的不溶性褐色聚合物——类黑素。

类黑素是分子结构未知的复杂高分子色素。在聚合作用的早期，类黑素是水溶性的，在可见光谱范围内没有特征吸收峰，它们的消光值随波长降低而以连续的无特征吸收光谱的状态增加。红外光谱、化学成分分析等试验表明，类黑素混合物中含有不饱和键、杂环结构以及一些完整的氨基酸残基等。在食品加工，特别是热处理工艺中形成的类黑素不仅直接影响食品的风味、色泽和质地，同时可通过断开分子链清除体系中的氧和螯合金属离子，具有较强的抗氧化作用并可延长食品的货架期。

二、影响美拉德反应的因素

影响美拉德反应的因素很多，美拉德反应除了受到糖类和氨基酸的影响，还受到温度、时间、水分活度、pH 等的影响，前者主要影响产物种类，后者通常是反应的动力学影响因素。苯丙氨酸、肌酸（或肌酸酐）和葡萄糖在 125℃ 加热 2.5h 便可形成 2-氨基-1-甲基-6-苯基咪唑并 [4,5-b] 吡啶（PhIP）。

（一）底物

1. 糖类

在美拉德反应中，参与反应的糖可以是双糖、五碳糖和六碳糖。可用的双糖有乳糖和蔗糖；五碳糖有木糖、核糖和阿拉伯糖；六碳糖有葡萄糖、果糖、甘露糖、半乳糖等。反应的速度为五碳糖>己醛糖>己酮糖>双糖，开环的核糖比环状的核糖反应要快，因为开环核糖更利于 Amadori 产物的形成。

2. 氨基化合物

氨基酸的种类、结构不同会导致反应速度的很大差异，如氨基酸中的氨基在 ε-位或末位比在 α-位反应速度快，碱性氨基酸比酸性氨基酸的反应速度要快。氨基酸的选择对风味特征的影响很重要。含硫氨基酸对于肉类风味是必需的，要产生所需风味需要反应混合体系中含有特定的氨基酸。

（二）加工方式

美拉德反应速率受温度的影响很大，温度每变化 10℃，褐变速度便相差 3~5 倍，温度越高反应越快。温度也是影响美拉德反应形成风味物质的一个最重要的因素。例如，对比烤肉和煮肉的感官品质，煮肉缺乏焙烤产品的特有香味。这主要是因为水煮肉的水分活度接近 1.0，温度不超过 100℃。而烤肉具有较低的水分活度和较高的表面温度，从而促进风味化合物的产生，所以尽管反应物相同，但烤肉却具有焙烤风味。

加热时间对于风味特征也很重要，延长美拉德反应的时间并不会使风味物质增多，但是会改变风味物质的最终平衡，从而改变了风味特征。

辐照也可以引起美拉德反应。非还原性双糖——蔗糖在辐照的条件下有褐色物质形成。在辐照时，糖类参与反应的速度为蔗糖>果糖、阿拉伯糖、木糖>葡萄糖，但是在热反应中，糖类参与反应的速度是戊醛糖>庚醛糖>己酮糖>双糖。这可能是因为辐照释放出来的能量使糖苷键断裂，从而释放出羰基，进一步与氨基化合物发生反应。

（三）pH

通常情况下，随着反应的进行 pH 会降低。初始 pH 大于 7 时，颜色物质生成很快；初始 pH 小于 7 时，吡嗪类物质难于形成；在初始 pH 小于 2 的强酸溶液中，氨基处于质子化状态，使 N-糖基化合物（葡基胺）难以形成，从而使反应难以进行下去；初始 pH 大于 8 时，反应速度难以控制。某些挥发性物质的形成有一个最适 pH，因此食品中 pH 的一点小变化都有可能明显改变其加热后的香味特征。

（四）水分活度

水分含量在 10% ~ 15% 的时候，美拉德反应容易发生，而完全干燥的食品难以发生美拉德反应。若用美拉德反应制备肉类香精，水分活度在 0.65 ~ 0.75 最适宜，水分活度小于 0.30 或大于 0.75 时反应很慢。

（五）金属离子

金属离子对美拉德反应的影响在很大程度上依赖于金属离子的类型，而且在反应的不同阶段，其影响程度不同。铁和亚铁离子能促进美拉德反应，且三价铁离子的催化能力比二价亚铁离子的强；钙和镁离子能减缓美拉德反应；钾和钠离子对美拉德反应影响不大。

（六）盐类

具有缓冲作用的盐类及其浓度也可能影响美拉德反应速度。缓冲盐对美拉德反应的影响各不相同，通常认为磷酸盐是最好的催化剂。磷酸盐对反应速率的影响取决于 pH，pH 在 5 ~ 7 其催化效果最好。

三、食品加工中常见的美拉德反应及其影响

1951 年，国际上发表了第一篇关于美拉德反应的文章，首次将糖和含氮化合物之间的反应与食品问题相结合，从此，引起人们的广泛关注，发现其广泛存在于食品加工和食品长期储藏中，大多食品的色、香和味，基本都是发生美拉德反应的结果。烘、烤、煎、炸等食品加工过程中发生的美拉德反应有利于食品的颜色和香味物质的形成。而在其他的一些食品加工过程中（如巴氏消毒、灭菌等）发生的美拉德反应对食品品质是不利的。除此之外，大量研究表明美拉德反应产物具有良好的抗氧化性。但同时，美拉德反应会造成氨基酸消耗和糖及蛋白质损失，从而致使食品营养价值下降，甚至会产生有害物质。

（一）美拉德反应与食品色泽

美拉德反应最早就是由于葡萄糖和甘氨酸反应产生褐色物质而引起重视的，反应产生的褐色物质是食品色泽的重要来源之一。颜色的变化是一种极其重要的并且表示美拉德反应程度的显著标志。颜色变化过程主要是形成不饱和灰色含氮聚合物或者多聚物，并由浅黄色向黑灰色发展，这一过程主要取决于食物的类型或者反应的程度。褐变对于一些食品来说是必不可少的，例如烤制食品，但在烤制过程中随着美拉德反应产物的积累，色泽不断加深，因此在加工过程中，可以通过控制美拉德反应的底物及条件来达到合适的褐变程度。

（二）美拉德反应与食品风味

食品加热过程中，高温使其中的蛋白质分解产生游离氨基酸并与糖分发生美拉德反应，从而产生风味物质。研究发现风味化合物主要在美拉德反应的中、终级阶段形成。美拉德反应可产生适宜或不适宜的风味，例如 2H-4 羟基-5-甲基-呋喃-3-酮有烤肉的焦香味，可作为风味和甜味增强剂；而某些吡嗪类及醛类等是食品高火味及焦煳味的主要成分。因此可以通过选择氨基酸和糖类、控制反应条件，有目的地形成不同的香味。例如，烤牛肉风味形成，美拉德反应模型体系中底物最优配比为牛肉酶解液 20g、葡萄糖 1.0g、甘氨酸 0.8g、硫胺素 0.3g，最佳反应条件为 120℃、pH7.5 条件下反应 90min。该模型体系形成的肉香纯正，

烤牛肉风味浓郁。

美拉德反应是生产肉味香精的主要反应，其反应基质主要是氨基酸和还原糖，其中损失最多的是半胱氨酸和核糖。肉类香气的主要成分是呋喃、呋喃酮、吡嗪、吡咯、噻吩、噻唑、咪唑、吡啶以及硫化氢和氨等含氧、氮、硫的杂环化合物和其他含硫化合物，碱性条件有利于含氮、硫、氧等杂环化合物的形成。并非所有的美拉德反应产物都可以产生香味，只有相对分子质量小于200的化合物才会有牛肉味。有研究表明，参与美拉德反应的肽相对分子质量在2000~5000最好，也有研究发现，参与美拉德反应的肽相对分子质量在1000~5000的具有增强风味的作用。

（三）美拉德反应产物的抗氧化性

自20世纪80年代以来，美拉德反应产物（MRPs）的抗氧化性引起了广泛的关注。美拉德反应过程中生成醛、酮等还原性物质，它们有一定的抗氧化能力，尤其是防止食品中油脂的氧化作用较为显著，如葡萄糖与赖氨酸共存，经焙烤后着色，对稳定油脂的氧化有较好作用。

研究发现酪蛋白-糖的美拉德反应产物能清除自由基，其中酪蛋白-核糖的反应产物可清除羟基自由基，酪蛋白-葡萄糖或果糖的反应产物只能清除二苯代苦味酰肼（DPPH）自由基。不同氨基酸与糖类的美拉德反应产物对冷藏的牛排脂质氧化有不同的抑制作用，木糖-赖氨酸、木糖-色氨酸、二羟基丙酮-组氨酸和二羟基丙酮-色氨酸的美拉德反应产物对牛排脂质氧化有较好的抑制作用。

美拉德反应产物的抗氧化研究报道很多，而将其作为有效的抗氧化剂应用于食品中还存在许多问题。这主要在于缺少有抗氧化活性的美拉德反应产物的特殊结构和对其抗氧化机理的研究。早期研究认为，美拉德反应产物中间体——还原酮类化合物的还原能力及美拉德反应产物的螯合金属离子的特性与其抗氧化能力有关；近年来研究表明，美拉德反应产物具有很强的消除活性氧的能力，也有认为美拉德反应产物的中间体——还原酮类化合物通过供氢原子而终止自由基反应链，并发现美拉德反应产物具有络合金属离子和还原过氧化物的特性。

（四）美拉德反应降低食品营养价值

美拉德反应后，有些营养成分损失，有些营养成分变得不易消化。因此，食品加工贮藏过程中发生美拉德反应后，其营养价值有所下降，主要表现在以下方面。

首先是氨基酸的损失。赖氨酸占肉类蛋白质的7%~9%，占鱼贝类蛋白质的10%~11%。当一种氨基酸或一部分蛋白质参与美拉德反应时，显然会造成氨基酸的损失，这种破坏对必需氨基酸来说显得特别重要，其中以含有游离 ε-氨基的赖氨酸最为敏感，因而最容易损失。

其次是糖和蛋白质损失。从美拉德反应历程中可知，可溶性糖在美拉德反应过程中大量损失；蛋白质上氨基如果参与了美拉德反应，其溶解度也会降低。由此，人体对氮源和碳源的利用率也随之降低。

另外，研究发现食品发生美拉德反应后，食品中矿质元素的生物有效性也有所下降。Whitelaw等将$^{65}ZnCl_2$、甘氨酸、D-亮氨酸、L-赖氨酸、L-谷氨酸同D-葡萄糖结合并进行热处理，产生美拉德反应后，用透析的方法制得高分子（相对分子质量为6000~8000）的^{65}Zn化合物，然后进行动物实验，与对照相比，用上述方法制备出的美拉德反应产物结合锌的生物有效性大大降低。给大鼠饲喂含有 0.5% 的可溶性葡萄糖-谷氨酸的美拉德反应产物时，结果发现粪尿中锌的含量增多，而体内锌含量减少。

（五）美拉德反应产生有害成分

美拉德反应产物除了能赋予食物特殊香气以及诱人的色泽外，其中某些成分还具有潜在的危害性。如今人们关注的热点是如何实现美拉德反应定向控制，即利用美拉德反应产生所需要的色泽香气，同时又最大限度降低有害物质的生成。

研究表明，食物中氨基酸和蛋白质通过美拉德反应生成了能引起突变和致畸的杂环胺类物质。许多研究表明，反应底物和反应条件影响杂环胺化合物种类和数量的形成。在130℃下，丙氨酸-肌酸酐-葡萄糖、苏氨酸-肌酸酐-葡萄糖、甘氨酸-肌酸酐-葡萄糖这 3 种模型体系更容易生成 2-氨基-3,4-二甲基咪唑并 [4,5-f] 喹啉（MeIQ），其次是 4,8-DiMeIQx 和 7,8-DiMeIQx，而加热 3h 均未检出 IQ 和 MeIQx 类杂环胺。研究认为，与其他 2 个模型相比，丙氨酸-肌酸酐-葡萄糖模型形成的杂环胺相对较少。有关肉类中其他前体物质模型的建立，或关于复杂模型体系有待进一步深入研究。

目前对美拉德反应产生有害成分研究较为清楚的是丙烯酰胺。国际癌症研究机构已将丙烯酰胺列为潜在的人类致癌物。Capuano 和 Fogliano 报道了丙烯酰胺的毒性，人体暴露在高浓度的丙烯酰胺下会引起神经损伤。因此食品中存在丙烯酰胺的问题引起了全球的关注。食品中丙烯酰胺主要产生于高温状况下，一般来说，食品在 120℃ 条件下加热即会产生丙烯酰胺。此外，由美拉德反应产生的典型产物 D-糖胺可以损伤 DNA；美拉德反应产物对胶原蛋白的结构有负面作用，这将影响人体的老化和糖尿病的形成。

（六）底物对美拉德反应模型色泽风味和杂环胺形成的影响

影响美拉德反应中肉制品杂环胺（HCAs）形成的因素很多，主要包括前体物质、加热温度及时间、水分含量、水分活度、加热方式、肉的来源和脂肪含量等。

1. 牛肉汤提取物美拉德反应模型的建立

（1）牛肉汤提取物的制备 选取牛背部最长肌，绞成肉糜。取 100g 肉糜与等体积的去离子水混合匀浆，pH6.5 的匀浆物在 50℃ 条件下加热 60min，然后在 95℃ 条件下分别水浴加热 30min、50min、70min。自然冷却后，4℃ 下 10000r/min 离心 10min。取上清液，获得牛肉汤提取物。试验测得牛肉汤提取物中还原糖、氨基酸、多肽含量。

① 牛肉汤提取物中还原糖和多肽含量的变化：牛肉汤提取物既含有还原糖，又含有多肽等美拉德反应前体物质。由图 1-17 可知，95℃ 水浴加热，随着加热时间的延长，提取物中还原糖的含量先增加后降低。加热 30min 时还原糖含量最高，为 0.358g/100mL，加热至 50min 时还原糖的含量降低至 0.308g/100mL，加热至 70min 时含量为 0.208g/100mL，比0min 时下降了 26.5%。同时，加热 30min 后，提取物中多肽含量也最高，为 0.342mg/mL，分别比 0min、50min 和 70min 时高出 66.0%、30.0% 和 40.2%，加热 50min 和 70min 后多肽含量显著高于对照组。

②牛肉汤提取物中氨基酸含量的变化：如表 1-1 所示，17 种氨基酸含量呈先上升后下降的趋势。加热 30min 后氨基酸总量增加 587.3μg/mL（$P<0.05$）。随着加热时间的延长，总量又显著降低（$P<0.05$），加热 50min 和 70min 时氨基酸总量分别比 30min 时降低 2.7% 和 4.3%。与对照组相比，除天冬氨酸外，加热 30min、50min、70min 三个试验组中的氨基

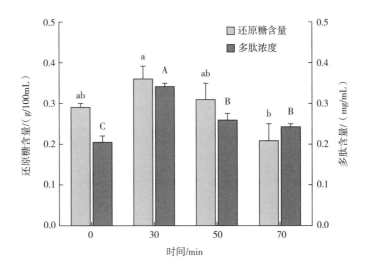

图1-17　不同加热时间下牛肉汤提取物中还原糖和多肽含量

注：不同小写字母（a～b）表示不同处理组间还原糖含量差异显著（P<0.05）；不同大写字母（A～C）表示不同处理组间多肽含量差异显著（P<0.05）。

酸含量均显著增加（P<0.05）。0min时丙氨酸、谷氨酸、赖氨酸、甘氨酸、丝氨酸和亮氨酸含量之和占氨基酸总量的55.9%，这是因为在50℃条件下加热60min期间，组织蛋白酶处于最适反应温度，水解释放出部分游离氨基酸。不同的加热时间下，加热30min、50min、70min后半胱氨酸和甲硫氨酸的总量分别只增加了23.4μg/mL、18.9μg/mL、21.2μg/mL，而产生了较多的丙氨酸、甘氨酸和谷氨酸等呈甜味和鲜味的氨基酸。可见，加热30min的牛肉汤提取物中还原糖、氨基酸和多肽的浓度均最高（还原糖含量0.36g/100g、总氨基酸含量1018.4μg/mL、多肽含量0.3mg/mL），可作为底物，为美拉德反应提供重要的前体物。

表1-1　加热时间对牛肉汤提取物氨基酸含量的影响　　　　单位：μg/mL

氨基酸	0min	30min	50min	70min
天冬氨酸（Asp）	6.291±1.169[b]	7.097±0.316[ab]	8.913±0.090[a]	9.107±1.009[a]
苏氨酸（Thr）	27.041±0.218[d]	72.817±0.391[a]	66.553±0.380[b]	62.647±1.127[c]
丝氨酸（Ser）	29.424±0.540[c]	58.066±0.617[a]	56.870±0.486[ab]	54.786±1.625[b]
谷氨酸（Glu）	33.934±0.169[c]	64.571±0.303[a]	56.110±0.489[b]	57.064±1.284[b]
甘氨酸（Gly）	29.620±0.400[b]	77.098±0.605[a]	76.401±0.135[a]	76.870±1.666[a]
丙氨酸（Ala）	88.530±0.883[c]	224.851±0.839[a]	223.666±0.381[a]	211.583±0.247[b]
半胱氨酸（Cys）	2.175±0.354[b]	11.017±0.158[a]	9.268±1.244[a]	11.163±1.083[a]
缬氨酸（Val）	24.055±0.238[b]	55.214±0.183[a]	53.558±1.102[a]	54.941±0.886[a]
甲硫氨酸（Met）	9.120±0.041[b]	23.632±1.562[a]	20.922±1.324[a]	21.345±0.288[a]
异亮氨酸（Ile）	15.269±0.213[c]	33.894±1.126[a]	32.739±0.636[ab]	31.395±0.803[b]

续表

氨基酸	0min	30min	50min	70min
亮氨酸（Leu）	29.091 ± 0.217^{b}	59.501 ± 1.523^{a}	57.453 ± 0.037^{a}	57.625 ± 1.364^{a}
酪氨酸（Tyr）	21.689 ± 0.193^{b}	35.944 ± 0.783^{a}	35.205 ± 0.293^{a}	34.262 ± 0.887^{a}
苯丙氨酸（Phe）	19.396 ± 0.085^{b}	52.047 ± 0.778^{a}	51.508 ± 0.523^{a}	52.576 ± 1.163^{a}
赖氨酸（Lys）	30.312 ± 0.893^{b}	88.582 ± 0.557^{a}	87.868 ± 0.726^{a}	87.235 ± 0.530^{a}
组氨酸（His）	18.028 ± 0.280^{b}	45.246 ± 1.061^{a}	44.366 ± 0.342^{a}	43.104 ± 0.998^{a}
精氨酸（Arg）	27.422 ± 0.503^{b}	57.934 ± 0.384^{a}	58.087 ± 0.296^{a}	55.798 ± 1.663^{a}
脯氨酸（Pro）	19.645 ± 0.560^{b}	50.846 ± 0.484^{a}	51.767 ± 0.274^{a}	52.647 ± 1.063^{a}
总量	431.038 ± 1.200^{d}	1018.350 ± 0.829^{a}	991.248 ± 0.147^{b}	974.144 ± 0.273^{c}

注：数值表示为平均值±标准差；同行数值肩标不同字母（a~d）表示差异显著（$P<0.05$）。

（2）美拉德反应模型体系的建立　设 A 因素为木糖，$m_{A_1} = 0.2g$，$m_{A_2} = 0.6g$，B 因素为半胱氨酸，$m_{B_1} = 0.2g$，$m_{B_2} = 0.6g$，$m_{B_3} = 1.0g$，建立美拉德反应体系，进行析因试验分析。取 5.0mL 牛肉汤提取物，加入木糖和半胱氨酸，混合均匀，将 pH 调至 7.0，110℃下加热70min，立即冰浴以终止美拉德反应，冷却至室温后进行褐变程度测定和感官评价。

2. 底物对美拉德反应模型褐变程度、色泽、风味的影响

（1）底物浓度对美拉德反应模型褐变程度和色泽的影响　美拉德反应模型的褐变程度可以由 420nm 处的光密度吸光度和色泽进行评价。由表 1-2 可以看出，在 110℃下，当木糖和半胱氨酸添加量均为 0.2g 时，美拉德反应产物的色泽在 6 个试验组中最受喜欢，呈现黄褐色、有光泽，与其相对应的吸光度大小适中。0.6g 木糖的所有模型的色泽评分均比 0.2g 木糖的 3 个模型低，呈现深褐色、稍有光泽，吸光度也都比 0.2g 木糖模型高。当添加 0.2g 半胱氨酸、0.6g 木糖时产物的褐变程度最大，色泽最不受喜欢；与其相比，半胱氨酸增加至 0.6g 和 1.0g 时，吸光度分别降低了 18.41% 和 13.76%。

由表 1-2 可以看出，木糖与半胱氨酸互作对美拉德反应模型的褐变程度和色泽有显著影响，木糖、半胱氨酸影响极显著。随着木糖添加量由 0.2g 增加至 0.6g，美拉德反应模型的吸光度增加 97.8%，色泽评分降低 24.4%。0.2g 半胱氨酸模型的吸光度分别比 0.6g 和1.0g 半胱氨酸模型高 26.5% 和 16.5%（$P<0.01$）；色泽与 0.6g 模型无极显著差异，但都高于 1.0g 模型（$P<0.01$），分别高出 11.8% 和 6.5%。

（2）底物浓度对美拉德反应模型风味的影响　在 110℃条件下，如表 1-2 所示，木糖和半胱氨酸添加量为 0.2g 的美拉德反应模型烤香味浓郁纯正、焦煳味适中、几乎没有硫刺鼻味，在 6 个模型中最受喜爱。木糖添加量为 0.2g 时，模型的烤香味随着半胱氨酸添加量的增加而越来越淡（$P<0.01$），焦煳味和硫刺鼻味则越来越浓，受欢迎程度下降。木糖添加量0.6g，半胱氨酸添加量 0.2g 时，模型体系的烤香味和硫刺鼻味较淡，焦煳味较浓，综合评价较喜欢。随着半胱氨酸添加量的增加，烤香味、焦煳味和硫刺鼻味随之变淡，受喜欢程度降低（$P<0.01$）。半胱氨酸分别为 0.6g 和 1.0g 时，木糖添加量由 0.2g 增加至 0.6g，烤香味和焦煳味增加，硫刺鼻味降低，受欢迎程度随之升高。

木糖对硫刺鼻味和综合评价具有极显著影响，半胱氨酸对硫刺鼻味、焦煳味和综合评价均具有极显著性影响。木糖和半胱氨酸互作对烤香味、硫刺鼻味和综合评价具有极显著影响。因此，影响这4个感官指标得分的主效应排序为半胱氨酸>木糖。木糖处理组中，0.2g添加量的烤香味、焦煳味、硫刺鼻味和综合评价分别比0.6g低5.38%、12.9%、21%和12.5%。对于半胱氨酸，0.2g模型比0.6g的烤香味、焦煳味、硫刺鼻味和综合评价分别高33.1%、30.7%、51.1%和44.8%，比1.0g模型分别高51.0%、58.7%、108.6%和67.7%（$P<0.01$）。由底物浓度对美拉德反应模型褐变程度、色泽和风味的影响结果可以得出，木糖添加量为0.2g、半胱氨酸添加量为0.2g（即质量浓度分别为0.04g/mL）时，获得的美拉德反应产物色泽及风味均最受喜欢，所以获得最优组的美拉德反应模型为0.2g木糖和0.2g半胱氨酸添加至5mL牛肉汤提取物中，中性条件下110℃反应70min。

表1-2 底物浓度对美拉德反应模型体系吸光度、色泽和风味的影响（$n=6$）

木糖	半胱氨酸	吸光度	色泽	烤香味	焦煳味	硫刺鼻味	综合评价
A_1	B_1	0.315 ± 0.007^D	7.563 ± 0.401^A	7.059 ± 0.315^A	6.463 ± 0.372^A	6.611 ± 0.284^A	7.250 ± 0.177^A
	B_2	0.234 ± 0.012^F	6.000 ± 0.177^B	5.130 ± 0.325^C	4.485 ± 0.991^{BC}	3.630 ± 0.459^C	3.688 ± 0.265^C
	B_3	0.267 ± 0.007^E	5.688 ± 0.393^{BC}	4.270 ± 0.286^D	4.060 ± 0.531^C	3.326 ± 0.475^C	3.938 ± 0.088^C
A_2	B_1	0.603 ± 0.015^A	4.313 ± 0.086^E	6.333 ± 0.289^{AB}	5.900 ± 0.173^{AB}	6.070 ± 0.451^{AB}	6.688 ± 0.265^A
	B_2	0.492 ± 0.009^C	5.313 ± 0.088^{CD}	5.896 ± 0.100^{BC}	5.630 ± 0.375^{AB}	5.459 ± 0.486^B	5.938 ± 0.088^B
	B_3	0.520 ± 0.006^B	4.938 ± 0.573^D	5.170 ± 0.403^C	4.544 ± 0.727^{BC}	4.041 ± 0.165^C	4.375 ± 0.177^C

注：数值表示为平均值±标准差；吸光度的大小代表美拉德反应模型的褐变程度；同列数值肩标不同大写字母（A~F）表示差异极显著（$P<0.01$）。

3. 牛肉汤提取物美拉德反应模型体系中挥发性风味物质的形成

表1-3表明，木糖与半胱氨酸互作对美拉德反应模型的褐变程度及色泽有显著影响，木糖、半胱氨酸影响极显著。在最优组中检测到烷烃、酮类、醛类、醇类、酯类、呋喃、噻吩、吡嗪、噻唑、酸类、酚类共11类、52种挥发性风味物质，相对含量大小：噻唑>酮类>吡嗪>呋喃>醛类>噻吩>醇类>酚类>酯类>酸类>烷烃类。其中，吡嗪、噻唑、酮类和呋喃为主要的风味物质，占总挥发性风味物质含量的70%以上，吡嗪是烤香味的主要来源，呋喃能够产生甜味和焦糖香味。在52种挥发性风味物质中，含量较高的有4-甲基-5-羟乙基噻唑、二氢-2-甲基-3（2H）噻吩酮、3,3'-二硫代双（2-甲基）-呋喃、2-甲基吡嗪和3-甲基丁醛，相应的质量浓度分别为636.1μg/L、439.9μg/L、299.4μg/L、287.2μg/L、255.8μg/L（表1-4）。

表1-3 木糖、半胱氨酸及其交互作用的方差分析表

木糖	半胱氨酸	吸光度	色泽	烤香味	焦煳味	硫刺鼻味	综合评价
A_1		0.272 ± 0.036^A	6.417 ± 0.904^A	5.500 ± 1.690^A	4.646 ± 1.490^A	4.313 ± 2.234^A	4.958 ± 1.785^A
A_2		0.538 ± 0.051^B	4.854 ± 0.457^B	5.813 ± 0.574^A	5.333 ± 0.801^A	5.458 ± 1.431^B	5.667 ± 1.066^B
	B_1	0.459 ± 0.158^a	5.938 ± 1.878^a	7.031 ± 0.766^a	6.250 ± 0.368^a	6.844 ± 0.438^a	6.969 ± 0.373^a

续表

木糖	半胱氨酸	吸光度	色泽	烤香味	焦煳味	硫刺鼻味	综合评价
	B_2	0.363 ± 0.142^b	5.656 ± 0.413^a	5.281 ± 0.624^b	4.781 ± 1.124^b	4.531 ± 1.993^a	4.813 ± 1.309^b
	B_3	0.394 ± 0.139^c	5.313 ± 0.439^b	4.656 ± 0.624^c	3.938 ± 0.439^b	3.281 ± 0.413^c	4.156 ± 0.277^c
显著性	A	**	**	NS	NS	**	**
	B	**	**	**	**	**	**
	A×B	*	*	**	NS	**	**

注：①吸光度的大小代表美拉德反应模型的褐变程度；②数值表示为平均值±标准差，同列数值肩标不同大写字母（A~B）、不同小写字母（a~c）表示差异极显著（$P<0.01$）；③*、**和NS分别表示$P<0.05$，$P<0.01$和$P>0.05$，代表木糖、半胱氨酸及其互作对产物色泽和风味的影响。

表1-4　110℃条件下美拉德反应模型中挥发性风味物质

序号	分类/种类	挥发性风味物名称	质量浓度/（μg/L）	相对含量/%
1	烷类/1	十一烷	7.400 ± 1.047	0.243
2		2-丁酮	42.560 ± 0.792	
3		2-戊酮	58.250 ± 2.461	
4		2,3-戊二酮	13.015 ± 1.747	
5		6-甲基-2-庚酮	10.360 ± 0.057	
6	酮类/9	二氢-2-甲基-3(2H)呋喃酮	23.770 ± 2.984	20.220
7		二氢-2-甲基-3(2H)噻吩酮	439.880 ± 3.210	
8		四氢噻吩-3-酮	3.610 ± 0.396	
9		二氢-2(5)-乙基-3(2H)噻吩酮	19.980 ± 0.523	
10		2,3-二氢-3,5-二羟基-6-甲基-4H-吡喃-4-酮	3.265 ± 0.375	
11		3-甲基丁醛	255.845 ± 11.759	
12	醛类/4	壬醛	35.540 ± 3.338	11.486
13		癸醛	4.855 ± 0.092	
14		3-甲基-2-噻吩醛	52.900 ± 2.616	
15		2-呋喃甲硫醇	2.075 ± 1.407	
16	醇类/3	芳樟醇	13.750 ± 0.339	1.254
17		5-甲基-2-呋喃甲醇	22.300 ± 2.616	
18		乙酰丙基乙酸酯	7.630 ± 0.410	
19	酯类/3	2-(4-甲基-5-噻唑)-乙酸乙酯	8.170 ± 0.537	0.573
20		1,2-苯二甲酸二异丁酯	1.630 ± 0.297	

续表

序号	分类/种类	挥发性风味物名称	质量浓度/（μg/L）	相对含量/%
21		2-甲基呋喃	69.645±0.884	
22	呋喃/4	2,3-二氢-5-甲基呋喃	68.180±1.230	14.606
23		2-甲基-3-巯基呋喃	6.715±2.581	
24		3,3'-二硫代双（2-甲基）-呋喃	299.445±6.385	
25		2-甲基噻吩	9.945±0.219	
26		2,3-二氢-5-甲基噻吩	21.245±0.007	
27	噻吩/6	2-乙酰-5-甲基噻吩	25.900±1.259	6.056
28		2-乙酰噻吩	73.250±0.523	
29		2-甲基-5-丙酰基噻吩	16.785±0.742	
30		3-羟甲基噻吩	36.955±0.078	
31		吡嗪	117.210±7.637	
32		2-甲基吡嗪	287.225±6.187	
33		2,5-二甲基吡嗪	24.895±0.148	
34		2,6-二甲基吡嗪	55.235±0.431	
35		2,3-二甲基吡嗪	4.660±0.226	
36	吡嗪/12	2-乙基-6-甲基吡嗪	14.245±0.502	19.531
37		2,3,5-三甲基吡嗪	14.870±0.226	
38		2-正丙基吡嗪	2.970±0.000	
39		2-乙基-3,5-二甲基吡嗪	2.830±0.085	
40		2-甲基-6-丙基吡嗪	4.045±0.021	
41		3-甲基-2-丁基吡嗪	45.100±2.164	
42		2-异戊基-6-甲基吡嗪	20.375±0.417	
43		4,5-二甲基噻唑	12.740±0.113	
44		2,4,5-三甲基噻唑	5.290±0.071	
45		4-乙基-2,5-二甲基噻唑	2.290±0.028	
46	噻唑/8	2-异丁基-5-甲基噻唑	5.310±0.594	24.910
47		4,5-二甲基-2-异丁基噻唑	12.330±0.311	
48		2-乙酰基噻唑	52.420±0.184	
49		2-乙酰基-4-甲基噻唑	30.705±2.482	
50		4-甲基-5-羟乙基噻唑	636.105±14.050	
51	酸类/1	乙酸	15.275±0.007	0.503
52	酚类/1	2,4-二叔丁基苯酚	18.655±0.205	0.614

模型体系产物中烷基吡嗪，如2,5-二甲基吡嗪、2,6-二甲基吡嗪、2,3,5-三甲基吡嗪、2-乙基-6-甲基吡嗪和2-乙基-3,5-二甲基吡嗪，相应的质量浓度分别为24.9μg/L、55.2μg/L、14.9μg/L、14.2μg/L、2.8μg/L。这些吡嗪类风味化合物均具有烤香味；呋喃类物质中2-甲基-3-巯基呋喃和3,3'-二硫代双（2-甲基）-呋喃的质量浓度分别为6.7μg/L、299.4μg/L，它们可以赋予牛肉特殊的香气；噻唑类物质，如2-乙酰基噻唑的质量浓度为52.4μg/L，可以产生烤牛肉香气；产物中羰基化合物如3-甲基丁醛的质量浓度为255.8μg/L，壬醛和癸醛总质量浓度为40.4μg/L。3-甲基丁醛等羰基化合物对烤牛肉香气非常重要。

牛肉汤提取物中含有还原糖、氨基酸和多肽等，添加至模型体系中可以模拟肉中的化学组成。在95℃条件下加热不同时间制备的牛肉汤提取物，还原糖和多肽含量均先增加后减少，且加热30min时含量最多，分别为0.358g/100mL和0.342mg/mL。这可能是因为初始加热过程中，牛肉中的肌糖原分解产生还原糖，使之含量上升；随着还原糖含量的增加和加热时间的延长，美拉德反应占主导，还原糖的含量随之下降。50~70min时，反应趋于平缓，还原糖含量变化不显著。蛋白质在加热过程中分解为游离氨基酸的同时，还会产生部分中间产物多肽，使牛肉汤提取物中的多肽含量先增加，生成的多肽及牛肉汤中原本含有的多肽发生降解和美拉德反应，一方面生成最终产物氨基酸，另一方面与牛肉汤中的还原糖反应，多肽的消耗速率大于生成速率，使之含量明显降低。牛肉汤提取物中的氨基酸含量先增加后降低的原因可能是加热过程中，牛肉汤中的蛋白质和多肽分解产生氨基酸，同时氨基酸也参与美拉德反应，消耗量多于生成量时导致了最终含量的下降。

美拉德反应模型体系色泽和风味的形成与还原糖和氨基酸的含量密切相关。木糖浓度影响木糖-甘氨酸/赖氨酸模型体系的色泽。模型中半胱氨酸浓度也影响模型的吸光度。半胱氨酸与羰基化合物结合参与高温分解和Strecker降解反应，产生多种含硫杂环化合物，比如2-甲基-3-呋喃硫醇是热加工牛肉中重要的具有烤肉香味的化合物，也促进了产物硫刺鼻味的形成。另外，还产生了多种含氮、含氧风味物，最典型的是具有明显烤肉香气的吡嗪类物质，赋予产物烤香味；而含氮化合物具有较低的阈值，使产物具有焦煳味。而且，牛肉汤提取物中成分复杂，含有多种还原糖和氨基酸等，同样引起模型体系的风味变化，如半胱氨酸和赖氨酸对鲜味具有正效应，丝氨酸、亮氨酸和精氨酸则抑制鲜味的形成。这些原因共同作用，从而导致模型产物风味的变化。

4. 牛肉汤提取物美拉德反应模型体系中杂环胺的形成

110℃下牛肉汤提取物美拉德反应模型中杂环胺的形成得到明显抑制。在测定的PhIP、IQ、MeIQ、8-MeIQx、4,8-DiMeIQx、7,8-DiMeIQx、AαC、MeAαC、Harman、Norharman、Trp-P-1和Trp-P-2这12种杂环胺中（图1-18），木糖添加量为0.2g，半胱氨酸添加量为0.2g的美拉德反应模型产物中共检测出10种杂环胺，分别是PhIP、IQ、8-MeIQx、4,8-DiMeIQx、AαC、MeAαC、Harman、Norharman、Trp-P-1、Trp-P-2，总质量浓度为2.7ng/mL，主要杂环胺包含IQ、Norharman和PhIP，占总量的63.4%，其中IQ的含量显著高于其余杂环胺，共产生1.0ng/mL，而MeIQ和7,8-DiMeIQx两种杂环胺未检出。

木糖和半胱氨酸质量浓度为0.04g/mL的美拉德反应模型产物中含有10种杂环胺。在加热的过程中，一种氨基酸可以生成多种杂环胺，而一种杂环胺也可以由多种氨基酸作为前体物。苯丙氨酸和肌酐是形成PhIP的重要前体物，肌酐与亮氨酸、异亮氨酸和酪氨酸同样可以产生PhIP。Harman和Norharman的主要前体物是色氨酸，且在低于100℃的条件下也可以

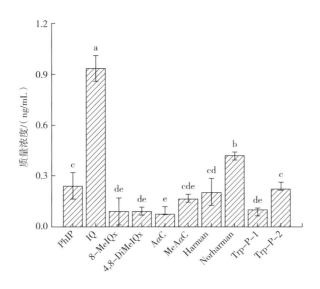

图 1-18　美拉德反应模型中杂环胺的质量浓度

注：不同小写字母（a~e）表示杂环胺含量差异显著（$P<0.05$）。

生成。模型体系中杂环胺的种类含量较低原因可能有两个，一是模型的反应温度的降低，二是改变模型中还原糖和氨基酸等反应物的质量浓度比。2-甲基吡啶、肌酐和乙醛的水溶液在 140℃ 条件下加热 1h，IQ 的形成量为 295ng/g，而 110℃ 模型产物中 IQ 的质量浓度为 0.935ng/mL，降低了 99.7%。128℃ 条件下加热 2h 的甘氨酸-肌酐-葡萄糖模型体系产物中含有 MeIQ 和 7,8-DiMeIQx，而在 110℃ 模型产物中，这两种杂环胺均未检出，说明反应物中甘氨酸、肌酐和葡萄糖的含量较少，或者是木糖和半胱氨酸的添加抑制了这三种物质之间的反应。苯丙氨酸-肌酐-葡萄糖模型体系在 180℃ 条件下反应 30min，产生杂环胺总量为 4761ng/mL，远远超过 110℃ 模型中的杂环胺质量浓度。葡萄糖-肌酸酐-甘氨酸模型体系在 130℃ 下加热 1.5h，其体系产物中杂环胺总质量浓度为 19.8ng/mL，是 110℃ 模型中杂环胺浓度的 7.44 倍。葡萄糖-肌酐-苯丙氨酸模型体系在 180℃ 条件下反应 1h，形成的 PhIP 共 2446ng/g，高出 110℃ 模型中 PhIP 质量浓度（0.238ng/mL）10276 倍。综上所述，与这些结果相比，分别将 0.2g 木糖、0.2g 半胱氨酸和 5mL 牛肉汤提取物模型，在 pH7、110℃ 条件下反应 70min，模型反应产物中的杂环胺质量浓度最低。

（七）温度和水分活度对美拉德反应模型体系风味和色泽的影响

1. 猪肉提取物美拉德反应模型的建立

（1）猪肉酶解产物的制备　准确称取猪里脊肉肉糜 100g 并加入 400mL 蒸馏水，于 90℃ 水浴处理 10min，待冷却至室温后，调节 pH 至中性，再加入复合蛋白酶和风味蛋白酶（酶总量 4%，比例 1∶1）于 50℃ 条件下酶解 4h，酶解完成后升温至 95℃ 灭酶 10min，用砂布滤去肉渣得初滤液，于 4000r/min 离心 15min，取上清液即为制备的猪肉酶解产物。

（2）猪肉酶解产物美拉德反应模型体系的建立　用 2mmoL 葡萄糖、1mmoL 六磷酸葡萄糖二钠、1mmoL 半胱氨酸、1mmoL 硫胺素作为底物，加入水分活度（a_w）为 0.85、0.80、0.75（丙三醇添加量分别为 4.00g、5.40g、7.11g）的猪肉酶解产物 5mL，混合均匀，建立美拉德反应模型体系，进行3×3析因试验分析。模型体系在115℃、120℃、125℃条件下加热70min，反应结束后冷却至室温，备用。

2. 温度和水分活度对美拉德反应模型体系色泽和风味的影响

（1）温度和水分活度对猪肉酶解产物美拉德反应模型吸光度的影响 美拉德反应模型的褐变程度可以由420nm处的紫外吸光度来表示模型体系的褐变程度。反应液稀释30倍后测定吸光度，感官评定色泽（表1-5）。

温度和水分活度影响猪肉酶解产物美拉德反应模型体系的褐变程度。对于115℃和120℃的模型，随着水分活度的降低，美拉德反应体系吸光度基本上呈逐渐升高趋势。当温度在125℃，水分活度为0.80时反应体系吸光度最高，即褐变程度最高且颜色最深呈棕色，相较于水分活度0.75和0.85的模型分别提高11.03%和10.73%（$P<0.05$）。总体看来，$a_w=0.85$、$a_w=0.80$和$a_w=0.75$的模型，随着温度的升高，其美拉德反应模型吸光度显著升高，即褐变程度显著升高（$P<0.05$），模型色泽也逐步加深，从浅红色到橘红色，最后变成紫红色甚至棕色。125℃的试验模型吸光度较于115℃模型分别升高了81.25%、78.10%和57.02%。研究显示，在所有模型中，125℃+a_w0.80的模型，其吸光度最大，即美拉德反应产物褐变程度最高且颜色最深。从主效应进行分析及方差分析结果得知，温度和水分活度都对美拉德反应产物褐变程度有极显著影响，且温度与水分活度的交互作用对美拉德反应模型褐变程度有极显著影响（$P<0.01$）。

表1-5 猪肉酶解产物美拉德反应模型褐变程度分析

$T/℃$	a_w	吸光度	模型色泽
115	0.85	$0.400^E \pm 0.005$	浅红色
	0.80	$0.452^D \pm 0.011$	浅红色
	0.75	$0.463^D \pm 0.008$	浅红色
120	0.85	$0.398^E \pm 0.007$	浅红色
	0.80	$0.530^C \pm 0.010$	橘红色
	0.75	$0.520^C \pm 0.011$	橘红色
125	0.85	$0.725^B \pm 0.008$	紫红色
	0.80	$0.805^A \pm 0.006$	棕色
	0.75	$0.727^B \pm 0.012$	紫红色
115		$0.438^c \pm 0.034$	
120		$0.482^b \pm 0.073$	
125		$0.752^a \pm 0.046$	
	0.85	$0.508^\gamma \pm 0.188$	
	0.80	$0.596^\alpha \pm 0.185$	
	0.75	$0.570^\beta \pm 0.139$	

续表

T/℃	a_w	吸光度	模型色泽
	T	**	
显著性	a_w	**	
	$T \times a_w$	**	

注：①*、**和NS分别表示$P<0.05$，$P<0.01$和$P>0.05$；②T表示温度，a_w表示水分活度；③同列数据肩标不同大写英文字母（A~E）表示差异显著（$P<0.05$），同列中不同小写英文字母（a~c）表示差异显著（$P<0.05$），同列中不同大写希腊字母（α~γ）表示差异显著（$P<0.05$）。

（2）温度和水分活度对猪肉酶解产物美拉德反应模型风味感官评分的影响　从表1-6可见，在115℃和125℃时，美拉德反应模型色泽评分值随水分活度降低而无显著变化；但120℃时，随着水分活度a_w降低，模型色泽评分值升高（$P<0.05$）且水分活度为0.80试验组评分值最高。当水分活度为0.85时，模型色泽评分值随着温度的升高也无明显变化。$a_w=0.80$和$a_w=0.75$的模型，其色泽评分值是随温度的升高而先升高后降低，120℃+a_w0.80模型评分值最高（$P<0.05$）。120℃+a_w0.75的模型色泽感官评分与前者的色泽感官评分在数理统计上没有差别。从方差分析得知，温度和水分活度都对美拉德反应模型色泽评分值有极显著影响（$P<0.01$），且温度与水分活度的交互作用对美拉德反应模型色泽评分值有显著影响（$P<0.05$）。

在所有9个模型之间，肉香风味感官评分值无明显变化（$P>0.05$）。方差分析结果也表明，温度和水分活度都对美拉德反应肉香风味无显著影响，也无显著性的交互作用（$P>0.05$）。肉香味的产生主要是美拉德反应模型中常见的吡嗪类风味物质作用的结果，当100℃以下时吡嗪类物质产生较少，只有较为清淡的肉汤风味。而当温度达到100℃以上时吡嗪类物质会随反应时间的增加而增加，并产生较为强烈的烤肉香味。吡嗪类风味物质主要是α-二羰基化合物和氨基酸通过Strecker降解反应产生。115~125℃和水分活度0.75~0.85反应条件可能没有明显影响氨基酸的Strecker降解过程。

关于焦煳味的形成，当美拉德反应温度为115℃和120℃时，水分活度对猪肉酶解产物美拉德反应模型焦煳味无显著性影响（$P>0.05$）。而当温度为125℃时，水分活度为0.85的模型焦煳味感官评分值最高，比水分活度为0.80和0.75的模型焦煳味感官评分值高，且差异显著（$P<0.05$），且该温度下焦煳味感官评分值和水分活度呈负相关。当水分活度为0.85时，美拉德反应焦煳味评分值随着温度的升高而先升高后降低（$P<0.05$），120℃的模型评分值最高，较于其他两温度的模型评分值高1.22。而水分活度为0.80和0.75时，美拉德反应模型焦煳味评分值随着温度的升高而降低（$P<0.05$），125℃的模型评分值相较于115℃、120℃的模型分别低0.33和1.89、0.89和2.33。当温度为120℃时，美拉德反应模型焦煳味评分值最优。方差分析表明，温度对美拉德反应焦煳味的影响极显著（$P<0.01$）。虽然水分活度对美拉德反应焦煳味无显著影响（$P>0.05$），但是其与温度的交互作用对美拉德反应焦煳味的影响是显著的（$P<0.05$）。焦煳味是高温条件下美拉德反应中常见的带有焦糖及苦味的风味，焦煳味主要是由呋喃和呋喃酮类风味物质作用产生，温度的升高会加速呋喃和呋喃酮类风味物质的生成，进而产生更浓厚的焦煳味。呋喃类风味物质主要来源于糖的

焦糖化反应和碳水化合物的降解，而随着温度的升高，呋喃类物质会显著增加，因此温度对焦煳味的产生有较大的影响。

温度和水分活度的交互作用对猪肉酶解产物美拉德反应模型的硫刺鼻味有影响。美拉德反应模型中的硫刺鼻味可能与含硫底物半胱氨酸和硫胺素有关。噻吩类风味物质是产生硫刺鼻味的重要物质。当美拉德反应温度为115℃和120℃时，随着水分活度的降低，美拉德反应模型硫刺鼻味评分值并未有明显的变化（$P>0.05$）；而当温度为125℃时，美拉德反应模型硫刺鼻味评分值随水分活度的降低而降低（$P<0.05$），水分活度为0.85的模型硫刺鼻味评分值显著高于水分活度为0.75的模型（$P<0.05$）。当水分活度为0.85和0.80时，模型硫刺鼻味感官评分值随温度的升高而无显著影响（$P>0.05$）；而同等条件下，模型美拉德反应硫刺鼻味评分值随温度的升高而降低（$P<0.05$），120℃+水分活度为0.75的模型评分值最高。方差分析显示，尽管温度和水分活度对美拉德反应硫刺鼻味无显著影响（$P>0.05$），但它们之间的交互作用对美拉德反应模型硫刺鼻味的形成有显著影响（$P<0.05$）。

表1-6中结果分析显示，其他异味不受水分活度和加热温度的影响。

表1-6 猪肉提取物美拉德反应模型的风味感官评分分析

$T/℃$	a_w	色泽	肉香味	焦煳味	硫刺鼻味	其他异味
	0.85	$5.11^{BC}\pm0.93$	$5.89^A\pm0.99$	$5.89^B\pm1.29$	$5.67^{BC}\pm1.41$	$6.33^A\pm1.49$
115	0.80	$5.22^{BC}\pm0.97$	$6.11^A\pm1.10$	$6.22^{AB}\pm1.47$	$6.33^{ABC}\pm0.82$	$7.00^A\pm1.33$
	0.75	$5.89^B\pm0.78$	$6.22^A\pm1.23$	$6.56^{AB}\pm0.96$	$6.44^{ABC}\pm0.50$	$6.78^A\pm1.03$
	0.85	$5.11^{BC}\pm1.05$	$6.11^A\pm0.74$	$7.11^{AB}\pm0.99$	$6.11^{ABC}\pm1.45$	$6.67^A\pm1.25$
120	0.80	$7.00^A\pm1.00$	$6.22^A\pm0.79$	$6.67^{AB}\pm0.67$	$6.56^{ABC}\pm1.17$	$5.89^A\pm1.20$
	0.75	$6.78^A\pm0.83$	$6.44^A\pm0.68$	$7.00^A\pm0.82$	$6.89^A\pm0.87$	$6.22^A\pm1.31$
	0.85	$5.22^{BC}\pm0.83$	$6.00^A\pm1.05$	$5.89^B\pm0.74$	$6.78^{AB}\pm0.92$	$7.11^A\pm1.79$
125	0.80	$4.67^C\pm0.87$	$6.11^A\pm0.74$	$4.78^C\pm0.79$	$6.22^{ABC}\pm1.23$	$7.33^A\pm1.15$
	0.75	$5.56^{BC}\pm0.88$	$6.33^A\pm0.82$	$4.67^C\pm0.67$	$5.56^C\pm0.68$	$6.67^A\pm1.63$
115		$5.41^b\pm0.70$	$6.07^a\pm0.52$	$6.22^b\pm0.58$	$6.15^a\pm0.73$	$6.70^a\pm1.03$
120		$6.30^a\pm0.96$	$6.26^a\pm0.52$	$6.93^a\pm0.49$	$6.52^a\pm0.44$	$6.26^a\pm0.78$
125		$5.15^b\pm0.58$	$6.15^a\pm0.29$	$5.11^c\pm0.65$	$6.19^a\pm0.60$	$7.04^a\pm0.77$
	0.85	$5.15^\beta\pm0.38$	$6.00^\alpha\pm0.44$	$6.30^\alpha\pm1.15$	$6.19^\alpha\pm0.61$	$6.70^\alpha\pm0.57$
	0.80	$5.63^{\alpha\beta}\pm1.20$	$6.15^\alpha\pm0.50$	$5.89^\alpha\pm0.93$	$6.37^\alpha\pm0.26$	$6.74^\alpha\pm0.97$
	0.75	$6.07^\alpha\pm0.72$	$6.33^\alpha\pm0.37$	$6.07^\alpha\pm0.82$	$6.30^\alpha\pm0.85$	$6.56^\alpha\pm1.14$
	T	**	NS	**	NS	NS
	a_w	**	NS	NS	NS	NS
	$T\times a_w$	*	NS	*	*	NS

注：①*、**和NS分别表示$P<0.05$，$P<0.01$和$P>0.05$；②T表示温度，a_w表示水分活度；③同列数据肩标不同大写英文字母（A~E）表示差异显著（$P<0.05$），同列中不同小写英文字母（a~e）表示差异显著（$P<0.05$），同列中不同小写希腊字母（α~ε）表示差异显著（$P<0.05$）。

第五节　肉制品在热加工过程中形成的有害物质

肉类食品在传统高温加热和长期加热过程中会形成或沉积多环芳烃、甲醛、杂环胺、胆固醇氧化物、反式脂肪酸、亚硝胺、各种自由基和丙二醛等，并排放大量PM2.5。到目前为止，欧盟规定了食品中3,4-苯并芘和PAH4的残留限量。

一、多环芳烃

许多烟熏和糖熏食品中含有多环芳烃类致癌物质，严重危害食用者的健康，使得人们对烟熏食品的安全性产生了怀疑。多环芳烃（polycyclic aromatic hydrocarbon，PAHs）是指分子中含有两个或两个以上苯环的碳氢化合物，是煤、石油等燃料以及木材、汽油、重油、纸张、作物秸秆、烟草等有机物质经不完全燃烧或热分解生成的，是重要的环境和食品污染物，并且是最早发现且数量最多的致癌物。在目前已查出的500多种主要致癌物中，有200多种属于多环芳烃类化合物。

（一）多环芳烃的一般物理化学特性

多环芳烃主要是由有机物的不完全燃烧产生的。大多数多环芳烃在常温下呈固态，沸点比相同碳原子数目的正构直链烷烃高。3环以上的多环芳烃大都是无色或淡黄色晶体，个别颜色比较深。因其分子结构对称、偶极距小、分子量大，多环芳烃通常为非极性物质，在水中溶解度低，且具有高熔点和高沸点。在常温下，多环芳烃是以气相和固相共存。一般而言，低环多环芳烃主要存在于气相中，5~6环的多环芳烃则主要凝聚而吸附在颗粒物表面上，介于两者之间的含有3~4个苯环的PAHs以气相和颗粒共存。1976年美国环保局提出的129种"优先控制污染物"中，多环芳烃化合物有16种，这16种多环芳烃的结构见图1-19，物理、化学性质见表1-7。具有致癌作用的多环芳烃一般为4~6环的稠环化合物，如苯并［a］蒽、苯并［b］荧蒽、3,4-苯并芘等，其中3,4-苯并芘，又称为苯并［a］芘，是多环芳烃类化合物中最具有代表性的强致癌稠环芳烃，是首个被发现的环境化学致癌物，其分布广泛，性质稳定，致癌性强，它不仅是多环芳烃类化合物中毒性最大的一种，也是所占比例较大的一种，占全部致癌性多环芳烃总量的20%以上，3,4-苯并芘通常被用来作为多环芳香类化合物总体污染的指标。

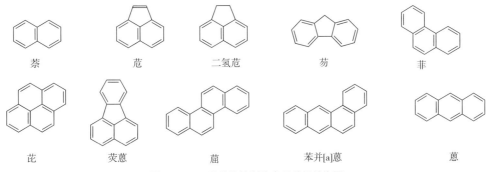

图1-19　16种优先控制的多环芳烃结构图

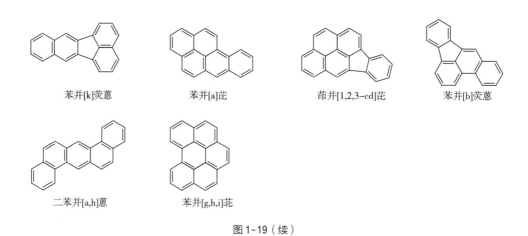

苯并[k]荧蒽　　　　　苯并[a]芘　　　　　茚并[1,2,3-cd]芘　　　　苯并[b]荧蒽

二苯并[a,h]蒽　　　　苯并[g,h,i]菲

图 1-19（续）

表 1-7　美国国家环境保护局优先控制的 16 种多环芳烃化合物

化合物名称	英文缩写	环数	CAS 编号	辛醇-水分配系数	国际癌症研究机构致癌性等级
萘 naphthalene	Nap	2	91-20-3	3.37	2B
苊 acenaphthene	Ace	3	83-32-9	4.54	3
二氢苊 acenaphthylene	Acy	3	208-96-8	4.00	3
芴 fluorene	Flu	3	86-01-8	4.18	3
䓛 chrysene	Chr	4	218-01-9	5.86	2B
菲 phenanthrene	Phe	3	85-01-8	4.57	3
蒽 anthracene	Ant	3	120-12-7	4.54	3
芘 pyrene	Pyr	4	129-00-0	5.18	3
苯并［a］蒽 benzo［a］anthracen	BaA	4	56-55-3	5.91	2B
3,4-苯并芘 benzo［a］pyrene	BaP	5	50-32-8	6.04	1
荧蒽 fluoranthene	Fl	4	206-44-0	5.22	3
苯并［b］荧蒽 benzo［b］fluoranthene	BbF	5	205-99-2	5.80	2B
苯并［k］荧蒽 benzo［k］fluoranthene	BkF	5	207-08-9	6.00	2B
茚并［1,2,3-cd］芘 indeno［1,2,3-cd］pyrene	IcdP	6	193-39-5	5.81	2B
二苯并［a,h］蒽 dibenzo［a,h］anthracene	DBahA	5	53-70-3	6.75	2A
苯并［g,h,i］菲 benzo［g,h,i］perylene	BghiP	6	19-24-2	6.50	3

注：化合物的辛醇-水分配系数越高越不溶于水。最后一列中 1 代表对人致癌、2A 代表很可能对人致癌、2B 代表可能对人致癌、3 代表对人的致癌性未知。

（二）多环芳烃的来源及形成机制

1. 多环芳烃的来源

（1）自然来源 多种陆生植物（如小麦及裸麦幼苗）、多种细菌（如大肠菌等）以及某些水生植物都有合成多环芳烃（包括某些致癌性多环芳烃）的能力。生物体内合成、森林及草原自然起火、火山活动是环境中多环芳烃主要的自然来源。

（2）人为来源 ①各类工业锅炉、生活炉灶产生的烟尘，如燃煤和燃油锅炉、火力发电厂锅炉、燃柴炉灶；②各种生产过程和使用煤焦油的工业过程，如炼焦、石油裂解，煤焦油提炼、柏油铺路等；③各种人为原因的露天焚烧（包括烧荒）和失火，如垃圾焚烧、森林大火、煤堆失火；④各种机动车辆排出的尾气；⑤吸烟和烹调过程中产生的烟雾是室内多环芳烃污染的重要来源。

各个国家和地区因能源结构等实际情况的不同在多环芳烃来源方面常常存在差异，如我国是一个以煤炭为主要能源的国家，燃煤是空气中多环芳烃的主要贡献者，此外，由于饮食习惯的不同，烹调也是我国的一项污染源。在加工过程中，脂肪、蛋白质和碳水化合物等有机物质的高温（$>200\,^{\circ}\mathrm{C}$）受热分解是食品中多环芳烃的主要来源，尤其是脂肪在 $500\sim900\,^{\circ}\mathrm{C}$ 的高温下，最有利于多环芳烃的产生，并且产生量随着脂肪含量的增加而大幅增加。

2. 不完全燃烧条件下多环芳烃的形成机制

多环芳烃的形成机理很复杂，一般认为多环芳烃主要是由石油、煤炭、木材、气体燃料等碳氢化合物在不完全燃烧以及在还原条件下热分解而产生的。根据 Badger 等（1959）的假说，熏烟生成（热解）过程中 3,4-苯并芘的合成步骤如图 1-20 所示：首先有机物在高温缺氧条件下裂解产生碳氢自由基结合成乙炔，乙炔经聚合作用形成乙烯基乙炔或 1,3-丁二烯，然后经环化生成乙苯，再进一步结合成丁基苯和四氢化萘，最后通过中间体形成 3,4-苯并芘。但这并不意味着 3,4-苯并芘的生成一定要从两个碳原子的化合物开始，实验已证明，图中任一中间体均可在 $700\,^{\circ}\mathrm{C}$ 下裂化生成 3,4-苯并芘。发烟时 3,4-苯并芘的生成量与烟熏木材的燃烧温度有很密切的关系。一般认为发烟温度在 $400\,^{\circ}\mathrm{C}$ 以下时，只形成极微量的 3,4-苯并芘，发烟温度在 $400\sim1000\,^{\circ}\mathrm{C}$ 时，3,4-苯并芘的生成量随温度的上升几乎呈直线型增加。

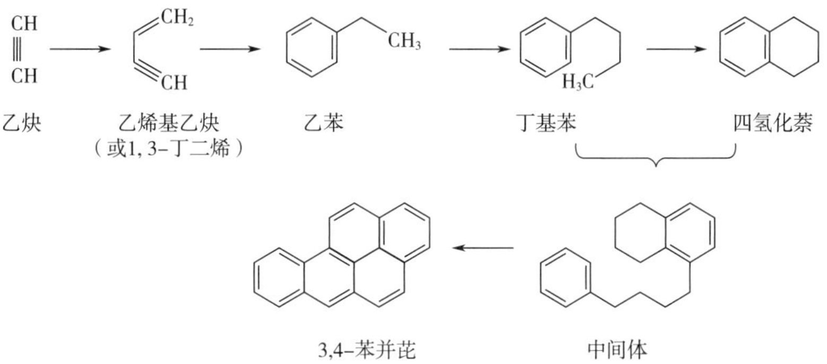

图 1-20 3,4-苯并芘形成过程

烧烤肉制品中 3,4-苯并芘的含量与烤制方式（炭烤、木烤、电烤等）、原料肉中的脂肪含量、烧烤温度、时间、肉样和火源的距离等因素有关。

（三）多环芳烃的危害

1. 直接致癌作用

3,4-苯并芘是一种公认的强环境致癌物，可诱发皮肤、肺和消化道癌症。3,4-苯并芘对人体健康可造成严重危害，其主要是通过食物或饮水进入机体，在肠道被吸收，进入血液后很快散布全全身。小剂量3,4-苯并芘就有可能引起局部组织癌变。有研究表明，3,4-苯并芘可引起大鼠肝细胞、肺细胞及外周血淋巴细胞 DNA 损伤，对皮肤、眼睛、消化道有刺激作用，可以诱发皮肤、肺、消化道和膀胱等癌症，且具有胚胎毒性。除了其致癌性，3,4-苯并芘还是一种很强的致畸、致突变剂和内分泌干扰物。3,4-苯并芘对兔、豚鼠、大鼠、鸭、猴等多种动物均能引起胃癌，并可经胎盘使子代发生肿瘤，造成胚胎死亡或畸形及免疫功能下降。根据 Benford 等（2010）的研究，在小鼠致癌模型中，3,4-苯并芘的 BMDL10（10%肿瘤发生率的低测可信限）为 0.122mg/（kg·d）。

2. 间接致癌作用

3,4-苯并芘还是一种间接致癌物，所谓间接致癌物是指在体内需经代谢活化才与大分子化合物结合的致癌物。在此代谢活化过程中，细胞色素酶系 P450（简称 CYP450）起到了重要作用，其过程一般为：①3,4-苯并芘被 CYP450 氧化成 7,8-环氧 3,4-苯并芘；②7,8-环氧 3,4-苯并芘经环氧化物水解酶作用生成 7,8-二羟基 3,4-苯并芘；③经细胞色素 P1A1（简称 CYP1A1）进一步氧化成 7,8-二羟基-9,10-环氧 3,4-苯并芘。后者是终致癌物，可作用于 DNA，从而激活癌基因。高振强等（1996）研究认为在 3,4-苯并芘致肺癌过程中，BT 癌细胞中 p53 蛋白和 mRNA 水平增高，*codon273* 出现了 G→T 突变；p21 癌蛋白高表达，*Ki-ras* 基因 mRNA 水平增高和 *codon12* 出现 G→T 突变，结果提示二者协同参与了 3,4-苯并芘致肺癌过程。其实早在 1775 年，英国一位外科医生波特就注意到，凡是童年开始从事扫烟囱职业的工人，工作 15~25 年，大部分患阴囊癌。现已查明，原来是 3,4-苯并芘在作祟。因为煤以及大多数有机物在 500~600℃条件下不完全燃烧时，会产生 3,4-苯并芘。根据流行病学调查，人经常摄入含 3,4-苯并芘的食物与消化道癌发病率有关。日本、冰岛和智利等国患胃癌人数居世界首位，就和他们大量食用熏鱼有关；经常饮酒的人，食管癌和胃癌的发病率比不饮酒的人高，推测酒将食道或胃内的部分黏液溶解，此时摄入的食物中如含有 3,4-苯并芘可增加致癌机会。3,4-苯并芘引起人体癌症的潜伏期很长，一般要 20~25 年。

3. 致畸致突变作用

3,4-苯并芘的毒性还远不止上述的致癌性，它还是一种很强的致畸、致突变和内分泌干扰物。3,4-苯并芘对兔、豚鼠、大鼠、鸭、猴等多种动物均能引起胃癌，并可经胎盘使子代发生肿瘤，造成胚胎死亡或畸形及子代免疫功能下降。江艳艳等（1999）研究表明，3,4-苯并芘可显著诱导人胎盘绒毛膜上皮细胞中细胞色素 P1A1 活性，使细胞对外来物质的活化能力明显增强。经胎盘细胞色素 P1A1 代谢活化的有害物质可能会使胎儿器官产生畸形。

4. 神经毒性

除了致癌、致畸、致突变作用外，3,4-苯并芘还具有一定的神经毒性。何丽君等（2010）的研究就表明，多环芳烃可致接触人群中单胺类神经递质升高，以 3,4-苯并芘为代表的多环芳烃具有一定的神经毒性，其中最为突出的是影响暴露者的学习记忆能力。聂继盛等（2007）研究认为，3,4-苯并芘可对神经元产生细胞毒性效应，脂质过氧化可能是细胞活力降低的原因之一。

5. 摄入限量标准

自 2002 年食品科学委员会提出的食品中多环芳烃对人体健康的危害后，欧盟第一次对食品中的 3,4-苯并芘进行了限量，包括烟熏肉制品和鱼肉制品。欧盟规定烟熏剂中 3,4-苯并芘的含量不超过 0.03μg/kg，德国对肉制品中 3,4-苯并芘的残留限量为 1μg/kg，随后，其他国家如澳大利亚、捷克、瑞士、意大利等也采用了同样的限量标准。GB 2762—2022《食品安全国家标准　食品中污染物限量》中规定，熏烤肉制品中 3,4-苯并芘的残留量不得超过 5μg/kg。欧盟第 835/2011 号法规指出，3,4-苯并芘不能作为多环芳烃的最适标志物，引入了 PAH4（4 种多环芳烃含量之和，苯并芘+䓛+苯并蒽+苯并荧蒽）的概念，把 PAH4 作为传统产品中多环芳烃的最佳指标物，同时维持 3,4-苯并芘的最高限量标准。该法规规定，熏肉和熏肉制品、熏鱼和烟熏水产品的肌肉中 3,4-苯并芘最高限量为 2.0μg/kg，PAH4 为 12.0μg/kg；烧烤肉和烧烤肉制品中 3,4-苯并芘最高限量为 5.0μg/kg，PAH4 为 30.0μg/kg。

（四）多环芳烃的检测方法

1. 3,4-苯并芘的测定方法

常用的检测方法有 GB/T 5009.27—2016《食品安全国家标准　食品中苯并［a］芘的测定》中的荧光分光光度法和高效液相色谱法，前者要求试样量 50g，检出限为 1ng/g，该方法的缺点是使用试剂种类较多，且多为有机试剂，测定时间长，检出限较高，灵敏度较差；后者所用试剂较少，测定时间较短，分离效果好，检出限低，适用于烧烤、油炸、烟熏等肉制品中 3,4-苯并芘的检测。3,4-苯并芘的检测方法还有气相色谱-质谱联用法（GC-MS）、薄层色谱法、纸层析法等，随着现代检测技术的快速发展，将会出现更加快速、准确、智能化的检测方法，能够更好地进行肉制品中 3,4-苯并芘残留的安全检测。

2. 传统熏鸡制品中 PAH4 的测定——高效液相色谱法

（1）标准溶液配制　500μL 的 PAH4 标准溶液用乙腈定容至 100mL，然后稀释为质量浓度为 1、5、10、20、50、100ng/mL 的混合标准工作液。待测。

（2）熏鸡样品制备　按照 GB 5009.265—2016《食品安全国家标准　食品中多环芳烃的测定》的方法，并进行适当修改：称取熏鸡 2g 试样，加入 1g 硅藻土，10mL 正己烷溶解，经超声、氮吹后加入硫酸镁、PSA、C_{18} 填料，后氮吹定容至 1mL，所得溶液收集于进样瓶中。待测。

（3）高效液相色谱条件　HPLC 梯度洗脱程序如表 1-8 所示。柱温 30℃，流速 1.2mL/min，进样量 50μL。荧光检测器的编程根据实际检测的 PAH4 设定，其波长的设定如表 1-9 所示。

表 1-8　流动相洗脱梯度

时间/min	乙腈占比/%	水占比/%
0	60	40

续表

时间/min	乙腈占比/%	水占比/%
12	90	10
29	90	10
34	60	40

表1-9 荧光检测器编程

时间/min	荧光物质激发波长/nm	荧光物质发射波长/nm
0	277	330
14.5	277	384
18.4	303	436
19.6	280	410

（4）PAH4标准工作曲线　4种多环芳烃（PAH4）的标准品色谱图见图1-21所示。以PAH4的浓度为横坐标，以相对应的峰面积为纵坐标，绘制多环芳烃标准品的标准曲线，得到线性回归方程，如表1-10所示，相关系数范围在0.9954～0.9999，线性范围在1～100ng/g。

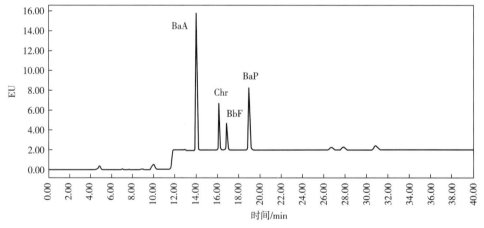

图1-21 PAH4标准品荧光色谱图

注：图中所标注的4个峰从左到右依次对应苯并蒽（BaA）、䓛（Chr）、苯并［b］荧蒽（BbF）、3,4-苯并芘（BaP）。

表1-10 PAH4的线性回归方程

PAH4	线性回归方程	相关系数	线性范围/（ng/g）
苯并蒽	$y = 11075x + 25214$	0.9989	1～100

续表

PAH4	线性回归方程	相关系数	线性范围/（ng/g）
䓛	$y = 3340.8x - 2010.5$	0.9999	1~100
苯并[b]荧蒽	$y = 2016.3x - 1345.7$	0.9954	1~100
3,4-苯并芘	$y = 5637.12x + 3003.6$	0.9992	1~100

（五）肉制品中多环芳烃产生的影响因素

1. 烧烤方式影响3,4-苯并芘的含量

炭烤、木烤、电烤等烤制方式影响烧烤肉制品中3,4-苯并芘的含量。有研究指出，用炭火烧烤方式制作的牛排中3,4-苯并芘的含量为8μg/kg。有人研究了炭、木柴和电烤三种加工方式对香肠中3,4-苯并芘残留量的影响，结果表明，使用电烤方式制作的香肠中3,4-苯并芘的残留量最少，为0.2μg/kg，炭和木柴加工的香肠中3,4-苯并芘的含量分别为0.3μg/kg、54.2μg/kg。López（2008）研究了油炸肉、烤架烧烤、户外烧烤和微波烧烤肉中27种多环芳烃的形成，结果表明户外烧烤（木炭和木屑）制作的各种肉中都能检测到多环芳烃，而牛肉中含量最多。Olatunde等（2008）检测了烟熏、烧烤和卤煮肉中多环芳烃的含量，结果表明三种加工方式中3,4-苯并芘的含量分别为6.52μg/kg、7.04μg/kg及0.07μg/kg。在熏制过程中，熏烟中的3,4-苯并芘等有害物质会附着在产品的表层，如熏肉制品表层黑色的焦油中就含有大量的3,4-苯并芘等多环芳香类化合物。Wretling等（2010）研究表明，用传统烟熏方法熏制出的瑞典熏鱼和熏肉3,4-苯并芘最高含量达到了36.9μg/kg，远高于欧盟规定的最高水平5μg/kg。

2. 烧烤温度和时间、肉与火源的距离影响3,4-苯并芘的含量

脂肪在高温（>200℃）热解时可以产生3,4-苯并芘，500~900℃的高温，尤其是在700℃以上，其他有机物质如蛋白质和碳水化合物也会分解产生。食物在烘烤或烟熏过程中若出现烤焦、烤糊或炭化，食物中3,4-苯并芘的含量将明显提高；另外动物食品在烤制过程中滴下的油滴经检测，其中3,4-苯并芘的含量是动物食品本身的10~70倍。Kazerouni等（2001）研究表明经过高温和低温处理的样品，3,4-苯并芘的含量分别为2.6μg/kg和0.13μg/kg。烧烤时间过长，或被烤焦的产品其含量显著增加。明火烧烤时烤制时间相同，肉样距离火源越近，其3,4-苯并芘残留量越高。

3. 原料肉种类和脂肪含量影响3,4-苯并芘的含量

肉中脂肪含量是影响3,4-苯并芘形成的另一个重要因素，脂肪含量与3,4-苯并芘的残留量呈正相关。Doremire（1979）等研究了牛肉脂肪含量对烤牛肉产品中3,4-苯并芘残留量的影响。结果发现，当脂肪含量从15%增加到40%时，烤牛肉样品中3,4-苯并芘的残留量由16.0μg/kg增加到121.0μg/kg。Chen（2001）指出，烤猪肉中多环芳烃相比牛肉和鸡肉含量多，原因可能是与猪肉中的脂肪含量有关，即脂质和脂质分解产物参与3,4-苯并芘的形成。

二、甲醛

甲醛是很多生物产生的一种代谢产物，而熏肉制品表层的甲醛，则主要是木材或糖类在缺氧状态下形成并沉积和渗透在产品中的。甲醛具有一定的抗菌作用，可以一定程度上防止熏肉腐败，同时也给烟熏肉制品带来安全隐患。

（一）甲醛的基本特性

甲醛，又称蚁醛，化学式为 HCHO，溶于水、乙醇、乙醚，低温下呈透明可流动液体，400℃时分解成 CO 和 H_2。水溶液甲醛含量最高可达 55%（质量分数）。35%~40% 的甲醛水溶液称作福尔马林，是具有刺激性气味的无色液体。

（二）食品中甲醛的一般来源

1. 内源甲醛

甲醛是许多生物体的代谢产物。鱼贝类食品、香菇、瓜果、蔬菜中均可检出天然存在的内源甲醛，鳕鱼类中的甲醛含量最高可达 200mg/kg。香菇中甲醛是香菇菌酸的分解产物。香菇菌酸在 γ-谷氨酰转肽酶作用下脱去谷氨酰生成脱谷氨酰香菇酸，而后在半胱氨酰亚砜裂解酶作用下产生不稳定的中间产物并转化为香菇精和甲醛等。鲜香菇中甲醛正常范围为 4~54mg/kg，烘干后甲醛含量显著增加，一般为 21~369mg/kg。

2. 加工过程中产生的甲醛

食品在加工过程中，除一些食物成分受机械、物理因素（光、热、高温、高压）、化学因素（酸、碱、盐、水解及酶解）、生物因素（微生物发酵）等影响，能够自动氧化分解为甲醛等物质外，美拉德反应、Strecker 降解反应、糖类的脱水和热解反应均可能使碳-碳键断裂生成甲醛和其他挥发性物质。

发酵食品中的糖和氨基酸发生美拉德反应或某些成分自动氧化产生甲醛、乙醛、丙醛、丁醛、酮等多种羰基化合物；乳制品中乳脂肪的酶类反应，糖、氨基酸等水溶性物质发生的美拉德反应，不饱和脂肪酸在空气中氧的作用下发生的氧化、裂解、生成醛类等；环境污染造成的水源污染，及用含氯药剂和臭氧消毒处理的饮用水都会含有不同浓度的甲醛；食品原辅料、环境、容器中也会存在不同浓度的甲醛，因此在食品加工过程中会不可避免的引入甲醛。

肉制品中甲醛主要来源于冷冻或熟化过程中脂肪组织的氧化，水溶性低分子化合物加热时发生非酶褐变反应和蛋白质、肽、氨基酸、糖的热分解反应中一次及二次生成物。干香肠、火腿、熏肉用木材熏制，木材在缺氧状态下干馏会生成甲醇，甲醇进一步氧化成甲醛，吸附聚集在产品表面；除烟熏成分中含有甲醛外，一部分物质由于熏制熟化过程中脂质的水解、氧化或脂肪酶的作用，最后也生成羰基物质和甲醛。

糖熏肉制品表面色泽好，有糖熏的独特气味，但糖熏过程中糖的不完全燃烧也会产生甲醛并沉积到鸡皮和鸡肉中。最新测定结果显示，市售的一种糖熏烧鸡的鸡皮中甲醛含量高达 30~40mg/kg，鸡肉中甲醛含量达 5~10mg/kg。

（三）甲醛的危害

甲醛是一种高毒性物质，具有致癌、致畸性，还会导致新生儿染色体异常、白血病，以及引起青少年记忆力和智力下降等严重后果，其对人类及环境的危害已引起了全社会的密切关注。甲醛的危害主要表现在三大方面：刺激作用、毒性作用、致癌及致突变作用。

1. 刺激作用

相关研究表明，甲醛对人体免疫系统和呼吸道均有较大影响。甲醛通过使细胞中的蛋白质凝固变性，抑制细胞机能，其蒸气及其溶液对鼻腔、眼睛、呼吸系统黏膜和皮肤有强烈的刺激作用，甲醛溶液滴入眼睛会造成不可逆转的永久损伤，甚至引发失明。甲醛对呼吸系统的刺激会引起鼻敏感、咳嗽、打喷嚏，引发呼吸道炎症及肺功能损害等。由于其高度的水溶性，甲醛极易被鼻、鼻窦以及气管、支气管黏膜中富含水分的黏液吸收，并与其中的蛋白质、多糖物质结合，破坏黏液及纤毛的运输机制，表现出明显的局部刺激症状。相较成人，儿童对甲醛的毒性更为敏感，在较低浓度的甲醛的环境中，更易引起儿童哮喘和慢性支气管炎等呼吸系统疾病。甲醛是多种过敏症的引发物，直接接触皮肤可引发过敏性皮炎、裂化、水疱甚至坏死等症状。当甲醛作为半抗原再次接触时，可引起变应性接触性皮炎。

2. 毒性作用

人们通过皮肤或者呼吸道与甲醛接触而受到毒害。甲醛引起的中毒可以分为急性中毒和慢性中毒。其中急性中毒的症状为流泪、咳嗽、恶心、呕吐、头痛、昏厥、肺气肿以及肾损害等。慢性中毒的症状表现为视力下降、免疫力下降、皮肤变硬、手指变色以及智力发育产生障碍等。

甲醛的基因遗传毒性已在人工培养的哺乳动物细胞的体内实验与动物实验被证实。吸入甲醛将导致机体的免疫功能受损，并出现不同症状。甲醛对小鼠的动物实验表明，甲醛对小鼠淋巴组织具有抑制作用。甲醛在高低不同剂量均能引起小鼠脾脏和胸腺质量的下降，而免疫器官质量的变化是判定机体损伤的一项主要生物指标。低剂量甲醛能引起细胞轻度的脂质过氧化，而不影响其功能；但高剂量的甲醛可引起蛋白质、DNA 等大分子损伤，最终导致细胞坏死。另据报道，工人接触高浓度的甲醛时除了抑制细胞免疫，同时会增强体液免疫的异常性。

甲醛通过危害人类的中枢神经系统，引起人的神经行为的改变，神经系统紊乱甚至变性坏死。研究显示，甲醛可通过降低细胞能量代谢抑制神经元正常生理活动，进而导致整个神经系统功能的损伤。低浓度甲醛对接触者的注意力、视感知、准确度等神经行为功能产生一定程度的影响。研究表明甲醛会对小鼠造成明显的病理变化，肝脏表面出现坏死斑点，肝脏的脏器系数及肝细胞存活率下降，随着甲醛剂量和暴露时间的增加，毒性效应也越来越显著。

3. 致癌及致突变作用

1979 年 10 月，美国化工毒理研究所（CIIT）首先报道了甲醛的致癌性；1982 年经国际癌症研究机构专家评议，把甲醛定为致癌物；1987 年，甲醛被美国职业安全卫生管理局列为职业致癌物；2004 年 6 月，国际癌症研究机构将甲醛上升为第一类致癌物质。

甲醛与人类肿瘤之间的因果关系已经引起了人们的广泛关注。动物实验研究发现，接触甲醛与口腔癌和鼻咽癌的发生相关性最大，另外接触甲醛可以增加白血病、肺癌及脑癌的发病率。甲醛致癌的机制除了甲醛会导致基因突变和染色体损伤之外，更为重要的是甲醛可导致淋巴细胞损伤或功能失调以及引起免疫细胞对肿瘤细胞的杀伤活性明显降低，从而引起机体对突变细胞免疫监视功能的障碍。

（四）甲醛的限量

通常情况下，当空气中甲醛含量为 $0.8 \times 10^{-6} mg/m^3$ 时，通过气味即可感知到甲醛的存在；环境空气中甲醛含量大于 $0.05 mg/m^3$ 即对人体产生危害；当甲醛含量为 $0.05 \sim 0.5 mg/m^3$ 时，眼睛即会受到刺激；美国国家环境保护局公布的甲醛参考剂量（RfD）为 $0.2 mg/（kg \cdot d）$，当人们接触环境中甲醛含量超过参考剂量时，就会对人体健康带来危害。我国规定，车间空气中的甲醛含量必须小于 0.5mg/m³，地表水中的甲醛含量必须小于 0.5mg/m³，居民区范围内空气中甲醛含量必须小于 0.05mg/m³；我国 GB/T 18883—2022《室内空气质量标准》规定室内空气中甲醛的限值为 0.08mg/m³；GB/T 27630—2011《乘用车内空气质量评价指南》规定车内甲醛的浓度标准不超过 0.10mg/m³；当人们在甲醛浓度达到 50～100mg/m³ 的环境下暴露 5～10min 时，会造成很严重的伤害。

所以在甲醛的工业生产与消费的过程中，要做好防范工作：降低环境空气中甲醛的浓度，避免甲醛与皮肤的直接接触，避免甲醛蒸气经由呼吸道进入体内等。

（五）甲醛的测定方法

啤酒、水产品、香菇等中的甲醛的测定方法已有很多研究，但是关于肉制品中甲醛检测方法的研究却很罕见。若将现有的水产品中甲醛含量检测的行业标准方法直接运用到肉制品的检测中去，会造成样品提取液浑浊，进而会对回收率、测定的准确性造成不利的影响。因此建立一套稳定可行的肉制品中甲醛含量的测定方法已刻不容缓。

1. 分光光度法

分光光度法测定的原理是通过甲醛与某种化合物反应，进而产生某种带有颜色的物质，然后在特定波长下进行测定。

采用改良的水蒸气蒸馏装置（图 1-22）测定了不同产地、不同种类烟熏腊肉中的甲醛含量（表 1-11）。

取 2g 粉碎后的熏肉样品，加蒸馏水定容至 10mL，用分散机在 5000r/min 转速下分散 20s。将分散均匀的肉糊加到水蒸气蒸馏器中，再加入 3mL 磷酸溶液后立即通水蒸气蒸馏，接收管下口事先插入盛有 10mL

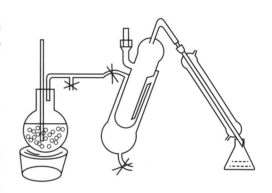

图 1-22 改良的水蒸气蒸馏装置

蒸馏水且置冰浴中的接收装置，蒸馏 50min 后将馏出液稀释到 200mL，同法蒸馏空白对照组。

表 1-11 不同熏肉制品中甲醛的含量

肉制品	表层含量/（mg/kg）	内部含量/（mg/kg）
湖南熏肉（瘦肉）	24.98936	17.2009
湖南熏肉（五花肉）	21.45271	8.87537
重庆熏肠	28.31592	11.77143
重庆熏肉（瘦肉）	124.3191	22.51287
重庆熏肉（五花肉）	35.75625	19.00981

吸取 10mL 馏出液于 25mL 具塞比色管中，加入 2.0mL 乙酰丙酮溶液，摇匀，在沸水中加热 10min，取出冷却，倒入 1cm 比色皿中，在波长 415nm 处，以空白溶液为参比测量吸光度。

所检测的熏肉制品中甲醛含量均较高，最高甚至达到了 124.3mg/kg。应用改良的水蒸气蒸馏，分光光度法测定，操作简单，测定迅速。此法检出限为 1.0mg/kg，定量限为 3.0mg/kg，回收率 85% 以上，准确率较高。

2. 气质联用色谱法（GC-MS）

气相色谱法（GC）有顶空气相色谱及衍生化气相色谱，顶空法只对甲醛浓度较高的样品适用，而衍生法则可检测低浓度甚至痕量的甲醛。

用气质联用色谱法（图 1-23、图 1-24）测定市售 5 个公司的腊肉中的甲醛含量（表 1-12）：采用 0.3mL 2,4-二硝基苯肼（醛类物质可在酸性介质中与 2,4-二硝基苯肼反应生成的 2,4-二硝基苯腙），衍生化温度 60℃，衍生化时间 30min，用二氯甲烷萃取熏肉表层中的甲醛，萃取 2 次；用 DB-5 弹性石英毛细管柱进行检测。条件如下：柱温 60℃；进样口温度 260℃；程序升温，以 10℃/min 的升温速度升至 150℃，然后升温至 260℃，恒温 5min；载气 He；柱前压 40kPa；分流比 10∶1；溶剂延迟 5min；进样量 1μL。电子电离源；电子能量 70eV；四极杆温度 150℃；离子源温度 230℃；电子倍增器电压 1.02kV；接口温度 250℃；选择离子检测 m/z 79、m/z 210。

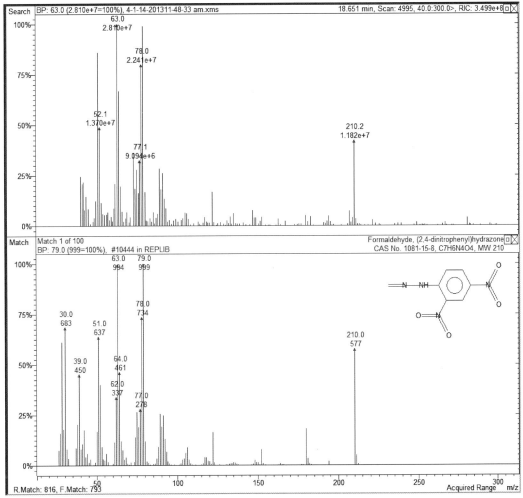

图 1-23 2,4-二硝基苯腙质谱图

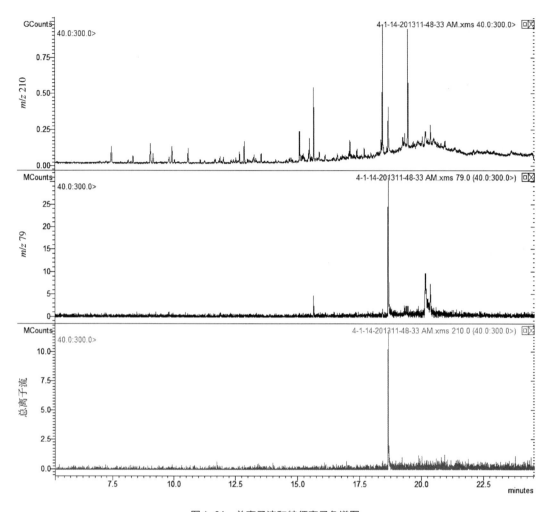

图1-24 总离子流和特征离子色谱图

表1-12 不同腊肉样品中甲醛的含量

腊肉样品号	表层甲醛含量/（mg/kg）	内部甲醛含量/（mg/kg）
1	185.19	48.09
2	143.74	40.17
3	254.52	86.26
4	59.16	29.58
5	36.00	25.97

市售的5种腊肉表层与内部均存在着一定量的甲醛，最高甚至达到了254.52mg/kg。

在不含甲醛的样品本底中添加一定量的甲醛标准进行实验，最低检测质量浓度0.01mg/L，以取样量2.0g计，该法对样品的检出限为0.50mg/kg。该方法简便快速、结果准确、灵敏度高，可作为测定烟熏肉制品中甲醛的有效方法。

3. 高效液相色谱法（HPLC）

高效液相色谱法直接测定甲醛含量灵敏度低，对于低浓度甲醛的测定多采用甲醛与衍生剂 2,4-二硝基苯肼（DNPH）在一定温度条件下，反应生成 2,4-二硝基苯腙，提取液经液相色谱分离，二极管阵列检测器或紫外检测器检测，外标法定量测定。

有研究者用高效液相色谱（HP1100）带紫外检测器（DAD），Hypersil ODS-C$_{18}$ 色谱柱，甲醇：水（60：40）为流动相，流速 0.5mL/min，338nm 波长处测定 18 份水产品中的甲醛含量（图 1-25），17 份样品中甲醛含量在 0.45~192.94mg/kg，1 份样品甲醛含量低于 0.20mg/kg。此法的检出限为 7.20μg/L，相当于样品中甲醛的检出限为 0.20mg/kg。

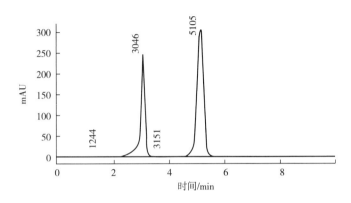

图 1-25　甲醛高效液相色谱法吸收图谱

应用高效液相色谱法测定甲醛含量，重复性好，专一性强，是一种灵敏、准确的甲醛含量测定方法。目前 SC/T 3025—2006《水产品中甲醛的测定》、GB/T 21126—2007《小麦粉与大米粉及其制品中甲醛次硫酸氢钠含量的测定》均采用此方法。

三、杂环胺

杂环胺（heterocyclic amines，HCAs）是在肉品热加工过程中由于蛋白质、氨基酸热解而产生的一类杂环类化合物，这些杂环化合物有些具有芳香性，所以又称杂环芳香胺（heterocyclic aromatic amines，HAs）。至今已经发现有 30 多种杂环胺类化合物，其中有些杂环胺具有致癌、致突变作用。

对于食物中致癌、致突变物质的报道最早可追溯到 1939 年，当时瑞典隆德大学教授 Widmark 发现用烤马肉的提取物涂布于小鼠的背部可以诱发乳腺肿瘤，但这一重要发现在当时并没有引起人们的重视。20 世纪 70 年代，人们建立了以 Ames 试验为代表的一系列有效方法，用于致癌、致畸、致突变性物质的筛选。1977 年，日本科学家发现，以明火或炭火炙烤的鱼和牛肉的烤焦表面及烟气具有强烈的致突变性；紧接着，Commoner 在低于 200℃ 的正常家庭烹调条件下制作的牛肉饼和牛肉提取物中也同样检出强烈的致突变性物质。由此，人们对氨基酸、蛋白质热解产物产生了浓厚的研究兴趣。

目前许多国家对杂环胺的各个方面展开了广泛研究，如生物毒性的监测、提取鉴定方法的优化、在不同食品中含量的测定、不同加工方式和条件的影响、生物利用效率和代谢方式等，从而为评估其对人类健康的影响提供依据和指导。我国对杂环胺的研究始于 20 世纪 80 年代后期，至今仍比较少。随着人民生活水平的不断提高和对自身健康的广泛关注，食品安全问题已在全球范围内掀起了一股热潮，而加工肉制品中的杂环胺更已成为这股热潮中的焦点。

（一）杂环胺的发现

杂环胺源于日本科学家 Sugimura Takashi 在 20 世纪 70 年代后期一个假日期间的偶然发现。当他的妻子在厨房烤鱼时，烟气引起了这位环境致癌物研究专家的注意。他将烤鱼的烟气与含有许多致突变物的烟草烟气联系起来，提出了烤鱼烟气中是否同样存在致突变物的疑问。带着这样的疑问，他在实验室中用玻璃纤维滤膜收集烤鱼烟气并将其溶解在二甲基亚砜中，结果发现其对鼠伤寒沙门菌（Salmonella typhimurium）TA98 菌株具有强烈的致突变性。紧接着，烤鱼和烤肉的烧焦的部分也被检测出相同的致突变性。通过加热色氨酸、谷氨酸等氨基酸和大豆球蛋白等其他蛋白质，AαC、Trp-P-1 和 Glu-P-1 等杂环胺被从中分离出来并进行结构鉴定。1980 年后，研究者又陆续从炸牛肉、烤沙丁鱼等加工肉制品中分离出了 IQ、MeIQ、IQx、PhIP 等杂环胺。Harman 和 Norharman 最初是从蒺藜科（Zygophillaceae）多年生草本植物骆驼蓬（Peganum harmala）中分离出来的，在骆驼蓬碱、烟草烟气及加工肉制品中均有分布；其形成与色氨酸的热解密切相关。

（二）杂环胺的结构与特性

杂环胺通常具有平面结构，其结构中含有 2~5 个（通常为 3 个）缩合芳香环，环中包含至少一个氮原子，环外通常有一个氨基和 1~4 个甲基作为取代基团。从化学结构上来看，杂环胺可以进一步分类为氨基咪唑氮杂芳烃（aminoimidazo azaren，AIAs）和氨基咔啉（amino-carbolin congener）两大类。

1. 氨基咪唑氮杂芳烃（AIAs）

AIAs 包括喹啉类（IQ、MeIQ）、喹喔啉类（IQx、MeIQx、4,8-DiMeIQx、7,8-DiMeIQx）和吡啶类（PhIP）与呋喃吡啶类（IFP）。AIAs 一般形成于 100~300℃，由肉中的氨基酸、肌酸、肌酸酐和己糖生成。AIAs 均含有咪唑环，其上的 α 位置有一个氨基，在体内可以转化成 N-羟基化合物而具有致癌、致突变活性。由于 AIAs 上的氨基均能耐受 2mmol/L 的亚硝酸钠的重氮化处理，与最早发现 IQ 性质类似，并且其形成温度较低，因此 AIAs 又被称为 IQ 型杂环胺。

2. 氨基咔啉

氨基咔啉包括 α-咔啉（AαC、MeAαC）、β-咔啉（Norharman、Harman）、γ-咔啉（Trp-P-1、Trp-P-2）和 ζ-咔啉（Glu-P-1、Glu-P-2），一般是在加热温度高于 300℃，由氨基酸和蛋白质的热解反应产生。由于氨基咔啉类环上的氨基不能耐受 2mmol/L 的亚硝酸钠的重氮化处理，在处理时氨基脱落转变成为 C-羟基失去致癌、致突变活性，因此称为非 IQ 型杂环胺。常见杂环胺的化学名称、结构式以及性质见表 1-13。

表 1-13　杂环胺结构与性质

物质名称	缩写	结构	致癌等级	相对分子质量、解离常数和极性
2-氨基-1,6-二甲基咪唑并[4,5-b]吡啶	DMIP		—	162.2，极性
2-氨基-1,5,6-三甲基咪唑并[4,5-b]吡啶	1,5,6-TMIP		—	176.2，极性

续表

物质名称	缩写	结构	致癌等级	相对分子质量、解离常数和极性
2-氨基-3,5,6-三甲基咪唑并[4,5-b]吡啶	3,5,6-TMIP		—	176.2,极性
2-氨基-1-甲基-6-苯基咪唑并[4,5-b]吡啶	PhIP		2B	224.3,$pK_a=5.6$,极性
2-氨基-1-甲基-6-(4′-羟苯基)-咪唑并[4,5-b]吡啶	4′-OH-PhIP		—	240.3,极性
2-氨基-1,6-二甲基呋喃并[4,5-b]吡啶	IFP		—	202.3,极性
2-氨基-1-甲基咪唑并[4,5-f]喹啉	iso-IQ		—	198.2,极性
2-氨基-3-甲基咪唑并[4,5-f]喹啉	IQ		2	198.2,$pK_{a1}=3.5$,$pK_{a2}=6.1$,极性
2-氨基-3,4-二甲基咪唑并[4,5-f]喹啉	MeIQ		2B	212.3,$pK_a=6.4$,极性
2-氨基-3-甲基咪唑并[4,5-f]喹喔啉	IQx		—	199.3,极性
2-氨基-3,4-二甲基咪唑并[4,5-f]喹喔啉	4-MeIQx		—	213.3,极性
2-氨基-3,8-二甲基咪唑并[4,5-f]喹喔啉	8-MeIQx		2B	213.3,$pK_a=5.95$,极性

续表

物质名称	缩写	结构	致癌等级	相对分子质量、解离常数和极性
2-氨基-3,7,8-三甲基咪唑并[4,5-f]喹喔啉	7,8-DiMeIQx		—	227.3,pK_a=6.5,极性
2-氨基-3,4,8-三甲基咪唑并[4,5-f]喹喔啉	4,8-DiMeIQx		—	227.3,pK_a=5.8,极性
2-氨基-4-羟甲基-3,8-二甲基咪唑并[4,5-f]喹喔啉	4-CH$_2$OH-8-MeIQx		—	243.3,极性
2-氨基-3,4,7,8-四甲基咪唑并[4,5-f]喹喔啉	TriMeIQx		—	241.3,pK_a=6.0,极性
2-氨基-1,7-二甲基咪唑并[4,5-g]喹喔啉	7-MeIgQx		—	213.3,极性
2-氨基-1,7,9-三甲基咪唑并[4,5-g]喹喔啉	7,9-DiMeIgQx		—	227.3,极性
2-氨基-5-苯基吡啶	Phe-P-1		—	170.2,非极性
2-氨基-9H-吡啶并[2,3-b]吲哚	A αC		2B	183.2,pK_a=4.4,非极性
2-氨基-3-甲基-9H-吡啶并[2,3-b]吲哚	MeA αC		2B	197.2,非极性
1-甲基-9H-吡啶并[3,4-b]吲哚	Harman		—	182.3,非极性

续表

物质名称	缩写	结构	致癌等级	相对分子质量、解离常数和极性
9H-吡啶并[3,4-b]吲哚	Norharman		—	168.2, $pK_a = 6.8$, 非极性
3-氨基-1-甲基-5H-吡啶并[4,3-b]吲哚	Trp-P-2		2B	197.4, $pK_a = 8.5$, 非极性
3-氨基-1,4-二甲基-5H-吡啶并[4,3-b]吲哚	Trp-P-1		2B	211.3, $pK_a = 8.6$, 非极性
2-氨基-二吡啶并[1,2-α:3',2'-d]咪唑	Glu-P-2		2B	184.3, $pK_a = 5.9$, 非极性
2-氨基-6-甲基二吡啶并[1,2-α:3',2'-d]咪唑	Glu-P-1		2B	198.3, $pK_a = 6.0$, 非极性
4-氨基-6-甲基-1H-2,5,10,10b-四氮荧蒽	Orn-P-1		—	237.3, 非极性
4-氨基-1,6-二甲基-2-甲基氨基-1H,6H-吡咯并[3,4-f]苯并咪唑-5,7-二酮	Cre-P-1		—	244.3, 非极性
3,4-环戊烯并-吡啶并[3,2-α]咔唑	Lys-P-1		—	246.3, 非极性

注："—"表示 IRAC 未评定等级。

（三）杂环胺的生成机制

如前所述，杂环胺从化学结构上可分为氨基咪唑氮杂芳烃类和氨基咔啉类，这两类化合物的形成方式各不相同。

1. IQ 型杂环胺的生成机制

IQ 型杂环胺的研究较多，形成机理也更为清晰。1983 年，Jägerstad 等就提出了 IQ 型杂环胺的形成假说：三种肌肉中天然存在的前体物质，即肌酸、特定氨基酸和糖，参与了杂环胺的形成过程。肌酸在温度高于100℃时通过自发的环化和脱水而形成 2-氨基咪唑部分，而喹啉或者喹喔啉部分则通过吡嗪或者吡啶和乙醛缩合形成。这个假说已经在部分 IQ 型杂环胺的合成和鉴定中得到验证。

关于 IQ 型杂环胺中的 PhIP 形成机制的报道较多，肌酸与亮氨酸，异亮氨酸和酪氨酸加热可以形成 PhIP；肌酐与苯丙氨酸、葡萄糖加热也可以形成 PhIP。有研究者通过同位素标记证明，来自苯丙氨酸的苯环、叔碳原子和氨基上的 N 原子都参与了 PhIP 的形成。目前多数学者比较认可的 PhIP 形成机制是：苯丙氨酸的 Strecker 降解产物苯乙醛与肌酸酐反应形成羟醛加合物，羟醛加合物通过脱水形成羟醛缩合物，最后羟醛缩合物与一个含有氨基的化合物经过包括环化和裂解在内的一系列反应而形成 PhIP。

2. 氨基咔啉类杂环胺的生成机制

对于氨基咔啉类杂环胺的形成机制目前研究较少，通常认为这类杂环胺是在 300℃以上的高温下由蛋白质或者氨基酸直接热解而来。的确，AaC 和 MeAaC 最初来源于大豆球蛋白的热解，Trp-P-1 和 Trp-P-2 以及 Glu-P-1 和 Glu-P-2 则分别来源于色氨酸和谷氨酸的热解，但 Skog 等发现肉汁模型在 200℃加热 30min 下就能产生 Harman、Norharman、AaC 和微量的 Trp-P-1 和 Trp-P-2，同时，许多文献报道在低于 200℃加工条件下诸多肉类可产生含量水平较高的 Norharman 和 Harman。因此 300℃不是形成氨基咔啉类杂环胺所必须达到的温度，氨基咔啉类杂环胺也可能并非由简单的蛋白质或者氨基酸裂解而成。

3. 杂环胺的生物毒性

（1）杂环胺的致突变性　Ames 试验显示杂环胺具有很强的致突变能力。除诱导细菌突变外，它还可在哺乳动物体内经过代谢活化产生致突变性，引起 DNA 损伤，主要包括基因突变、染色体畸变、姐妹染色单体互换、DNA 断裂和癌基因活化等。在人体中，杂环胺通过细胞色素氧化酶 P450IA2 激活而形成 N-羟基衍生物，N-羟基衍生物在肝脏以及其他靶器官中经 N-乙酰转移酶 NAT2 作用而形成芳胺基-DNA 加合物，导致 DNA 损伤。

（2）杂环胺对试验动物的致癌性　大多数杂环胺对啮齿动物均有致癌性，可诱发多个部位的肿瘤，但主要靶器官是肝脏。其中，Glu-P-1、Glu-P-2、AaC 和 MeAaC 均能诱导肩胛间及腹腔中褐色脂肪组织的血管内皮肉瘤，而 Glu-P-1、Glu-P-2、MeIQx 和 PhIP 则能诱导大鼠结肠腺癌。特别值得注意的是，IQ 被证明可以通过胃管灌食法引发猕猴产生肝癌，这预示着杂环胺对人类可能也具有致癌性。Rohrmann 等发现，如果杂环胺的摄入量超过41.4ng/d，患直肠癌的风险将大大提高。Archer 通过试验证明，长期摄入杂环胺会诱发直肠癌、胸腺癌和前列腺癌。鉴于众多研究结果，1993 年国际癌症研究机构将 IQ 归类为"对人类很可疑致癌物（2A 级）"，将 MeIQ、MeIQx、PhIP、AC、MeAC、Trp-P-1、Trp-P-2 和 Glu-P-1 归类为"潜在致癌物（2B 级）"。

（四）杂环胺的测定方法

肉制品的杂环胺含量通常在 ng/g 量级，并且由于肉制品基质的复杂性，其提取与检测手段一直是研究的热点与难点。

1. 杂环胺的提取方法

肉制品基质成分复杂，包括蛋白质、脂肪等多种成分，这些物质的存在严重干扰了杂环胺的分离提取。因此，液液萃取、固相萃取、超临界流体萃取等许多分离富集杂环胺的方法被应用于样品的前处理。由 Gross 等（1992）提出的样品前处理方法已经成为经典，近年来肉制品中杂环胺的提取方法大多是在此方法基础上稍做修改。

经典的样品前处理方法可概括为 4 步：第 1 步，沉淀蛋白，采用氢氧化钠溶液溶解、均质样品，并通过离心或过滤去除蛋白质；第 2 步，液液萃取与使用吸附剂萃取结合使用，通常使用硅藻土作为吸附剂，水相以薄层的形式在化学惰性基质上分散，用二氯甲烷将杂环胺洗脱下来；第 3 步，两个固相萃取过程，使用丙基磺酸柱（PRS）以及反相 C_{18} 柱来实现；第 4 步，通过氮气吹干洗脱液后用甲醇定量。

2. 杂环胺的检测方法

表 1-14 总结了对加工肉制品中杂环胺检测的常用方法。其中，高效液相色谱−紫外检测法（HPLC-UV）是定性定量分析杂环胺的最常规的方法。通过比较实际样品与标准样品保留时间可初步对目标物进行定性，而通过比对二极管阵列检测器产生的特征紫外吸收光谱，可对样品中的目标物进行进一步定量。由于荧光检测器与紫外检测器相比具有更高的灵敏度，因此对于具有荧光的非极性杂环胺，通常采用两种检测器串联的方法以排除干扰，提高定性分析的准确性。Yao 等通过乙酸乙酯提取酱牛肉中的杂环胺经过固相萃取操作后上样于装配有紫外和荧光检测器的高效液相色谱仪，结果表明，12 种杂环胺的检出限（LOD）在 $0.01 \sim 2.97 ng/g$，加标回收率在 $68.69\% \sim 101.81\%$，可以很好地满足酱牛肉中杂环胺的检测。

表1-14　加工肉制品中检测和定量分析杂环胺的方法比较

方法	检测器	优点	缺点
液相色谱	紫外−二极管阵列检测器	能同时检测多种杂环胺，适用范围广	对分离度有一定要求
	荧光检测器	灵敏度高	只有非极性杂环胺具有荧光特性
	电化学检测器	选择性好，灵敏度高	不能进行在线检测
	质谱	灵敏度很高，低流速下分离度好	仪器较为昂贵，不利于大范围推广
毛细管电泳	紫外，电化学，质谱	分离效率高，检测成本低	需要浓缩样品
气相色谱	质谱	分离效率高	衍生化较繁琐
酶联免疫分析		操作简单	只有部分杂环胺有单克隆抗体

酶联免疫吸附法（ELISA）、气相色谱法（GC）和气相色谱串联质谱法（GC-MS）也可用于杂环胺的检测。但是，由于大部分杂环胺难以挥发，只有少数杂环胺经复杂的衍生化后才能进行检测，对于酶联免疫吸附法只有 PhIP 等少数杂环胺的单克隆抗体被合成，并没有实现商品化，因此这些方法的应用范围较小。

近年来迅速发展的液相色谱串联质谱（LC-MS）技术，很好地结合了色谱良好分离能力和质谱的高灵敏度和高选择性，是目前检测肉制品中杂环胺的主要方法。GB 5009.243—2016《食品安全国家标准 高温烹调食品中杂环胺类物质的测定》用氢氧化钠/甲醇提取肉样中杂环胺，经固相萃取柱净化后用液相色谱串联质谱检测 5 种杂环胺，该方法检出限低，5 种杂环胺检出限在 0.1~0.3ng/g，不足之处是该技术需要繁杂昂贵的仪器，许多实验室达不到要求，因此也在一定程度上限制了其应用范围。

随着超高效液相色谱（UPLC）这种强有力的分离技术的发展，超高效液相色谱串联二级质谱（UPLC-MS-MS）也被应用于杂环胺的检测。UPLC 借助于传统的 HPLC 的理论和方法，通过采用 1~2μm 的细粒径填料和细内径色谱柱而获得很高的柱效。UPLC 不仅缩短了检测时间，而且相比传统的 HPLC-MS，其检出限也降低了 10 倍。Barceló-Barrachina 等采用超高效液相色谱-电喷雾串联二级质谱（UPLC-ESI-MS-MS）技术分析复杂食品体系中的杂环胺含量，仅在 2min 内就完成了 16 种杂环胺的分离和分析。

四、胆固醇氧化物

胆固醇氧化是胆固醇经过光、热、氧等条件的作用，自身发生的一系列氧化反应，最终能形成多种氧化产物，统称为胆固醇氧化物（cholesterol oxidation products，COPs）。目前研究表明，胆固醇氧化物可能有 70 余种，但大多数由于自身极不稳定，因此并不常见。食品中常见的胆固醇氧化物有 7-酮基胆固醇、7α-羟基胆固醇、7β-羟基胆固醇、$5\alpha,6\alpha$-环氧化胆固醇、$5\beta,6\beta$-环氧化胆固醇、胆甾烷-$3\beta,5\alpha,6\beta$-三醇、20-羟基胆固醇、25-羟基胆固醇等。

（一）胆固醇及其氧化物的结构与性质

1. 胆固醇的结构与性质

胆固醇是一种环戊烷多氢菲的衍生物，由甾体部分和一条长的侧链组成，含有不饱和键（图 1-26）。早在 18 世纪人们已从胆结石中发现了胆固醇，1816 年化学家本歇尔将这种具脂类性质的物质命名为胆固醇。

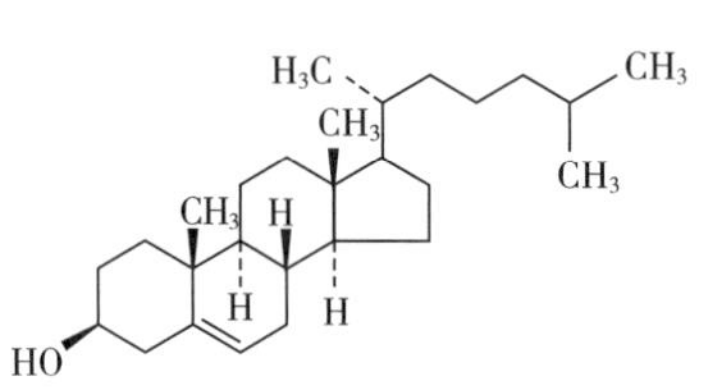

图 1-26 胆固醇结构式

一般，脂类物质主要分为两大类。脂肪（主要是甘油三酯）是人体内含量最多的脂类，是体内的一种主要能量来源；另一类称作类脂，是生物膜的基本成分，约占体重的 5%，除磷脂、糖脂外，还有很重要的一种为胆固醇。胆固醇溶解性与脂肪类似，不溶于水，易溶于乙醚、氯仿等溶剂。

胆固醇广泛存在于动物体内，尤以脑及神经组织中最为丰富，在肾、脾、皮肤、肝和胆汁中含量也高。胆固醇是构成细胞膜的重要组成成分，占质膜脂类的 20% 以上。血浆中的脂蛋白也富含胆固醇，其中大部分与长链脂肪酸构成胆固醇酯，仅有 10% 不到的胆固醇是以游离态存在的。胆固醇虽然存在于动物性食物之中，但是不同的动物以及动物的不同部位，胆固醇的含量很不一致。

2. 胆固醇氧化物的结构与性质

食品中常见的几种胆固醇氧化物结构如图1-27所示：

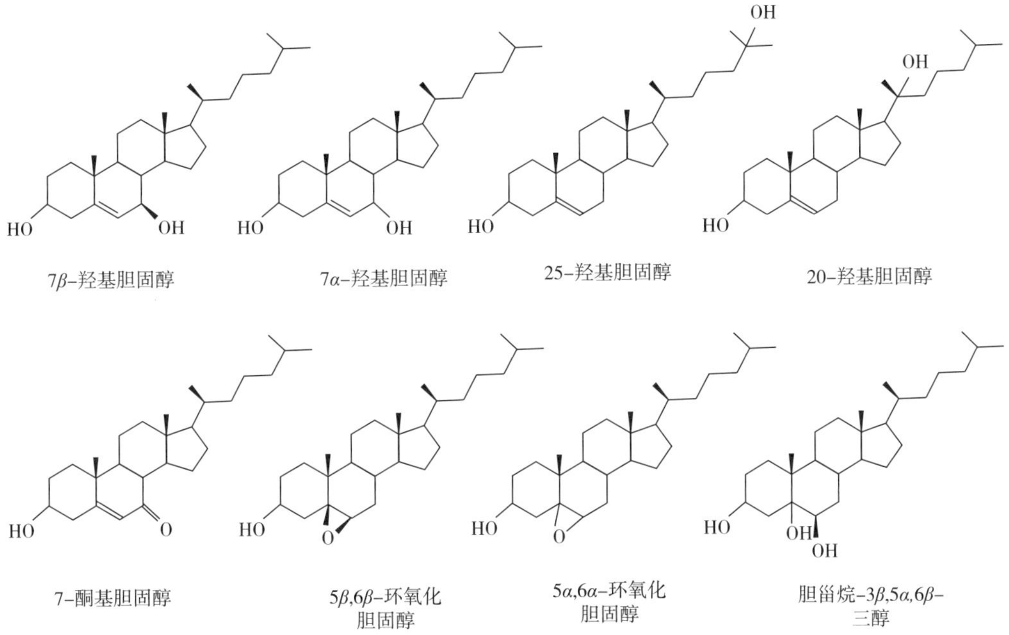

| 7β-羟基胆固醇 | 7α-羟基胆固醇 | 25-羟基胆固醇 | 20-羟基胆固醇 |

| 7-酮基胆固醇 | 5β,6β-环氧化胆固醇 | 5α,6α-环氧化胆固醇 | 胆甾烷-3β,5α,6β-三醇 |

图1-27　常见的胆固醇氧化物

在常温下，大多数胆固醇氧化物为白色粉末固体，沸点均超过300℃，在水中的溶解度不是很大，但能够溶于正己烷、丙酮等有机溶剂中，也具有易溶于脂肪的特性。在通常情况下，大多数胆固醇氧化物较为稳定，如果是处于中性和碱性环境中，不太容易分解，然而在有氧、加热等特定条件下也能发生加成等反应，转变为其他胆固醇氧化物。

（二）胆固醇氧化物形成机制

1. 自由基机制

胆固醇分子含有一个双键，因此容易在氧自由基或其他自由基作用下发生氧化反应。在动物组织细胞中，胆固醇是质膜的重要组成成分，它嵌于磷脂双分子层之间，其分子的取向与邻近的磷脂分子的脂肪酸平行。细胞膜含有丰富的磷脂，因此，在氧化过程中，细胞膜中磷脂的不饱和脂肪酸氧化产生自由基，胆固醇通过自由基机制发生自动氧化。Smith（1981）推测食品或生物系统中胆固醇氧化可分为分子间和分子内两种形式。在分子间氧化过程中，胆固醇分子中的氢是由细胞膜上与之相邻的多不饱和脂肪酸氧化产生的过氧自由基或氧自由基所提取的。在分子内氧化过程中（图1-28），氧化的脂肪酰基部分（Fatty acyl portion）攻击同一胆固醇酯分子中的胆固醇基部分（Cholesteryl portion）。

胆固醇酯自动氧化中涉及的自由基反应与胆固醇相同，但两者的氧化速率存在显著差异。Smith（1981）研究表明，胆固醇在碱溶液中的氧化速率显著快于胆固醇酯，但在空气

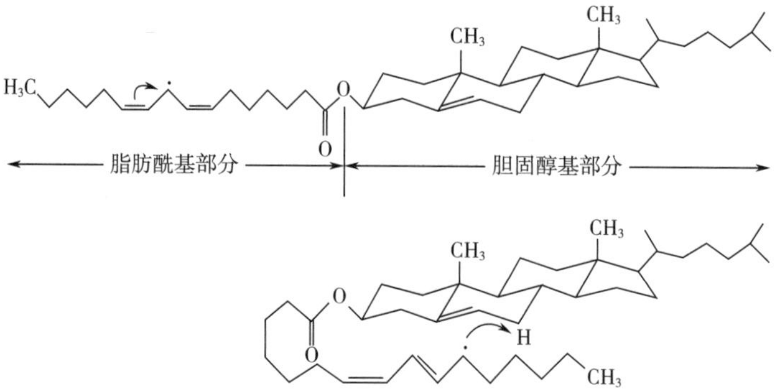

图1-28　胆固醇分子内氧化过程

中或溶解于油中加热时，胆固醇酯的氧化速率更快。

Osada 等（1993）研究发现，胆固醇在不添加甘油三酯的情况下于 100℃ 加热 24h，几乎不产生胆固醇氧化物，但当它分别与不同饱和度的甘油三酯混合加热时，发生了不同程度的氧化。当胆固醇与不饱和度低的脂肪混合加热时，如硬脂酸甘油酯、牛油等，经过长时间加热才产生胆固醇氧化物；而多不饱和脂肪酸酯存在时，如大豆油、亚麻籽油、红花籽油、沙丁鱼油和三油酸甘油酯等，胆固醇的氧化速率明显加快。因此，胆固醇与不饱和度越高的脂肪共存，越容易发生自动氧化反应。其中，检测到的胆固醇氧化物主要是 7-酮基胆固醇、5β-环氧化胆固醇、5α-环氧化胆固醇，而 7α-羟基胆固醇、7β-羟基胆固醇和胆甾烷-3β，5α,6β-三醇含量很低。

Park 和 Addis（1985）认为胆固醇是一种相当稳定的物质，但当样品在极端环境下被脱水时，比如冷冻干燥和喷雾干燥条件下，胆固醇氧化反应增加，即脱水产品更易发生胆固醇自动氧化。他们测定发现新鲜的牛脑、肝脏、肌肉不含胆固醇氧化物，但脱水后胆固醇氧化物含量在 13.8~46.1mg/kg。

Kumar 等（1992）发现食品中被氧化的胆固醇含量约占胆固醇总量的 1%，有时可达 10% 甚至更高。Bergstrom 等（1941）发现在模型体系中，大约有 70% 的胆固醇可被氧化。他们认为当 70% 的初始底物（胆固醇）被氧化后，胆固醇的消耗和胆固醇氧化物的形成停止，胆固醇悬浮液会达到最终的稳定状态。他们提出，反应介质中胆固醇氧化物的积累改变了胶束结构，从而导致胆固醇氧化停止。

2. 胆固醇氧化的路径

Smith（1987）提出的食品中胆固醇氧化的路径已被普遍接受（图1-29）。启动氧化时，其 C7 位上脱去一个氢，再加上氧后形成了差向异构体：3β-羟胆固醇基-5-烯-7α-氢过氧化物和 3β-羟胆固醇基-5-烯-7β-氢过氧化物。脱氢也可能发生在 C20 和 C25 位置上，导致形成 3β-羟胆固醇基-5-烯-20α-氢过氧化物和 3β-羟胆固醇基-5-烯-25-氢过氧化物。上述变化所形成的氢过氧化物随后转变为一系列不同的化合物，食品中常见的胆固醇氧化物有 8 种，包括 7-酮基胆固醇、7α-羟基胆固醇、7β-羟基胆固醇、5α,6α-环氧化胆固醇、5β,6β-环氧化胆固醇、胆甾烷-3β,5α,6β-三醇、20-羟基胆固醇、25-羟基胆固醇。在分析、处理等过程中，某些胆固醇氧化物之间会相互转化。其中，环氧化胆固醇水解可形成胆甾烷-3β,5α,6β-三醇，7α（β）-羟基胆固醇脱氢形成7-酮基胆固醇。7-酮基胆固醇似乎是一种相当稳定的产物。

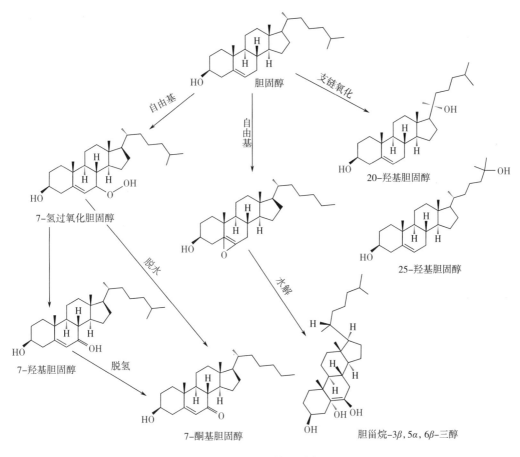

图1-29　胆固醇氧化路径

（三）胆固醇氧化物的有害作用

医学研究结果表明，食源性胆固醇氧化物会对健康造成一定损害，血液中胆固醇氧化物浓度的增加是动脉粥状硬化的早期指示，并可能进一步导致血栓的形成和中风。大多数调查报告显示，胆固醇氧化物还是强效的细胞死亡诱导剂，会造成细胞凋亡或胀亡，细胞死亡失衡，将会导致许多疾病，特别是癌症的发生。除此之外，也有研究表明胆固醇氧化物会造成其他疾病的发生，如阿尔茨海默病、帕金森症、多发性硬化症等神经障碍。

1. 致动脉粥样硬化

动脉粥样硬化的发生与胆固醇及其氧化物有比较直接的关系。在1913年，Anitschkow首次使用溶解在植物油中纯胆固醇来喂养兔子，而导致其动脉粥样硬化的情况。1969年，Kritchevsky等分别用含结晶胆固醇和无定型胆固醇的饲料喂养家兔，结果发现无定型胆固醇最易导致动脉粥样硬化的发生，后来证实这些无定型胆固醇中含有胆固醇氧化物。1996年，Brooks等报道了人动脉粥样斑块内含有胆固醇氧化物。Berliner等发现胆固醇氧化物能快速地在组织中聚集，尤其是动脉壁中。1999年，Garcia-Cruset等发现动脉粥样斑块中7-酮基

胆固醇和 7β-羟基胆固醇含量很高。20 世纪 90 年代以来，对低密度脂蛋白，特别是对氧化型低密度脂蛋白与动脉粥样硬化关系的深入研究，发现氧化型低密度脂蛋白中含有大量的胆固醇氧化物，且其毒性主要来自胆固醇氧化物。此外，大量实验表明胆固醇氧化物对动脉粥样硬化形成有关因素（炎症、氧化应激、细胞凋亡）具有促进作用。

血管内皮细胞损伤是动脉粥样硬化的启动环节。Peng 等（1985）有研究发现，25-羟基胆固醇和胆甾烷-3β,5α,6β-三醇会损害家兔血管内皮细胞。羟基化的胆固醇是胆固醇合成限速酶羟甲基戊二酰辅酶 A 还原酶的抑制剂，因此会抑制胆固醇的生物合成，造成细胞膜功能障碍而导致细胞死亡，细胞死亡使脂质积聚在动脉内膜上，久了容易形成血栓，最终导致动脉粥样硬化。实验证明，胆甾烷-3β,5α,6β-三醇可引起 90% 的血管内皮细胞损伤，25-羟基胆固醇可引起 67% 的血管内皮细胞损伤。

泡沫细胞堆积形成脂质条纹乃至脂质斑块是动脉粥样硬化形成的关键环节。外周血单核细胞黏附于内皮并迁入内皮下间隙，转变为巨噬细胞，巨噬细胞介导渗入血管内皮下的低密度脂蛋白胆固醇发生氧化修饰，形成氧化型低密度脂蛋白胆固醇，并主要通过 A 型清道受体吞噬大量氧化型低密度脂蛋白胆固醇，导致细胞内脂质堆积，形成泡沫细胞。有研究者在小鼠实验中发现，一些胆固醇氧化物（7-酮基胆固醇、7β-羟基胆固醇、5β,6β-环氧化胆固醇）能够激活巨噬细胞 NADPH 氧化酶，促进花生四烯酸释放和超氧阴离子产生，这会导致巨噬细胞介导的低密度脂蛋白氧化增加，从而造成更多泡沫细胞堆积。

2. 细胞毒性

研究表明，7-酮基胆固醇、7β-羟基胆固醇等会诱导不同类型的细胞发生细胞凋亡，而 25-羟基胆固醇的细胞毒性强弱取决于细胞类型。事实上，一些促进细胞凋亡的胆固醇氧化物会改变生物膜特性和参与信号转导的脂筏的组成，其中一些还可引起细胞内钙振荡，从而影响细胞的正常生理功能。当胆固醇浓度过高时，会引起细胞胀亡，这是一种表现为细胞肿胀和核溶解的细胞损伤过程，细胞胀亡在肿瘤发生、发展过程中具有重要作用。

在不同类型的细胞体外试验中发现，7-酮基胆固醇、7β-羟基胆固醇、5α,6α-环氧胆固醇、5β,6β-环氧胆固醇、25-羟基胆固醇表现出强烈的氧化作用，有时会引发复杂的细胞凋亡程序。另外，有研究者用含有胆甾烷-3β,5α,6β-三醇的饲料饲喂大鼠，发现其血管平滑肌细胞中的谷胱甘肽过氧化物酶和超氧化物歧化酶活性受到了抑制，并且发生细胞凋亡。

研究发现 7-羟基胆固醇、22-羟基胆固醇以及 25-羟基胆固醇显著地抑制细胞间的信息传递，其中以后者的作用最为明显。另外，这些胆固醇氧化物的抑制作用在细胞染毒后短时间内就能检出，并且随染毒时间的延长而作用明显。噻唑蓝比色法研究表明纯化后的胆固醇氧化物在 $80\mu g/mL$ 浓度下对大鼠肝细胞 BRL 株表现出显著毒性作用。细胞间缝隙连接在细胞间物质交换，信息传递以及组织内环境的稳定中起着非常重要的作用，它的功能异常被认为是导致肿瘤发生、化学物质毒性作用表现的关键一环。

此外，据文献报道，具有细胞毒性的胆固醇氧化物如 7-酮基胆固醇、7β-羟基胆固醇、5β,6β-环氧化胆固醇会导致细胞结构的改变：①形成不同大小和形状的多层细胞结构（也称为髓鞘样结构），即细胞质膜和（或）细胞器膜质片段的螺旋状或同心圆状卷曲；②通过尼罗红染色和亚细胞结构分离-气相色谱-质谱联用揭示极性脂质在细胞内积累。

3. 神经毒性

阿尔茨海默病是一种起病隐匿的进行性发展的神经系统退行性疾病，特点是大脑中淀粉样蛋白沉积和神经元广泛丢失导致的突触数量减少。目前，关于胆固醇氧化物在阿尔茨海默病发生过程中的作用是有争议的。其中，24S-羟基胆固醇、22（R）-羟基胆固醇、25-羟基胆固醇以及27-羟基胆固醇可能与该疾病的发生有关。

帕金森病是一种以多巴胺能神经元丧失和细胞内路易体存在为特征的渐进性神经系统疾病，一些因素如线粒体功能障碍、细胞凋亡可能是诱发本病的主要原因。研究表明，胆固醇氧化物与α-突触核蛋白（在路易体聚集的主要蛋白）之间有一定联系，Bosco（2006）发现具有路易体的患者大脑皮层中的胆固醇氧化物代谢产物比同年龄的对照组更高。24S-羟基胆固醇和27-羟基胆固醇可能会引起帕金森病的发生。

多发性硬化症的特点是脱髓鞘和轴突的损失，这是一种中枢神经系统免疫性疾病，可能与胆固醇氧化物有密不可分的联系。在多发性硬化症的发展过程中，大脑和脊髓的多个区域的髓鞘在免疫细胞的攻击下被优先和广泛的破坏，并释放大量的活性氧簇（ROS），这可能有助于自由基介导的氧化和击穿髓鞘的发生。由于胆固醇是髓鞘的主要成分，活性氧簇可导致胆固醇氧化物的形成，胆固醇氧化物会对神经细胞产生毒性作用。Diestel 等（2003）研究表明，7-酮基胆固醇可通过活化和迁移活脑组织中的小胶质细胞引起神经元损伤。

（四）胆固醇氧化物的测定方法

1. 脂质提取

在食品中，胆固醇氧化物溶解在脂类物质中，故提取胆固醇氧化物须先提取与之相溶的脂溶性物质。脂质在生物基质中主要以两种形式存在：①以液滴形式存在于贮藏组织；②细胞膜的组成部分。但任何一种形式下，胆固醇与脂质不仅彼此密切结合，还与非脂质（如蛋白质等）通过疏水作用、范德华力、氢键和静电作用力结合在一起。因此，需要采用合适的方法将组织中的脂溶性化合物提取出来，其中提取溶剂的选择尤为重要，需要既能够溶解脂类物质，又能够破坏脂质与其他组织基质之间的相互作用力。所以单一的非极性有机溶剂（如正己烷）的使用是不合适的，为了满足这一要求，必须采用适当极性的溶剂或混合物。

在一些研究报道中，使用最频繁的方法是以 2 种或者 3 种溶剂以不同的比例来提取脂质，这样可以充分提取不同脂类物质，同时将其他非脂类物质去除，避免了提取液基质的复杂性。其中，甲醇-氯仿体系经常被用于胆固醇氧化物的提取。

2. 净化

胆固醇氧化物在提取物中是痕量级别，所提取脂类物质中含有甘油三酯、酯化游离甾醇、游离脂肪酸等，所以需要对提取的脂类物质进行净化操作。一个有效的净化方法应该能够去除大部分非待测物质，并且不引入新的杂质，使胆固醇氧化物得到富集。皂化和固相萃取法是常用的净化方法。

皂化在胆固醇氧化物分析测定中起着两个重要的作用。首先，它能通过水解反应将甘油酯转化为水溶性脂肪酸盐和游离甘油，从而去除脂质提取物中占主导地位的甘油酯。其次，它能够水解胆固醇酯。在皂化过程中，一般将脂质提取物加入 KOH 或 NaOH 的甲醇或乙醇溶液中反应一段时间，然后通过液-液萃取法将未被皂化部分提取出来。皂化温度和碱溶液浓度是两个关键参数，选择不当会造成某些胆固醇氧化物的分解。目前多采用冷皂化，即在室温或略高于室温下进行皂化，皂化反应时间多在 15h 以上。

目前，许多研究者为了避免胆固醇氧化物的分解和转化，采用固相萃取法取代皂化步骤，使胆固醇氧化物得到分离和富集。相比于皂化法，固相萃取法具有更快速、温和的优势。硅胶柱和氨基柱常被用于胆固醇氧化物的净化，这两款都为正相柱。脂质提取物中，胆固醇酯和甘油三酯极性最弱，磷脂极性最强，而胆固醇及其氧化产物极性处于两者之间。因此，根据待测物质与杂质极性的差异，通常逐步增强洗脱溶剂的极性以达到分离效果。较常用的方法是将脂质提取物加入固相萃取柱中，首先选用非极性溶剂洗脱胆固醇酯和甘油三酯，然后再用少量中极性溶剂洗脱胆固醇氧化物，而磷脂由于极性最强被保留在柱上。

有研究表明，在固相萃取之前采用皂化步骤，可避免造成测得胆固醇氧化物含量与实际值相比偏少的情况。已知胆固醇酯的氧化速率比胆固醇更快，可能有部分氧化产物以胆固醇酯的形式存在，因此需要进行皂化反应，将这部分氧化产物分离出来，若直接进行固相萃取，这部分物质将被去除。

3. 衍生化

胆固醇氧化物具有高沸点、双性基团、化学不稳定性，故色谱分析前通常需要进行衍生化反应，改变其物理性状，有利于色谱分析时分离度的改善和检测灵敏度的提高。常用衍生试剂有 BSTFA（N,O-双三甲基硅烷基三氟乙酰胺）、BTZ（N,O-双三甲基硅烷乙酰胺：三甲基氯硅烷：N-三甲基硅咪唑=3：2：3）、Sylon BFT（N,O-双三甲基硅烷三氟乙酰胺：三甲基氯硅烷=99：1）等。此外，在衍生化过程中需将水分去除干净，水分会与胆固醇氧化物竞争衍生化试剂，导致衍生化反应不完全，将会使一种胆固醇氧化物出现几个色谱峰。

4. 色谱分析

胆固醇氧化物的测定方法有多种，包括气相色谱法、高效液相色谱法、色-质联用法、核磁共振和酶法等。常用的是气相色谱法、高效液相色谱法和气相色谱-质谱联用法。

气相色谱法特别是毛细管气相色谱法是胆固醇氧化物的主要分析方法之一，这主要是因为胆固醇形成的氧化物结构十分类似，必须用高分辨率的毛细管柱才能分开。所用柱型大多是非极性的聚甲基硅氧烷和弱极性的 5% 苯基甲基聚硅氧烷，如 DB-5、DB-1、HP-5、Rtx-1、SPB-1 等。采用这类非极性和弱极性柱的主要原因是胆固醇氧化物具有较强极性、低蒸气压、高沸点，所需柱温较高，而这类柱子高温稳定性好是其主要优势。柱温操作方式均为程序升温，且大多为多阶程序升温。氢火焰离子化检测器（FID）在胆固醇氧化物的气相色谱分析中仍占绝对优势。

高效液相色谱法分离效率高，一般在室温下分析即可，不需高柱温，因此不会造成待测物质高温分解的情况，但在检测胆固醇氧化物方面存在一些缺陷：首先，液相色谱仪所使用的色谱柱的容量和分离效果达不到所需要求；其次，液相色谱仪的紫外或者荧光检测器不能用于大多数胆固醇氧化物的检测，因为它们无紫外吸收，更无荧光。

气质联用法是将气相色谱和质谱结合起来的一种用于确定测试样品中不同物质的定性定量分析方法。气相色谱-质谱联用技术兼顾了气相色谱和质谱两者各自的优点，其具有气相色谱的高分辨率和质谱的高灵敏度，是分离和检测复杂化合物的最有力工具之一。此类方法中，色谱柱的选择、柱温升温程序设置同气相色谱法相近。质谱部分采用标准的电子轰击离子源（70eV），质谱扫描范围多在 m/z 100~650。胆固醇氧化物定量一般根据质谱特征离子峰计算。

5. 气相色谱-质谱法测定胆固醇氧化物

（1）标准溶液的配制　分别称取 5 种胆固醇氧化物标准品各 2mg，置于 50mL 容量瓶中，溶于乙酸乙酯，并定容至 50mL，制得 40mg/L 胆固醇氧化物混合标准溶液（于 4℃ 低温避光保存），再用乙酸乙酯稀释成不同质量浓度的系列标准溶液，$5\alpha,6\alpha$-环氧化胆固醇浓度梯度为 0.4mg/L、0.8mg/L、4mg/L、8mg/L、12mg/L 和 20mg/L，其余 4 种胆固醇氧化物浓度梯度均为 0.06mg/L、0.1mg/L、0.8mg/L、4mg/L、12mg/L、20mg/L。取 1mL 标准溶液，用氮气吹扫浓缩至近干，溶解于 1mL 无水吡啶中，移取 50μL，置于 250μL 内衬管中，再加入 50μL Sylon BTZ，漩涡混合 10s，于 25℃ 避光衍生化 1h，取 1μL 用于气相色谱-质谱分析，建立标准曲线。

（2）样品前处理　将样品绞碎成糜状，准确称取 5g 肉糜，冻干后加入 30mL 甲醇-氯仿（体积比为 1∶2）混合液，振荡萃取 30min。加入 0.5g 无水硫酸钠，滤纸过滤，除去残余的水分。用少量提取溶剂洗涤容器和滤渣，合并滤液。滤液在 40℃ 真空条件下蒸至干后溶解于 5mL 正己烷中，用 0.45μm 有机滤膜过滤。硅胶柱需要事先用 15mL 正己烷活化，将提取液全部倒入硅胶柱中，过柱后弃去。然后依次用 10mL 正己烷-乙醚（体积比为 95∶5）、25mL 正己烷-乙醚（体积比为 90∶10）、15mL 正己烷-乙醚（体积比为 80∶20）溶剂洗脱杂质，抽干。最后，胆固醇氧化物用 5mL 丙酮洗脱。取 1mL 用氮气吹扫浓缩至近干，溶解于 2mL 无水吡啶中，0.2μm 滤膜过滤，从中取 50μL 于 250μL 内衬管中，再加入 50μL Sylon BTZ，漩涡混合 10s，将此混合物置于 25℃ 黑暗条件下衍生化 1h，取 1μL 用于气相色谱-质谱分析。

（3）色谱-质谱条件　进样体积 1μL；进样口温度 280℃；进样模式为不分流进样；色谱柱为 HP-5MS 毛细管柱（30m×0.25mm×0.25μm）；载气（氦气）流速 0.8mL/min；优化的柱温升温程序：初始温度 220℃，保持 1min，以 15℃/min 的速率升高到 270℃，保持 1min，再以 1℃/min 的速率升高到 280℃，保持 2min。然后再以 5℃/min 的速率升至 290℃，保持 10min。质谱条件：离子源为电子轰击电离源（EI），电离能量 70eV；气相色谱-质谱接口温度 270℃；离子源温度 220℃；检测模式为选择离子监测（SIM）；电子倍增管电压 1360V。各目标物的质谱采集参数见表 1-15。

对 5 种胆固醇氧化物的混合标准溶液进行定性分析，监测模式为全扫描。通过对总离子流图［图 1-30（1）］的各个峰进行库检索，得到 7β-羟基胆固醇、$5\alpha,6\alpha$-环氧化胆固醇、胆甾烷-$3\beta,5\alpha,6\beta$-三醇、25-羟基胆固醇、7-酮基胆固醇的保留时间分别为 17.19min、18.17min、20.05min、21.50min 和 21.78min。各 COPs 的分离时间在 22min 内，时间较短且分离度较好。

表 1-15　五种胆固醇氧化物的 GC-MS 采集参数

COPs	保留时间/min	SIM 扫描离子（m/z）
7β-OH	0~18	217、218、372、456、457、458
$5,6\alpha$-EP	18~19	366、384、441、442、459、474
triol	19~21	321、403、404、456、457
25-OH	21~28.33	131、367、457、472、473、474

续表

COPs	保留时间/min	SIM 扫描离子（m/z）
7-keto	21~28.33	131、367、457、<u>472</u>、473、474

注：加有下划线的数值为定量离子 m/z。

（4）质谱检测模式　由于胆固醇氧化物在食品中的含量较低，且食品成分复杂，若采用全扫描模式检测样品中的胆固醇氧化物，容易受杂质干扰。为此，采用选择离子扫描模式对各胆固醇氧化物的主要离子进行检测，以有效降低杂质干扰，增加检测灵敏度［图1-30（2）~（6）］。各胆固醇氧化物经衍生化后，主要离子差异较大，若仅以一组离子检测5种胆固醇氧化物，则所要选择的离子数目过多，灵敏度较低。因此，根据各物质的主要离子以及全扫描所得到的保留时间，将其分为4组，每组扫描5~6种离子。第一组为0~18min，选择6种离子（m/z 217、m/z 218、m/z 372、m/z 456、m/z 457、m/z 458），检测7β-羟基胆固醇；第二组为18~19min，选择6种离子（m/z 366、m/z 384、m/z 441、m/z 442、m/z 459、m/z 474），检测5α,6α-环氧化胆固醇；第三组为19~21min，选择5种离子（m/z 321、m/z 403、m/z 404、m/z 456、m/z 457），检测胆甾烷-3β,5α,6β-三醇；第四组为21min至层析结束，选用6种离子（m/z 131、m/z 367、m/z 457、m/z 472、m/z 473、m/z 474），检测25-羟基胆固醇和7-酮基胆固醇。选择峰面积最大的离子作为各物质的定量离子，如表1-15所示，分别为 m/z 457、m/z 384、m/z 403、m/z 131、m/z 472 的离子。

（5）样品处理和净化　采用甲醇-氯仿萃取法，7β-羟基胆固醇、5α,6α-环氧化胆固醇、胆甾烷-3β,5α,6β-三醇、25-羟基胆固醇和7-酮基胆固醇的回收率分别为93.67%、67.94%、70.30%、61.31%和61.83%。采用提取脂类物质后，直接采用固相萃取法进行样品的净化，5种胆固醇氧化物的回收率为61.31%~93.67%。均能满足检测要求。样品中5种胆固醇氧化物的加标回收率为61.16%~96.96%，相对标准偏差≤7.80%。检出限（LOD）和定量限（LOQ）见表1-16。

表1-16　五种COPs的回归方程、相关系数及线性范围

COPs	线性范围/（ng/mL）	R^2	回归方程	LOD/（ng/g）	LOQ/（ng/g）
7β-OH	30~10000	0.9998	$y=436907x-10^7$	0.02	0.06
5,6α-EP	200~10000	0.9958	$y=4172.7x-2\times10^6$	47.07	156.90
triol	30~10000	0.9955	$y=14560x-3\times10^6$	4.19	13.97
25-OH	30~10000	0.9966	$y=119041x-2\times10^7$	5.68	18.93
7-keto	30~10000	0.9964	$y=7754.5x-2\times10^6$	0.41	1.37

6. 市售酱猪肉中胆固醇氧化物含量

北京、山东、无锡等地生产的酱猪肘中的胆固醇氧化物含量如表1-17所示。气相色谱-质谱法分析结果显示，所有四个猪肘样品中都检出7β-羟基胆固醇、25-羟基胆固醇和7-酮基胆固醇，且7-酮基胆固醇含量较高。在样品6皮下脂肪中未检测出5α,6α-环氧化胆固醇，瘦肉中未检测到胆甾烷-3β,5α,6β-三醇。酱猪肘皮中胆固醇氧化物总量为690.0~

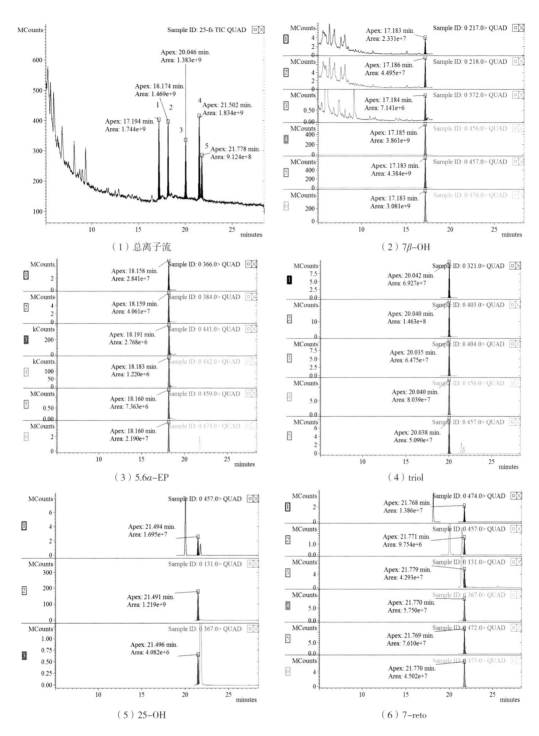

图 1-30　混合标准溶液中五种 COPs 总离子流图（1）和选择离子色谱图（2）～（6）

注：图 1-30(1)，1 为 7β-OH；2 为 5,6α-EP；3 为 triol；4 为 25-OH；5 为 7-keto。

3767.2ng/g，皮下脂肪中为 538.9～4275.1ng/g，瘦肉中为 641.1～3848.8ng/g（表 1-17）。酱猪肉中胆固醇氧化物总量可能与产品保质期显著相关。保质期长的样品中胆固醇氧化物含量较高。

检测发现，市售酱猪蹄和酱猪肘中胆固醇氧化物含量都较高。这可能是因为传统酱卤制品在加工过程中，通常反复使用卤汤，甚至反复使用数十年。卤汤在长期贮存和反复加热过程会形成大量胆固醇氧化物，导致酱卤肉制品中胆固醇氧化物含量较高。猪肉卤煮时间越长，形成的7α-羟基胆固醇、7β-羟基胆固醇、25-羟基胆固醇、7-酮基胆固醇含量越高。酱猪蹄皮下组织中胆固醇氧化物总量显著高于皮组织，酱猪肘瘦肉中胆固醇氧化物总量也较高。酱猪蹄肉中胆固醇氧化物含量显著高于皮组织，可能是因为肉中血红素铁等金属离子含量较高，金属离子会促进电子转移，导致自由基的快速形成，胆固醇在自由基的攻击下发生氧化反应。

表 1-17　市售酱猪肘中胆固醇氧化物含量　　　　　单位：ng/g

胆固醇氧化物	样品 1	样品 2	样品 3	样品 4
皮				
7β-OH	916.6 ± 16.9^a	46.2 ± 10.4^d	394.4 ± 18.8^b	77.8 ± 14.7^c
$5,6\alpha$-EP	648.4 ± 9.3^a	248.4 ± 8.4^c	461.8 ± 16.0^b	243.3 ± 6.3^c
triol	258.0 ± 15.8^a	109.9 ± 10.1^c	174.6 ± 20.3^b	117.0 ± 9.4^c
25-OH	184.0 ± 20.9^a	118.6 ± 11.7^c	154.9 ± 15.3^b	92.1 ± 10.7^c
7-keto	1760.2 ± 36.1^a	166.9 ± 12.8^d	795.5 ± 16.4^b	255.2 ± 17.1^c
总量	3767.2 ± 98.0^{aB}	690.0 ± 53.1^{cA}	1981.2 ± 86.5^{bA}	785.5 ± 57.6^{cA}
皮下脂肪				
7β-OH	926.1 ± 10.2^a	86.3 ± 9.4^c	183.9 ± 15.7^b	40.6 ± 8.4^d
$5,6\alpha$-EP	617.3 ± 10.6^a	nd	403.0 ± 11.6^b	245.3 ± 3.8^c
triol	216.1 ± 20.8^a	109.0 ± 13.1^c	176.2 ± 15.2^b	106.9 ± 5.7^c
25-OH	225.5 ± 24.9^a	156.5 ± 10.9^b	172.0 ± 23.5^b	114.4 ± 12.8^c
7-keto	2290.1 ± 42.8^a	187.1 ± 11.2^c	441.2 ± 12.0^b	165.0 ± 14.7^c
总量	4275.1 ± 107.5^{aA}	538.9 ± 44.2^{cB}	1376.4 ± 75.8^{bB}	672.1 ± 44.3^{cA}
瘦肉				
7β-OH	960.7 ± 15.8^a	91.5 ± 7.7^c	182.8 ± 15.5^b	48.2 ± 7.9^d
$5,6\alpha$-EP	655.2 ± 10.5^a	245.0 ± 4.1^c	378.0 ± 9.4^b	243.1 ± 3.2^c
triol	207.7 ± 11.0^a	nd	165.3 ± 19.2^b	110.6 ± 5.0^c
25-OH	159.7 ± 20.3^a	104.1 ± 10.9^b	137.3 ± 12.1^a	94.5 ± 7.6^b
7-keto	1865.5 ± 26.2^a	200.6 ± 6.4^c	345.9 ± 16.8^b	165.6 ± 17.6^d
总量	3848.8 ± 82.3^{aB}	641.1 ± 28.9^{cA}	1209.3 ± 69.5^{bC}	661.9 ± 40.5^{cA}

注：①数值表示为平均值 ± 标准差（$n=3$）。同行数值肩标不同小写字母表示差异显著（$P<0.05$）；②总 COPs，同列数值肩标不同大写字母表示差异显著（$P<0.05$）。

五、反式脂肪酸

反式脂肪酸已引起各国的关注，其中，美国要求食品营养标签上必须标注反式脂肪酸含量，一些欧洲和亚洲国家也制订其最低限量。诺贝尔奖获得者 Paul Sabatier 在 19 世纪 90 年代后期开展氢化学研究。德国化学家 Wilhelm Normann 在 1901 年表示液态油可以被氢化，并在 1902 年获得了专利。1909 年，宝洁公司获得美国专利使用权，并于 1911 年开始推广第一个完全由植物油制造的半固态起酥油产品。

（一）物理化学特性

反式脂肪酸按碳原子数目可分为 16 碳、18 碳和 20 碳三种，加工食品中以 18 碳的反式脂肪酸含量较多。反式脂肪酸按照双键数目分为反式单烯酸和反式双烯酸。按照反式脂肪酸的异构位置分类，18 碳的单烯酸可以进一步分为反-9-十八碳烯酸（$C_{18:1}\omega-9t$），反-11-异油酸（$C_{18:1}\omega-11t$）。

反式脂肪酸是包含反式双键的一类脂肪酸。反式双键指非共扼双键上两个相邻的氢原子处于不同侧面。反式脂肪酸具有熔点高、结构稳定、极性强、货架期长的特点。反式脂肪酸的空间结构为直线型，此结构使得其较顺式脂肪酸熔点高且具有更好的热力学稳定性，其性质与饱和脂肪酸接近。反式脂肪酸表现出的一些特性是介于饱和脂肪酸和顺式脂肪酸之间的，其稳定性，使其在工业上得到广泛使用。一般反式脂肪酸的熔点远高于顺式脂肪酸，如油酸的熔点是 13.5℃，室温下呈液态油状，而反式油酸的熔点为 46.5℃，室温下呈固态脂状。

（二）有害作用

1. 流行病学调查

（1）对心血管疾病的影响　有确凿的证据显示反式脂肪酸与心血管疾病有相关性。反式脂肪酸能引起血清总胆固醇和低密度脂蛋白（LDL）含量的升高，一定程度降低高密度脂蛋白（HDL）的含量，从而促进动脉硬化。反式脂肪酸对 LDL 和 HDL 的作用与摄入量直接相关，可能是反式脂肪酸增加了 LDL 的产生或减缓了 LDL 代谢。

反式脂肪酸也能使血液黏稠度和凝聚力增加。当反式脂肪酸的摄入量达到总能量的 6% 时，人体的全血凝集程度比反式脂肪酸摄入量为 2% 时高，更易产生血栓。而血浆总胆固醇和甘油三酯水平升高、载脂蛋白 B 水平的降低、血黏稠度的升高都是动脉硬化、冠心病和血栓形成的重要因素。也有一些研究认为，反式脂肪酸与细胞膜磷脂结合，改变了膜脂分布，直接改变膜的流动性和通透性，进而影响膜蛋白结构和离子通道，改变心肌信号传导的阈值，从而成为导致心肌梗死等疾病发病率增高的重要依据。

（2）对 II 型糖尿病的影响　部分研究结果证实，反式脂肪酸摄入过多会增加妇女患 II 型糖尿病的概率。脂肪总量、饱和脂肪酸或单不饱和脂肪酸的摄入均与糖尿病发病率无关，但摄入的反式脂肪酸能显著增加患糖尿病的风险。有实验结果表明反式脂肪酸能使脂肪细胞对胰岛素的敏感性降低，从而增加机体对胰岛素的需求量，增大胰腺的负荷，容易诱发 II 型糖尿病。这可能也与反式脂肪酸进入内皮细胞，导致内皮细胞功能障碍，影响与炎症反应相关的信号传导有关。反式脂肪酸与 II 型糖尿病的关系需进一步研究。

（3）对婴儿发育的影响　孕妇和哺乳期妇女摄入的反式脂肪酸可以通过胎盘和乳汁进

入婴幼儿体内，对婴幼儿生长发育产生不可低估的影响，主要有如下三个方面：

①由于婴幼儿的生理调节能力较差，反式脂肪酸对多不饱和脂肪酸代谢的干扰会导致胎儿和新生儿体内必需脂肪酸的缺乏，影响生长发育；

②反式脂肪酸还可结合机体组织脂质，特别是结合于脑中脂质，抑制长链多不饱和脂肪酸的形成，从而对婴幼儿的中枢神经系统的发育产生严重的影响；

③反式脂肪酸抑制前列腺素的合成，母体中的前列腺素可通过母乳作用于婴儿，通过调节婴儿胃酸分泌、平滑肌收缩和血液循环等功能而发挥作用，因此反式脂肪酸可通过对母乳中前列腺素含量的影响而干扰婴儿的生长发育。

（4）对癌症发病率的影响　反式脂肪酸与乳腺癌、结肠癌和前列腺癌的发病率有关。流行病学调查结果显示，增加反式脂肪酸摄入量与患乳腺癌的风险呈显著正相关。

2. 相关法律法规

（1）摄入量　1989—1991 年，美国反式脂肪酸的摄入量平均是 3.0~4.0g/d，占总能量的 2.6%，占总脂肪的 7.4%，其中 95% 来自植物油。1999—2002 年，美国反式脂肪酸平均摄入量占总能量的 2.5%（WHO 推荐摄入量为小于总能量的 1%），而 2012 年下降至 0.5%。1998 年对欧洲各国反式脂肪酸日摄入量的研究发现，德国、芬兰、丹麦、瑞典、法国、比利时、挪威、荷兰和冰岛摄入量较多（2.1~5.4g/d），葡萄牙、希腊、西班牙摄入量较少（1.4~2.1g/d）。

（2）管理措施　世界卫生组织和联合国粮食及农业组织于 2003 年发表的"膳食、营养与慢性病预防专家委员会报告"指出，为增进心血管健康，应尽量控制饮食中的反式脂肪酸，最大摄取量不超过总能量的 1%。许多国家已经颁布反式脂肪酸相关的法律法规。美国在 1999 年强制要求在营养标签中标示反式脂肪的含量，2003 年发布新的增补法规，强制要求在传统食品及膳食补充剂的营养标签中标示反式脂肪酸的含量，并最终于 2006 年实施。丹麦营养委员会多次公布"反式脂肪酸对健康不良影响的报告"，丹麦政府于 2003 年立法，要求丹麦市场上销售的食品中反式脂肪酸含量不得高于脂肪含量的 2%，这一举措有效控制了丹麦食品中反式脂肪酸含量。荷兰及瑞典等国制定的食品中人造脂肪的限量，其中要求将反式脂肪酸含量控制在 5% 以下。

2007 年卫生部发布的《中国居民膳食指南》建议，远离反式脂肪酸，尽可能少吃富含氢化油脂的食物。2013 年实施的 GB 7718—2011《食品安全国家标准　预包装食品营养标签通则》规定，如食品配料含有或生产过程中使用了氢化和（或）部分氢化油脂，必须在食品标签的营养成分表中标示反式脂肪酸含量。标准指出，每天摄入反式脂肪酸不应超过 2.2g，反式脂肪酸摄入量应少于每天总能量的 1%。2022 年发布的《中国居民膳食指南》建议，每天摄入反式脂肪酸不超过 2g。

根据流行病学研究结果，欧美人群在反式脂肪酸摄入量上逐渐减少，而发展中国家人群的反式脂肪酸摄入量则有增加的趋势。因此，对食品中反式脂肪酸含量实施限量管理势在必行。

（三）测定方法

GB 5009.027—2016《食品安全国家标准　食品中反式脂肪酸的测定》，其中规定检出限为 0.012%（以脂肪计），定量限为 0.024%（以脂肪计）。反式脂肪酸的分析方法还包括 Ag^+ 技术、红外吸收光谱法（IR）、毛细管电泳法（CE）、气相色谱法（GC）、气相色谱-质谱法（GC-MS）以及结合使用的方法。

六、亚硝胺

N-亚硝胺是一类致癌性很强的化学物质，是四大食品污染物之一。亚硝胺可以在人体中合成，是一种很难完全避开的致癌物质。

（一）亚硝胺的种类

N-亚硝胺是世界公认的三大致癌物质之一；其中低分子质量的 N-亚硝胺在常温下为黄色油状液体，高分子量的 N-亚硝胺多为固体；二甲基亚硝胺可溶于水及有机溶剂，其他则不能溶于水，只能溶于有机溶剂，在通常情况下，N-亚硝胺不易水解，在中性和碱性环境中较稳定，但在特定条件下也发生水解、加成、还原、氧化等反应。N-亚硝胺是一类化学结构和性质极为多样化的化合物，依照化学结构可以分为对称性二烷基亚硝胺、不对称二烷基亚硝胺、具有功能团的亚硝胺、环状亚硝胺和烷基（芳基）亚硝胺；按照物理性质又有挥发性和非挥发性亚硝胺之分。

（二）亚硝胺的形成机制

亚硝酸盐是亚硝胺类化合物的前体物质。在自然界，亚硝酸盐极易和胺化合，生成亚硝胺。在人体胃的酸性环境中，亚硝酸盐也可以转化为亚硝胺。亚硝胺的形成是一个复杂的过程，依赖于胺类物质、酰胺类物质、蛋白质、肽类物质和氨基酸的存在。此外，微生物也参与了亚硝胺的形成，把硝酸盐还原为亚硝酸盐，还能把蛋白质降解为胺类物质和氨基酸。

（三）亚硝胺的致癌作用

300 多种 N-亚硝胺在动物身上显示出致癌作用，40 多种动物包括灵长类都易于感染 N-亚硝胺而引起癌症。而且这类强致癌物质在实验动物身上诱导的肿瘤在形态学特点上和与具有血型特异性抗原进行的表达在生化特点上都与相应的人的器官上发现的肿瘤相似，并且更多的试验和一些流行病学数据表明，人类是 N-亚硝胺引起的癌症的易感群体。

亚硝胺是一类重要致癌物质，在体内细胞色素 P450 的作用下经代谢活化生成活泼亲电物质。在细胞色素 P450 的催化氧化作用下，N-亚硝胺首先发生 α 羟基化反应，即与 N 原子紧密相连的碳原子首先发生羟基化，形成 α-羟基二烷基亚硝胺，随后在体内生理环境下分解，变成醛和羟基偶氮化合物，羟基偶氮化合物进一步离解后形成羟基重氮化合物，羟基重氮化合物具有很高的亲电性，可以与水反应生成醇，而与 DNA 结合后，可以使 DNA 的碱基发生烷化作用形成 DNA 加合物，最终导致肿瘤的产生。所以在癌症的初始阶段，DNA 的烷基化被认为是致癌物质的关键性细胞靶向活动。

（四）亚硝胺的测定方法

随着近代分析化学的发展和新仪器的应用，N-亚硝胺的测定方法已经相当多样和完善，选择性和灵敏度也在不断提高。根据分析方法的原理可以分为：紫外和可见光光度法，薄层色谱法，气相色谱法，液相色谱法，气相色谱-质谱联用法，极谱法和胶束电动毛细管色谱法（MEKC）。紫外分光光度法可以直接测定 N-亚硝胺的含量，N-亚硝胺特征的紫外光谱有两个吸收峰，在 340nm 波长处有一个较弱的吸收峰，在 230nm 处有一个较强的吸收峰。胶束电动毛细管色谱法结合了高效液相色谱和毛细管电泳的优点，具有高柱效、高选择性、分析速度快、自动化程度较高的特点，在 N-亚硝胺分析中的应用也取得了良好的效果。总之，无论是分光光度法、毛细管气相色谱法、高效液相法，还是胶束电动毛细管色谱法，都各有特色。为减少 N-亚硝胺暴露带给人们健康的危害，有必要研究建立一种快速、准确、灵敏度高、重现性好、成本低的 N-亚硝胺的检测方法。

七、肉品加工过程中的 PM2.5 排放

食品在油炸、烧烤等加工过程中挥发的油脂、有机质及热氧化和热裂解产生的混合物形成了食品加工油烟。这些油烟在形态组成上包括颗粒物及气态污染物两类，其中直径小于 $2.5\mu m$ 的颗粒物质即 PM2.5。PM2.5 粒径小、比表面积大、质量轻、吸附能力强，能附带各种有害物质且能长时间悬浮于空气中，被人们吸入直接进入肺部，对人体健康产生较大危害。近年来，PM2.5 已成为政府和社会各界关注的热点问题。

（一）PM2.5 来源

PM2.5 成分复杂，来源广泛。如火山喷发、风吹起的尘土、森林大火、工业中的燃料源、汽车尾气、生活物质燃烧、垃圾焚烧、建筑施工扬尘、食品医药工业等都会排放 PM2.5。本章主要介绍食品加工业及家庭厨房排放的 PM2.5。

1. 厨房油烟中的 PM2.5

厨房中的烟气是高温加工食品时产生的有害副产物，爆炒、油炸等烹饪方式产生的烟气对人类健康构成严重危害，长期生活、工作在油烟环境中必将对人体造成伤害。

日常烹调油的化学结构是三酰甘油，在油炸过程中，食物在约 180℃接触热油，油脂挥发凝聚，产生颗粒物，在空气中呈飘浮状态而长期存在，属于典型的 PM2.5；同时食物和油脂也部分暴露于氧气中，发生氧化反应，形成的氢过氧化物在高温作用下快速分解，产生挥发性物质，包括饱和与不饱和醛酮类、烃类、醇类、内酯、酸和酯类。其中很多挥发性物质都有毒，例如丙烯醛，已被确认是油烟中提高肺癌风险的因素之一。油烟中还含有大量的 3,4-苯并芘、杂环胺等致癌物质，吸附到 PM2.5 上，比普通的灰尘更具危害性，被人体吸入后容易引发肺癌、胃癌等。炒菜油炸温度越高，时间越长，产生的有害物质越多。据估计，在一个 800 万人口的城市，全年的厨房油烟颗粒物排放量将近 12600t，对 PM2.5 的贡献率超过 10%。

2. 食品工业中的 PM2.5 排放

一个规模化的食品加工企业，油炸食品所用油一般为 3~5t/5d，一年用油 150~250t，按吸油烟机的油脂去除率 90% 计算，一年排出颗粒物达 15~25t。一个省级城市具规模化的食品油炸企业按 100 家计算，一年排放颗粒物就达 1500~2500t；同样，普通的油条摊点每天用油 5~10kg，一年排出颗粒物为 180~360kg，一个省级城市的油条摊点按 5000 家计算，一年排放颗粒物就达 900~1800t，而油炸油烟中的颗粒物主要为 PM2.5。此外，烧烤、烟熏等加工方式均会产生大量的 PM2.5。我国有 34 个省级城市，则食品加工企业一年排放的颗粒物达 6120~12240t。餐饮业和食品工业如此大的 PM2.5 排放量告诉我们，PM2.5 减排技术和 PM2.5 捕获技术应该放到科学研究的日程上来了。

（1）烧烤产生的 PM2.5　烧烤污染物质其实包括两类，一类是煤炭、燃气燃烧排出的，另一类便是被烧烤物质在烤制过程中排出的。

烧烤主要用的是木炭或焦炭，烧烤过程处于一个木炭的不完全燃烧的过程，木炭燃烧产物中尚残存有一氧化碳、二氧化硫、硫氧化物、氢、甲烷等可燃物质，这些气体在环境中经化学反应或物理过程转化成液态及固态的颗粒物；烧烤同时会产生烷类、芳烃类、烯类、酯

类、醛类等挥发性有机物，而挥发性有机物恰恰是导致 PM2.5 生成的重要条件。烧烤排出的颗粒物中大部分组成了 PM2.5 中的物质。

烧烤温度往往超过 200℃，在此高温下，蛋白质受热产生杂环胺类物质，而且如果肉被烤焦，局部温度接近 300℃时，食物脂肪焦化产生的物质与肉里的蛋白质发生热聚合反应，同样会产生大量 3,4-苯并芘等致癌物。3,4-苯并芘不仅能通过烤肉的烟雾进入呼吸道，还能通过食用烤肉进入消化道。烧烤燃烧产生的颗粒物比其他 PM2.5 要细得多，PM2.5 中的粒子越细，比表面积就越大，它吸附空气中的有害物质就越多。这种集中、低空排放的高浓度有害气体，对接触的人们危害极大。

笔者测定了传统烤鸭加工过程中生成的烟气中 PM2.5 排放情况：液化石油气烤鸭炉烤制烤鸭，每批次加工 20 只，烤鸭炉 200℃预热 15min，将腌制后的原料鸭悬挂在烤鸭炉内，在 250~270℃条件下烘烤 1h 左右，用智能中流量大气总悬浮颗粒物采样器（配 PM2.5 采样切割头）在 100L/min 流速条件下收集 250℃烤制阶段产生的烟气。按照 HJ 618—2011《环境空气 PM10 和 PM2.5 的测定 重量法》，得到液化石油气加热方式烟气中 PM2.5 质量浓度为（2020.00± 198.04）$\mu g/m^3$，超过我国环境空气质量标准二级限值 75$\mu g/m^3$ 的 25.9 倍左右。液化石油气烧烤和木炭烧烤均能排放大量 PM2.5 和二氧化碳。许多研究显示，木炭烧烤，如烤肉期间的 PM2.5 质量浓度一般为 800~1560$\mu g/m^3$，液化石油气烧烤（包括煎、炸、炒）PM2.5 质量浓度一般为 500~1310$\mu g/m^3$。液化石油气烧烤、煎、炸、炒的 PM2.5 排放比液化石油气蒸煮的 PM2.5 排放多二倍多。每燃烧 1kg 木炭所排放的 PM2.5 一般为 4.5~8.2g。木炭烧烤产生的 CO_2 排放量一般为 2300~2800g/kg。把排放的温室气体折合成二氧化碳当量（CO_2-eq），那么，木炭烧烤的二氧化碳当量约为 9kg/kg，液化石油气烧烤的二氧化碳当量约为 3kg/kg。木炭烧烤的二氧化碳当量是液化石油气烧烤的 3 倍。

（2）油炸产生的 PM2.5　油炸过程经历复杂的物理和化学变化，如油的吸收、氧化、水解和热分解，产生许多有害成分，影响油炸食品感官，危害身体健康。烧鸡是中国的传统食品，深受消费者喜爱，仅符离集镇一年可生产销售的符离集烧鸡就达 3000 万只，全国每年产量可达数亿只，烧鸡加工期间油炸烟气中的有害物质对环境和人体造成的伤害不可小觑。

为评估烧鸡油炸烟气的安全性和对环境的污染状况，我们在南京某肉制品加工企业烧鸡生产线油炸工序排烟口外 1m 处设置采样点，使用智能中流量大气总悬浮颗粒物采样器（配 PM 2.5 采样切割头），在 100L/min 流速条件下收集 1h 内烧鸡油炸工序排放的烟气。

烧鸡油炸多使用棕榈油，加工温度在 180℃以上，每 100kg 油可加工 1000~1400 只鸡，加工过程中油会多次循环使用，直至油色变黑、油哈味明显或烟气有呛感时更换新油。在采集烟气的过程中，将使用 12~25h 的油定义为中期油，将使用 30h 以上的油定义为后期油。中期油炸烟气中 PM2.5 最高超过我国 GB 3095—2012《环境空气质量标准》二级限值 75$\mu g/m^3$ 的 23.4 倍；继续使用 30h 以上，烟气中 PM2.5 最高超过标准二级限值的 31.5 倍。

（3）烟熏产生的 PM2.5　熏制用的熏烟是直接燃烧整块木头、小块木头或者锯木碎屑，将待熏制的产品直接悬挂，或者置于金属网上面进行直接烟熏。熏制时需阴烧不见明火，以最大程度的产生烟。用在食品加工中的熏烟主要是通过燃烧木材所发烟产生的，主要使用的是硬木，如山毛榉、山核桃木、橡树。

熏烟是水蒸气、空气、CO_2、CO，还有数百种的有机物质以不同浓度的气溶胶、蒸气相、极小的分子颗粒形式存在的混合物，熏烟是在不完全燃烧的情况下产生的。木材的不完全燃烧产生的颗粒物不但是 PM2.5 的重要组成成分，而且使产品中含有多环芳烃类等对人类健康有害的物质。据调查，四川等地烟熏产生的烟气在当地 PM2.5 组成中占比达 16% 之多。

（二）PM2.5 的危害

1. PM2.5 成分

PM2.5 的化学成分主要包括无机成分、有机成分、微量重金属元素等。无机成分主要包含硫酸盐、硝酸盐、氨盐等；有机成分主要包括多环芳烃；微量重金属元素包括铬、锰、铜、锌、铅、镍等。

2. PM2.5 对环境的影响

首先，PM2.5 对空气质量和能见度等有重要的影响。与较粗的大气颗粒物相比，粒径小的细颗粒物富含大量的有毒、有害物质，且在大气中的停留时间长、输送距离远，从而对人体健康和大气环境质量的影响更大。细颗粒物能飘到较远的地方，影响范围较大。其次，PM2.5 会影响全球的气候。PM2.5 能影响成云和降雨过程，间接影响着气候变化，极端时也会引起大暴雨，使得气候瞬息万变。而且 PM2.5 对太阳的辐射有一定的吸收和反射的作用，从而进一步改变当地的温度、湿度等气候条件，形成局部的水循环并导致部分地区的极端天气，严重影响人们的正常生活。

3. PM2.5 对人类健康的危害

PM2.5 比表面积较大，易成为其他污染物的载体和反应体，可吸附大量的有毒、有害物质，通过呼吸系统直接进入人的肺部并沉积下来，导致人体呼吸系统和心血管系统等罹患各种急性和慢性疾病。

第六节　肉制品中自由基的形成

1900 年，Gomberg 第一次制得了三苯甲基自由基。1929 年，寿命更短的甲基自由基和乙基自由基被成功制得，从此，自由基开始走入人们的视线，但此时人们仅仅把自由基当作一种奇特的新物质。1937 年 Kharasch 第一次发现自由基可以作为物质参与化学反应，从而创立了自由基化学。1944 年专门测定自由基信号的电子顺磁共振波谱仪（electron paramagnetic resonance spectrometer，EPR Spectrometer）被用来检测生物组织，生物体系中自由基的存在得以确认，但因设备昂贵，研究进展缓慢。1969 年 McCord 和 Fridovich 发现超氧化物歧化酶（SOD），其重要的生物学意义促使自由基生物学研究突飞猛进。随着近代生物物理检测技术的发展，自由基研究已扩展到生物化学、细胞生物学、医药学、环境科学和农学等领域，相关期刊和专著也相继出现，然而在食品领域尤其是肉制品方面的研究甚少，对加工过程中自由基形成规律的理解，有助于无自由基食品或低自由基食品加工技术的开发亟待人们去探索和开拓。

一、自由基的定义

（一）自由基与不成对电子

在一个原子轨道或分子轨道中两个自旋方向相反的电子称为成对电子（paired electrons），由于物理或化学因素导致原子或分子电子的成对性被破坏，生成带有不成对电子的产物，即自由基（free radical），如式（1-1）所示。

$$A:B \longrightarrow A^{\cdot} + B^{\cdot} \tag{1-1}$$

可见自由基既可以是分子或原子，也可以是带有正或负电荷的离子，也可以是作为分子片段的基团，但凡是自由基，其共同特征就是带有不成对电子。需要注意的是，有些过渡金属元素也具有不成对电子，不过这些不成对电子存在于电子层的内层，严格来说它们不属于自由基。

为了显示自由基的不成对电子的特征，在书写时，一般在带有不成对电子的原子或原子团符号旁边加"·"，如氢自由基（H·）、甲基自由基（·CH$_3$）和羟自由基（·OH）。有时为了准确描述该不成对电子的位置，就把黑点标注在不成对原子上，如甲基自由基不成对电子由碳原子贡献，其准确描述为·CH$_3$；羟自由基不成对电子由氧原子贡献，其准确描述为·OH。

（二）自由基的顺磁性

电子在轨道上单向运动时必定会产生电流，形成磁场。在同一轨道中的成对电子自旋方向相反，有效电流为0，产生的磁场方向相反相互抵消，因而对外不显示磁性。而自由基带有一个不成对电子，其总自旋角动量不为0，对外显示顺磁性，这是自由基独特的物理特性。

由于自由基具有顺磁性，本身似一个磁体，在外加电场的作用下，不成对电子只能采取与磁场平行或反平行的取向，前者稳定能量低，后者不稳定能量高，能量差为 ΔE。若外磁场方向合适且能量恰为 ΔE，电子则吸收能量从低能级跃迁至高能级，产生电子能与外场共振的现象。电子顺磁共振（EPR）就是利用这一特性鉴定自由基。

二、自由基的来源

（一）自由基的产生

将成对电子破坏转为带有不成对电子的自由基，换句话说就是共价键断裂，一般需通过加热、光照、电离辐射以及氧化还原反应等。加热，即通过加热发生热均裂反应。在油炸过程中，脂肪和油炸油的温度一般都在200℃左右，此时脂肪酸断裂形成脂质自由基。光照，即可见光和紫外线引起的光化学反应。牛奶暴露在日照下，其中酪氨酸经光解形成酪胺酰自由基，导致牛奶变味。辐射，即辐射产生的裂解反应，辐解的能源为 γ 射线、X 射线或其他高能量粒子流。当细胞受到辐射后，水会发生电离，产生氢自由基（H·）和羟自由基（·OH）。

过氧化氢、维生素 C 等与金属离子发生单电子氧化还原反应时，可以产生自由基。Fenton 反应是典型的单电子氧化还原反应，产生羟自由基（·OH）。除铁之外，其他过渡金属也能催化 Fenton 反应，如式（1-2）所示。

$$H_2O_2+Fe^{2+}\longrightarrow \ \cdot OH+OH^-+Fe^{3+} \tag{1-2}$$

（二）脂质自由基

1. 脂质的自由基链反应

脂质分子是相对稳定的，在空气中不易发生氧化。而生理条件下代谢反应所消耗的分子氧有 2%~5% 能转化成 $O_2 \cdot^-$、$\cdot OH$ 等活性氧（ROS）。在 $\cdot OH$ 的作用下，脂质中不饱和脂肪酸 RH 脱去 1 个氢原子形成碳原子为中心的脂质自由基 R·，如式（1-3）所示。在 O_2 存在的情况下，R·脂质自由基再与 O_2 发生反应生成脂质过氧自由基 ROO·，如式（1-4）所示。ROO·再进攻其他脂质分子 RH，生成新的脂质自由基 R·和脂质氢过氧化物 ROOH，如式（1-5）所示。此反应反复进行，从而导致脂质分子的不断消耗和脂质过氧化物的大量生成。

$$RH+\cdot OH \longrightarrow R\cdot +H_2O \tag{1-3}$$

$$R\cdot +O_2 \longrightarrow ROO\cdot \tag{1-4}$$

$$ROO\cdot +RH \longrightarrow R\cdot +ROOH \tag{1-5}$$

通常情况下，ROOH 是比较稳定的，不会对过氧化反应有促进作用。但实际上，ROOH 会与过渡金属离子发生类 Fenton 反应，如式（1-6）所示，产生脂质烷氧自由基 RO·和脂质过氧自由基 ROO·，如式（1-7）所示，继续启动和传播自由基链反应，极大加速脂质氧化过程。由上述可见，脂质过氧化是典型的自由基链反应。

$$ROOH+Fe^{2+} \longrightarrow Fe^{3+}+OH^-+RO\cdot \tag{1-6}$$

$$ROOH+Fe^{3+} \longrightarrow Fe^{2+}+H^++ROO\cdot \tag{1-7}$$

2. RO·、ROO·与 ROOH 的性质

R·、RO·、ROO·以及 ROOH 是脂质过氧化过程中的主要中间产物。其中，RO·、ROO·和 ROOH 也属于活性氧。

（1）RO·脂质烷氧自由基　RO·可由 ROOH 通过类 Fenton 反应产生，它的性质类似于羟基自由基·OH，但 RO·寿命相对稳定。·OH 寿命极短，仅能作用于生成部位，而 RO·可以扩散到其他部位攻击生物大分子，从而导致损伤。因此来说，RO·的危害性更大。不饱和脂肪酸如花生四烯酸的过氧化物产生的 RO·可以经环化反应后形成环氧-烷基自由基。

（2）ROO·脂质过氧自由基　ROO·是脂质过氧化的主要中间产物之一，活性弱于 RO·，但仍能从脂肪酸分子中提取氢原子，若没有抗氧化剂等清除该过氧自由基，那么脂质过氧化过程将继续持续下去，从而增长自由基链反应。

（3）ROOH　在肉制品中，铁是最重要的脂质过氧化作用的促进剂，非紧密结合的铁如 Fe^{2+}-ADP 以及含紧密结合的铁如血红素、高铁和氧合血红蛋白、肌红蛋白、细胞色素等均可以与 ROOH 发生类 Fenton 反应，从而生成 RO·和 ROO·，间接起到促进作用。而在谷胱甘肽过氧化物酶或谷胱甘肽转移酶作用下，ROOH 可以转变为化学反应性很低的 ROH。

（三）蛋白质自由基

肌肉中蛋白质占 18%~20%，蛋白质氧化是影响肉品质量的关键问题。

蛋白质氧化可以说是活性氧（ROS）诱导的蛋白质共价修饰或是与氧化应激副产物的反应。蛋白质氧化和脂质氧化一样，也是自由基链反应，蛋白质自身或组成蛋白质的氨基酸都是自由基攻击的靶分子，正常状态下细胞每消耗 100 个氧分子就会产生一分子氧化蛋白质。活泼自由基如·OH 夺取蛋白质分子 PH 上的氢原子，形成碳原子为中心的蛋白质自由基

P·，如式（1-8）所示。在氧气存在的条件下，P·进一步转换为蛋白质过氧自由基 POO·，如式（1-9）所示。POO·再进攻其他蛋白质分子 PH，生成新的蛋白质自由基 P· 和蛋白质氢过氧化物 POOH，如式（1-10）所示。

$$PH+\cdot OH \longrightarrow P\cdot +H_2O \tag{1-8}$$

$$P+O_2 \longrightarrow POO\cdot \tag{1-9}$$

$$POO\cdot +PH \longrightarrow POOH+P\cdot \tag{1-10}$$

在过渡金属离子如 Fe^{2+} 存在时，蛋白质氢过氧化物 POOH 会发生类 Fenton 反应，如式（1-11）所示，产生蛋白质烷氧自由基 PO·。蛋白氧化还能发生在蛋白质分子之间，尤其是含有氮原子或硫原子为中心的活性氨基酸残基的蛋白质分子之间。脂质氧化产物如 ROOH、ROO·能夺取蛋白质分子的氢原子，从而促进蛋白氧化，如式（1-12）、式（1-13）所示。

$$POOH+M^{n+} \longrightarrow PO\cdot +OH^- +M^{(n+1)+} \tag{1-11}$$

$$PH+ROO\cdot \longrightarrow P\cdot +POOH \tag{1-12}$$

$$PH+ROOH \longrightarrow RO\cdot +P\cdot +H_2O \tag{1-13}$$

参与 DNA 合成的核苷酸还原酶（RNA）中包含的酪氨酸酰自由基是第一个发现的参与酶催化反应的功能性蛋白自由基。蛋白质中的甘氨酸、半胱氨酸、酪氨酸、色氨酸、修饰酪氨酸和色氨酸分别能够形成酪氨酸酰自由基，其是首个被发现的参与酶催化反应的功能性蛋白自由基。H_2O_2 诱导的高铁肌红蛋白和牛血清蛋白反应产生的蛋白质自由基常温下可以存在 13min。

三、自由基的危害

（一）自由基与衰老

1. 衰老自由基学说

衰老是机体随时间的推移必然发生的自然过程。衰老学说有 300 多种，1956 年 Denham Harman 首次提出自由基衰老学说，认为衰老过程中的退行性变化是由于细胞正常代谢过程中产生的自由基的副作用导致的。正常情况下，细胞新陈代谢不断产生新的自由基，而当自由基过量时，体内的自由基清除剂如超氧化物歧化酶（SOD）、过氧化氢酶（CAT）和谷胱甘肽过氧化物酶（GSH-Px）等会将其清除，从而维持机体内自由基的正常水平，自由基的生成和清除是处于动态平衡的。当机体衰老时，机体清除自由基的能力变弱，过剩的自由基就会对核酸、蛋白质和脂质等生物大分子造成损伤，当损伤程度大于修复能力时，组织器官的机能就逐步发生紊乱，机体表现出衰老现象。

衰老的自由基学说是有试验支撑的，1957 年 Denham Harman 用占饲料比重 0.5%~1.0% 的几种自由基清除剂喂养小鼠终生，小鼠寿命得以延长，随后越来越多的研究相继证明了这一理论。经不断的发展和完善，该学说可以概括为机体产生的自由基越少或清除自由基的能力越强，寿命越长。

2. 活性氧促衰老

兔、猪、牛、鸭和鼠等 7 种动物的肾和心脏中线粒体产生活性氧速率与其最长寿命呈高度负相关，也就是说在单位时间内活性氧产生得越多，其最长寿命越短。蝇类胸部飞翔肌亚线粒体质粒产生活性氧的量都与平均寿命呈负相关，活性氧产量越高，寿命越短。越来越多的研究证明活性氧是衰老的决定性因素。

决定最长寿命的基因有 55 个以上，它们都与活性氧有关。活性氧具有高度活性，能攻击组织器官的生物大分子如核酸、蛋白质和脂质等，导致这些生物大分子的氧化性损伤，从而改变基因表达，降低防御能力，反过来促进活性氧的生成，形成恶性循环，加剧机体的衰老。衰老是自由基等各种因素对机体损伤积累的结果。

（1）DNA 的氧化性损伤　活性氧中活泼的单电子易与亲核性的 DNA 分子结合，造成 DNA 碱基改变，甚至链的断裂。与细胞核 DNA（nDNA）相比，线粒体 DNA（mtDNA）没有组蛋白或其他结合蛋白的保护，更易受到活性氧的攻击，比如其鸟嘌呤氧化性损伤产物 8-OHdG 是 nDNA 的 80~200 倍。DNA 的损伤必定会引起一系列的连锁反应，如 RNA 转录减弱，蛋白质（尤其是酶）合成减弱，包括免疫功能在内的各种细胞功能的丧失和细胞死亡，导致衰老和死亡。

（2）蛋白质的氧化性损伤　活性氧是引起蛋白质氧化性损伤的主要因素之一，蛋白质氧化性损伤可以发生在主链和侧链，由于生物系统中潜在的复杂的修复作用，主链断裂产生的片段几乎不能用来作为蛋白质氧化性损伤的标志物。蛋白质侧链氧化性损伤会引入羰基，体内羰基水平的改变反映蛋白质氧化损伤的程度。酪氨酸易被活性氧氧化成二酪氨酸，可以作为蛋白质氧化损伤的指标。

由活性氧引起的蛋白质氧化性损伤与衰老发生相关。当机体衰老时，皮肤变皱、骨骼变脆、眼晶状体的物理性质改变等均是由于胶原蛋白的氧化性损伤引起的。衰老的交联理论认为衰老时胶原蛋白及其他细胞外的大分子的交联度增加，导致结缔组织的物理和化学结构的改变，衰老时胶原蛋白溶解度的降低也支持了该理论。在动物和人体中研究发现蛋白质氧化性损伤与寿命呈负相关，长寿的线虫其羰基含量明显少于短寿线虫，早老症患者的蛋白羰基含量在 10 岁时就会超过 80 岁的正常人。

（3）脂质的氧化性损伤　不饱和脂肪酸或脂类在有自由基启动剂和氧气的情况下，会发生过氧化作用。有一种易衰老的小鼠血清和肝中脂质过氧化物在出生后 2~3 个月就明显增多，而且一直高于正常的小鼠。脂质过氧化物的增多比衰老的临床症状出现得还早，说明脂质过氧化物引起和促进衰老。脂质过氧化的重要产物丙二醛（MDA）与蛋白质和核酸交联后会形成脂褐质（lipofuscin），或称老年斑（aging pigment）。

（二）自由基与癌

1. 自由基的致癌作用

只有需氧高等生物才患癌，癌必然与氧存在某种联系。致癌物须在体内经过一个所谓代谢活化作用，形成极活泼的亲电子化合物或自由基，并去攻击 DNA 后，才产生致癌作用。致癌因素可分为物理、化学和生物三大类，三种致癌因素都有自由基参与。物理因素以电离辐射和紫外线为主，它们都能使生物分子产生自由基；化学致癌剂都必须经过体内代谢或体外活化，从分子状态变成自由基后才致癌，分子状态的致癌物是不发挥致癌作用的；生物致癌因素是指病毒将自身携带的遗传物质直接感染宿主后使其发生癌变。病毒在感染和复制过程中必须有自由基参与。

2. 肉制品中常见致癌物致癌机理

（1）多环芳烃类　在烟熏、烧烤等传统肉制品加工方式中，多环芳烃类化合物如苯并芘会大量产生。苯并芘是多环芳烃中最典型的致癌物，它有两种异构体（图 1-31）：B[a]P 为强致癌剂，而 B[e]P 却无致癌作用。多环芳烃类的不饱和双键经活化后产生自由基中间

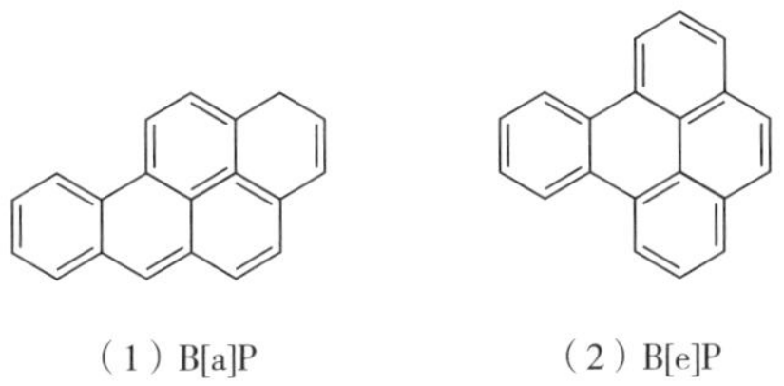

（1）B[a]P　　　　　　　（2）B[e]P

图1-31　苯并芘的两种异构体

体，再经氧化性攻击形成酚、二醇类、环氧化物和亲电性的正碳离子等。许多致癌致突变生物学实验证明，苯并芘的最终致癌物是两类立体异构的7,8-二羟-9,10-环氧化物，它们能结合大分子，导致癌症的发生。而6-OH苯并［a］芘比其他位置取代的羟化物有较高的致突变性，最终形成苯并［a］芘二醌，导致成纤维细胞生成活性氧，致使DNA受损、细胞突变（图1-32）。

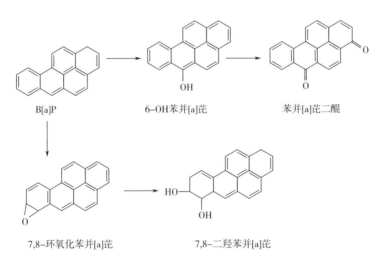

B[a]P　　　　　　6-OH苯并[a]芘　　　　　　苯并[a]芘二醌

7,8-环氧化苯并[a]芘　　　　　　7,8-二羟苯并[a]芘

图1-32　苯并芘最终致癌物的形成过程

（2）杂环胺类　杂环胺是传统肉制品加工方式尤其是烧烤中常见的有害物之一，是致癌致突变前体物。它们经N-羟基化形成不稳定中间体N-羟基胺，有可能进一步变成氮氧自由基及烃基正碳离子中间体。这些亲电子的中间体也不稳定，能与亲核性靶物质反应，于是致癌。

（3）硝酸盐及亚硝盐　硝酸盐和亚硝盐是常用肉品发色剂，当它们转变成亚硝胺时就形成强烈致癌剂。亚硝胺在酶的羟化作用下形成烷化剂，如烃基正碳离子。硝基还原酶能催化硝基芳香性化合物（RNO_2）还原成阴离子自由基（$RNO \cdot$），它可将孤对电子给细胞中的氧，使之还原成 $\cdot O_2$。

四、肉制品中自由基常用检测方法

目前，电子自旋共振技术广泛应用于医学、生物、物理、化学、材料、环境科学和食品科学等领域。电子自旋共振（electron spin resonance，ESR）又称电子顺磁共振（electron paramagnetic resonance，EPR)，是检测自由基最直接、最有效的方法。电子自旋共振是研究电子自旋能级跃迁的一门学科，通过利用自由基独特的顺磁性，记录电子自旋共振信号，检测和鉴定自由基。

(一) 电子自旋共振参数的选择

电子自旋共振测量和研究自由基，其测定参数选择尤为重要，若参数选择不当，得到的结果可能出现误差甚至错误。测量自由基时需注意的参数主要有微波功率、调制幅度、扫场宽度和扫场时间、扫场速度和时间常数等。

1. 微波功率

微波功率是重要的电子自旋共振参数之一，它的选择直接关乎于能否检测到自由基。饱和功率是自由基的属性，不同的自由基具有不同的饱和功率。出现饱和之后，电子在不同能级间的分布差减少，其电子自旋共振信号强度随功率增加而减小，这对检测电子自旋共振信号来说是不利的。当微波功率过低于饱和功率，则得不到足够强的自由基信号；当微波功率过高于饱和功率，则会导致谱线发生畸变，甚至无法检测到信号。最理想的微波功率应该是略低于饱和功率，此时谱线便于研究分析信息。

在某些情况下，饱和功率也可以用来区别不同的电子自旋共振信号。例如，半醌自由基和多环芳烃自由基，它们的电子自旋共振波谱很相似，g 因子也很接近，但是它们的饱和功率有很大的差别，半醌自由基的饱和功率为 2mW 左右，多环芳烃自由基的饱和功率在 100mW 以上。因而在 2mW 以下测得的电子自旋共振信号，主要是半醌自由基，多环芳烃自由基在这么低的功率下其信号强度可忽略不计。再在 100mW 测量得到的 ESR 信号，则信号主要是由多环芳烃自由基贡献的，半醌自由基在这么大的功率下早已饱和，畸变消失。

2. 调制幅度

通常情况下调制频率是不调节的，只调节调制幅度。调制幅度不同，谱线信号是不同的。调制幅度与线宽相关，当调制幅度与线宽比很小时，得到的电子自旋共振波谱不发生任何畸变，在一定范围内，电子自旋共振信号强度与调制幅度呈正相关。当调制幅度与线宽比较大时，这一正相关关系就消失了；当调制幅度等于线宽时，记录的信号最大；如果调制幅度再增大时，得到的电子自旋共振信号就开始下降了，而且线宽被增宽，波谱出现畸变。ZrO_2 的调制幅度在 $0.6 \sim 1.4mT$ 时，ESR 信号的相对强度跟调制幅度呈正比；当在调制幅度小于 0.6mT 时，ESR 信号的相对强度随调制幅度变化是不均匀增强的；当调制幅度大于 1.4mT 时，这一正比关系就开始消失了，但信号强度仍随之增大，如果调制幅度进一步增大时，谱线则会出现畸变。一般为了保证得到的信号较突出、不畸变，取调制幅度为线宽的四分之一为宜。

3. 扫场宽度与扫场时间

检测未知样品时，因不确定其电子自旋共振信号位置，通常先扩大扫场范围，防止漏掉电子自旋共振信号。发现电子自旋共振信号后再将扫场范围缩小，使得所要研究的电子自旋共振信号处在适当的位置。要测量线宽和 g 值的电子自旋共振波谱，还应尽量将扫场范围缩小，使电子自旋共振波谱拉开。这样可以保证测量的精确度，减少测量误差。

不同扫场时间电子自旋共振波谱的线型和强度是有差异的。扫场时间在一定程度上会影响电子自旋共振波谱的分裂，尤其是具有超精细分裂的自由基电子自旋共振波谱，扫场时间要慢，否则波谱的线型和强度会发生畸变，得不到满意的谱线。一般情况，不同自由基有不同的扫场时间设置，在实际操作过程中，扫场时间的设置要结合扫场宽度和时间常数来恰当设置。

4. 扫场速度和时间常数

时间常数对平均噪声和提高信噪比（S/N）有重要作用。通常情况下，为了避免记录的电子自旋共振波谱畸变和基线噪声过大，扫场速度和时间常数要耦合得当。如果时间常数取得比较大，其扫场速度就要慢些，最佳的时间常数要设定成与扫场速度的乘积远远小于1。

（二）g 因子

g 因子在本质上能反映出一种物质分子内局部磁场的特征，能提供分子结构信息。每种自由基都有其特定的 g 因子，就像在紫外一个吸收峰的波束（nm）和核磁共振的化学位移一样重要（表1-18）。通过测量电子自旋共振波谱的 g 因子，有助于鉴定自由基的结构和性质。已知自由电子的 g 因子 g_e＝2.002319，单子的自旋运动与轨道运动的耦合作用越强，则 g 因子对 g_e 的增值越大，表现出来的波谱的 g 因子越大。

在给定的 ESR 波谱上，可以求出该自由基的 g 因子，以此鉴别自由基：

$$hv = g\beta H \tag{1-14}$$

$$g = hv/\beta H \tag{1-15}$$

式中　h——普朗克常数

　　　v——微波频率

　　　β——玻尔磁子

　　　H——磁场强度

表1-18　一些物质的电子自旋共振波谱的 g 因子

物质名称	g 因子
1,1-二苯基-2-三硝基苯肼	2.0036~2.0038
氮氧自由基	2.0050~2.0073
过氧化自由基	2.01~2.02
含硫自由基	2.02~2.06
苯半醌类	2.0040~2.0050
Fe^{3+} 络合物（低自旋）	1.4~3.1
Fe^{3+} 络合物（高自旋）	2.0~9.7

（三）自由基浓度

g 因子主要反映了样品中自由基的种类，自由基浓度则主要是对样品中自由基定量的物理量。自由基浓度通常表示为每克、每毫克、每毫升样品中所含自由基的量，它正比于样品电子自旋共振信号吸收峰的面积，微分信号需要积分两次才能得到。一般来讲，样品中自由基浓度的绝对定量比较困难，经常采用比较法，做相对浓度测量。通过比较已知浓度和未知浓度样品的电子自旋共振信号吸收峰面积，可以计算出未知样品自由基的浓度：

$$C_x = C_i \left(S_x/S_i \right) \tag{1-16}$$

式中　C_x——未知样品浓度

　　　C_i——已知浓度

　　　S_x——样品吸收峰面积

　　　S_i——已知浓度吸收峰面积

这种测量方式适用于线形和线宽都不相同的两种样品自由基。

当两种样品的 ESR 信号的线性相同，但线宽不同时，其自由基的相对浓度则可用 ESR 波谱的峰高（h）和线宽（H）来表示：

$$C_x = C_i h_x \ (H_x)^2 / h_x \ (H_i)^2 \tag{1-17}$$

当两种样品的 ESR 信号线性相同（即都是高斯型或罗伦茨型），线宽也相同时，自由基浓度的测量就会大大简化。只要比较两者 ESR 信号的峰高（h）即可：

$$C_x = C_i \ (h_x / h_i) \tag{1-18}$$

参考文献

［1］刘彪，彭增起，张雅玮，等. 油炸对鸡肉中反式脂肪酸含量及棕榈油品质的影响［J］. 食品工业科技，2015，36（16）：147-150.

［2］王园，惠腾，赵亚楠，等. 传统熏鱼中反式脂肪酸形成机理及控制措施［J］. 肉类研究，2013，27（5）：40-44.

［3］TURESKY R J. Formation and biochemistry of carcinogenic heterocyclic aromatic amines in cooked meats［J］. Toxicology Letters，2007，168（3）：219-227.

［4］SANDERS E B, GOLDSMITH A I, SEEMAN J I. A model that distinguishes the pyrolysis of d−glucose, d−fructose, and sucrose from that of cellulose. Application to the understanding of cigarette smoke formation［J］. Journal of Analytical & Applied Pyrolysis，2003，66（1）：29-50.

［5］LIN G, WEIGEL S, TANG B, et al. The occurrence of polycyclic aromatic hydrocarbons in Peking duck：Relevance to food safety assessment［J］. Food Chemistry，2011，129（2）：524-527.

［6］LI G, WU S, WANG L, et al. Concentration, dietary exposure and health risk estimation of polycyclic aromatic hydrocarbons（PAHs）in Voutiao, a Chinese traditional fried food［J］. Food Control，2016，59：328-336.

［7］HUR S, PARK G B, JOO S T, et al. Formation of cholesterol oxidation products（COPs）in animal products［J］. Food Control，2007，18（8）：939-947.

［8］WILLETT W C. Trans fatty acids and cardiovascular disease−epidemiological data［J］. Atherosclerosis Supplements，2006，7（2）：5-8.

［9］WANG Y, HUI T, ZHANG Y W, et al. Effects of frying conditions on the formation of heterocyclic amines and trans fatty acids in grass carp（*Ctenopharyngodon idellus*）［J］. Food Chemistry，2015，167：251-257.

［10］RATERS M, MATISSEK R. Quantitation of polycyclic aromatic hydrocarbons（PAH4）in cocoa and chocolate samples by an HPLC-FD method［J］. Journal of Agricultural and Food Chemistry，2014，62（44）：10666-10671.

［11］YIN Y, WADA O, MANABE S, et al. Exposure level monitor of a carcinogenic glutamic acid pyrolysis product in rabbits ［J］. Mutation Research, 1989, 215 (1): 107-113.

［12］ SMITH L L. Cholesterol autoxidation 1981-1986. ［J］. Chemistry & Physics of Lipids, 1987, 44 (2-4): 87-125.

［13］ KOSMIDER B, LOADER J E, MURPHY R C, et al. Apoptosis induced by ozone and oxysterols in human alveolar epithelial cells ［J］. Free Radical Biology & Medicine, 2010, 48 (11): 1513-1524.

［14］ VEJUX A, LIZARD G. Cytotoxic effects of oxysterols associated with human diseases: Induction of cell death (apoptosis and/or oncosis), oxidative and inflammatory activities, and phospholipidosis ［J］. Molecular Aspects of Medicine, 2009, 30 (3): 153-170.

［15］ PANIANGVAIT P, KING A J, JONES A D, et al. Cholesterol oxides in foods of animal origin ［J］. Journal of Food Science, 2010, 60 (6): 1159-1174.

［16］ ALAEJOS M S, AYALA J H, GONZÁLEZ V, et al. Analytical methods applied to the determination of heterocyclic aromatic amines in foods ［J］. Journal of Chromatography B Analytical Technologies in the Biomedical & Life Sciences, 2008, 862 (1-2): 15-42.

［17］ GROSS G A, GRÜTER A. Quantitation of mutagegnic/carcinogenic heterocyclic aromatic amines in food products ［J］. Journal of Chromatography A, 1992, 592 (1-2): 271-278.

［18］ YAO Y, PENG Z Q, WAN K H, et al. Determination of heterocyclic amines in braised sauce beef ［J］. Food Chemistry, 2013, 141 (3): 1847-1853.

［19］ TOMAS B, LEIF H S, VIBEKE O. Kinetics of the formation of radicals in meat during high pressure processing ［J］. Food Chemistry, 2012, 134: 2114-2120.

［20］ MICHAEL J. D. Detection and characterization of radicals using electron paramagnetic resonance (EPR) spin trapping and related methods ［J］. Methods, 2016, 109: 21-30.

［21］ ANDREW B F, PETER O F, VOSTER M. Natural antioxidants against lipid-protein oxidative deterioration in meat and meat products: A review ［J］. Food Research International, 2014, 64: 171-181.

［22］ BAO Y J, ZHU Y X, REN X P, et al. Formation and inhibition of lipid alkyl radicals in roasted meat ［J］. Foods, 2020 (9): 572.

［23］ GUO X Y, ZHANG Y W, QIAN Y, et al. Effects of cooking cycle times of marinating juice and reheating on the formation of cholesterol oxidation products and heterocyclic amines in marinated pig hock ［J］. Foods, 2020 (9): 1104.

第二章　肉类腌制过程中有害物质的形成

第一节　肉品彩虹色与安全性

肉类腌制是指在不同的工序中把腌制剂（硝酸盐或亚硝酸盐）与食盐加入肉中的处理过程。在腌制过程中，肉制品中的蛋白质等成分会与腌制剂发生反应形成粉红色的腌肉色泽。肉制品表面的彩虹色斑不同于腌肉色泽，也不同于由腐败引起的绿色和荧光色。

一、彩虹色与安全性

（一）彩虹色的光学特征以及产生原因

自然界中的彩虹色一般由光的散射、衍射现象和干涉作用产生。

1. 光的散射产生彩虹色

光作用到物体后发生散射，如日出和日落时的太阳是红色的，这些都是大气对阳光散射的结果。散射产生颜色的现象非常普遍，而且不同大小颗粒的物质散射产生的颜色是不同的，这种颜色属于结构色。自然界生物通过散射产生颜色的例子很多。它们都是由生物体表面存在某些细小颗粒组织引起的。随颗粒大小和形状不同，有的散射主要产生蓝色，有的散射主要产生白色。一些鸟类的羽毛有美丽的彩色，就是由于其羽毛羽支上的小倒刺表面组织对光发生散射，产生蓝色或绿色。

2. 光的干涉产生彩虹色

波长相同，传播方向相近的两束光会互相作用产生相长增强或相消删除的作用。当使用白光照射时，从紫色（400nm）到红色（700nm）的整个可见光谱，由于波长不同，程差太小，不发生相长增强，颜色都将消除，这个区域是黑色的，随着程差增大，则会发生干涉，出现一系列色彩。影响干涉颜色的主要是薄膜厚度、折射率和观察的角度。自然界干涉生色的例子很多，如水面上的油膜、洗衣服产生的肥皂泡。鸟类的羽毛也存在干涉作用，能产生绚丽色彩，如孔雀的羽毛。

3. 光的衍射产生彩虹色

光可以偏离直线传播，即可以发生衍射。衍射产生的颜色不像干涉那样取决于薄膜厚度，而是像衍射光栅中那样，取决于相邻两层间隔距离。随着观察角度的变化，颜色也会变化。在自然界，天然蛋白石具有衍射光栅作用，是一种天然衍射光栅，能在白背景或黑背景上显示各种颜色。一些蛇表皮具有衍射光栅结构，可以产生闪光的颜色，也都属于结构色。自然界物体由散射、干涉、衍射引起的选择性反射产生结构色的现象是普遍存在的。这种结构色与由色素选择吸收可见光产生颜色有明显不同的是，它不吸收可见光，光强度不降低，相反还由于干涉、衍射等作用，局部还得到明显的增强，所以一些彩虹色特别明亮、色调特别纯粹。干涉和衍射光的波长随观察角度而变化，由此产生的结构色往往是连续某波段的彩虹色，颜色具有明亮、纯粹、金属光泽和透明的特点。若是由散射产生的结构色，则是非彩虹色的。

（二）肉品中的彩虹色斑

1. 肉品中彩虹色斑的特征

彩虹色斑主要是牛肉及其制品中出现的一种颜色（图 2-1），猪肉、羊肉等也有发现。对于具有彩虹色斑点的鲜肉和熟肉制品，绿色是彩虹色中的主要颜色；其次是橘红色。肉品中彩虹色斑的产生不是肌肉色素引起的，也不是化学因素引起的。从物理上看，光源角度、观察角度、样品旋转角度都影响彩虹色的强度，其中光源与样品表面的夹角为 70°时产生的彩虹色强度最大，样品观察角度在 35°时产生的彩虹色强度最大。彩虹色只有在具有完整的肉片的肉制品中被发现，火腿肠、肉糜等制品中却没有被发现。彩虹色斑发生在肌原纤维中。脱水或冷冻会使彩虹色斑点消失，而复水和解冻后则彩虹色斑点又出现。横切样品时出现彩虹色，纵向切片或切割方向与肌纤维的方向小于 40°时，没有彩虹色出现。这些特征和腐败变质的肉以及带有荧光细菌的肉完全不同。

（1）酱牛肉中的彩虹色斑点　　　　　　　　　　　　（2）烤牛肉中的彩虹色斑点

图 2-1　牛肉及牛肉制品中的彩虹色斑现象

2. 肉品中彩虹色斑产生的原因

彩虹色的外观表现以绿色为主，这就很容易使人联想到肉的腐败发绿。腐败变绿肉的特点和具有彩虹色斑点的肉有很多不同之处。由微生物腐败引起色变的熟肉在透射光下或当肉样在旋转时色斑不消失，而彩虹色斑却会消失。从目前的研究来看，在彩虹色斑的产生中，基本排除了微生物的作用。许多研究证明，骨骼肌具有光学衍射现象，肌原纤维微结构具有光学衍射作用。粗肌丝、细肌丝和横纹都会产生不同的衍射图样。动物的年龄、肉的部位、肉的色泽和极限 pH、加热速度等与彩虹色斑点的产生有关，如与牛的西冷、眼肉、牛柳和大黄瓜条相比，小黄瓜条表面彩虹色斑的出现率和彩虹色斑的明显程度要高许多。酱牛肉等制品切面的粗糙程度、加工工艺和添加物影响肌肉的组织结构，从而影响彩虹色斑的形成。

肉制品中彩虹色斑点的产生原因取决于肉切面微观结构的复杂性。从切面扫描电镜图

（图 2-2）可以明显看出，在肉的切面上，纤维排列无序，杂乱无章，交错结构明显。彩虹色斑的形成和变化与肉的切面结构有密切联系。

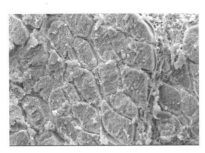

图 2-2　煮制后牛半腱肌横切面扫描电镜图

（三）彩虹色斑与腐败变绿肉、荧光色肉的区别

肉品的腐败变质出现的绿色一般是在腐败微生物的作用下引起的蛋白质分解为主的过程。此时，肉品外表发黏，切面呈褐红色、灰色或淡绿色。脂肪的败坏是由微生物生长繁殖引起外观色泽变绿或污灰，有一种不愉快的酸败味，严重者，脂肪呈污浊的淡绿色。此外，某些细菌、霉菌所分泌的水溶性或脂溶性的黄、红、紫、绿、蓝、褐、黑等色素能引起肉色的异常变化。

肉品表面的荧光色主要是由磷光发光杆菌形成的，磷光发光杆菌属于革兰氏阴性杆菌，多存在于猪肉的瘦肉部分，当有较多的磷光发光杆菌存在时，就会使肉发出荧光。研究人员发现发光的猪肉色泽正常，无异味。一个月之后，肉面的荧光现象逐渐减弱以至完全消失。此时检查，肉的表面稍有发黏，并有轻度异味，肉开始变质。这表明磷光发光杆菌虽使猪肉发光但对人体无害。从以上的几种肉的主要特征来看，有彩虹色斑点的肉品与腐败变绿肉、荧光色肉是有本质区别的，现归纳为表 2-1。

表 2-1　彩虹色斑的肉与腐败变绿肉、荧光色肉的区别

特征	腐败变绿肉	彩虹色斑肉	荧光色肉
分布部位	肉品表面	成块肉的横切面	肉品表面
气味	臭味、酸败味	正常味道	正常味道
组织结构	发黏、无弹性	正常、有弹性	正常、有弹性
光学特征	与光源角度和观察角度无关	与光源角度和观察角度有关	仅在黑暗中可见
产生原因	微生物	未知	微生物

（四）影响彩虹色斑的因素

1. 滚揉与煮制

滚揉和煮制是肉品加工中最常用的工艺，两种工艺都影响肉制品中的彩虹色斑点，滚揉减少了彩虹色斑点，而煮制则相反。

表2-2 滚揉时间对半腱肌中彩虹色斑的影响

滚揉时间/h	彩虹色强度值	彩虹色斑面积占比/%	加热损失率/%
对照	2.98±0.16[a]	33.1±2.3[a]	33.2±1.3[a]
4	2.42±0.13[b]	19.4±3.0[b]	36.7±1.1[b]
8	2.07±0.12[c]	10.3±3.1[c]	31.3±1.2[c]
12	1.90±0.13[cd]	14.2±1.2[c]	34.2±2.5[abc]
16	1.97±0.20[cd]	13.3±2.8[c]	34.9±3.2[abc]

注: 同列数值肩标不同字母表示差异显著（$P<0.05$）。

从表2-2可以看出，滚揉时间对半腱肌中彩虹色斑点的强度和面积影响较显著。真空滚揉16h，彩虹色斑点的强度均值与对照组相比由2.98下降到1.97，同时彩虹色斑点的面积占比也由33.1%下降到13.3%，差异显著（$P<0.05$）。滚揉8h的处理组与对照组相比彩虹色斑点的面积和强度差异显著（$P<0.05$），而与滚揉12h、16h的相比差异不显著（$P>0.05$），并且其加热损失最少。

工业中应用滚揉的目的是使细胞膜破裂，部分蛋白溶出，从而增加制品的出品率。滚揉过程破坏了肌肉结构，这就可能引起肌原纤维排列秩序的改变，进而引起彩虹色斑点减少。

表2-3 煮制温度对半腱肌中彩虹色斑的影响（$n=8$）

最终中心温度/℃	彩虹色强度值	彩虹色斑面积占比/%	加热损失率/%
70	2.75±0.16[a]	25.4±2.4[a]	33.2±1.0[a]
80	3.81±0.20[b]	40.3±3.2[b]	37.1±1.2[b]
90	4.47±0.22[c]	55.5±2.5[c]	39.3±1.2[c]

注: 同列数值肩标不同字母表示差异显著（$P<0.05$）。

如表2-3所示，不同蒸煮温度对彩虹色斑点的强度和面积影响较为显著（$P<0.05$）。样品的中心温度由70℃增加到90℃时，彩虹色斑点的强度值由2.75增加到4.47，面积占比也由25.4%增加到55.5%。同时，加热损失也逐渐增大。

在温度不断升高的过程中，肌肉的结构也不断发生着变化：70℃时，肌原纤维Z带开始断裂，肌内膜完全皱缩；80℃时，更多的细丝裂解，肌束膜中胶原蛋白开始成胶；90℃时，肌原纤维变为无定形结构但肌节的主要特征还能分辨。组织结构随温度变化的结果也许更能满足产生彩虹色斑点的条件，使得彩虹色斑点随温度的升高而更显著。

2. 水、NaCl、亚硝酸钠

表2-4 水、NaCl、亚硝酸钠对半腱肌中彩虹色斑的影响（$n=8$）

处理组	彩虹色强度值	彩虹色斑面积占比/%	加热损失率/%
对照	3.02±0.17[a]	30.4±2.2[a]	33.5±1.2[a]

续表

处理组	彩虹色强度值	彩虹色斑面积占比/%	加热损失率/%
水	3.18 ± 0.16^{a}	31.3 ± 1.8^{a}	36.6 ± 0.8^{b}
2%的 NaCl	4.78 ± 0.05^{b}	86.6 ± 2.5^{b}	16.4 ± 1.4^{c}
亚硝酸钠	1.97 ± 0.25^{c}	15.2 ± 2.4^{c}	36.6 ± 0.9^{b}

注：同列数值肩标不同字母表示差异显著（$P<0.05$）。

从表 2-4 可以看出，与对照组相比，添加 10%的水对彩虹色斑点的强度、面积以及加热损失影响不显著（$P>0.05$）。添加 2%的 NaCl 对半腱肌中彩虹色斑点的强度和面积以及加热损失的影响与对照组相比差异显著（$P<0.05$），强度值由对照值的 3.02 增大到 4.78，几乎达到强度的极限值 5；面积占比也由对照组的 30.4%增大到 86.6%，几乎布满整个横切面，加热损失由 33.5%降低到 16.4%。与对照组相比，亚硝酸钠对彩虹色斑点强度和面积的影响也较为显著（$P<0.05$），经亚硝酸钠处理后彩虹色斑点的强度与面积值都减小。

NaCl 不仅能增加制品的风味，还能够使肌原纤维蛋白溶出，进而促使肌肉中微粒之间黏结，增强脂肪乳化，提高其保水性。研究表明经 NaCl 腌制后肌原纤维膨胀，距离增大。可见 NaCl 对肌肉结构影响较大。因此，NaCl 很可能是通过腌制过程改变了肌原纤维结构，进而影响到制品中彩虹色斑的产生。对于亚硝酸钠，工业中的应用主要是利用它的呈色作用，使用亚硝酸钠以后的制品都具有诱人的紫红色。在实验中，发现添加了亚硝酸盐的样品的表面由于呈色作用都出现紫红色，这可能影响了对样品的主观评定和客观测量。因此，亚硝酸钠对彩虹色斑点的影响还需要进行深入探讨。

3. 磷酸盐

常用的 3 种多聚磷酸盐对彩虹色斑的强度和面积以及加热损失的影响与对照组相比差异均显著（表 2-5）。其中焦磷酸钠和六偏磷酸钠处理组，彩虹色斑点的强度和面积值都增加，而三聚磷酸钠处理组与对照组相比彩虹色斑点的面积显著减少（$P<0.05$）。经复合磷酸盐处理后彩虹色斑点的强度和面积都显著增加（$P<0.05$）。

表 2-5 几种磷酸盐对半腱肌彩虹色斑的影响（$n=8$）

处理组	彩虹色强度值	彩虹色斑面积占比/%	加热损失率/%
对照	3.01 ± 0.15^{a}	32.1 ± 1.4^{a}	33.5 ± 1.1^{a}
焦磷酸钠	3.66 ± 0.19^{b}	46.5 ± 2.1^{b}	37.6 ± 0.7^{bc}
六偏磷酸钠	3.82 ± 0.17^{b}	57.7 ± 1.9^{c}	39.5 ± 1.4^{b}
三聚磷酸钠	2.50 ± 0.12^{c}	23.5 ± 2.4^{d}	36.5 ± 0.7^{cd}
复合磷酸盐	3.55 ± 0.23^{b}	65.7 ± 2.3^{e}	28.1 ± 0.7^{e}

注：同列数值肩标不同字母表示差异显著（$P<0.05$）。

磷酸盐因其保水性较好而在肉品加工中被广泛应用。磷酸盐一般是具有缓冲作用的碱性物质，加入肉中后，可使肉的 pH 向碱性方向偏移，肌肉中的肌球蛋白和肌动蛋白偏离等电点而发生溶解，同时肌原纤维膨胀变粗。可见加入磷酸盐同样影响肌肉的组织结构，进而使肌肉中彩虹色斑点更明显。

总之，肉制品中彩虹色斑的产生和变化与肉制品切面的结构状况有很大关系，改变切面的组织结构能够改变肉制品切面彩虹色斑的存在情况。彩虹色斑的出现不代表肉制品腐败变质，也不代表某些添加剂的过量使用。

二、发色过程中亚硝基肌红蛋白的形成

为使得肉制品呈现鲜红的红色，在生产过程中通常加入硝酸盐或者亚硝酸盐，这是因为亚硝酸盐可以与肉制品中的还原型肌红蛋白发生反应，生成亚硝基肌红蛋白，赋予肉制品诱人的鲜红色。其中硝酸盐在肉中微生物的作用下被还原成亚硝酸盐，而亚硝酸盐在肉中乳酸所形成的酸性环境下，生成亚硝酸。亚硝酸进一步与肌红蛋白或血红蛋白反应，形成鲜红色的亚硝基肌红蛋白或亚硝基血红蛋白。

遇热后释放出巯基（—SH）以及亚硝基血色原，亚硝基血色原呈现出稳定、鲜红的色泽。亚硝基肌红蛋白是构成腌肉颜色成分的主要成分。

发色的主要过程：硝酸盐在酸性条件以及还原性细菌作用下形成亚硝酸盐。其反应如式（2-1）所示。

$$\text{NaNO}_3 \xrightarrow[+2\text{H}]{\text{细菌还原作用}} \text{NaNO}_2 + 2\text{H}_2\text{O} \qquad (2\text{-}1)$$

在微酸性条件下，亚硝酸盐形成亚硝酸，其反应如式（2-2）所示。

$$\text{NaNO}_2 + \text{CH}_3\text{CHOHCOOH} \longrightarrow \text{HNO}_2 + \text{CH}_3\text{CHOHCOONa} \qquad (2\text{-}2)$$

亚硝酸性质不稳定，可与还原性物质反应生成 NO，NO 的形成速度与介质的酸度、温度以及还原性物质的存在有关。其反应如式（2-3）所示。

$$3\text{HNO}_2 \xrightarrow{\text{还原物质}} \text{H}^+ + \text{NO}_3^- + \text{H}_2\text{O} + 2\text{NO} \qquad (2\text{-}3)$$

生成的 NO 与还原状态的肌红蛋白（Mb）结合形成亚硝基肌红蛋白（NO-Mb），其反应如式（2-4）所示。

$$\text{NO} + \text{Mb} \longrightarrow \text{Mb—NO} \qquad (2\text{-}4)$$

亚硝基肌红蛋白（NO-Mb）在遇热条件下释放出巯基（—SH），从而生成稳定、色泽鲜艳的亚硝基血色原，其反应如式（2-5）所示。

$$\text{Mb—NO} \xrightarrow{\text{热}} \text{血色原—NO（稳定的血色素）} + \text{SH} \qquad (2\text{-}5)$$

在使用硝酸盐或者亚硝酸盐的同时，加入抗坏血酸钠或异抗坏血酸钠等还原性物质可防止肌红蛋白的氧化，且可将氧化型的褐色高铁肌红蛋白还原为红色的还原型肌红蛋白，帮助发色。

三、卟啉锌的形成

在没有添加亚硝酸盐等发色物质的肉制品中，也会呈现一种稳定、鲜红的色泽，这种稳定的红色素就是卟啉锌。卟啉锌最早是在意大利 Parma 火腿中被发现的，经高效液相色谱和电喷雾离子化高分辨率质谱测定，确定火腿中稳定的红色素是卟啉锌。

关于卟啉锌的合成，人们最初是通过研究生物体内的合成机制来判断的。在生物体内，亚铁螯合酶是血红素合成最后一步的关键物质，亚铁螯合酶可以催化铁离子、锌离子以及镍

锰离子与卟啉环的结合，牛肝脏中的亚铁螯合酶更容易催化锌离子与卟啉环的结合而生成卟啉锌。此外，在没有催化剂的作用时，锌离子是继铜离子之后最容易与卟啉环结合的。有学者对 Parma 火腿中卟啉锌的形成做了跟踪研究，结果表明 Parma 火腿在腌制产色过程中，卟啉锌主要在瘦肉部分合成然后转移到脂肪组织中，进而判断瘦肉中存在某些特有的成分，促进了卟啉锌的合成。

卟啉锌合成机制的研究结果基本表明了一种锌离子螯合酶参与了卟啉锌的合成，而且这种酶是必不可少的，同时发现线粒体内膜上有大量的锌离子螯合酶，而含有丰富线粒体的器官包括肝脏及心脏。

第二节　多聚磷酸盐的水解与残留

成年人体内的磷含量在 $600 \sim 700g$。人体生长、能量代谢和遗传转录、细胞信号传递等生命活动都离不开磷的参与。人体日常摄入的磷大多来自肉乳蛋和蔬菜及其制品及饮料，所以磷的摄入量过低或过高都会对健康产生不利影响。

一、肌肉中的多聚磷酸酶

（一）焦磷酸酶

目前已从不同肌肉组织中分离得到焦磷酸酶。而这些同工酶的酶学特性有所差异。焦磷酸酶的酶学性质决定了焦磷酸盐在肉中的水解速率和作用效果。1969 年日本学者 Nakamura 等首次从兔骨骼肌中提取焦磷酸酶粗酶液，发现有酸性焦磷酸酶和中性焦磷酸酶之分，经差速离心后，酸性焦磷酸酶存在于沉淀中，而中性焦磷酸酶是水溶性的，二者的最适 pH 分别为 5.2 和 7.4，并且发现 Mg^{2+} 可以激活和稳定中性焦磷酸酶的活性，但对酸性焦磷酸酶没有作用，然而 Nakamura 等没有将焦磷酸酶进行分离纯化。

靳红果（2011）纯化了猪背最长肌焦磷酸酶，并得出其相对分子质量约为 72000，分别将焦磷酸四钠（TSPP）、三聚磷酸钠（STPP）、六偏磷酸钠（HMP）作为酶活反应体系中的底物，然后测定酶活性。以焦磷酸四钠水解量最大，三聚磷酸钠仅有少量发生分解，六偏磷酸钠没有水解，可见该焦磷酸酶的底物专一性很强，对添加到体系中的焦磷酸四钠有很强的水解作用。该酶的最适温度为 50℃，最适 pH 为 7.5。Mg^{2+} 对酶有激活作用，Na^+ 和 K^+ 均能抑制酶活性，且前者的抑制作用更强烈。

国内关于焦磷酸酶的纯化及酶学特性研究较多。2007 年，姚蕊等通过 NaCl 溶液提取、硫酸铵分级分离、DEAE-纤维素离子交换柱层析步骤纯化了鸡胸大肌焦磷酸酶，并进行酶学特性研究，发现该酶最适 pH 和最适温度分别为 7.4 和 40℃，其对焦磷酸四钠有较强的底物专一性，Mg^{2+} 是该酶的激活剂，Ca^{2+}、$EDTA-Na_2$ 和高浓度的 Mg^{2+} 均抑制该酶活性。2010 年孙珍珍等纯化了牛肉半腱肌中的焦磷酸酶，研究发现该酶的相对分子质量为 72000，反应初速度的时间范围为 $0 \sim 25min$，最适 pH 和最适温度分别为 6.8 和 47℃，Mg^{2+} 对酶有激活作用，Ca^{2+}、$EDTA-Na_2$ 和 $EDTA-Na_4$ 对酶有抑制作用。由此可见，不同的物种之间的肌肉焦磷酸酶的生化特性仍存在一定差异，这将直接导致焦磷酸钠在不同物种的肌肉中水解情况不同。

（二）三聚磷酸酶

三聚磷酸酶（TPPase）可以将三聚磷酸钠水解成焦磷酸盐和正磷酸盐，之后焦磷酸盐进一步水解。过去很长一段时间的研究都集中在推测或者测定肌肉组织中三聚磷酸酶的活性，目前已证实三聚磷酸酶就是肌球蛋白。早期关于三聚磷酸酶的研究多集中于活性测定及其存在的部位方面。1973 年 Sutton 发现三聚磷酸钠在牛肉和鳕鱼肉中发生酶促水解，推测该酶可能是肌球蛋白 ATP 酶（myosin-ATPase）。1977 年 Neraal 和 Hamm 对测定了牛肉匀浆物中三聚磷酸酶的活性，并发现 TPPase 主要存在于肌原纤维蛋白中，最适 pH 为 5.6，Mg^{2+} 和低浓度的 EDTA 可以使牛肉匀浆物中三聚磷酸酶的活性增加，酶活性在 2% NaCl 存在的条件下会随着底物浓度的增加而升高，然而焦磷酸盐和 Ca^{2+} 对酶活性有抑制作用。2010 年 Yamazaki 等研究发现牛肉快慢肌肌球蛋白 S1 亚基有水解三聚磷酸钠的酶活性以及 ATP 酶活性，且焦磷酸钠会抑制肌球蛋白 S1 亚基的三聚磷酸酶的活性。

靳红果等（2011）从兔腰大肌中分离纯化出三聚磷酸酶，并且首次验明，肌球蛋白就是肌肉中的三聚磷酸酶，进而对其酶学特性进行研究。从图 2-3 可知，以三聚磷酸酶钠作为底物时，酶活力最强。焦磷酸四钠和焦磷酸二氢二钠仅有少量水解。该酶对 ATP 的水解活性略高于焦磷酸四钠和焦磷酸二氢二钠。这主要是肌球蛋白头部本身具有 ATP 酶活性。兔腰大肌三聚磷酸酶的最适 pH 为 6.0 左右。最适温度为 35℃。Mg^{2+} 和 Ca^{2+} 是三聚磷酸酶的激活剂，其在 Mg^{2+} 浓度为 3mmol/L 左右有最佳激活效果，Ca^{2+} 浓度在 0~6mmol/L 范围内时，三聚磷酸酶活性随 Ca^{2+} 浓度的增加而增加（图 2-4）。$EDTA-Na_4$ 和 KIO_3 对三聚磷酸酶具有抑制作用（图 2-5）。

目前，国内已有报道分别从不同物种肌肉中分离纯化了三聚磷酸酶，并研究其酶学特性。孙珍珍（2012）纯化了牛肉半腱肌三聚磷酸酶，相对分子质量为 225000，初级反应时间 0~25min，最适 pH5.8，最适温度为 28℃，低浓度的 Mg^{2+} 对酶有较强的激活作用，高浓度的 Mg^{2+} 对三聚磷酸酶活性有维持作用。Ca^{2+} 浓度由 0~1mmol/L 时，酶活力随着 Ca^{2+} 浓度的升高而下降迅速，当 Ca^{2+} 浓度高于 8mmol/L 时，酶活力几乎不受影响。$EDTA-Na_2$ 和 $EDTA-Na_4$ 对酶活力均有抑制作用。

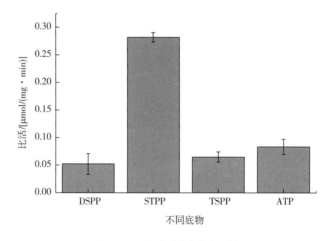

图 2-3　三聚磷酸酶底物专一性

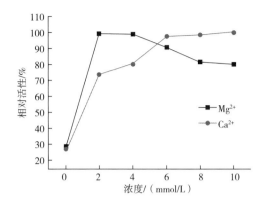

图 2-4 Mg²⁺和 Ca²⁺对兔腰大肌三聚磷酸酶活力的影响

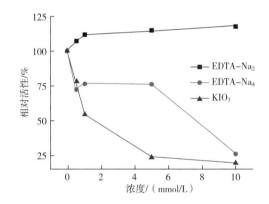

图 2-5 EDTA-Na₄ 等对兔腰大肌三聚磷酸酶活力的影响

二、多聚磷酸钠的水解

（一）多聚磷酸钠在肌肉中的水解

自 20 世纪 70 年代起，有很多研究报道了多聚磷酸钠在不同物种肌肉中的水解变化。1973 年，Sutton 采用化学方法比较了三聚磷酸钠在鳕鱼肉和牛肉中的水解差异，发现在鳕鱼肉中三聚磷酸钠的一级和二级水解速率近似相等（$k_1 \approx k_2$），而在牛肉中一级水解速率大于二级水解速率（$k_1 > k_2$）。1990 年，Matsunaga 等采用一种高效液相色谱法检测水产品中的多聚磷酸钠，研究发现三聚磷酸钠在含有 NaCl 的鱼糜中被水解成焦磷酸盐和正磷酸盐，而焦磷酸盐无法在漂洗后的鱼糜中被水解。2001 年 Li 等利用 ³¹P 核磁共振技术探讨了焦磷酸二氢二钠（DSPP）、焦磷酸四钠（TSPP）、焦磷酸四钾（TKPP）、三聚磷酸钠（STPP）和六偏磷酸钠（HMP）等在滚揉腌制的整块鸡胸肉中的水解变化情况。结果表明，焦磷酸四钠和焦磷酸四钾在 1.25h 内水解完成，三聚磷酸钠水解完成需要 3.25h，焦磷酸二氢二钠在 6h 内水解完成，六偏磷酸钠由于缺少水解酶的作用，水解得非常缓慢。

1. 焦磷酸钠在肌肉中的水解

徐萌等（2016）采用离子色谱法同时检测焦磷酸四钠（TSPP）、三聚磷酸钠（STPP）

和混合磷酸盐［TSPP∶STPP∶六偏磷酸钠（SHMP）= 3∶4∶3］在牛背最长肌中的水解情况，讨论其水解的差异，实现了用离子色谱法监测多聚磷酸盐的动态变化。

表 2-6　TSPP 在牛背最长肌中的水解过程中各组分的含量

时间/h	磷酸含量/（g/L）	焦磷酸四钠含量/（g/L）
0.1	0.0692 ± 0.0033^c	0.1482 ± 0.0045^a
0.8	0.1035 ± 0.0062^b	0.1264 ± 0.0128^b
3.5	0.1159 ± 0.0088^{ab}	0.1145 ± 0.0097^b
8	0.1259 ± 0.0085^a	0.1111 ± 0.0075^b

注：同列数值不同字母表示差异显著（$P<0.05$）。

从表 2-6、图 2-6 可以看出，在牛背最长肌+焦磷酸四钠处理组中，在 0.1h 时焦磷酸四钠的浓度为 0.1482g/L，磷酸浓度为 0.0692g/L。在 0.1~3.5h 内，焦磷酸四钠不断水解，其浓度不断降低，而磷酸的浓度持续增加。0.1~0.8h，焦磷酸四钠的水解速率为 0.0311g/（L·h），而 0.8~3.5h，焦磷酸四钠的水解速率为 0.0044g/（L·h），表明焦磷酸四钠的水解速率随着时间的增加不断降低。在接下来的 4.5h 内，焦磷酸四钠的浓度只减少了 0.0034g/L，表明焦磷酸四钠已经酶促水解结束，少量的焦磷酸四钠可能是发生了非酶促水解。

而在离子色谱图中，不仅有磷酸和焦磷酸四钠峰，还出现了其余的杂峰，分析原因可能是牛背最长肌中还存在别的磷酸根离子，如 ADP、ATP、AMP、G-6-P 及 F-6-P 等，然而这些杂峰因为在肉中的含量较少，且保留时间与磷酸、焦磷酸四钠和三聚磷酸钠不一致，因此，这些杂峰的影响忽略不计。

此外，还有关于焦磷酸钠在猪背最长肌、鱼背侧肌等肌肉中的水解情况。在猪背最长肌中，焦磷酸四钠的质量浓度在 2h 内随着时间的延长呈下降趋势，在 0.8h 内的水解速率为 0.0133g/（L·h），在 2h 时，焦磷酸四钠仍有 0.0826g/L 的剩余，而在 10h 时焦磷酸四钠的质量浓度低于检出限（焦磷酸四钠的含量低于 0.05g/L），磷酸的质量浓度随着时间的延长持续增加。在鱼背侧肌中，焦磷酸四钠的质量浓度随着时间的延长不断降低，在 0.8h 内的水解速率为 0.0229g/（L·h）。焦磷酸与磷酸的质量浓度在 2~10h 几乎没有变化，表明焦磷酸四钠在 2h 时已经水解结束。在鸡胸大肌中，0.1h 内焦磷酸四钠的水解速率最快，在 0.1~0.4h 期间水解速率有所下降，在 0.4h 内的水解速率为 0.0925g/（L·h），在 0.4~0.8h 期间，焦磷酸四钠的水解速率继续下降，在 0.8h 内的水解速率为 0.0512g/（L·h）。磷酸的质量浓度随着时间延长不断增加。由上述可知，焦磷酸四钠在肌肉中的水解情况存在差异。焦磷酸四钠在鸡胸大肌中水解最快，在鱼背侧肌和猪背最长肌中水解较慢。

2. 三聚磷酸钠在肌肉中的水解

从表 2-7、图 2-7 可以看出，三聚磷酸钠在 0.1h 的浓度为 0.1436g/L，此时，焦磷酸四钠的浓度未检出，磷酸的浓度为 0.0717g/L。在 0.1~8h，三聚磷酸钠峰面积不断降低，表明三聚磷酸钠不断水解，在 0.1~3.5h，三聚磷酸钠的水解速率为 0.0183g/（L·h）。在 3.5~8h，三聚磷酸钠的水解速率为 0.0074g/（L·h），表明三聚磷酸钠的水解速率随着时

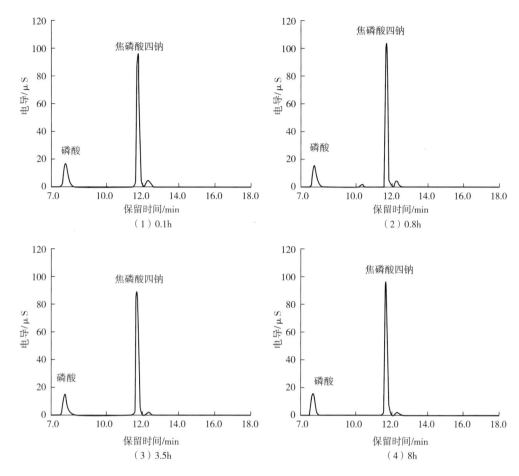

图 2-6 焦磷酸四钠在牛背最长肌中水解的动态变化

间的延长不断降低。焦磷酸四钠的浓度在 3.5～8h 增加了 0.0237g/L，磷酸的浓度增加了 0.0768g/L。在 24h 时三聚磷酸钠未检出，离子色谱图中三聚磷酸钠峰面积很小，表明三聚磷酸钠几乎被完全水解。而此时，磷酸的浓度增加至 0.2163g/L。

表 2-7 三聚磷酸钠在牛背最长肌中的水解过程中各组分的含量

时间/h	磷酸含量/(g/L)	焦磷酸四钠含量/(g/L)	三聚磷酸钠含量/(g/L)
0.1	0.0717±0.0034[d]	N/A	0.1436±0.0033[a]
3.5	0.1093±0.0081[c]	0.0556±0.0052[c]	0.0814±0.0049[b]
8	0.1861±0.0040[b]	0.0793±0.0039[b]	0.0481±0.0040[c]
24	0.2163±0.0135[a]	0.1099±0.0058[a]	N/A

注：同列数值肩标不同字母表示差异显著（$P<0.05$）；N/A 为浓度低于 0.01g/L。

此外，还有关于焦磷酸钠在猪背最长肌、鱼背侧肌等肌肉中的水解情况研究。三聚磷酸钠在猪背最长肌中水解很快，在 3.5h 时已经低于检测限，而在 3.5h 内，随着反应时间的延

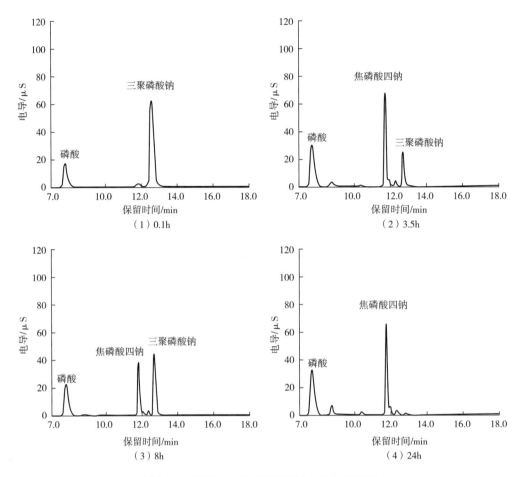

图 2-7　三聚磷酸钠在牛背最长肌中水解的动态变化

长，三聚磷酸钠的含量降低，焦磷酸和磷酸的含量均增加，表明三聚磷酸钠可以转化为焦磷酸四钠和磷酸；三聚磷酸钠在猪背最长肌中 8h 内就能被水解完全。在鱼背侧肌中三聚磷酸钠的质量浓度随着时间延长不断降低，而磷酸的质量浓度不断增高。焦磷酸的质量浓度在 0h、3.5h 及 8h 时均低于检测限，在 24h 时，焦磷酸的含量高于 0.05g/L，这是由于三聚磷酸钠继续水解生成的焦磷酸不能再发生酶促水解，三聚磷酸钠在 8h 内没有反应完全，其水解速率为 0.0059g/（L·h）。在鸡胸大肌中三聚磷酸钠的质量浓度随着时间延长不断降低，在 8h 内的水解速率为 0.0085g/（L·h），而在 24h 时低于检测限。焦磷酸的质量浓度一直低于检测限，磷酸的质量浓度随着时间延长不断增加，在 24h 时达到 0.2142g/L，与三聚磷酸钠猪背最长肌中水解完毕时生成的磷酸质量浓度一致（0.2140g/L），表明三聚磷酸钠在 24h 内反应完毕。综上可知，三聚磷酸钠在猪背最长肌中的水解速率最快，8h 内水解完毕，三聚磷酸钠在鸡胸大肌中 24h 才水解完成。

3. 混合磷酸盐在肌肉中的水解

从表 2-8、图 2-8 可以看出，三聚磷酸钠在 0.1h 时的浓度为 0.0805g/L，在接下来的 3.4h 内水解了 0.0338g/L，在 8h 和 24h 均未检出，表明三聚磷酸钠在 8h 内已经完全水解。

焦磷酸四钠的浓度在 3.5h 与 0.1h 时相比，略有下降，而在 8h 时增加至 0.1023g/L，在 24h 时焦磷酸四钠的浓度略有下降，表明焦磷酸四钠的酶促水解在 3.5~8h 内基本水解完毕，在 8~24h 时焦磷酸四钠浓度再次降低，可能是由于焦磷酸四钠的自身水解。磷酸的浓度在 0.1~8h 增加了 0.1511g/L，而在 8~24h，磷酸的浓度仅增加了 0.0020g/L。

表 2-8　磷酸盐混合物在牛背最长肌中的水解过程中各组分的含量

时间/h	磷酸含量/(g/L)	焦磷酸四钠含量/(g/L)	三聚磷酸钠含量/(g/L)
0.1	0.0752 ± 0.0041^c	0.0754 ± 0.0047^b	0.0805 ± 0.0021^a
3.5	0.1867 ± 0.1295^b	0.0736 ± 0.0036^b	0.0470 ± 0.0050^b
8	0.2263 ± 0.0049^a	0.1023 ± 0.0043^a	N/A
24	0.2283 ± 0.0037^a	0.1007 ± 0.0035^a	N/A

注：同列数值肩标不同字母表示差异显著（$P<0.05$）；N/A 为浓度低于 0.01g/L。

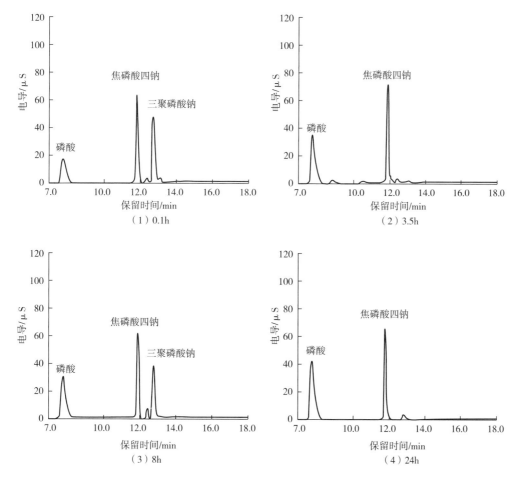

图 2-8　磷酸盐混合物在牛背最长肌中水解的动态变化

此外，还有关于焦磷酸钠在猪背最长肌、鱼背侧肌等肌肉中的水解的研究。混合磷酸盐在猪背最长肌中水解较快，在 8h 和 24h 时焦磷酸和三聚磷酸钠的含量均低于检出限，磷酸的质量浓度也基本保持一致，这说明混合磷酸盐在 8h 时已经水解完毕，这与单一的三聚磷酸钠在猪背最长肌中的水解情况相同。在鱼背侧肌+混合磷酸盐处理组中，三聚磷酸钠在 3.5h 时的质量浓度为 0.0552g/L，在 8h 和 24h 均低于检出限。焦磷酸的质量浓度在 0~3.5h 时从 0.0648g/L 降至 0.0624g/L，表明焦磷酸的生成速率慢于其水解速率。而与 3.5h 相比，8h 时焦磷酸的质量浓度升高至 0.0635g/L，表明焦磷酸不再发生酶促水解进而被累积。在 24h 时，焦磷酸的质量浓度再次下降至 0.0549g/L，这可能是由于焦磷酸发生了非酶促水解。另外，在鱼背侧肌+混合磷酸盐处理组，三聚磷酸钠的水解速率为 0.0035g/（L·h），慢于单一添加三聚磷酸钠的水解速率 [0.0059g/（L·h）]。这是由于混合磷酸盐中的焦磷酸四钠抑制了三聚磷酸钠的水解。在鸡胸大肌中，三聚磷酸钠的质量浓度在 3.5h、8h 和 24h 时均低于检出限，焦磷酸的质量浓度随时间的延长不断减少，在 24h 时其质量浓度也低于检出限；而磷酸的质量浓度随时间的延长不断增加，在 24h 时磷酸的质量浓度与猪背最长肌+混合磷酸盐处理组中反应完全时磷酸的质量浓度一致，说明了鸡胸大肌+混合磷酸盐处理组中混合磷酸盐在 24h 时反应完全，这与鸡胸大肌+三聚磷酸钠处理组中的水解情况相同。由混合磷酸盐在猪背最长肌、鱼背侧肌和鸡胸大肌中水解实验结果可知，混合磷酸盐在猪背最长肌中 8h 内水解完毕，水解速率最快。混合磷酸盐在鸡胸大肌中 24h 内水解完毕，其中三聚磷酸钠在 3.5h 内反应速率高于 0.0043g/（L·h），以 8h 时三聚磷酸钠的质量浓度为 0.05g/L 计算。而在鱼背侧肌+混合磷酸盐中处理组中，三聚磷酸钠在 3.5h 内反应速率为 0.0034g/（L·h），焦磷酸在 24h 内反应的量也最少（24h 时焦磷酸的质量浓度为 0.0549g/L），表明混合磷酸盐在鱼背侧肌中水解最慢。因此，在白鲢鱼背侧肌中焦磷酸四钠或三聚磷酸钠的添加量要少于在猪背最长肌和鸡胸大肌中，以免焦磷酸四钠或三聚磷酸钠大量残留。在猪背最长肌和鸡胸大肌中，可以通过抑制猪背最长肌和鸡胸大肌中多聚磷酸盐的酶活性，使混合磷酸盐的水解速率变慢，提高多聚磷酸盐的作用效果。此外，由于鸡胸大肌焦磷酸酶活性高于猪背最长肌焦磷酸酶，三聚磷酸酸活性低于猪背最长肌三聚磷酸酸，因此，在鸡胸大肌中添加相同质量的混合磷酸盐时，其中的焦磷酸四钠/三聚磷酸钠应该小于猪背最长肌。

（二）多聚磷酸盐在纯化的肌肉内源酶系统中的水解

^{31}P NMR 技术能同时检测正磷酸盐、焦磷酸盐、三聚磷酸盐的分子形态变化，除了用于检测肉及肉制品中的磷酸盐之外，还应用于观测磷酸盐在肌肉中的水解情况。采用[31]P 核磁共振技术研究焦磷酸钠、三聚磷酸钠、六偏磷酸钠及其混合物在纯化白鲢鱼背侧肌焦磷酸酶或/和三聚磷酸酶作用下的水解变化和分子形式的变化。

1. 焦磷酸四钠在焦磷酸酶作用下的水解

由表 2-9 和图 2-9 可知，在焦磷酸酶+焦磷酸四钠反应体系中，焦磷酸可以较快地被焦磷酸酶水解生成磷酸。反应 0.1h 时，在核磁共振图谱上观测到了一个较小的磷酸峰，磷酸的相对含量仅为 1.17%，这说明已有部分的焦磷酸被水解成磷酸。当反应时间从 0.1h 延长到 4h 时，磷酸的含量增加了 85.19%，反应 8h 后焦磷酸峰没有检出，图谱上仅能观测到磷酸峰。整个反应过程中，焦磷酸的水解速率为 12.51%/h。

表2-9 焦磷酸酶+焦磷酸四钠水解体系中磷酸和焦磷酸的相对含量

水解时间/h	相对含量/%	
	磷酸	焦磷酸
0.1	1.16	98.84
4	86.35	13.65
8	100.00	—

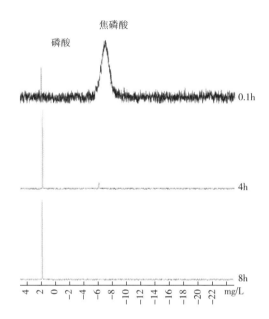

图2-9 焦磷酸酶+焦磷酸四钠水解体系的核磁共振图谱

2. 三聚磷酸钠在三聚磷酸酸作用下的水解

三聚磷酸的相对含量用 $TPP_端$ 和 $TPP_中$（分别表示两端的磷核和中间的磷核）相对含量的总和表示。如表2-10和图2-10所示，三聚磷酸钠在只有三聚磷酸酸存在的条件下水解较为缓慢。反应0.1h时，核磁共振图谱中未检出 Pi 峰。在0.1h到48h的反应时间内，三聚磷酸被水解了74.41%，在反应48h后，三聚磷酸的相对含量仍剩余24.44%。整个水解过程中，三聚磷酸的含量不断减少，而磷酸和焦磷酸的含量不断增加，焦磷酸的累积是由于体系中没有水解焦磷酸的焦磷酸酶。

表2-10 三聚磷酸酸+三聚磷酸钠水解体系中磷酸、焦磷酸、三聚磷酸的相对含量

水解时间/h	相对含量/%		
	磷酸	焦磷酸	三聚磷酸
0.1	—	4.48	95.52
4	5.65	14.16	80.19

续表

水解时间/h	相对含量/%		
	磷酸	焦磷酸	三聚磷酸
8	6.90	17.06	76.04
24	16.43	28.30	55.27
48	29.49	46.07	24.44

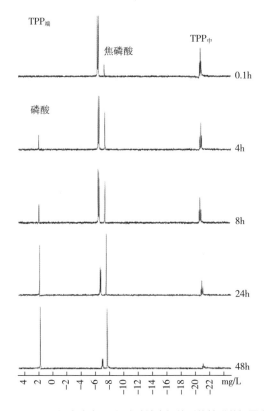

图 2-10 三聚磷酸酶+三聚磷酸钠水解体系的核磁共振图谱

3. 三聚磷酸钠在焦磷酸酶和三聚磷酸酶共同作用下的水解

三聚磷酸钠的整体水解过程可以分为两级反应，一级反应为三聚磷酸被三聚磷酸酶水解为焦磷酸和磷酸，二级反应为生成的焦磷酸在焦磷酸酶的作用下水解为磷酸。在焦磷酸酶+三聚磷酸酶+三聚磷酸钠水解反应体系中（表 2-11），三聚磷酸的水解速率快于三聚磷酸酶+三聚磷酸钠体系。从图 2-11 中可以看出，反应 0.1h 即观测到水解产物磷酸峰，此时生成的磷酸含量为 0.89%。在 0.1h 到 48h 的反应时间内，三聚磷酸的含量减少了 98.80%，在反应 48h 后，三聚磷酸仅剩余 1.14%，此时核磁共振图谱中已经观测不到 TPP端峰。相比于三聚磷酸酶+三聚磷酸钠体系而言，焦磷酸酶+三聚磷酸酶+三聚磷酸钠体系中由于焦磷酸酶的存在，三聚磷酸的一级水解反应产物焦磷酸会被焦磷酸酶继续水解，这会使焦磷酸对三聚磷酸酶的抑制作用减弱，从而促进三聚磷酸继续发生水解。

此外，在反应过程中，中间产物焦磷酸的含量从 4.49% 不断累积到 55.91%，表明该水解体系的一级反应速率（k_1）快于二级反应速率（k_2）。Sutton 研究发现，三聚磷酸钠在牛排肉中的水解也是一级水解速率远大于二级水解速率，而在鳕鱼肉中，一级反应速率与二级反应速率几乎相等。靳红果（2011）研究发现，在猪肉纯化酶体系中，三聚磷酸的二级水解速率（k_2）远远快于一级水解速率（k_1），反应过程中，焦磷酸一旦生成就立即被焦磷酸酶水解。这可能是在不同物种肌肉中两种多聚磷酸酶的活性差异造成的。

表 2-11　焦磷酸酶+三聚磷酸酶+三聚磷酸钠水解体系中磷酸、焦磷酸、三聚磷酸的相对含量

水解时间/h	相对含量/%		
	磷酸	焦磷酸	三聚磷酸
0.1	0.89	4.49	94.62
4	11.42	25.48	63.10
8	17.76	40.43	41.81
24	31.39	53.14	15.47
48	42.95	55.91	1.14

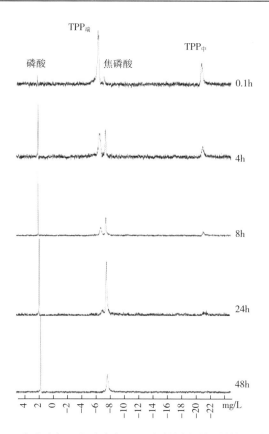

图 2-11　焦磷酸酶+三聚磷酸酶+三聚磷酸钠水解体系的核磁共振图谱

4. 磷酸盐混合物在焦磷酸酶作用下的水解

磷酸盐混合物中，六偏磷酸钠的相对含量用 $HMP_端$ 和 $HMP_内$（分别表示短链或支链一端的磷核和环状聚合链内部的磷核）相对含量的总和表示。从表 2-12 和图 2-12 中可以看出，在焦磷酸酶的作用下，磷酸盐混合物中只有焦磷酸四钠被大量水解，而三聚磷酸钠和六偏磷酸钠的含量变化不大。在 0.1h 到 8h 的反应时间内，焦磷酸的水解速率为 2.18%/h，与反应生成物磷酸的生成速率 2.94%/h 接近。反应 8h 时，焦磷酸含量减少了 77.77%，六偏磷酸钠含量减少了 20.84%，而三聚磷酸钠只减少了 5.95%。六偏磷酸钠的降解可能是由于其中的短链磷酸盐在酶的作用下发生水解，而六偏磷酸钠的聚合链则没有相应的水解酶。此外，三聚磷酸钠和六偏磷酸钠的部分降解也可能是由于非酶促降解。与焦磷酸酶+焦磷酸四钠水解体系中焦磷酸被完全水解相比，8h 后磷酸盐混合物体系中仍残留 22.24% 的焦磷酸。这可能是由于六偏磷酸钠的 pH 偏酸性，对焦磷酸酶活性有一定的抑制作用，进而减缓了焦磷酸的水解。

表 2-12　焦磷酸酶+磷酸盐混合物水解体系中磷酸、焦磷酸、三聚磷酸、六偏磷酸钠的相对含量

水解时间/h	相对含量/%			
	磷酸	焦磷酸	三聚磷酸	六偏磷酸钠
0.1	0.56	22.17	67.77	9.50
4	16.93	8.64	66.17	8.26
8	23.81	4.93	63.74	7.52

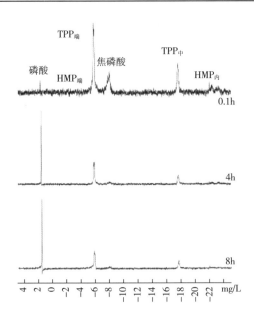

图 2-12　焦磷酸酶+磷酸盐混合物水解体系的核磁共振图谱

5. 磷酸盐混合物在三聚磷酸酶作用下的水解

在三聚磷酸酶+磷酸盐混合物体系中（表 2-13 和图 2-13），磷酸盐水解缓慢，0.1h 时没有检测到磷酸峰。在 0.1h 到 48h 的水解时间范围内，磷酸和焦磷酸的生成速率为 1.12%/h，

这与三聚磷酸的减少速率 1.06%/h 几乎相等，而六偏磷酸钠的含量变化不大。在三聚磷酸酶+三聚磷酸钠体系中，从 0.1h 到 48h，三聚磷酸含量减少了 74.41%，而在三聚磷酸酶+磷酸盐混合物体系中三聚磷酸的含量减少了 66.46%，这是由于后者体系中添加的和水解生成的焦磷酸共同对三聚磷酸酶酶活产生抑制作用，使得三聚磷酸水解变慢。

表 2-13　三聚磷酸酶+磷酸盐混合物水解体系中磷酸、焦磷酸、三聚磷酸、六偏磷酸钠的相对含量

水解时间/h	相对含量/%			
	磷酸	焦磷酸	三聚磷酸	六偏磷酸钠
0.1	0.12	12.34	76.62	10.92
4	4.17	19.02	65.54	11.27
8	7.10	22.81	61.00	9.09
24	12.14	29.87	49.21	8.78
48	25.66	40.63	25.70	8.01

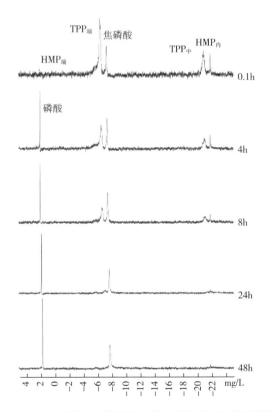

图 2-13　三聚磷酸酶+磷酸盐混合物水解体系的核磁共振图谱

6. 磷酸盐混合物在焦磷酸酶和三聚磷酸酶共同作用下的水解

如表 2-14 和图 2-14 所示，在焦磷酸酶+三聚磷酸酶+磷酸盐混合物体系中，48h 后三聚磷酸仅剩余 2.95%，三聚磷酸的水解快于三聚磷酸酶+三聚磷酸钠体系。然而，与焦磷酸酶+

三聚磷酸酶+三聚磷酸钠体系比较发现，混合磷酸盐比单一三聚磷酸钠的水解要慢。在 0.1h 到 48h 的反应时间内，焦磷酸酶+三聚磷酸酶+磷酸盐混合物体系中三聚磷酸的相对含量减少了 95.82%，焦磷酸酶+三聚磷酸酶+三聚磷酸钠体系中，三聚磷酸的相对含量减少了 98.80%。由于磷酸是焦磷酸和三聚磷酸水解的终产物，因此，磷酸的生成速率能够反映整个水解进程。在磷酸盐混合物体系中，磷酸的生成速率为 0.76%/h，而在三聚磷酸钠体系中，磷酸的生成速率为 0.88%/h。这一结果进一步说明磷酸盐混合物中的焦磷酸四钠和三聚磷酸钠的水解要慢于单一的焦磷酸四钠和三聚磷酸钠。其原因是混合磷酸盐中添加和派生的焦磷酸抑制三聚磷酸酶的活性，体系中稍低的 pH 抑制了焦磷酸酶的活性。

表 2-14　焦磷酸酶+三聚磷酸酶+磷酸盐混合物水解体系中
磷酸、焦磷酸、三聚磷酸、六偏磷酸钠的相对含量

水解时间/h	相对含量/%			
	磷酸	焦磷酸	三聚磷酸	六偏磷酸钠
0.1	0.30	12.46	70.52	16.72
4	7.63	20.22	54.38	17.77
8	10.68	31.04	43.73	14.55
24	24.95	47.46	16.15	11.44
48	36.50	52.75	2.95	7.80

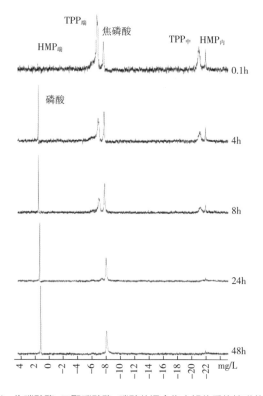

图 2-14　焦磷酸酶+三聚磷酸酶+磷酸盐混合物水解体系的核磁共振图谱

　　白鲢鱼背侧肌焦磷酸酶水解焦磷酸的速率快于三聚磷酸酶水解三聚磷酸的速率。当反应体系中同时存在焦磷酸酶和三聚磷酸酶时，由于焦磷酸被焦磷酸酶水解，减弱了对三聚磷酸酶活性的抑制作用，三聚磷酸的水解速率快于三聚磷酸酶+三聚磷酸钠反应体系。在焦磷酸酶+三聚磷酸酶+三聚磷酸钠体系中焦磷酸不断累积，说明三聚磷酸水解的一级反应速率大于二级反应速率。在焦磷酸酶或（和）三聚磷酸酶的作用下，混合磷酸盐中焦磷酸和三聚磷酸的水解要慢于单一磷酸盐，这是由于混合磷酸盐中焦磷酸对三聚磷酸酶活性的抑制作用以及六偏磷酸钠使体系 pH 降低对焦磷酸酶的抑制作用。

　　此外，在牛背最长肌多聚磷酸酶系统中，当焦磷酸四钠加入三聚磷酸钠+三聚磷酸酶处理组中时，三聚磷酸钠的反应速率变慢，焦磷酸四钠能够抑制三聚磷酸酶活性。三聚磷酸酶加入焦磷酸四钠+焦磷酸酶处理中时，焦磷酸四钠的反应速率减慢，三聚磷酸酶对焦磷酸酶活性有抑制作用。焦磷酸四钠、三聚磷酸钠和磷酸盐混合物在多聚磷酸酶中的反应速率均比在牛背最长肌中慢。孙珍珍（2010）利用^{31}P 核磁共振技术研究了牛肉半腱肌纯化酶体系中焦磷酸四钠、三聚磷酸钠、六偏磷酸钠及复合物在不同时间下的存在形式及含量的变化，发现在焦磷酸酶和三聚磷酸酶浓度相同时三聚磷酸钠水解的一级反应速率快于二级水解速率。焦磷酸四钠和六偏磷酸钠的添加会抑制三聚磷酸钠的水解，使得磷酸盐混合物的水解慢于单一磷酸钠的水解。靳红果（2011）研究了几种多聚磷酸钠在纯化猪背最长肌多聚磷酸酶中的水解过程，结果发现，焦磷酸四钠的水解速度快于三聚磷酸钠，多聚磷酸钠以混合物形式添加时其各组分的总体水解速率比单一添加的磷酸钠的水解速率慢。

三、多聚磷酸钠水解机制

　　在肉中，焦磷酸钠、三聚磷酸钠均发生水解；肌球蛋白三聚磷酸酶把添加的三聚磷酸钠水解为焦磷酸盐和正磷酸盐。产生的和添加的焦磷酸盐将肌动球蛋白解离为肌球蛋白和肌动蛋白，同时被焦磷酸酶水解为正磷酸盐。不断生成的和添加的焦磷酸盐反馈抑制肌球蛋白三聚磷酸酶的水解活性，而肌球蛋白三聚磷酸酶则又抑制焦磷酸酶的水解活性。六偏磷酸钠在肉中是比较稳定的，没有产生焦磷酸盐，其部分降解可能发生于其中的短链磷酸盐，而对其聚合链，则没有相应的水解酶的活性。以混合物的形式添加时，多聚磷酸盐的总体水解速率会变慢。对多聚磷酸盐在肉中水解机制（图 2-15）的正确理解，不仅能阐明多聚磷酸盐混合物比单一磷酸盐使用效果好的原因，而且也有助于开发高性能的多聚磷酸盐混合物。一般高性能的多聚磷酸盐混合物的添加量在不超过 0.3% 的情况下即可使肉制品获得良好的工艺特性。

四、磷酸盐残留与健康

　　磷酸盐作为食品添加剂使用的安全性是人们非常关心的问题。联合国粮食及农业组织和世界卫生组织推荐，成年人每天 P_2O_5 允许摄入量为 1.4~1.5g，美国则推荐成年人每天的磷摄入量不低于 1.8g。

（一）我国肉及肉制品中的磷含量

　　肌肉中的磷和钾比较丰富。一般原料肉中磷含量在 1.2~3.1g/kg，内脏磷含量大多在 2.3~3.7g/kg。调查研究显示，我国市场上，有些原料肉的磷含量高达 3~8g/kg，熟火腿、

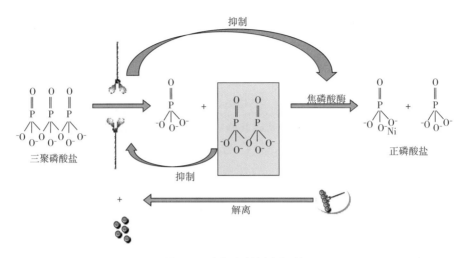

图 2-15 多聚磷酸钠水解机制

西式灌肠、酱卤肉制品和酱卤副产品等的磷含量分别为 3.6～10.4g/kg、3.2～8.4g/kg、3.1～7.2g/kg、5.9～16.1g/kg 和 3.6～10.4g/kg。欧盟规定，肉制品中多聚磷酸盐最大使用量为 5g/kg。GB 2760—2014《食品安全国家标准　食品添加剂使用标准》规定，焦磷酸钠、三聚磷酸钠和六偏磷酸钠最大使用量为 5g/kg，可单独使用或混合使用，最大使用量以磷酸根（PO_4^{3-}）计。到目前为止，世界各国未规定原料肉和加工肉制品中的磷残留限量。

（二）高磷饮食对健康的风险

高磷饮食会对肾脏的过滤作用产生刺激，血清磷水平提高，结合血清中的钙，导致血清中钙水平降低，从而触发甲状旁腺激素分泌，进一步促进骨骼系统的钙动员。长此以往的持续性骨吸收会导致骨质疏松症。与此同时，循环系统中过多的钙和磷可能会沉积在软组织里，引起其异常钙化，骨骼和血管的这些病理变化与慢性肾病患者的死亡率有关。持续高磷饮食引起的非传染性疾病包括肾功能损失、横纹肌溶解症、肿瘤溶解综合征、骨质疏松症、血管钙化、过早老化、心血管病等（Razzaque，2016）。Jin 等（2009）研究显示，磷脂酰肌醇 3-激酶（PI3K）/AKT 通路是高磷饮食诱导的试验型肺癌的生物化学机制之一。综上所述，磷酸盐的残留量问题关乎公众健康，应当引起人们的高度重视。

第三节　肉类腌制过程中有害物质的形成与减控

一、亚硝酸钠残留

硝酸盐与亚硝酸盐在肉制品生产中是必不可少的食品添加剂。亚硝酸盐在肉制品中主要作为发色剂、抗氧化剂以及抑菌剂使用。但是当过量使用亚硝酸盐时，会造成亚硝酸盐在肉制品中大量残留，从而形成对人体健康的潜在危害。

（一）亚硝酸钠残留

亚硝酸盐的残留量指的是肉制品中游离的亚硝酸根离子（NO_2^-）的含量。在整个肉制品加工过程中，添加的亚硝酸盐少部分被氧化成硝酸盐，一部分与肌红蛋白发生反应，还有大部分亚硝酸盐与巯基、脂质、蛋白反应，有 1%～5% 亚硝酸盐生成气体。亚硝酸钠的残留量还与环境的温度、pH 以及还原剂的存在有关。环境温度越高，pH 越低，再加上还原剂（如抗坏血酸钠）的使用，会大大降低亚硝酸钠残留水平。

我国对于硝酸盐以及亚硝酸盐在肉制品中的使用量有着严格的规定。GB 2760—2014《食品安全国家标准　食品添加剂使用标准》中规定：亚硝酸盐在肉制品中最大的添加限量为 150mg/kg，硝酸盐在肉制品中最大添加限量为 500mg/kg。且标准中明确规定除西式火腿以及肉罐头类以外的肉制品中以亚硝酸钠计，残留量不得超过 30mg/kg。

（二）亚硝酸钠的减控

目前对于亚硝酸钠的替代物研究方向非常广泛。主要是从亚硝酸盐的发色作用、抗氧化作用以及抑菌作用等方面入手。但到目前为止，尚未发现任何一种能够完全替代亚硝酸盐作用的替代物。所以从自然界中寻找天然植物来源的硝酸盐以及亚硝酸盐，成为亚硝酸盐减控研究的一个重要方向。

1. 蔬菜提取物对亚硝酸钠的减控

（1）贮藏温度对蔬菜中硝酸盐、亚硝酸盐及硝酸盐还原酶的影响

①贮藏温度对蔬菜中硝酸盐含量的影响：图 2-16 与图 2-17 反映的是不同贮藏温度下，芹菜与菠菜中硝酸盐的含量随时间变化的趋势。

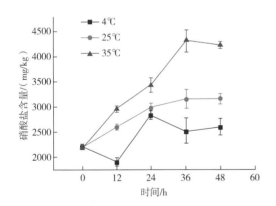

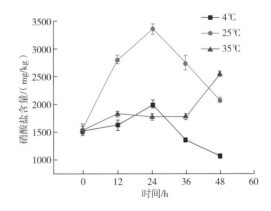

图 2-16　贮藏温度对芹菜中硝酸盐含量的影响　　　　图 2-17　贮藏温度对菠菜中硝酸盐含量的影响

由图 2-16 可知，芹菜的硝酸盐含量在三种温度条件下均随时间延长而增加。4℃ 条件下，芹菜在贮藏 24h 后硝酸盐含量的峰值达到 2841.9mg/kg，与其余时间段相比硝酸盐含量差异显著（$P<0.05$）。25℃ 条件下，芹菜硝酸盐含量在 0～36h 随时间延长而增加，36h 的峰值达到 3159.21mg/kg，芹菜硝酸盐含量在 35℃ 条件下贮藏 36h 后达到 4294.74mg/kg，显著高于其余处理组（$P<0.05$）。

图 2-17 显示了菠菜在不同温度下硝酸盐含量随贮藏时间的变化。4℃ 条件下，菠菜在 24h 时出现了硝酸盐的峰值，达到 2002.28mg/kg，24h 后呈现下降趋势。25℃ 贮藏条件下，

菠菜中硝酸盐含量也在24h达到最高值3351.70mg/kg，与同时间其余温度下的菠菜硝酸盐含量差异显著（$P<0.05$）。35℃条件下贮藏的菠菜，硝酸盐含量在前12h内呈缓慢增长的状态，在12~36h呈稳定状态。在贮藏达到36h后，可以发现菠菜的硝酸盐含量显著上升。

综上所述，芹菜与菠菜在不同温度下贮藏，硝酸盐含量峰值出现的时间不同。在25℃条件下，芹菜出现硝酸盐峰值的时间在36h左右，而菠菜出现硝酸盐峰值的时间在24h左右。

②贮藏温度对蔬菜中亚硝酸盐含量的影响：图2-18与图2-19分别显示了芹菜与菠菜在不同贮藏温度下的亚硝酸盐含量随时间的变化。

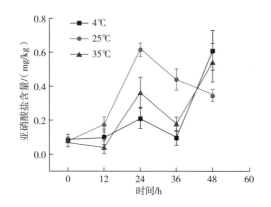

图2-18 贮藏温度对芹菜中亚硝酸盐含量的影响

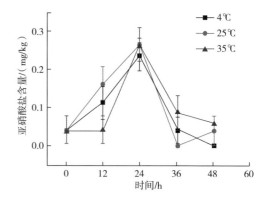

图2-19 贮藏温度对菠菜中亚硝酸盐含量的影响

由图2-18可知，芹菜中亚硝酸盐含量在不同贮藏温度下都有不同程度的增长。可以看出贮藏24h时，25℃条件下芹菜中亚硝酸盐含量达到峰值0.62mg/kg，而4℃与35℃条件下亚硝酸盐含量分别为0.21mg/kg、0.38mg/kg。4℃、35℃与25℃条件下亚硝酸盐含量差异显著（$P<0.05$）。由图2-19可知在前24h内，菠菜的亚硝酸盐含量呈现上升趋势，在24h时达到峰值，约为0.26mg/kg，与硝酸盐出现峰值的时间一致。三种温度条件下的菠菜亚硝酸盐含量在24h时无显著差异（$P>0.05$），与初始亚硝酸盐含量相比显著增加（$P<0.05$）。在24~48h，三种温度下均出现了亚硝酸盐含量下降的趋势。

综上可知，芹菜与菠菜在完整状态下亚硝酸盐含量增加缓慢，均不超过1mg/kg。与两种蔬菜中硝酸盐含量相比，其亚硝酸盐含量极低，因此可以不考虑在硝酸盐峰值时的亚硝酸盐的含量。

③贮藏温度对蔬菜中硝酸盐还原酶活性的影响：图2-20与图2-21分别为芹菜与菠菜中的硝酸盐还原酶活性的变化。由图可知，芹菜与菠菜的硝酸盐还原酶活性在三种贮藏温度下均随着贮藏时间的增加而下降。

由图2-20可知，三种贮藏温度下芹菜的硝酸盐还原酶活性处于下降趋势，4℃条件下芹菜硝酸盐还原酶活性从初始的3.64μg/（g·h）下降到48h的1.57μg/（g·h），差异显著（$P<0.05$）。25℃条件下芹菜硝酸盐还原酶活力在48h时下降到0.68μg/（g·h），35℃条件下贮藏的芹菜硝酸盐还原酶活力从初始的3.64μg/（g·h）下降到24h时的1.14μg/（g·h），硝酸盐还原酶活性显著降低（$P<0.05$）。在整个过程中4℃贮藏的芹菜的硝酸盐还原酶活性一直比其他两组高。

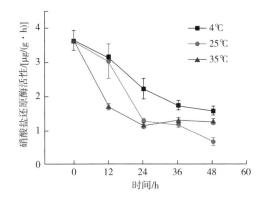

图2-20　贮藏温度对芹菜中硝酸盐还原酶含量的影响

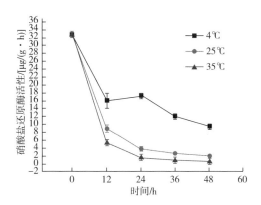

图2-21　贮藏温度对菠菜中硝酸盐还原酶含量的影响

由图2-21可知，三种贮藏温度下的菠菜硝酸盐还原酶活性随着贮藏时间的增加呈现下降的趋势。在贮藏的前12h内，三个温度组的硝酸盐还原酶活性急速下降。4℃条件下硝酸盐还原酶活力在0~48h，从32.76μg/（g·h）下降到9.63μg/（g·h），差异显著（$P<0.05$）。25℃条件下硝酸盐还原酶活力在前24h内显著下降（$P<0.05$），从初始的32.76μg/（g·h）下降到3.71μg/（g·h）。而35℃条件下硝酸盐还原酶活力下降幅度最大，48h内下降了31.85μg/（g·h）。且在贮藏过程中4℃条件下的硝酸盐还原酶活力显著高于其余两组的活性（$P<0.05$）。

综合上述指标，在整个贮藏过程中，芹菜与菠菜的硝酸盐峰值出现的时间不同。芹菜与菠菜在25℃条件下出现硝酸盐含量高峰时间分别为36h和24h。而亚硝酸盐含量高峰同时出现在第24h，但含量均不超过1mg/kg，与硝酸盐含量相比可以忽略其影响。在贮藏过程中，两种蔬菜的硝酸盐还原酶的活性均急速下降，使得对硝酸盐的还原作用减弱，利于硝酸盐含量高峰的出现。

（2）芹菜提取物对酱牛肉中品质的影响

①芹菜提取物对酱牛肉亚硝酸盐残留量的影响：由表2-15可知，第1天时，化学组的酱牛肉亚硝酸盐残留量为0.60mg/kg，显著高于其余处理组（$P<0.05$）。而芹菜处理组的残留量没有差异。当贮藏时间达到14d时，化学组的亚硝酸盐残留量达到了2.09mg/kg的最高值。芹菜提取物处理的酱牛肉中亚硝酸盐残留依旧很低。芹菜1组的亚硝酸盐残留量最低，只有0.66mg/kg。而芹菜2组的亚硝酸盐残留量达到1.31mg/kg，芹菜3组的亚硝酸盐残留量与空白组的亚硝酸盐残留量无显著差异（$P<0.05$）。

表2-15　贮藏30d内不同处理组酱牛肉亚硝酸盐残留量　　单位：mg/kg

组别	1d	7d	14d	30d
空白组	0.14±0.01[Aa]	0.21±0.06[Aa]	0.85±0.20[Bab]	0.73±0.07[Ba]
化学组	0.60±0.01[Ac]	0.64±0.04[Ac]	2.09±0.22[Cd]	1.21±0.06[Bc]
芹菜1组（300mg/kg）	0.39±0.12[Ab]	0.33±0.04[Ab]	0.66±0.12[Ba]	1.00±0.07[Cb]

续表

组别	1d	7d	14d	30d
芹菜2组（400mg/kg）	0.33±0.04^{Ab}	0.35±0.13^{Ab}	1.31±0.10^{Cc}	0.92±0.07^{Bb}
芹菜3组（500mg/kg）	0.39±0.07^{Ab}	0.39±0.04^{Ab}	0.98±0.27^{Bb}	0.92±0.12^{Bb}

注：同列数值肩标小写字母不同者差异显著（$P<0.05$），同行数值肩标大写字母不同者差异显著（$P<0.05$）。

在贮藏30d时，所有处理组酱牛肉的亚硝酸盐残留量都处于较低水平。其中化学组的亚硝酸盐残留量下降最为明显，下降到1.21mg/kg。空白组酱牛肉的亚硝酸盐残留量缓慢下降，而三个芹菜提取物处理组的亚硝酸盐残留量则没有差异，且与化学组亚硝酸盐残留量相比，三个芹菜处理组的亚硝酸盐残留量分别降低了17.3%、29%及29%。

②芹菜提取物添加量以及贮藏时间对酱牛肉色差值的影响：如图2-22所示，对于化学组来说，在贮藏的前7d时间内其L^*值（亮度值）保持在一个水平，无显著变化（$P>0.05$）。随着贮藏时间的增加，由于受到肉品氧化等影响，肉品的亮度值开始降低，在第30天时，化学组的亮度值持续下降。对于三个芹菜提取物处理组来说，芹菜1组的亮度值在前14d内呈下降趋势，但亮度值依旧高于其他处理组。芹菜2组的亮度值在前14d内几乎保持不变，且前7d内其变化趋势与化学组保持一致。芹菜1组与芹菜3组在第7天后与保持相同的变化趋势，呈先下降后平缓上升的趋势。在第30天时，化学组与芹菜2组的亮度值无显著差异。芹菜提取物处理组对于酱牛肉的亮度值影响与化学组相似甚至优于化学组。

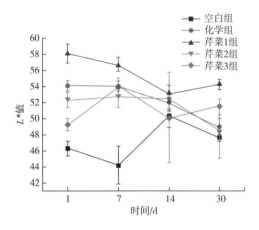

图2-22　贮藏30d内不同处理组酱牛肉L^*值变化

芹菜提取物对酱牛肉有很好的发色效果。芹菜提取物添加组的a^*值（红度值）与化学合成的硝酸盐组无显著差异（$P>0.05$），且在色泽保持程度上与化学组相似。贮藏30d内不同处理组酱牛肉a^*值变化见图2-23。

如图2-24所示，在贮藏期内，芹菜1组的b^*值（黄度值）一直处于上升的趋势，在贮藏达到30d时与化学组无显著差异（$P<0.05$）。芹菜2组与芹菜3组的黄度值则先上升后下降。在贮藏到第7天后，所有处理组酱牛肉的b^*值无差异（$P>0.05$），这一情况保持到贮藏期结束。说明芹菜提取物中本身存在的色素在制作酱牛肉过程中已经被破坏，对于酱牛肉中的黄度值没有影响。

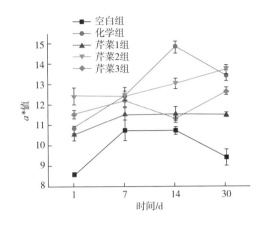

图 2-23　贮藏 30d 内不同处理组酱牛肉 a^* 值变化

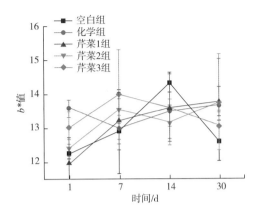

图 2-24　贮藏 30d 内不同处理组酱牛肉 b^* 值变化

③芹菜提取物添加量以及贮藏时间对酱牛肉硫代巴比妥酸反应产物的影响：表 2-16 显示了酱牛肉在储藏期内的硫代巴比妥酸反应产物（TBARS）值。各个组别的酱牛肉 TBARS 值初始时处于最低值。空白组的 TBARS 值以丙二醛（MDA）计，为 0.33mg/100g，芹菜 1 组与空白组的 TBARS 值没有差异（$P>0.05$），而其余处理组 TBARS 值则显著低于空白组（$P<0.05$）。当储藏一周后，空白组 TBARS 值增长到 0.45mg/100g，显著高于化学组及芹菜处理组。芹菜 1 组以及芹菜 2 组的 TBARS 值与化学组没有差异（$P>0.05$），芹菜 3 组的 TBARS 值在所有组别中最低。在第 7 天至第 14 天之间，空白组的 TBARS 值增加的幅度最大，而化学组与芹菜提取物处理组的 TBARS 值变化并不显著（$P>0.05$）。芹菜 2 组与芹菜 3 组的 TBARS 值与化学组无显著差异（$P>0.05$）。当贮藏时间达到 30d 时，空白组的 TBARS 值与储藏 14d 时相比几乎没有变化，但仍显著高于其余处理组（$P<0.05$）。化学组在第 30 天时 TBARS 值较空白组下降了 24.07%，而三个芹菜处理组则较空白组分别下降了 31.44%、25.9%、16.67%。

表 2-16　贮藏 30d 内不同处理组酱牛肉 TBARS 值　　　　单位：mg/100g

组别	1d	7d	14d	30d
空白组	0.33±0.02^{Ca}	0.45±0.03^{Cb}	0.56±0.01^{Cc}	0.54±0.01^{Dc}
化学组	0.20±0.02^{Aa}	0.38±0.03^{Bb}	0.40±0.01^{Bb}	0.41±0.02^{BCb}
芹菜 1 组（300mg/kg）	0.31±0.01^{Ca}	0.35±0.04^{Bab}	0.34±0.03^{Aab}	0.37±0.02^{Ab}
芹菜 2 组（400mg/kg）	0.25±0.03^{Ba}	0.36±0.01^{Bb}	0.39±0.02^{Bb}	0.40±0.03^{ABb}
芹菜 3 组（500mg/kg）	0.20±0.02^{Aa}	0.30±0.03^{Ab}	0.38±0.01^{Bc}	0.45±0.01^{Cd}

注：同列数值肩标不同大写字母表示差异显著（$P<0.05$），同行数值肩标不同小写字母表示差异显著（$P<0.05$）。

在整个贮藏期间，空白组的脂肪氧化程度持续上升且在所有组别中最高。三个芹菜处理组在贮藏期间均有显著地抑制脂肪氧化作用。由于芹菜提取物中可能含有的黄酮以及芹菜素等其他抗氧化物质的存在，再结合天然硝酸盐的抗氧化作用，使得芹菜提取物处理组中的脂肪氧化速率要低于空白组以及化学组。芹菜提取物因其本身较低的色素含量与温和的味道，与肉类反应后不会对最终肉制品的风味以及色泽带来显著影响，所以成为天然硝酸盐最理想的来源。

2. 蔓越莓

蔓越莓中含有多种酚类，同时蔓越莓提取物的 pH 较低，会降低腌制系统的 pH，可以加速在亚硝酸盐腌制的反应速度，促进更多的亚硝酸根参与腌制反应，减少亚硝酸盐的残留量。

3. 樱桃粉末

樱桃粉末中富含抗坏血酸，在与亚硝酸盐共同存在时，可提高腌制反应中亚硝酸盐的转化率，减少亚硝酸盐残留浓度，是亚硝酸盐腌制反应的天然还原剂。

对于天然植物来源的硝酸盐来说，因植物自身含有酚类物质、抗坏血酸、萜类物质以及其他还原性物质，会加速亚硝酸盐的转化，增加发色、抗氧化以及抑菌效果，减少了亚硝酸盐残留，可以起到很好的替代化学硝酸盐以及亚硝酸盐的作用。

二、亚硝胺的形成与减控

（一）亚硝胺的形成

当人体摄入硝酸盐或者亚硝酸盐后，硝酸盐在口腔中被细菌快速地转化为亚硝酸盐。N-亚硝基化合物主要包括亚硝胺和硝酰胺，当人体摄入有高硝酸盐含量的橙汁以及具有高脯氨酸含量的食物之后，在尿液中可以检测出亚硝基化脯氨酸的形成，这也证实了 N-亚硝基化合物可以在人体内合成。

N-亚硝基化合物的形成是由于唾液中的亚硝酸盐在进入胃部过程中被酸化，并且随之发生亚硝基化合反应。在胃部这样的酸性条件下，亚硝酸盐可进一步被转化为一系列活跃的亚硝基化剂，可继续与次级胺产生亚硝基化反应从而生成致癌物质 N-亚硝基胺。

在体外的亚硝基化反应动力学研究指出，亚硝化反应的进行程度是和环境的 pH 以及反应物的浓度有关系的。在胃酸缺乏的人群中，胃部的 pH 会上升，硝酸盐还原菌开始生长，并在胃中将大量硝酸盐转化为亚硝酸盐，更易形成致癌性的 N-亚硝基化合物。

（二）亚硝胺的减控

目前对于亚硝胺的危害已经有非常清楚的认识，针对抑制亚硝胺的形成已经有众多研究，从自然界中寻找天然植物来源的抑制剂已经成为研究的热点。下面将介绍几种能有效抑制亚硝胺形成的物质。

1. 抗坏血酸

抗坏血酸是良好的 N-亚硝基化合物阻断剂，其阻断机理就是通过还原亚硝化试剂如亚硝酸生成无害的产物 N_2 和 NO，或者清除亚硝基阳离子（NO^+）来实现对 N-亚硝基化合物的生成阻断，而且 NO 不是直接的亚硝化试剂。由于抗坏血酸在水相中作用效果好，而在油相中阻断效果不是很理想，于是维生素 C 和异抗坏血酸钠混合使用对亚硝胺的抑制作用明显。当抗坏血酸分子浓度 2 倍于亚硝酸盐时，可完全阻断亚硝胺的生成。

2. 茶多酚

茶叶中茶多酚能有效抑制 N-亚硝基化合物的合成反应，茶多酚含量越高，清除作用越好。茶多酚具有多个酚羟基，可以解离出 H^+ 而与亚硝酸反应，消耗亚硝酸根以减少亚硝胺的生成。

3. 硫化物

大蒜中含有的硫化物和苯二羟酸类是大蒜产生阻断作用的主要活性成分，这些物质能与亚硝酸盐结合生成硫代亚硝酸酯，从而抑制亚硝基化反应的发生。

4. 黄酮类化合物

黄酮类化合物则可能与其通过提高机体超氧化物歧化酶水平，清除自由基的作用来阻断 N-亚硝基化合物在体内的合成。

研究已证明大蒜、大葱、苦瓜、中华猕猴桃、马齿苋等天然果蔬都具有阻断亚硝胺合成作用，这些天然果蔬之所以能够抑制 N-亚硝基化合物的合成，主要是其含有抗坏血酸、黄酮类、多酚类以及硫化物等。

三、腌制期间脂质过氧化物形成

由于肉制品含有较高的脂肪和蛋白质含量，在腌制过程中易发生氧化，从而影响产品品质。脂肪氧化是一个比较复杂的过程，不饱和脂肪酸含量较高的肉制品因高温、光照、酶等因素影响，极易发生自动氧化生成氢过氧化物，再分解成醛、酮及低级脂肪酸等从而导致风味、质地、颜色和营养的恶化。脂肪氧化产生的羰基类物质，尤其是醛类物质对于肉制品起着积极或消极的双重作用。

（一）脂质过氧化物的形成

脂肪氧化可分为自动氧化和酶促氧化两种情况。自动氧化主要是在光、氧气等作用下发生的氧化，酶促氧化则是在脂肪氧化酶作用下发生的氧化。

脂肪的自动氧化是脂肪在光、氧和热作用下，产生了自由基，自由基作用于脂肪酸，尤其是不饱和脂肪酸，使其发生链式反应。链式反应包括链的起始，链的传递和链的终止。产生的自由基会进一步催化攻击易发生氧化的不饱和脂肪酸（RH）脱出形成自由基（R·），自由基与氧结合形成过氧化自由基（ROO·），ROO·再和其他不饱和脂肪酸反应，继续产生新的自由基与氢过氧化物，氢过氧化物再裂解形成醛、酮、酸、醇等小分子。反应的终止是自由基分子之间结合或与抗氧化剂结合。反应如式（2-6）~式（2-13）所示。

$$链的引发： \quad RH+O_2 \longrightarrow R·+·OOH \tag{2-6}$$

$$链的传递： \quad R·+O_2 \longrightarrow ROO· \tag{2-7}$$

$$RH+ROO· \longrightarrow ROOH+R· \tag{2-8}$$

$$ROOH \longrightarrow RO·+·OH \tag{2-9}$$

$$2ROOH \longrightarrow RO·+ROOH+H_2O \tag{2-10}$$

$$链的终止： \quad R·+R· \longrightarrow R·R \tag{2-11}$$

$$R·+ROO· \longrightarrow ROOR \tag{2-12}$$

$$ROO·+ROO· \longrightarrow ROOR+O_2 \tag{2-13}$$

酶促氧化是脂肪氧化酶催化不饱和脂肪酸发生的氧化反应。花生四烯酸是大多数脂肪酸的反应底物。脂肪氧化酶使一个氧分子与脂肪酸结合，该酶主要作用是从不饱和脂肪酸中的1,4-戊二烯结构中有立体取向地消除氢，随后发生氧化作用，进而产生醇、醛、酮、酸等物质。脂肪氧化酶还可以裂解过氧化氢基邻位上的C—C键，生成醛、烷等。

（二）脂质过氧化物的减控

1. 加工工艺条件的控制

在肉制品加工中内源酶起到了非常重要的作用。内源酶的活性受到了温度、湿度、盐分、pH等的重要影响。在保证原料肉不发生腐败的情况下通过控制最适温度、湿度、盐分、pH等条件尽可能的提高内源酶活性，从而找到最适工艺参数，最终达到既促进脂质氧化形成风味物质又缩短生产周期的目的。

2. 天然抗氧化剂的应用

化学合成抗氧化剂，如丁基羟基茴香醚（BHA）、二丁基羟基甲苯（BHT）、特丁基对苯二酚（TBHQ）和没食子酸丙酯（PG），已被广泛用作肉制品的抗氧化剂。然而，因为具有潜在的毒性作用，合成抗氧化剂的安全性受到了密切关注，所以对于天然抗氧化剂的研究越来越多。

（1）葡萄籽提取物　葡萄籽提取物的抗氧化活性分别是维生素E的20倍、维生素C的50倍。大量研究证明，葡萄籽提取物在生猪肉和熟制猪肉中能发挥有效的抗氧化作用。

（2）蔓越莓提取物　蔓越莓有很高含量的酚类化合物，每克干重的总酚含量为158.8μmol，可以有效抑制脂质氧化，花青素是蔓越莓酚类化合物的主要成分，能在红色果实成熟过程中逐渐积累。目前对于蔓越莓压块和蔓越莓果汁粉作为肉制品抗氧化剂已有研究，发现蔓越莓果汁粉提取物的抗氧化效果优于蔓越莓压块提取物。

（3）迷迭香提取物　在天然抗氧化剂中，迷迭香和迷迭香提取物得到最多研究，迷迭香产品作为抗氧化剂，已在火鸡肉、生牛肉和生猪肉饼、熟制猪肉饼和熟制牛肉饼中得以成功应用。

四、腌制期间蛋白质过氧化物形成

蛋白质氧化被认为是一种和脂肪氧化类似的自由基链式反应，但过程更为复杂且有更多的氧化产物。活性氧夺取1个氢原子，产生1个以蛋白质碳为中心的自由基（P·），蛋白质自由基在有氧条件下可以连续转化成过氧化氢自由基（POO·），然后从另一个分子中夺取氢原子形成烷基过氧化物（POOH）。再进一步与HO·反应生成1个烷氧自由基（PO·）和它的羟基衍生物（POH）在一些特定氨基酸中，过渡金属离子的参与通常会导致羰基类衍生物的生成，并可能会导致肌原纤维蛋白中交联的形成。

（一）羰基衍生物的形成

羰基（醛基和酮基）的形成是蛋白质氧化中的一个显著变化。蛋白质的羰基物质能够通过以下4种途径产生：①氨基酸侧链的直接氧化；②肽骨架的断裂；③和还原糖反应；④结合非蛋白羰基化合物。氨基酸氧化会在侧链上形成羰基化合物，金属离子催化肌原纤维蛋白的氧化结果最为显著。

（二）硫醇基的损失

肉制品在贮藏过程中硫醇基的流失变化很大，硫醇基的氧化导致了一系列复杂的反应，从而形成了各种氧化产物，如次磺酸（RSOH）、亚磺酸（RSOOH）和二硫交联物（RSSR）。

（三）蛋白质交联的形成

活性氧自由基（ROS）调节的蛋白质-蛋白质的交联衍生物的形成通常遵循以下机制：①靠半胱氨酸的巯基氧化形成二硫键连接；②靠 2 个氧化的酪氨酸残基的络合作用；③靠一个蛋白质的醛基和另一个蛋白质赖氨酸残基的 ε-NH$_2$ 相互作用；④靠二醛（一种双功能试剂，如丙二醛和脱氢抗坏血酸）的形成，在 2 个蛋白质中 2 个 ε-NH$_2$（赖氨酸残基的）交联的产生；⑤靠蛋白质自由基的浓缩形成蛋白交联。因为许多功能性质都依赖个体蛋白之间的相互联系，肌肉蛋白的聚合和聚集靠氧化过程所促进，这在肉制品加工中具有很重要的意义。

由于脂质氧化与蛋白质氧化是相互影响的，故在抑制蛋白质氧化方面与抑制脂质氧化采取的方式是相同的。

参考文献

［1］彭增起，周光宏，徐幸莲，等．用[31]P 核磁共振研究鸡腿肉中 4 种多聚磷酸钠的水解［J］．南京农业大学学报，2005，28（4）：130-134.

［2］吉艳峰，万红丽，彭增起，等．常用加工工艺及添加物对牛肉中彩虹色斑点的影响［J］．食品与发酵工业，2007，33（6）：16-19.

［3］辛营营，彭增起，周长旭，等．牛肝锌离子螯合酶粗酶液的特性［J］．食品科学，2012，33（23）：219-222.

［4］李君珂，吴定晶，刘森轩，等．蔬菜提取物对猪肉脯品质的影响［J］．食品科学，2015，36（9）：28-32.

［5］XU M，LIU W，ZHANG Y W，et al. Dynamic hydrolysis of polyphosphates in purified polyphosphatases and longissimus thoracis from beef［J］. Journal of Food Processing and Preservation，2017，41（3）：12915-12922.

［6］LIU W，XU M，ZHANG Y W，et al. Mechanism of polyphosphates hydrolysis by purified polyphosphatases from the dorsal muscle of silver carp（*Hypophthalmichthys Molitrix*）as detected by ^{31}P NMR［J］. Journal of Food Science，2015，80（11）：2413-2419.

［7］JIN H G，XIONG Y L，PENG Z Q，et al. Purification and characterization of myosin-tripolyphosphatase from rabbit *Psoas major* muscle：Research note.［J］. Meat Science，2011，89：372-376.

［8］XI Y，SULLIVAN G A，JACKSON A L，et al. Use of natural antimicrobials to improve the control of *Listeria monocytogenes* in a cured cooked meat model system［J］. Meat Science，2011，88：503-511.

［9］JIN H，XU C X，LIM H T，et al. Cho MH High dietary inorganic phosphate increases lung tumorigenesis and alters Akt signaling［J］. Am J Respir Crit Care Med，2009，179：59-68.

［10］RAZZAQUE M S. Phosphate toxicity：a stealth biochemical stress factor？［J］. Med Mol Morphol，2016，49：1-4.

第三章　乳化与常见乳化剂的健康风险

　　肉的乳化通常是肌肉组织（瘦肉）、脂肪组织（肥膘）或植物油、食盐和水等多种成分混合剪切的过程。在剪切斩拌条件下，瘦肉组织中一些盐溶性蛋白质（如肌球蛋白）被高浓度盐溶液萃取出来，形成一种黏性物质，通过疏水作用包围在脂肪球周围，从而使肉糜得以相对稳定存在。吐温80、甘油酯和卵磷脂等亲水亲油平衡值（HLB）在2.5~15的常见乳化剂加热时都不能形成凝胶，破坏了由脂肪滴周围的蛋白质所正常形成的凝胶网络，从而使肉糜不稳定，而且存在安全隐患。

第一节　乳化

　　"肉乳状液"不是真正的乳状液。肉馅或肉糜在乳化期间肌肉蛋白质和配方脂肪或者植物油在肉乳状液中发生多重乳化，从而使肉馅获得稳定性。实际上，熟肉糜的稳定性包括保油性和保水性，是肉糜在斩拌和加热期间发生的乳化和凝胶化相互作用的微妙平衡。在我国传统美食中，含有肉馅的食品很多，如水饺、各类包子、锅贴等，其"肉馅"往往是肉和蔬菜的混合物。它们的跑水跑油、风味、货架期的问题，实质上是凝胶化、乳化和抗氧化的问题。有些蔬菜，如大白菜、小白菜或青菜等，不仅有乳化功能，也具有抗氧化功能。在拌馅或斩拌过程中，肉（瘦肉和肥肉）、蔬菜、食盐、植物油、香辛料和水等获得稳定性。

一、斩拌过程中的乳化作用

　　在肉馅或肉糜制备中，往往需要添加食盐、蔬菜和水等。如果不加水，肌丝空间网络结构不能充分膨胀，蒸煮时会引起汁液渗出。相反，当盐和水添加进去时，蛋白质分子易于溶解，并部分地从它们原来的位置游离出来。当添加磷酸盐时，肌动球蛋白大量解离，肌丝网络结构弱化，并部分断裂。当肉没有切碎或斩拌时，肌纤维易于保持它们原来的形式，但是当采用一些加工工序，如在制馅过程中起强烈混合和均质作用的斩拌工序，溶出的蛋白质的数量会增加并从它们原来的肌节中游离出来。

　　通过计算斩拌时的平均斩切距离，可估计生肉糜中平均颗粒的大小。例如，斩拌机的斩刀有6个刀片，斩刀转速为3000r/min，转盘的平均斩切长度是 $\pi \times 1.2$m（约为3.768m），有效斩切时间是8min，则平均斩切距离＝平均斩切长度÷（转速×刀片数×斩切时间）＝3768000÷（3000×6×8）＝26μm。

　　刀刃厚度为10~100μm，这意味着当刀片通过肉馅时，有10~100μm宽的区域未被刀刃斩切，而是被打碎了。可以认为，尽管斩刀不能把单个肌丝分开，也能把肌纤维和肌原纤维捣碎。斩拌使各种配料，特别是食盐、植物多糖或磷酸盐和水强烈混合。这也意味着，直径在2～100μm的脂肪细胞也能被强烈破碎，却很难达到真正意义上的乳状液所需的脂肪颗粒（小于1μm）。但是由于斩刀的速度非常快，线速度大约为135m/s，由此所导致的空穴作用力和温度的升高能使脂肪细胞溶解和分散。所以，过长时间和强度的斩拌可能因高温和脂肪过度分散而造成不利影响。

肉馅颗粒大小影响保水性。颗粒越小，保水性就越高。斩拌使肉的结构充分粉碎，其中也有肌纤维和肌球蛋白片段存在。食盐、多聚磷酸盐和水能在肌丝水平和分子水平上对肉的结构进行化学分解。应该指出的是，食盐和水不能溶解肌束膜、肌内膜等结缔组织，也不能溶解肌浆网，这些组织依然相当稳定地结合在它们原来的位置上。结缔组织越少、越脆弱，肌原纤维就越容易膨胀，因而就有更多的盐溶性蛋白溶解，并从肌节上游离下来。

溶出的肌原纤维蛋白质是游离的，能形成热诱导凝胶，而膨胀的肌原纤维能形成凝聚体。假设在乳化香肠配方中含有70%的肉，那么瘦肉含量大约是45%，也就是每100g肉中含有45g肌原纤维蛋白。在只有食盐的肉馅中，大约20%的肌原纤维蛋白可被溶出，而在有食盐和磷酸盐的肉馅中，大约35%的肌原纤维蛋白可被溶出，这就是说，只有食盐存在时，溶出的肌原纤维蛋白质是约9，而食盐和磷酸盐同时存在时，溶出的肌原纤维蛋白是约15g。从工艺上说，肌球蛋白是最重要的蛋白质，它的量大约是溶出的肌原纤维蛋白质的一半。肉馅中的水主要存在于肌原纤维内部。溶出的肌原纤维蛋白质能在肉馅里形成连续的结构，能形成热诱导凝胶。这些溶出的蛋白质与融化了的脂肪能够形成具有黏性的类似于乳状液的物质，后者能把膨胀的肌纤维片段、肌原纤维以及脂肪颗粒黏结在一起。

随着添加水的增多，可用于溶解蛋白质的水的数量增加，相应地，溶出的肌原纤维蛋白质数量也增加，所以保水性也随之提高。但添加水增加到一定程度时，加热时肉馅的乳化体系就会被破坏。这就是说，对任何一个既定的配方中的影响凝胶形成的因素来说，都有一个最低浓度问题。加水过多，浓度就会过低，从而使整个体系发生崩溃，跑油跑水现象便随之发生。

原料肉经斩拌后形成一种黏性的肉馅，脂肪均匀地分散其中。斩拌期间部分脂肪发生融化，溶出的肌肉蛋白质在融化的脂肪上形成一层蛋白质膜，从而使乳状液得到稳定。从这个意义上说，这是符合经典胶体化学理论的。经典意义上的乳状液是悬浮液，其分散相中颗粒的最小直径小于100nm。而实际上，斩拌期间只有少部分脂肪发生融化，大部分肉脂肪并非以液体的形式存在于肠馅中，而是大部分脂肪以大于100nm的颗粒存在。肉馅中的确有一些脂肪由蛋白质所包被。肌动球蛋白与其他一些蛋白质（如大豆蛋白、乳蛋白）一样，能在脂肪表面形成一层膜。乳蛋白包被在脂肪颗粒上的速度要快于肉蛋白，这样，就有较多的肉蛋白与水结合，并形成稳定的凝胶。凝胶越稳固结实，肉馅的保油性越好。从根本上说，乳化肉糜是一种混合物，它含有较大的纤维状颗粒、肌纤维、肌原纤维、以多种形式存在的脂肪、溶出的蛋白质，甚至还有淀粉等添加物，它们在乳化凝胶类产品加工中，以独特的方式影响凝胶的形成。

在肉粒类产品中，肉馅的主要结构组分是肌纤维和肌束，其中的肌原纤维膨胀了，加热时，膨胀的肌原纤维形成了凝聚体，肌丝网格越加膨胀。在肉糜类产品中，溶出的蛋白很重要，特别是球蛋白，在0.8%的浓度下便能形成稳定的凝胶。凝胶强度与形成凝胶的蛋白质浓度呈指数关系。凝胶的形成是一种二级反应，这是因为凝胶强度由凝胶所构成的基本结构单元之间的交联所决定的，两条基本结构单元，或两条链间可以在任意位点上形成化学键，在一定体积内能形成交联的位点数与反应位点数的平方呈正比。肉糜是一个复杂的体系，还有许多其他因素影响凝胶的形成，如pH、离子强度、Ca^{2+}、Mg^{2+}等。凝胶形成通常分两个阶段，第一阶段是蛋白质中氢键、盐键和疏水作用遭到破坏，蛋白质的三级和四级结构发生变化。第二阶段是由加热引起的新的化学键的形成。在适宜温度下，肉蛋白质、添加的非肉蛋白或淀粉、亲水胶体等都能形成凝胶。加热到60℃时，肉蛋白和其他添加物就会释放其原有的水或拌馅时添加的水。如果pH、温度和离子环境适宜，在整个肉馅加工过程中，肉蛋白和其他添加物就能保持住添加的水，或者能吸收加热期间释放出的水和油。

二、"肉乳状液"的形成机制

从物理化学角度来看，生肉糜，或肉糜、肉糊，是由肌球蛋白、肌动蛋白、肌动肌球蛋白等肌原纤维蛋白，以及大小不同的肌原纤维细丝和肌细胞碎片、结缔组织纤维蛋白等肌肉蛋白包裹的脂肪颗粒和游离脂肪滴等复杂体系构成的。在这一系统中，可溶性蛋白质作为乳化剂包裹着的脂肪球分散在基质中。从这种意义上说，"肉乳状液"也属于水包油型乳状液。根据经典乳状液概念可知，经典乳状液要求分散相的直径大小在 $0.1\sim50\mu m$。但是，实际生产中肉糜中的脂肪微粒直径大小往往超过 $50\mu m$，有的甚至达到 $200\mu m$ 以上。从严格意义上说，大多数肉糜并不是真正意义上的乳状液。

1985年，美国Ockerman建立了用电导率法测定肌肉蛋白与植物油间乳化作用的方法，并在此基础上提出了水包油型乳化学说和蛋白基质物理镶嵌固定学说。但这两种学说都是基于添加植物油作为为分散相而研究提出的，并不适合解释肌肉蛋白和背脂剪切乳化机理。

（一）水包油型乳化学说（oil-in-water theory）

乳状液的经典定义为两种互不相溶的相形成的稳定混合物，其中一种是分散相，一种是连续相，分散相以微滴状或小球形式分散在连续相中。它适用于"水包油型"或"油包水型"乳状液中。这里的乳化作用通常通过高速剪切作用（如混合、均质、斩拌和研磨等）完成。在乳状液制备过程中，乳状液的一相通常是水，另一相是极性小的有机液体，习惯上统称为"油"。但这里所指的水和油相不一定是单一组分，每一相都可以包含多种组分。

水包油型乳化学说认为，肌肉蛋白"乳状液"属于水包油型乳状液，在脂肪球表面包裹着一层比较厚的蛋白膜，称之为界面蛋白膜（interfacial protein film，IPF），有效地防止了脂肪球发生凝聚，分散相由大小不一的脂肪滴与形状和大小不同的固态脂肪颗粒构成，连续相由盐和溶解的、悬浮的蛋白质水溶液构成。

Schut（1971）研究发现，在不含复配胶的肉糜中，盐溶性蛋白优先吸附在脂肪-水界面上，受热时包围脂肪球的蛋白膜容易破裂，出现大量孔和裂口，脂肪容易游离出来，而在低脂肉制品中添加复配胶时，优先吸附在脂肪-水界面的也是盐溶性蛋白的部分片段。Borejdo（1983）研究认为肌球蛋白分子有亲水基和疏水基部分，且重酶解蛋白为疏水性。在肉糜模型系统中，Jones（1984）研究发现，在油-水界面形成蛋白膜早期，游离肌球蛋白分子以相对完整的单体形式先在油水界面上形成单分子层，重链朝向油相，轻链朝向水相，而其他蛋白质分子主要通过疏水力作用、共价键和氢键等形式实现蛋白质-蛋白质相互作用，随着其他肌原纤维蛋白沉积逐渐变厚，最终形成一个半刚性的膜；后来他进一步对商业肉糜产品中界面蛋白膜含量和水相中的蛋白质种类电泳试验，研究发现肌球蛋白是构成肉糜中界面蛋白膜的主要蛋白质，而且，如果肉糜中没有提取出足够多肌球蛋白就会出现脂肪分离现象。

研究还表明，悬浮在盐溶液中的肌球蛋白有更强表面活性，比肌动蛋白和肌动球蛋白更好地在界面上形成蛋白膜。

有学者用电镜观察发现肉糜中脂肪球表面包裹着一层蛋白膜；Borchert 等（1967）研究发现熟肉糜中也存在界面蛋白膜，有的界面蛋白膜表面上存在小洞或孔隙；Jones 和 Mandigo（1982）也观察到熟肉糜中界面蛋白膜表面上也存在小洞，而且小洞附近有大的脂肪颗粒和一些小脂肪滴。这里小洞或孔隙可能是脂肪滴从界面蛋白膜表面的裂缝流失而留下的痕迹。当肉糜流失太多脂肪时，界面蛋白膜表面会出现较大裂缝或洞；当无脂肪流失时，则可以看到球形脂肪球。因而，界面蛋白膜在糜类肉制品中具有稳定脂肪作用。

（二）物理镶嵌固定学说（physical entrapment theory）

物理镶嵌固定学说认为，肉在斩拌过程中，肌肉组织（特别是瘦肉组织）经剪切萃取出的蛋白质、纤维碎片、肌原纤维及胶原纤丝间发生相互作用，形成一种高度黏稠的体系，而破碎的脂肪颗粒或脂肪滴被这些蛋白基质物理镶嵌包埋固定，得到相对稳定的乳状液。在加热煮制过程中，位于脂肪球界面上的蛋白质及黏性的基质蛋白质会结合成为一种半刚性的凝胶网状结构，大大限制了脂肪球的移动。众多研究表明，生肉馅中存在有序的蛋白结构。Barbut 等（1995）观察完全粉碎肉馅微观结构，研究发现生肉糜中存在海绵体状基质和蛋白质丝状相连构成有序三维空间结构，而且部分可以流动。Hermansson 等（1986）也研究发现煮制前肉糜可以形成一个有序结构。此外，肉糜在煮制过程中，肌原纤维蛋白聚集形成凝胶，能够物理镶嵌固定着脂肪。Gordon 和 Barbut（1990、1991）也研究发现煮制后的肉糜中脂肪球通过与蛋白质相连被物理固定。Theno 和 Schmidt（1978）也研究指出法兰克福香肠中存在脂肪球与蛋白质基质物理性结合固定现象。

三、肉糜乳化学说的发展

（一）界面蛋白膜的研究进展

界面蛋白膜的性质一直是肉糜研究的重点。Galluzzo 和 Regenstein（1978）在研究鸡胸肉蛋白质在肉乳状液形成过程中的作用时，发现肌动蛋白和肌球蛋白具有非常不同的乳液形成特性：当从溶液中迅速除去肌球蛋白后，可形成细腻浓稠的乳状液；肌动蛋白不太容易从溶液中除去，并会形成稀薄粗糙的乳状液；当作为肌动球蛋白存在时，肌动蛋白和肌球蛋白表现出与单独的肌球蛋白相似的行为；然而，当该复合物被 ATP（5mmol/L）解离时，肌动蛋白和肌球蛋白表现彼此独立的行为，肌动蛋白保留在水相中，而肌球蛋白优先用于形成乳状液。Jones（1984）提出肌球蛋白是参与界面蛋白膜形成的主要蛋白质，并提出界面蛋白膜形成的理论假说，即，与肌球蛋白重链（HMM）S1 片段具有相对较高的疏水性，肌球蛋白分子在脂肪球表面以肌球蛋白重链头部的朝向疏水相，肌球蛋白轻链（LMM）尾部突出到水相中，形成肌球蛋白单分子层，其他蛋白质可能通过各种蛋白质-蛋白质互作相互结合使得界面蛋白膜薄膜增厚或加强。Gordon 和 Barbut（1992）发现肌球蛋白是界面蛋白膜中的主要蛋白质，且脂肪分离发生在肌球蛋白提取量过少的地方，并认为在制备肉糜的斩拌过程中，提取至肉糜水相中的蛋白质的数量和类型通过影响界面蛋白膜形成及其对蛋白质基质结构，进而影响肉糜的乳化稳定性。Zhang（2013）的十二烷基硫酸钠聚丙烯酰胺凝胶电泳（SDS-PAGE）分析表明，界面蛋白质膜中的肌肉蛋白质由肌球蛋白重链（相对分子质量

210k)、肌球蛋白轻链-1（相对分子质量 22k）、肌球蛋白轻链-2（相对分子质量 18k）、肌球蛋白轻链-3（相对分子质量 16k）、C-蛋白（相对分子质量 130k）、α-肌动蛋白（相对分子质量 95k）、肌动蛋白（相对分子质量 42k）、肌钙蛋白 T（相对分子质量 35k）和原肌球蛋白（相对分子质量 70k）组成。

（二）混合分布学说/复合乳化学说

肉糜通常是由肌肉组织（瘦肉）、脂肪组织（肥膘）、食盐和水等多种成分斩拌剪切而成，几乎不添加植物油。然而，关于肌肉蛋白与脂肪剪切乳化机理的研究一直未能突破，过去大多数研究主要集中在通过添加植物油为分散相，研究肌肉蛋白乳化性能和作用机制。1985 年，美国 Ockerman 通过添加植物油为分散相的肌肉蛋白乳状液模型，建立电导率法来研究肌肉蛋白的乳化。后来，不少学者在此基础上提出了水包油型乳化学说和蛋白基质物理镶嵌固定学说。水包油型乳化学说认为完全粉碎的肉糜中存在水包油体系，在脂肪球周围表面包裹着一层蛋白膜。该学说忽视或降低了其他不溶性蛋白在肉糜中的所起作用，且理想化地认为乳化肉糜中脂肪微粒直径大小在 0.1~50μm；而蛋白基质物理镶嵌固定乳化学说强调蛋白质基质对肉糜中脂肪球物理镶嵌固定作用，该学说没有考虑脂肪球表面性质，忽视或片面降低了蛋白膜存在及其作用，即认为包围在脂肪球周围的界面蛋白膜作用很小，且要求脂肪细胞完整。但是，在肉糜剪切斩拌过程中，脂肪的物理特性、粉碎方式、粉碎程度、最终斩拌温度和加热时间等因素使得脂肪发生了许多物理化学性质变化：在形式上，脂肪剪切破碎为固态脂肪颗粒和液态脂肪滴；在形状上，有比较规则的球形、椭球形和不规则的脂肪颗粒或脂肪滴；在粒径大小上，脂肪微粒大小也不均一，有的脂肪颗粒直径超过 50μm，属于"多分散"的。然而，植物油剪切后大多数为大小基本相同的液态脂肪球。用添加植物油为分散相建立起来的肌肉蛋白水包油型乳化学说或蛋白基质物理镶嵌固定学说来解释实际生产中肉糜乳化稳定是不确切、不科学的。

Hermansson 等（1986）认为界面蛋白膜可能是整个蛋白网络结构的一部分，物理性连接可能是界面蛋白膜与基质蛋白之间的相互作用。Gordon 和 Barbut（1992）研究认为脂肪稳定性可能是由脂肪周围表面界面蛋白膜和黏性蛋白基质的物理约束和结合共同作用的结果，提出在未来的研究中不应仅关注水包油型乳化学说和物理镶嵌固定学说，还应该研究在制备肉糜过程中两种学说的共同作用。Zhang（2013）以猪背最长肌和背脂为原料肉，制成生肉糜及凝胶乳化物，研究肉糜及凝胶中脂肪分布和存在形式（形态、形状和大小），提出肌肉蛋白和脂肪剪切乳化机理：在使用高浓度 NaCl 和一定 pH 提取液（如 0.6mol/L NaCl+pH 6.5）条件下，充分剪切的肉糜中脂肪被剪切成大小不一的液态脂肪球和大小、形状不规则的脂肪球、脂肪颗粒和脂肪簇，它们的表面都被光滑的蛋白质膜包围，并分散在刚性蛋白质基质中。在热诱导过程中，蛋白膜变性，绝大多数粒径大小适当的脂肪颗粒或脂肪滴仍然包裹在蛋白膜中，它们独立或交联起来，或以簇状形式分布于蛋白凝胶基质中；有的脂肪颗粒或脂肪滴也受蛋白凝胶基质物理固定作用，这些作用共同实现了糜类肉制品中肌肉蛋白质对脂肪的乳化作用。当然，少数粒径大的脂肪颗粒或脂肪滴因受热体积过分膨胀，为释放内部热压力，蛋白膜破裂，游离出脂肪，遗留下不完整的部分蛋白膜或小坑。

第二节　常见乳化剂的健康风险

随着科学技术的进步和民众健康意识的增强，有些亲水胶体将被禁止在食品中使用，或严格限制其在食品中的添加水平。

一、乳化剂的安全性问题

乳化剂是含有亲水和亲脂性部分（通常以头-尾构型）的复合分子，其能保持脂肪分子在疏水环境的液体悬浮液或水溶性组分中分散，延长了这些混合物的稳定性并降低了相分离的速率。在食品和饮料中，乳化剂能保持多相加工食品和饮料的质地，水合性、可塑性、流动性、稠度、黏度、体积、结构完整性、颜色、耐热性、耐模具、口感和味道，并且倾向于被认为是无害的，使得乳化剂在几乎所有加工的食品和饮料中已经成为普遍存在的成分，包括许多称为"有机"的成分。膳食乳化剂如羧甲基纤维素钠（CMC）和聚山梨醇酯-80（P80、吐温80）在各种食品中的添加量可高达2%。

膳食乳化剂有助于保持许多加工食品和饮料的理想特性，然而其难以消化、不可吸收和不可发酵的特点，使其对人类消化道并无益处。Chassaing等（2015）的研究表明，过去半个世纪以来，膳食乳化剂消费的增长可能是导致炎症性肠病（IBD）和代谢综合征的发病率更高的原因。羧甲基纤维素钠和聚山梨醇酯-80（0.1%~1%）可引起肠道改变和肠屏障功能障碍，导致代谢的负面改变，从而导致体重增加、脂肪增长，引起低度炎症和代谢紊乱（即葡萄糖不耐受）。该研究还显示，这两种食品添加剂都参与类似于炎症性肠炎的炎症发展，而且在正常小鼠中，摄取低剂量乳化剂可促进慢性肠道炎症的微小体征，包括上皮损伤，这种作用与肠道微生物群组成的变化和黏液的微生物群侵袭的增加有关。此外，肠微生物群落还可将微生物从乳化剂处理的小鼠转移到不暴露于乳化剂的胚胎，导致部分地传递代谢综合征。膳食乳化剂（如羧甲基纤维素CMC）可能与涂覆肠道腔表面的多层内源性黏液分泌物相互作用，减弱肠上皮的黏液屏障，并且可能损害人类黏液防止微生物与肠上皮细胞接触的能力，并促进细菌易位到肠组织中。据报道，膳食乳化剂增加致病微生物穿过肠上皮屏障的移位，同时促进肠道炎症的发生和持续。相比之下，可溶性膳食纤维支持人肠道的有益的共生抗病菌微生物群体和维持健康的肠黏液，增加了肠道病原体的一般和物种特异性抵抗殖民化。有证据表明，除了降低定居阻力之外，膳食乳化剂羧甲基纤维素会使易感人群的肠炎激发进展为慢性炎症性肠炎的炎性发作。其他膳食乳化剂是否也可能加剧具有这种反应的遗传或微生物相关性倾向的个体的肠道炎症仍然是一个悬而未决的问题。

符合相关标准的食品本身是安全的，但食品中存在的乳化剂可能会促进消化系统对肠道中原本存在的细菌、毒素以及外源性化学物质的吸收，且此作用具有长期性和连续性，极有可能由此造成原本"安全"的食品中污染物实际暴露剂量的累积性提高，引发毒理效应。因此，由乳化剂引起的食品安全问题不容忽视，但令人遗憾的是，迄今相关的研究尚是空白。

近来，使用乳化剂问题已经受到相当大的关注。但也有研究表明，在目前美国使用的七种乳化剂饮食暴露评估中，最保守估计，似乎每种乳化剂的摄入量都在其安全水平之下。

二、常见两种膳食乳化剂的健康风险

（一）聚山梨醇酯（吐温）

人们在摄入食物糖分的同时，可能也摄入了一定量的食品乳化剂，从而提高患克罗恩病和溃疡性结肠炎的风险。而降低糖的摄入可有效预防乳糜泻和糖尿病。人群队列研究显示，每日摄入大量的奶酪和人造黄油的人群患克罗恩病和溃疡性结肠炎的风险较大，而奶酪和黄油的生产加工需要添加一种或多种食品乳化剂，而且允许使用的剂量都相对较大，如吐温、单双脂肪酸甘油酯等。

诸多研究已证实，应用于食品中的乳化剂可提高肠细胞的通透性，甚至造成肠屏障功能损伤。Ilback 等认为，脂肪中存在着天然的乳化剂，长期高水平高脂膳食有诱导肠道上皮细胞损伤，提高肠细胞通透性的风险。单次给予 SD 大鼠灌胃 5mL 1% 和 10%（质量分数）的食品乳化剂吐温 80 可促进大鼠胃肠道对膳食脂肪（甘油三酯）的吸收，而 10% 的吐温 80 对大鼠肠道有一定的毒性作用。

离体实验也证实了乳化剂能够增加细胞膜的通透性。吐温系列乳化剂（吐温 20、吐温 60、吐温 85）能够浓度依赖性的增加 Caco-2 细胞的细胞膜通透性。如 0.5%（体积分数）吐温 80 能够显著提高 Caco-2 细胞膜的通透性，其与 1%（体积分数）丙二醇脂肪酸酯的混合物可将 Caco-2 细胞的通透性提高 10 倍，同时也导致细胞损伤；0.01%（体积分数）吐温 80 能够使大肠杆菌穿过 Caco-2 细胞膜的能力提升 59 倍，而 0.1%（体积分数）吐温 80 还能够提高大肠杆菌穿过人微皱褶细胞（M-细胞）和派尔集合淋巴结（Peyer patch）的能力。

P-gp 是一种 ATP 依赖性的跨膜蛋白，由多药耐药基因编码，可阻碍肠道中大分子药物、细菌、毒素等进入细胞，同时也能够将细胞内的有毒有害物质排出体外。聚氧乙烯蓖麻油和吐温 80 是 P-gp 的抑制剂，这在体内外实验中已经得到了证实。当 P-gp 活性受到抑制，肠道中的外源性化学物质、细菌等进入机体，诱发自身免疫性疾病。研究表明，吐温 80 可损伤线粒体的结构与功能，导致线粒体的供能作用不足，从而影响 P-gp 调节的外排系统的功能，致使塑化剂邻苯二甲酸二（2-乙基己基）酯（DEHP）的生物利用率提高。已有研究证实，吐温 80 可将 SD 大鼠对塑化剂 DEHP 及其代谢产物邻苯二甲酸单（2-乙基己基）酯（MEHP）的相对生物利用率分别提高 1.9 倍和 2.2 倍，从而增加其毒理作用。

（二）羧甲基纤维素钠

添加到食物中的洗涤剂和乳化剂可能会破坏黏液屏障，这通常会将细菌从肠壁中分离出来，并导致易感人群的慢性肠道炎症。有研究探究 2% 羧甲基纤维素（CMC）对 *IL-10* 基因缺陷小鼠肠道微生物群落生物结构的影响，发现羧甲基纤维素治疗的 *IL-10* 基因缺陷小鼠表现出巨大的细菌过度生长，绒毛之间的空间膨胀，填充这些空间的细菌，细菌黏附到细菌以及细菌迁移到肠腺的底部。7 只羧甲基纤维素小鼠中的 4 只有白细胞移入肠腔。这些变化与人类克罗恩病中观察到的变化相似，而在对照动物中不存在。从而得出羧甲基纤维素在易感动物中诱导细菌过度生长和小肠炎症的结论。应用羧甲基纤维素的乳化产品无处不在，无限制地用于工业世界的食品，这可能是导致炎症性肠炎兴起的重要原因之一。

第三节 蔬菜源乳化剂

肌肉蛋白质和植物多糖是很好的乳化剂。深刻理解肌肉蛋白质溶解性和提取性、蛋白质互作、植物质（植物多糖）和动物蛋白质与脂质互作、疏水键、共价键、盐键和氢键在乳化和凝胶化协同作用中的微妙平衡，可获得期望的凝胶体和乳化体，赋予产品理想的工艺特性。

一、新型蔬菜来源乳化剂的研究背景

茄子（*Solanum melongena* L.）作为一种全球广受欢迎的蔬菜，在亚洲、中东地区、北美洲及欧洲广泛种植，而世界产量主要集中在中国（57%）、印度（27%）及其他亚洲国家。目前，对茄子的研究主要集中在存储保鲜和功能性结构成分方面。茄子中具有高比例的不溶性膳食纤维和极低的可溶性碳水化合物，美国糖尿病教育计划组织（NIH）推荐经常吃茄子来预防 II-型糖尿病。然而茄子易"吸油"的特性，使做出来的菜肴油脂含量高，这与现代健康饮食理念不符。关于茄子果肉这种亲油特性的研究还未见报道。新鲜茄子含水量通常在90%以上，这说明茄子中干物质成分具有极高的持水能力。茄子这种亲油持水特性归因于茄子中丰富的不溶性纤维。一般说来，不溶性纤维主要由纤维素、半纤维素、果胶等组成，这些成分含有丰富的功能基团如羟基、醛基、羧基、羰基等，而这些功能基团具有强烈的吸水、吸油能力。富含不溶性纤维的农业材料如玉米秸秆、木屑、棉纤维等经过处理后被证明有较好的亲水吸油能力，有些已被广泛地用作海上石油泄露的吸附剂、食品乳化剂等，而这些天然材料往往不具备一定的亲水吸油能力，无法吸附或者无法长期有效地稳定乳状液，这种差异可能是纤维的来源或处理方法不同导致的。

山竹（*Garcinia mangostana* L.）通常被认为是广受欢迎的水果之一，有"水果之王"的称号。随着国内外需求的增加，山竹对经济的重要性日益增加。山竹果皮，占整个果实质量的三分之二，通常作为农业废弃物处理。这些废物富含纤维素，已被用于生产微纤化纤维素（MFC），并作为膳食纤维、增稠剂、食品中的乳化剂或添加剂进行应用。

目前，一些商业化的食品乳化剂被证明容易引起一些慢性疾病，如 Chassaing 等（2015）研究发现，低浓度的吐温 80 和羧甲基纤维素易引起小鼠肥胖和代谢综合征。随着健康饮食观念的增强，人们越来越追求更加绿色安全的食品乳化稳定剂。

二、新型果蔬来源乳化剂的研究

（一）茄肉匀浆物的乳化作用

笔者以茄子果肉为原料制成茄子肉匀浆物（EFP），研究茄子果肉稳定乳状液的乳化能力，探究维持乳状液稳定的有效成分，揭示茄子吸油持水特性的原因，为开发应用以茄子为原料的更加绿色安全的食品乳化剂提供理论依据。

研究发现，茄子肉匀浆物、水与大豆油可形成稳定的白色乳状液。茄子肉匀浆物稳定的 O/W 乳状液受茄子肉匀浆物浓度、油体积分数及离心外力的影响；乳状液的分层程度、平

均粒径随茄子肉匀浆物浓度的增加而降低，分层程度随油体积分数的增加而降低。与离心前相比，离心对低茄子肉匀浆物浓度和高油体积分数的乳状液破坏显著，均出现了出水或出油现象（图3-1）；而对油体积分数为0.3、茄子肉匀浆物浓度为1.43%的乳状液脂肪球平均粒径、粒径分布均无显著影响（图3-2）。荧光显微镜染色和扫描电镜观察表明，脂肪球表面包裹着一层由不溶性纤维多糖构成的球膜，它可有效阻止脂肪球间碰撞融合（图3-3）。

此外，不同品种茄子的茄肉匀浆物稳定乳状液能力也存在一定差异。以市场常见的快圆茄、大龙茄和杭茄为例，杭茄的粗蛋白含量（干基）和粗纤维含量（干基）相对较高，以不同干物质浓度制备乳状液，发现在较高干物质浓度条件下油滴的平均粒径最小（$P<0.05$）（图3-4）。对乳状液进行离心后，以杭茄茄肉制备的乳状液乳化指数较高，乳化稳定性较好（图3-5）。当干物质浓度较低时（三个品种1.00%和1.25%浓度，以及快圆茄和大龙茄的1.50%浓度），离心后乳状液上层有不同程度明显油层析出；当干物质浓度较高时（三个品种1.75%和2.00%浓度），离心后乳状液上层已无油层析出；其中杭茄在1.50%浓度时已无明显油层析出（图3-6）。

茄子作为一种被广泛种植的蔬菜，其中的不溶性纤维极有可能成为食品工业乳化稳定剂家族中更绿色安全的一员。

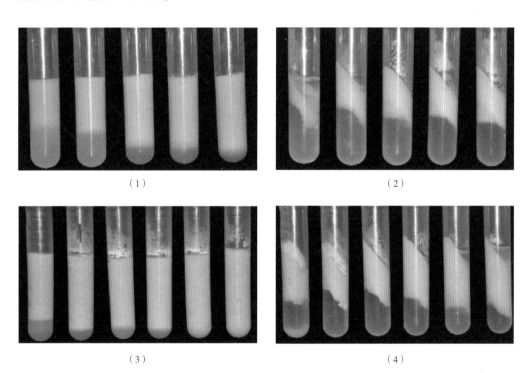

（1）　　　　　　　　　　　　（2）

（3）　　　　　　　　　　　　（4）

图3-1　茄肉匀浆物制备乳状液离心前后对比图

注:（1）（2）为不同浓度乳状液离心前后图，茄子肉匀浆物浓度从左到右依次为0.48%、0.72%、0.95%、1.19%、1.43%，油体积分数均为0.3；（3）（4）为不同油体积分数乳状液离心前后图，体积分数从左到右依次为0.1、0.2、0.3、0.4、0.5、0.6，茄子肉匀浆物浓度均为1.43%。

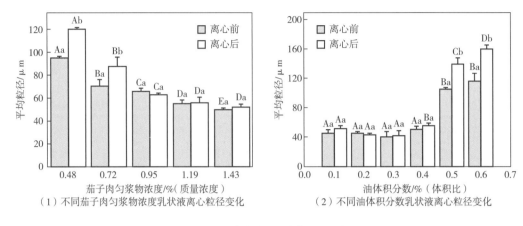

（1）不同茄子肉匀浆物浓度乳状液离心粒径变化　　（2）不同油体积分数乳状液离心粒径变化

图 3-2　乳状液离心前后平均粒径大小变化图

注：不同的大写字母（A～E）表示在相同处理条件下，不同茄子肉匀浆物浓度和不同油体积分数的乳状液之间差异显著（$P<0.05$），不同的小写字母（a、b）表示在相同浓度和相同油体积分数的乳状液，离心前后差异显著（$P<0.05$）。

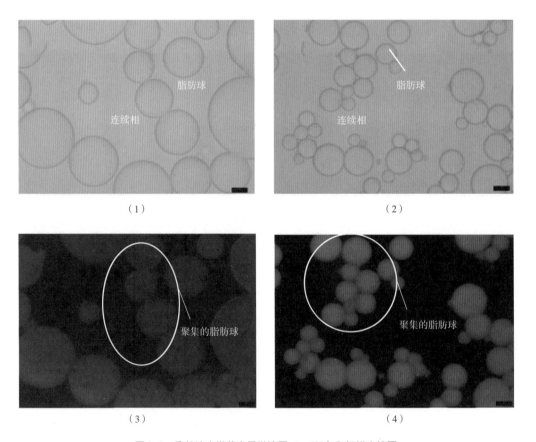

图 3-3　乳状液光学荧光显微镜图（×400）和扫描电镜图

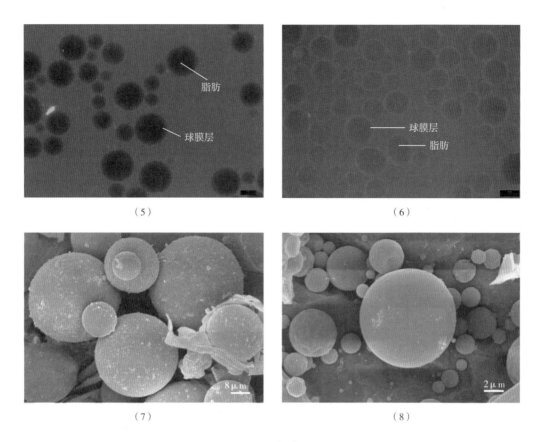

图 3-3（续）

注：（1）（2）为光学显微镜图，（3）（4）为荧光红光显微镜图，（5）（6）为荧光蓝光显微镜图；（1）（3）（5）与（2）（4）（6）的茄子肉匀浆物浓度依次为 0.95% 和 1.43%，其中油体积分数为 0.3，所有图放大倍数均为 400 倍，标尺均为 20μm。（7）（8）标尺分别为 8μm 和 2μm。

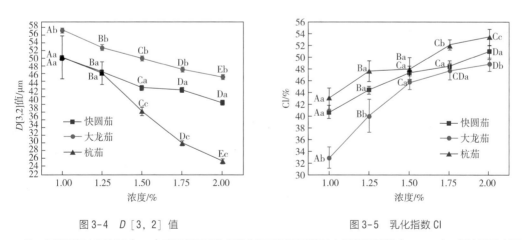

图 3-4 D［3，2］值

图 3-5 乳化指数 CI

注：标注不同小写字母（a~c）表示相同干物质浓度下不同品种茄子之间差异显著（P<0.05），标注相同小写字母（a~c）表示相同干物质浓度下不同品种茄子之间差异不显著（P>0.05）；标注不同大写字母（A~E）表示相同品种茄子不同干物质浓度条件下乳状液油滴粒径大小的差异显著（P<0.05），标注相同大写字母（A~E）表示相同品种茄子不同干物质浓度条件下乳状液油滴粒径大小的差异不显著（P>0.05）。

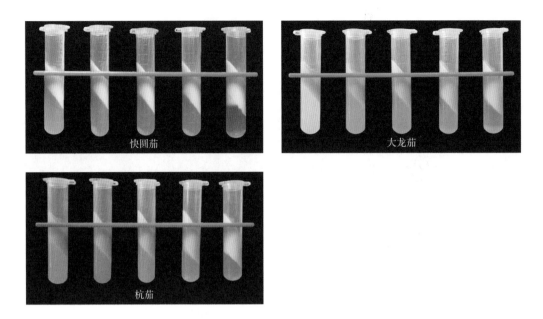

图3-6 乳状液离心后数码相机照片

注：各组中从左至右依次为干物质浓度1.00%、1.25%、1.50%、1.75%和2.00%。

（二）山竹果皮微纤化纤维素的乳化作用

从山竹果皮提取微纤化纤维素（Microfibrillated cellulose，MFC）的浓度对O/W型乳液的稳定性和乳液性质有影响。水相中的浓度范围控制在0.05%～0.70%（质量分数）。乳状液的平均粒径的尺寸、颜色、弹性及稳定性随着微纤化纤维素浓度的增加而增加（图3-7）。

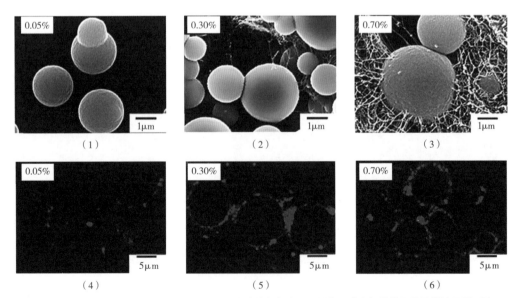

图3-7 不同微纤化纤维素浓度稳定的新鲜乳状液的扫描电子显微镜和激光扫描共聚焦显微镜显微照片

注：微纤化纤维素浓度分别为0.05%〔（1）和（4）〕、0.30%〔（2）和（5）〕和0.70%〔（3）和（6）〕；CLSM显微照片〔（4）～（6）〕显示刚果红染色的微纤化纤维素颗粒在乳液中的定位。

显微镜观察显示，微纤化纤维素颗粒主要吸附在乳液液滴的油-水界面处，过量非吸附微纤化纤维素颗粒主要存在于连续水相中，且其含量随着微纤化纤维素浓度的增加而增加。流变学结果显示，随着微纤化纤维素浓度的增加，液滴间网络结构和连续相中微纤化纤维素网络逐渐形成，乳状液呈现类凝胶特性。无论微纤化纤维素添加浓度大小，所有乳液均可稳定聚合80d，具有对液滴聚结的长期保存稳定性，但随着微纤化纤维素浓度的降低，乳液的稳定性逐渐降低。该研究提供了微纤化纤维素作为食品中天然乳化和稳定剂的研究证明，这对于合理设计和生产颗粒稳定的食品乳液具有重要的意义。

参考文献

［1］ZHANG Y, WANG Z, PENG Z, et al. Distribution of fat droplets/particles and protein film components in batters of lean and back fat produced under controlled shear conditions ［J］. CyTA-Journal of Food, 2013, 11 (4): 352-358.

［2］GLADE M J, MEGUID M M. A glance at dietary emulsifiers, the human intestinal mucus and microbiome, and dietary fiber ［J］. Nutrition, 2016, 32 (5): 609-614.

［3］SHAH R, KOLANOS R, DINOVI M J, et al. Dietary exposures for the safety assessment of seven emulsifiers commonly added to foods in the United States and implications for safety ［J］. Food Additives and Contaminants: Part A, 2017: 1-13.

［4］CHASSAING B, KOREN O, GOODRICH J K, et al. Dietary emulsifiers impact the mouse gut microbiota promoting colitis and metabolic syndrome ［J］. Nature, 2015, 519: 92-96.

［5］WINUPRASITH T, SUPHANTHARIKA M. Properties and stability of oil-in-water emulsions stabilized by microfibrillated cellulose from mangosteen rind ［J］. Food Hydrocolloids, 2015, 43: 690-699.

第四章　肉类油炸过程中有害物质的形成

油炸是以油脂作为加热介质，主要通过热传导的方式实现热量的传递。高温油炸是使淀粉、蛋白质、脂肪等发生一系列复杂的化学反应，从而赋予食品特殊的色泽、风味和质构的一种加工方式。肉类原料在油炸过程中产生反式脂肪酸、杂环胺和多环芳烃等有害物质。对油炸肉制品的安全性进行综合评价是值得重视的。

第一节　油炸肉制品中反式脂肪酸的形成

反式脂肪酸（trans fatty acids，TFAs）是普遍存在于油炸、氧化食品中的一类对人体健康有不良影响的不饱和脂肪酸。它也对血管疾病、Ⅱ型糖尿病有较大的影响，同时也与向心性肥胖、认知能力及癌症有一定的关联。长时间高温油炸导致食品中含有较高水平的反式脂肪酸。油脂类型、油炸时间、油炸温度不同，产品中反式脂肪酸含量存在显著差别。油炸在赋予肉制品诱人色泽的同时，也使其产生大量的反式脂肪酸。反式脂肪酸通常是由于不饱和脂肪酸的不饱和双键在高温下氢键发生异构化而形成的。

一、畜禽肉制品中的反式脂肪酸

据调查分析，市售烧鸡中的反式脂肪酸含量一般在 $0.75 \sim 1.19 \mathrm{g/kg}$。在我国大部分地区，油炸和卤煮是烧鸡的主要加工工艺。对市售的 4 种烧鸡类产品进行反式脂肪酸含量和种类的检测，结果见表 4-1。其反式脂肪酸总含量在 $0.75 \sim 1.19 \mathrm{mg/g}$，4 种烧鸡中均被检测到 $C_{16:1}$ $\omega-9t$ 和 $C_{18:1}$ $\omega-9t$ 两种反式脂肪酸，而 $C_{18:1}$ $\omega-9t$ 是烧鸡中主要的反式脂肪酸类型。其中 D 品牌中反式脂肪酸总含量最高，且检测到了 $C_{18:2}$ $\omega-9t$, 12t 反式脂肪酸，但含量较少。连续使用棕榈油油炸鸡腿上色时，鸡腿皮层和精肉中反式脂肪酸类型保持不变，鸡腿皮层检测到了 $C_{16:1}$ $\omega-9t$ 和 $C_{18:1}$ $\omega-9t$ 两种反式脂肪酸，精肉中反式脂肪酸种类为 $C_{18:1}$ $\omega-9t$，且鸡皮中反式脂肪酸含量远高于鸡腿肉。这可能是因为鸡肉中总脂肪含量很低，不足 2%，而所含的不饱和脂肪酸更少。且肉的部分被鸡皮所包裹，仅少部分与油炸油直接接触，油炸上色所需的时间较短，内部鸡肉的温度较低，肉中的反式脂肪酸形成较少。$C_{16:1}$ $\omega-9t$ 含脂肪酸量的变化受油脂连续使用时间的影响不大，主要来源于原料肉中。油炸鸡腿中 $C_{18:1}$ $\omega-9t$ 的含量随棕榈油连续使用时间的增加而显著增加。油炸上色时鸡肉和鸡皮中的反式脂肪酸含量均随着油炸温度的增加而上升（图 4-1、图 4-2）。

表 4-1　市售烧鸡产品皮层反式脂肪酸的含量　　　　单位：mg/g

样品	$C_{16:1}$ $\omega-9t$	$C_{18:1}$ $\omega-9t$	$C_{18:1}$ $\omega-9t,12t$	总含量
样品 1	0.06	0.69	ND	75

续表

样品	$C_{16:1}\ \omega-9t$	$C_{18:1}\ \omega-9t$	$C_{18:1}\ \omega-9t,12t$	总含量
样品 2	0.05	0.75	ND	79.97
样品 3	0.07	0.98	ND	105.19
样品 4	0.07	0.98	0.14	119.68

注：ND 表示未检出；未检出反式脂肪酸种类未标注。

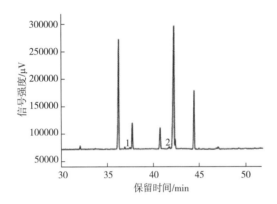

图 4-1　油脂使用 2h 时，鸡腿皮层中
反式脂肪酸气相色谱图

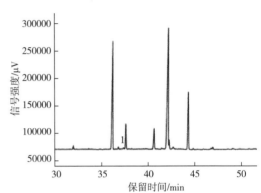

图 4-2　油脂使用 2h 时，鸡腿精肉
反式脂肪酸气相色谱图

连续油炸时，油的脂肪酸组成也发生较大变化，并且随着油炸时间的增加逐渐劣化。油的颜色加深，透明度下降，逐渐失去油脂特有的气味且产生刺激性气味，杂质增多，发烟严重。在加入鸡腿油炸时相较于仅加热，其油脂氧化、水解、聚合等反应更剧烈，酸价、过氧化值和羰基值等显著升高，劣变程度更严重。

食品原料的脂肪酸组成也会影响煎炸油的脂肪酸组成。在油炸过程中，食品吸收油脂同时可以释放本身含有的油脂，导致煎炸油和食品中的脂肪酸组成相互影响。食品油炸前后脂肪酸组成存在显著性差异，与食品原料的脂肪酸组成相比，油炸后的食品，其脂肪酸组成和煎炸油的脂肪酸组成更相似，说明油炸食品的脂肪大部分来源于煎炸油。不同油炸周期的食品反式脂肪酸含量无显著性差异，可见在常规油炸条件下，短期重复使用食用油炸制食品，不会增加食品中的反式脂肪酸含量。

二、熏鱼中的反式脂肪酸

熏鱼主要在长三角及其周边地区加工生产，一般需要经过油炸工序，而非烟熏。市售 5 种熏鱼产品反式脂肪酸含量和种类见表 4-2。5 种样品中反式脂肪酸含量为 4.8~168.28mg/100g。所有的样品均含有 $C_{18:1}\ \omega-9t$，部分样品中检测出 $C_{16:1}\ \omega-9t$、$C_{18:2}\ \omega-9t,12t$、$C_{22:1}\ \omega-11t$。油炸用油中反式脂肪酸的积累和油中不饱和脂肪酸的热氧化变性有关。$C_{18:1}\ \omega-9t$ 是鱼饼和油样中检出的最主要的反式脂肪酸。反式脂肪酸只可在较极端的条件下形成，反式脂肪酸的形成需要较高的温度和较长的时间。

在不同的油炸条件下，每次都取新鲜的鱼饼进行油炸，且鱼饼处于较温和的条件下，样品中反式脂肪酸的最有可能的来源就是油炸用油的渗透。然而反复油炸时，油炸用油长期暴露于空气中的光和氧中，因此油中发生了一系列的变化。$C_{18:1}\omega-9t$ 的含量随着油炸次数的增加呈线性增长，并且开始检出 $C_{18:1}\omega-9t$，$12t$。在油炸 50 次后，酸价达 0.83mg/g，羰基值为 0.13g/kg，油样的过氧化值先增加而后下降，油脂品质劣化。$C_{18:1}\omega-9t$ 含量的变化与色泽、酸价、羰基价之间呈极显著正相关（$P<0.01$）。

表 4-2　市售熏鱼产品中反式脂肪酸的含量　　　　　　　单位：mg/100g

种类	样品 1	样品 2	样品 3	样品 4	样品 5
$C_{14:1}\omega-9t$	ND	ND	ND	ND	ND
$C_{16:1}\omega-9t$	ND	8.61	ND	2.85	29.24
$C_{18:1}\omega-9t$	81.28	92.93	102.05	50.54	121.08
$C_{18:1}\omega-11t$	ND	ND	ND	ND	ND
$C_{18:2}\omega-9t,\ 12t$	1.41	29.42	0.93	ND	17.96
$C_{20:1}\omega-11t$	ND	ND	ND	ND	ND
$C_{22:1}\omega-13t$	10.37	ND	6.52	ND	ND
总量	93.06	130.96	109.5	53.39	168.28

注：①$n=3$；②ND 表示未检出。

三、其他制品的反式脂肪酸

各类食品经过油炸后，油脂中反式脂肪酸含量有不同程度的变化，大致上呈现增加趋势。当油炸食品为猪肉、牛油、羊油以及豆腐时，油脂中反式脂肪酸含量变化明显，其中炸猪油和牛油时，反式脂肪酸含量最高，分别为 7.298% 和 8.804%；当油炸食品为胡萝卜、豆腐和羊油时，油脂中反式脂肪酸含量增加，分别是不加入任何煎炸食品的 1.40 倍、2.21 倍和 2.59 倍左右；当油炸食品为韭菜、藕片和土豆时，油脂中反式脂肪酸含量变化并不明显，基本上含量无变化。油脂中反式脂肪酸含量呈不同趋势，可能与食品本身含有反式脂肪酸有关，比如猪油、牛油和羊油，这些反刍动物油脂中本身就含有反式脂肪酸；另外，对于煎炸后的胡萝卜和豆腐，油脂中反式脂肪酸含量有所增加，可能与食品中的成分组成存在一定关系，具体哪种物质影响了反式脂肪酸的形成尚无定论；而煎炸后藕片、韭菜和土豆对油脂的反式脂肪酸含量并无明显的影响。

四、影响油炸肉中反式脂肪酸含量和种类的因素

（一）油炸温度

1. 油炸温度对鸡腿中反式脂肪酸形成的影响

油炸温度是反式脂肪酸形成的一个重要因素，在相同的油使用时间条件下，不同油炸温度对鸡腿皮层中 $C_{16:1}\omega-9t$ 含量无显著影响。在棕榈油连续使用过程中，160℃、180℃和200℃条件下油炸加工的鸡皮中 $C_{16:1}\omega-9t$ 的含量与原料鸡腿肉中 $C_{16:1}\omega-9t$ 的含量差异不显

著（$P>0.05$）。这说明鸡腿肉中 $C_{16:1}$ ω-$9t$ 来源于原料肉本身；$C_{18:1}$ ω-$9t$ 是油炸后鸡腿皮层中最主要的反式脂肪酸。相同油炸时间条件下，油炸油使用时间为 2h 和 4h 时，鸡腿表皮中 $C_{18:1}$ ω-$9t$ 的含量在 160℃、180℃和200℃条件下差异显著（$P<0.05$）；而在相同的油炸时间下，不同油炸温度对鸡腿精肉中 $C_{18:1}$ ω-$9t$ 含量的影响相对较小。当油炸油使用时间为 2h 时，160℃下油炸时鸡腿皮层中 $C_{18:1}$ ω-$9t$ 的含量与在 180℃和200℃条件下油炸时差异显著（$P<0.05$），而 180℃和200℃无显著差异。而随着油炸时间的延长，不同温度之间的反式脂肪酸含量差异逐渐减小。160~200℃的范围内，油炸温度与反式脂肪酸含量无显著相关性，这可能是油炸鸡腿上色时，时间短而引起的；另外，油使用后期油炸鸡腿所吸收的油量减少也可能是原因之一。

2. 油炸温度对鸭肉中反式脂肪酸形成的影响

由表 4-3 可知，鸭皮的脂肪含量最高可接近 50%。与新鲜鸭胸肉的皮层相比，油炸提高了鸭皮的脂肪含量，150℃、170℃和190℃油炸 10min 的鸭胸肉皮层总脂肪含量大约增加 10%。但是，油炸温度的提高不能使皮层脂肪含量发生显著变化。这或许是鸭皮脂肪含量高，无法容纳更多的脂肪导致的，当然，总脂肪含量包括鸭肉脂肪与油炸油脂肪。特别需要指出的是，在新鲜的原料鸭皮中检测出了 $C_{16:1}$ ω-$9t$ 和 $C_{18:1}$ ω-$9t$ 两种反式脂肪酸，含量分别为 0.19mg/g 和 0.92mg/g。总体上看，油炸增加了鸭皮反式脂肪酸含量，$C_{16:1}$ ω-$9t$ 增加了 5%~26%，$C_{18:1}$ ω-$9t$ 增加了 12%~17%。

油炸显著提高了精肉的脂肪含量，并且油炸温度越高，脂肪含量越多，与原料肉相比，增加了 44%~110%，非常明显。$C_{18:1}$ ω-$9t$ 含量与脂肪变化情况一致。150℃油炸的精肉 $C_{18:1}$ ω-$9t$ 含量与新鲜鸭胸肉相当，但 170℃和190℃油炸的精肉中 $C_{18:1}$ ω-$9t$ 显著高于 57%。$C_{18:1}$ ω-$9t$ 的形成需要较为极端的环境。油炸 10min 不会对产生 $C_{18:1}$ ω-$9t$ 较大影响。170℃和190℃下 ω-$9t$ 的显著升高，可能是这两个温度条件下精肉中脂肪含量的升高所致。皮层检出了 2 种反式脂肪酸（$C_{16:1}$ ω-$9t$ 和 $C_{18:1}$ ω-$9t$）而精肉只检出了 1 种（$C_{18:1}$ ω-$9t$），并且皮层的反式脂肪酸含量显著高于精肉。这说明鸭胸肉的反式脂肪酸含量和种类分布不均，皮层中的反式脂肪酸较高。天然反式脂肪酸一般存在于反刍动物乳汁和组织脂中，新鲜原料鸭胸肉皮层和精肉中反式脂肪酸的检测，这可能是因为鸭饲料中存在的反式脂肪酸沉积在鸭胴体组织中的缘故。

表4-3　不同油炸温度的鸭胸肉脂肪及反式脂肪酸的变化

含量	原料肉	150℃	170℃	190℃
	鸭皮			
脂肪含量/%	42.80 ± 1.74^{b}	47.28 ± 0.36^{a}	48.29 ± 0.79^{a}	46.29 ± 2.16^{ab}
$C_{16:1}$ ω-$9t$/(mg/g)	0.19 ± 0.01^{b}	0.22 ± 0.02^{ab}	0.24 ± 0.01^{a}	0.20 ± 0.02^{ab}
$C_{18:1}$ ω-$9t$/(mg/g)	0.92 ± 0.00^{b}	1.08 ± 0.02^{a}	1.03 ± 0.01^{ab}	1.08 ± 0.11^{a}
	鸭精肉			
脂肪含量/%	3.41 ± 0.34^{d}	4.91 ± 0.02^{c}	6.78 ± 0.18^{b}	7.20 ± 0.23^{a}
$C_{18:1}$ ω-$9t$/(mg/g)	0.07 ± 0.01^{b}	0.05 ± 0.01^{b}	0.11 ± 0.00^{a}	0.11 ± 0.00^{a}

注：数值表示为平均值±标准差，每行肩标不同字母者差异显著（$P<0.05$）。

3. 油炸时间对鸭肉中反式脂肪酸含量的影响

170℃不同油炸时间对鸭胸肉皮层和精肉脂肪及反式脂肪酸含量的影响见表4-4。油炸样品皮层的脂肪含量较新鲜鸭皮有所提高，但是延长油炸时间，皮层脂肪含量基本没有非常明显的变化。皮层中检出的两种反式脂肪酸 $C_{16:1}$ ω-9t 和 $C_{18:1}$ ω-9t 的含量变化趋势与鸭皮组织中脂肪含量的变化趋势是相似的。但是，油炸时间的延长非常明显地提高了鸭胸肌肉组织中的脂肪含量和反式脂肪酸含量。与对照组相比，形状约12cm×8cm×2cm、质量为（150±5）g的长方肉块在170℃下油炸5min后，其精肉中脂肪含量增加了23%，油炸10min和20min后，分别增加了74%和129%，非常明显。相应地，鸭精肉在油炸10min和20min后，鸭精肉中反式脂肪酸含量 $C_{18:1}$ ω-9t 分别增加了12%和75%。肉中的反式脂肪酸含量随着脂肪含量的升高逐渐升高，这是因为时间的延长有利于皮下脂肪库中的脂肪和脂肪酸更多地渗入精肉中。

表4-4　不同油炸时间的鸭胸肉皮层和精肉中脂肪及反式脂肪酸含量的变化

含量	原料肉	5min	10min	20min
	鸭皮			
脂肪含量/%	40.80±1.54^b	43.76±2.56^a	44.36±1.12^a	42.26±0.99^a
$C_{16:1}$ ω-9t/(mg/g)	0.19±0.01^b	0.18±0.01^b	0.21±0.01^a	0.21±0.02^a
$C_{18:1}$ ω-9t/(mg/g)	0.92±0.00^a	0.99±0.00^a	0.93±0.05^a	0.92±0.01^a
	鸭精肉			
脂肪含量/%	3.60±0.37^c	4.45±0.17^c	6.29±0.83^b	8.25±0.75^a
$C_{18:1}$ ω-9t/(mg/g)	0.08±0.01^b	0.08±0.01^b	0.09±0.01^b	0.14±0.01^a

注：数值表示为平均值±标准差，每行肩标不同字母表示差异显著（$P<0.05$）。

4. 油炸方法及老油使用时间对鸭胸肉脂肪含量的影响

为了研究油炸次数［或油炸总时间、老油（重复油炸多次的油）使用时间］和油炸方法对鸭胸肉脂肪含量、反式脂肪酸和杂环胺形成的影响，设计了传统油炸和水油混炸两种方法油温在（170±5）℃下油炸鸭胸肉的试验。初始油肉比（体积：质量）为12：1，中途不换油且不补充新油。单批次油炸时间为10min，第1次油炸10min，以后每天连续油炸10批次，一批炸完后立即进行下一批油炸。连续油炸6d。

由表4-5可见，无论是传统油炸，还是水油混炸，油炸后鸭皮脂肪含量没有规律性地增加，但是呈现一定的上升趋势。当老油使用总时间达到10h后，传统油炸和水油混炸的鸭皮中脂肪含量原料鸭皮增多了10%以上，但是，两种油炸方法之间鸭皮脂肪含量没有明显区别。对于精肉来说，与原料肉相比，传统油炸和水油混炸在油炸油使用时间10min就能使脂肪含量分别提高23%~43%，这都是非常显著的。有意思的是，油炸10min直至油炸10h，鸭胸肉瘦肉的脂肪含量基本上没有明显的变化，两种油炸方法之间也没有显著差异。

表4-5　不同油炸方法和老油使用时间的鸭胸肉脂肪含量的变化　　　　单位:%

油炸次数（油炸总时间）	鸭皮		精肉	
	传统油炸	水油混炸	传统油炸	水油混炸
原料肉	42.16 ± 1.74^{bcx}	42.80 ± 1.74^{bcx}	3.91 ± 0.14^{ex}	3.44 ± 0.32^{cx}
1次（10min）	40.17 ± 0.80^{cx}	43.96 ± 2.01^{abcx}	4.82 ± 0.12^{abcx}	4.94 ± 0.08^{abx}
10次（1.6h）	41.55 ± 0.30^{bcx}	45.59 ± 1.80^{abcx}	4.99 ± 0.07^{ax}	4.96 ± 0.19^{abx}
20次（3.3h）	43.87 ± 0.62^{abx}	44.31 ± 0.11^{abcx}	4.23 ± 0.07^{dy}	4.76 ± 0.03^{bx}
30次（5h）	41.95 ± 0.52^{bcx}	45.20 ± 2.43^{abcx}	4.45 ± 0.12^{cdx}	3.41 ± 0.16^{cy}
40次（6.6h）	42.40 ± 2.60^{bcx}	41.90 ± 0.76^{cx}	4.89 ± 0.08^{abx}	5.03 ± 0.39^{abx}
50次（8.3h）	41.56 ± 0.25^{bcy}	46.89 ± 0.18^{abx}	4.42 ± 0.24^{cdy}	5.53 ± 0.07^{ax}
60次（10h）	46.50 ± 2.12^{ax}	47.40 ± 2.87^{ax}	4.49 ± 0.16^{bcdx}	4.42 ± 0.46^{bx}

注：数值表示为平均值±标准差，同一指标的同行数值肩标字母（x、y）不同者差异显著（$P<0.05$）；同列数值肩标字母（a~d）不同者差异显著（$P<0.05$）。

5. 油炸方法及油炸次数对鸭胸肉反式脂肪酸含量的影响

油炸方法和油炸次数（油炸总时间，老油使用时间）影响鸭胸肉反式脂肪酸含量（表4-6）。鸭皮中检出 $C_{16:1}\omega-9t$ 和 $C_{18:1}\omega-9t$ 两种反式脂肪酸，其中，$C_{16:1}\omega-9t$ 是鸭皮中特有的反式脂肪酸，其含量随油炸次数的增多显著增大。传统油炸总时间到8.3h的鸭皮中的 $C_{16:1}\omega-9t$ 相较于第1次显著增加，而水油混炸总使用时间10h后才表现出显著差异。比较油炸总时间10h和10min的样品，鸭皮的 $C_{16:1}\omega-9t$ 含量，传统油炸从0.17mg/g上升到0.22mg/g，增长了29%；水油混炸从0.16mg/g上升为0.20mg/g，增长了25%。可见，传统油炸和水油混炸都能明显促进油炸油反复使用造成的鸭胸肉皮层的 $C_{16:1}\omega-9t$ 的增长。原料鸭皮 $C_{18:1}\omega-9t$ 含量比 $C_{16:1}\omega-9t$ 高。对于鸭皮中的 $C_{18:1}\omega-9t$ 来说，从油炸总时间6.6h，才比原料鸭皮显著增加30%以上，到油炸油使用10h后，$C_{18:1}\omega-9t$ 增加了45%。用油炸总时间5h及其以下的大豆油炸制的鸭皮样品的 $C_{18:1}\omega-9t$ 含量都与原料鸭皮没有显著区别。与10min的油炸油炸过的样品相比，油炸油使用6.6h后，传统油炸和水油混炸都使鸭皮样品 $C_{18:1}\omega-9t$ 显著增多。总体而言，随着油炸次数的增加，两种油炸方式下 $C_{18:1}\omega-9t$ 的含量均呈现上升趋势。油炸油总使用时间相同的情况下，两种油炸方式对皮层两种反式脂肪酸的影响不显著。

表4-6　不同油炸方法和老油使用时间的鸭胸肉反式脂肪酸含量的变化　单位：mg/g

油炸次数（时间）	鸭皮				精肉	
	$C_{16:1}\omega-9t$		$C_{18:1}\omega-9t$		$C_{18:1}\omega-9t$	
	传统油炸	水油混炸	传统油炸	水油混炸	传统油炸	水油混炸
原料肉	0.19 ± 0.01^{bcx}	0.18 ± 0.01^{abx}	0.90 ± 0.00^{bx}	0.92 ± 0.02^{cx}	0.07 ± 0.01^{dx}	0.07 ± 0.01^{dx}

续表

油炸次数 （时间）	鸭皮				精肉	
	$C_{16:1}\,\omega\text{-}9t$		$C_{18:1}\,\omega\text{-}9t$		$C_{18:1}\,\omega\text{-}9t$	
	传统油炸	水油混炸	传统油炸	水油混炸	传统油炸	水油混炸
1 次（10min）	0.17 ± 0.01^{cx}	0.16 ± 0.02^{bx}	1.07 ± 0.11^{bx}	1.01 ± 0.25^{bcx}	0.08 ± 0.01^{abcx}	0.09 ± 0.01^{bcdx}
10 次（1.6h）	0.17 ± 0.01^{cx}	0.18 ± 0.00^{abx}	1.08 ± 0.05^{bx}	1.11 ± 0.01^{abcx}	0.09 ± 0.00^{abx}	0.08 ± 0.01^{cdx}
20 次（3.3h）	0.17 ± 0.01^{cx}	0.18 ± 0.00^{abx}	1.07 ± 0.04^{bx}	1.06 ± 0.04^{abcx}	0.07 ± 0.00^{cdy}	0.08 ± 0.00^{cdx}
30 次（5h）	0.16 ± 0.01^{cx}	0.17 ± 0.01^{abx}	1.05 ± 0.03^{bx}	1.10 ± 0.10^{abcx}	0.07 ± 0.01^{bcdx}	0.07 ± 0.02^{dx}
40 次（6.6h）	0.18 ± 0.00^{bcx}	0.16 ± 0.00^{by}	1.20 ± 0.07^{ax}	1.20 ± 0.02^{abx}	0.10 ± 0.00^{ax}	0.11 ± 0.01^{abx}
50 次（8.3h）	0.20 ± 0.00^{bx}	0.19 ± 0.02^{abx}	1.25 ± 0.13^{ax}	1.28 ± 0.02^{ax}	0.08 ± 0.00^{bcdy}	0.12 ± 0.01^{ax}
60 次（10h）	0.22 ± 0.01^{ax}	0.20 ± 0.00^{ax}	1.31 ± 0.22^{ax}	1.29 ± 0.07^{ax}	0.09 ± 0.00^{abx}	0.10 ± 0.01^{bcx}

注：数值表示为平均值±标准差，同一指标下的同行数值肩标字母（x、y）不同者差异显著（$P<$ 0.05）；同列数值肩标字母（a~d）不同者差异显著（$P<0.05$）。

鸭胸瘦肉中的反式脂肪酸含量低于皮层，且仅检出一种反式脂肪酸 $C_{18:1}\,\omega\text{-}9t$。随油炸总时间的延长，$C_{18:1}\,\omega\text{-}9t$ 含量上升不明显，而且无论哪种油炸方式，老油使用时间 10min 和 10h 的样品的 $C_{18:1}\,\omega\text{-}9t$ 含量都没有显著差异。

6. 油炸方法及老油使用时间对大豆油反式脂肪酸的影响

油脂长时间加热导致脂肪酸的双键发生异构化，形成反式脂肪酸。原料油中检出了 $C_{18:1}\,\omega\text{-}9t$，含量为 1.28mg/g。随着油炸油加热总时间的延长，油中的 $C_{18:1}\,\omega\text{-}9t$ 含量逐渐上升。两种油炸方式下，老油使用时间 10h 的油炸油中的 $C_{18:1}\,\omega\text{-}9t$ 含量是原料油本底含量的 1.5 倍左右。虽然水油混炸时可以延缓油炸油中反式脂肪酸形成的进程，但是与传统油炸相比 $C_{18:1}\,\omega\text{-}9t$ 含量差别不明显。此外，对于传统油炸，老油使用时间 10h 后，大豆油中开始检出 $C_{16:1}\,\omega\text{-}9t$，含量为 0.27mg/g（表4-7 中未列出）。水油混炸时油脂中反式脂肪酸降低的原因可能是肉中的可溶性物质落入水层，减少了肉中铁离子等氧化催化物质的引入，从而减轻油脂氧化。

表4-7　不同油炸方法和老油使用时间的大豆油反式脂肪酸含量的变化

单位：mg/g

油炸次数	$C_{18:1}\,\omega\text{-}9t$	
	传统油炸	水油混炸
原料油	1.28 ± 0.03^{dx}	1.28 ± 0.03^{efx}
10 次	1.36 ± 0.05^{cdx}	1.32 ± 0.01^{dex}
20 次	1.46 ± 0.05^{cx}	1.25 ± 0.02^{fy}
30 次	1.73 ± 0.05^{bx}	1.37 ± 0.02^{dy}

续表

油炸次数	$C_{18:1}\ \omega-9t$	
	传统油炸	水油混炸
40 次	1.88 ± 0.05^{ax}	1.46 ± 0.02^{ey}
50 次	1.90 ± 0.06^{ax}	1.65 ± 0.04^{by}
60 次	1.95 ± 0.06^{ax}	1.83 ± 0.05^{ay}

注：数值表示为平均值±标准差，同一指标下的同行数值肩标字母（x、y）不同者差异显著（$P<0.05$）；同列数值肩标字母（a~f）不同者差异显著（$P<0.05$）。

反式脂肪酸一般由顺式脂肪酸在高温高压等较极端条件下双键发生异构化而形成。油脂氢化、植物油精炼或高温油炸过程易产生反式脂肪酸。天然的反式脂肪酸主要存在于反刍动物体组织及乳制品中。反刍动物瘤胃中的丁酸弧菌属菌群等多种菌群的生物氢化作用下，反式脂肪酸作为不饱和脂肪酸转化为硬脂酸的中间体存在。牛精肉中反式脂肪酸含量为$0.33\sim1.87\mathrm{g}/100\mathrm{g}$，牛脂肪中含量为$1.43\sim9.83\mathrm{g}/100\mathrm{g}$。笔者研究发现，原料鸭胸肉中存在少量反式脂肪酸，皮层检出$C_{16:1}\ \omega-9t$和$C_{18:1}\ \omega-9t$，含量分别为$0.19\mathrm{mg}/\mathrm{g}$和$0.92\mathrm{mg}/\mathrm{g}$；精肉检出$C_{18:1}\ \omega-9t$，含量为$0.07\mathrm{mg}/\mathrm{g}$。鸭肠道系统远没牛发达，因此鸭肉中的少量反式脂肪酸与肠道微生物无关，可能与鸭饲料中存在少量反式脂肪酸有关。油炸温度或时间增加，鸭胸肉皮层和精肉的反式脂肪酸含量均有上升。油炸温度或时间增加，鸭皮和精肉脂肪含量有所上升，因此反式脂肪酸含量有所提高。油炸总时间增加，油脂持续在光和热作用下，脂肪酸的顺式结构转变为反式，因此大豆油中的$C_{18:1}\ \omega-9t$显著增多。油脂的脂肪酸组成会影响油炸食品的脂肪酸组成。鸭皮中$C_{18:1}\ \omega-9t$含量随油炸总时间的增加而提高，不仅与其脂肪含量的升高有关，也与大豆油中$C_{18:1}\ \omega-9t$的累积有关系。

7. 油炸温度对鱼肉反式脂肪酸形成的影响

如表4-8所示，油炸草鱼鱼饼在150~210℃进行油炸，样品在不同温度下油炸均只检出$C_{18:1}\ \omega-9t$，反式脂肪酸一般在较极端条件下生成，样品中反式脂肪酸的来源可能是油炸油的吸附作用。且随着温度越高，样品中水分蒸发速率越快，水分含量不断下降，同时油渗透到样品中，使得样品中脂肪含量不断升高，由150℃时的8.51%增加到210℃的19.72%。油炸过程中，油炸油和肉制品之间发生物理和热量的交换，处于动态的平衡，由于油炸油温度较高，肉制品从油中吸附反式脂肪酸，同样肉制品中的反式脂肪酸也会释放到油中，造成油炸油和肉制品中反式脂肪酸含量的变化。

表4-8　不同油炸时间鱼饼中水分、脂肪含量、反式脂肪酸的含量

项目	150℃	170℃	190℃	210℃
水分含量/%	54.93^a	52.47^a	45.63^b	41.21^c
脂肪含量/%	8.51^c	9.39^c	14.07^b	19.72^a
$C_{18:1}\ \omega-9t/$（mg/g）	0.25^a	0.23^a	0.23^a	0.23^a

注：①$n=3$；②每行数值肩标不同字母表示差异显著（$P<0.05$）。

（二）油炸时间

1. 油炸时间对鸡腿中反式脂肪酸形成的影响

如图4-3为200℃条件下油脂连续使用时间对鸡腿皮层和精肉中反式脂肪酸含量变化的影响。鸡腿皮层中检测到的反式脂肪酸仍是 $C_{16:1}\omega$-9t 和 $C_{18:1}\omega$-9t 两种。皮层中 $C_{16:1}\omega$-9t 处在使用10h时才发生显著变化，但总体变化很小，且在4h、6h有少许下降，但变化不明显。这可能是由于 $C_{16:1}\omega$-9t 这种反式脂肪酸来源于原料肉本身，与油炸油无关。而 $C_{18:1}\omega$-9t 在2h、6h和8h时变化显著，但在油脂连续使用时间从2h增加至4h时，$C_{18:1}\omega$-9t 含量增加速度最快。油脂使用10h时，皮层中 $C_{18:1}\omega$-9t 含量为1.38mg/g，反式脂肪酸总量达到1.56mg/g，分别是使用2h的1.63倍和1.57倍。鸡腿精肉中所检测到的反式脂肪酸类型只有 $C_{18:1}\omega$-9t 一种，仅在油脂连续使用时间为2h与10h时有显著差异（$P<0.05$）。综上所述，传统烧鸡类制品在油炸加工时，随着油脂连续使用时间的增加，对鸡腿中反式脂肪酸的影响主要体现在 $C_{18:1}\omega$-9t 这种反式脂肪酸上，鸡腿皮层的 $C_{18:1}\omega$-9t 随着油的使用时间而增加。

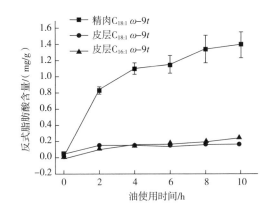

图4-3 200℃油炸时，油炸用油不同使用时间对鸡腿中反式脂肪酸的影响

2. 油炸时间对鱼肉中反式脂肪酸形成的影响

表4-9表明，不同油炸时间处理的样品中均含有 $C_{18:1}\omega$-9t，随着油炸时间的延长反式脂肪酸的含量先增加，而后基本保持不变。当食品中水分含量较高时，对食物造成的热损伤越小，油炸过程中水分逐渐蒸发，脂肪开始渗透食物，且油料中一般不含有反式脂肪酸，但油料在生产加工成食用油过程中可产生反式脂肪酸。由此可见，油炸食品中反式脂肪酸的种类、含量与油炸油中的反式脂肪酸密切相关。

表4-9 油炸时间对草鱼中反式脂肪酸形成的影响　　　　　单位：mg/g

油炸时间	4min	7min	10min	15min	20min
$C_{18:1}\omega$-9t	0.11[b]	0.21[ab]	0.23[a]	0.21[a]	0.18[ab]

注：①n=3；②每行数值肩标不同字母表示差异显著（$P<0.05$）。

（三）油炸油使用次数

随着油炸次数的变化，样品中脂肪含量和水分含量没有显著的差异。如表4-10所示，所有的油炸样品中均可检测出 $C_{18:1}\,\omega\text{-}9t$。当油炸次数上升至 40 次时，开始检测出 $C_{18:1}\,\omega\text{-}9t,12t$，油炸次数达到 50 次的样品中，样品中 $C_{18:1}\,\omega\text{-}9t$ 的含量较油炸 5 次的样品显著提高，样品中的反式脂肪酸含量高达 0.32mg/g。深度油炸时，油脂经过高温长时间加热，使得油中脂肪酸的双键发生异构化。油炸次数对油脂中反式脂肪酸形成的影响在于，原料油本身含有 $C_{18:1}\,\omega\text{-}9t$，随着油炸次数的增加 $C_{18:1}\,\omega\text{-}9t$ 含量逐渐增加，当油炸 50 次时，油中 $C_{18:1}\,\omega\text{-}9t$ 含量显著增加，达到 160.52mg/100g。油炸 20 次的油样中开始检出 $C_{18:1}\,\omega\text{-}9t,12t$，且含量平稳增加，但是在不同油炸次数间无显著差异（$P>0.05$）。油炸化食物从油中吸附脂肪因此油中反式脂肪酸含量的增加将会导致食物中反式脂肪酸的增加。$C_{18:1}\,\omega\text{-}9t$ 是油用油中的主要反式脂肪酸，随着油炸次数的增加呈明显的上升趋势（图 4-4），并具有线性关系，$R^2=0.9131$，且符合线性方程 $y=1.8463x+52.470$，由线性方程可知随连续油炸时间的延长 $C_{18:1}\,\omega\text{-}9t$ 含量的变化。

表 4-10　油炸次数对草鱼中反式脂肪酸形成的影响　　　　　　单位：mg/g

反式脂肪酸	5	10	15	20	25	30	35	40	45	50
$C_{18:1}\,\omega\text{-}9t$	0.20[b]	0.24[ab]	0.25[ab]	0.24[ab]	0.25[ab]	0.25[ab]	0.24[ab]	0.24[ab]	0.27[a]	0.27[a]
$C_{18:2}\,\omega\text{-}9t,12t$	ND	ND	ND	ND	ND	ND	ND	0.04[a]	0.05[a]	0.05[a]
总量	0.20[c]	0.24[bc]	0.25[bc]	0.24[bc]	0.25[bc]	0.25[bc]	0.24[bc]	0.28[ab]	0.32[a]	0.32[a]

注：①$n=3$；②ND 表示未检出；③每行数值肩标不同字母表示差异显著（$P<0.05$）。

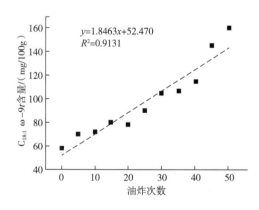

图 4-4　油炸油脂中 $C_{18:1}\,\omega\text{-}9t$ 含量随着油炸次数的变化

（四）油炸油品质

油脂在持续煎、炸过程中，煎炸物会带大量的水分及空气进入油中，同时煎炸油受到外界环境中水分、氧气等作用，由于加工温度较高，油脂中的脂肪酸会发生一系列的物理变化和化学反应，如水解、氧化、聚合等反应，导致大量的反应产物累积，使得油脂各项指标劣化，不仅影响油炸制品的质量，也会对人体健康产生严重危害。

1. 棕榈油油炸过程中感官品质的变化

新鲜的棕榈油为浅黄色，油脂香气纯粹，透明有光泽。在油炸鸡腿上色时，随着连续使用时间的增加，色泽、透明度和气味等感官品质变差。在160℃条件下，随着油炸鸡腿量的增加，棕榈油的色泽逐渐加深，由一开始的浅黄色变为深褐色，油脂也逐渐变得不透明，油脂固有的香味缓慢消失，开始出现轻微的刺激性气味。180℃条件下，棕榈油品质劣变速度加快，使用8h即变为深褐色，6h时棕榈油变得不透明，失去了油脂特有的香味。而200℃条件下棕榈油劣变速度明显加快，2h即开始变得稍不透明，8h时变为深褐色，有焦煳味产生，10h时棕榈油油颜色发黑。

2. 棕榈油油炸过程中理化性质的变化

图4-5为棕榈油分别在不同温度下油炸鸡腿上色时，其酸值（acid value，AV）的变化规律。分别在160℃、180℃和200℃条件下采用棕榈油进行油炸时，随着油炸加工的进行，酸值呈明显上升的趋势，且呈线性增加的规律。每使用2h，棕榈油酸值均发生显著变化（$P<0.05$）。在油炸前，棕榈油的酸值为0.24mg/g，完全满足食用植物油标准。相同使用时间条件下，油炸温度越高，棕榈油酸值越高。油炸时，200℃条件下油炸时酸值升高的速率明显大于160℃和180℃。

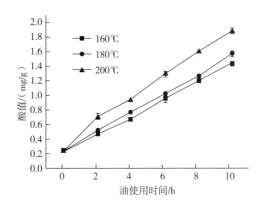

图4-5 不同温度下油炸时棕榈油酸值的变化趋势

图4-6为不同温度下油炸时，棕榈油过氧化值（peroxide value，POV）的变化规律。可知，在油炸过程中，随着棕榈油使用时间的增加，过氧化值呈现先增加后下降的趋势。160℃条件下油炸鸡腿上色时，棕榈油的过氧化值在4h时升高到最大，之后显著降低，6h后过氧化值变化平缓，保持稳定；在180℃条件下油炸时，在使用2h内，棕榈油的过氧化值急速上升，其后的使用过程中一直下降，变化显著。200℃条件下，棕榈油的过氧化值呈先增加后下降再增加的趋势，其检测到的最大值低于180℃条件下过氧化值的最大值，仅与180℃条件下约使用5h相近，这可能是由于200℃条件下其过氧化值最大值出现在2h之前。在使用8h时，过氧化值降到最低，而后又升高。

3. 棕榈油油炸过程中反式脂肪酸的变化

表4-11所示为棕榈油在200℃条件下油炸时，随使用时间的延长，其所含反式脂肪酸的变化。可以看出，油炸加工过程中棕榈油中含有 $C_{18:1} \omega-9t$ 和 $C_{18:2} \omega-9t$, $12t$ 两种反式脂肪酸，未有其他类型的反式脂肪酸检出。$C_{18:1} \omega-9t$ 和 $C_{18:2} \omega-9t$, $12t$ 随着使用时间的延长，含量呈上升趋势，但在4h时其含量低于180℃时 $C_{18:1} \omega-9t$ 的含量；10h时 $C_{18:2} \omega-9t$, $12t$ 含量低于180℃时的含量，这可能是高温作用导致脂肪酸分解。棕榈油中反式脂肪酸总

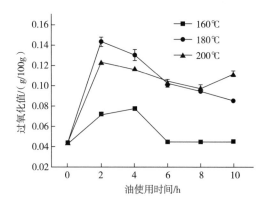

图4-6 不同温度下油炸时棕榈油过氧化值的变化

含量随着油炸时间的增加不断上升。200℃下使用10h，棕榈油中反式脂肪酸总量为2h的2.3倍，比160℃下使用10h高0.24 mg。160℃和180℃下，棕榈油的反式脂肪酸总量仅使用10h时差异显著；而160℃和200℃条件下比较，反式脂肪酸总量在使用2h、4h时差异不明显，其他使用时间之间差异显著。反式脂肪酸总量随油炸温度的升高呈上升趋势。

表4-11 200℃油炸棕榈油反式脂肪酸的变化规律

反式脂肪酸含量/ （mg/g）	棕榈油使用时间/h				
	2	4	6	8	10
$C_{18:1}\,\omega-9t$	0.48^a	0.56^b	0.72^c	0.81^d	1.00^d
$C_{18:2}\,\omega-9t,\,12t$	0.11^a	0.17^b	0.24^c	0.35^d	0.38^d
总量	0.58^a	0.73^a	0.96^b	1.16^c	1.38^c

注：①$n=3$；②每行数值肩标不同字母表示差异显著（$P<0.05$）。

第二节 油炸肉制品中杂环胺的形成

杂环胺（heterocyclic amines，HCAs）的形成机制十分复杂。前体物、加工湿度、加工时间和水分含量等都对杂环胺形成有着显著的影响，因此，不同加工方式之间杂环胺生成存在较大的差异。肉类在加热后，其质量往往减少13%～35%。肌肉中的水溶性成分连同水分，如水溶性蛋白质、游离氨基酸、核苷酸、肌酸、糖类和有机酸等，一起进入油炸油中，这些物质经一系列复杂的反应，导致油炸肉制品中杂环胺的生成。

一、肉品中的杂环胺

（一）烧鸡中的杂环胺

使用固相萃取-高效液相色谱法（SPE-HPLC）测定市售的6种烧鸡产品（A～F）中鸡

肉和鸡皮中杂环胺的含量。从表4-12中可以看出，所有的样品中均含有杂环胺，但是各个样品中杂环胺的种类和含量有区别。鸡皮中的杂环胺含量普遍高于精肉中的含量。F 烧鸡样品鸡皮中杂环胺含量最高，总量高达 108.84ng/g，其中 Norharman 为 50.17ng/g，但未检出 PhIP。肉中杂环胺明显比表皮中含量少，其原因主要是表皮直接与油炸油接触，温度高，更利于杂环胺的形成。

不同样品间杂环胺含量相差很大可能主要与油炸油的使用次数、油炸方式和温度、煮制方式和时间以及香辛料有关系。

表 4-12 市售烧鸡样品中杂环胺含量　　　　　　　　单位：ng/g

样品	4,8-DiMeIQ	Norharman	Harman	Trp-P-2	PhIP	Trp-P-1	总量
A 鸡肉	ND	1.68	0.51	0.86	1.31	0.78	5.14
A 鸡皮	ND	3.06	1.08	1.70	7.04	0.93	13.81
B 鸡肉	ND	2.24	1.59	0.86	1.37	1.19	7.25
B 鸡皮	ND	8.06	6.08	3.70	7.04	0.97	25.85
C 鸡肉	ND	4.11	2.37	1.87	ND	4.21	12.56
C 鸡皮	ND	12.56	9.22	6.77	ND	1.19	29.74
D 鸡肉	ND	2.21	2.67	0.85	ND	7.42	13.15
D 鸡皮	ND	9.17	13.35	5.72	ND	0.79	29.03
E 鸡肉	ND	1.23	0.67	0.74	ND	3.31	5.95
E 鸡皮	ND	7.10	6.40	4.08	ND	1.43	19.01
F 鸡肉	ND	5.63	2.55	0.77	ND	7.72	16.67
F 鸡皮	24.03±2.2	50.17	21.39	5.53	ND	ND	101.12

注：①$n=3$；②ND 表示未检出。

（二）熏鱼中的杂环胺

对市售的五种传统熏鱼的杂环胺的种类和含量进行检测。由表4-13可知，熏鱼样品中检测到的杂环胺总量为 6.1~74.95ng/g。5 种样品中均检测出了 Harman 和 Norharman，且含量较高，MeIQ、4,8-DiMeIQx、MeAαC 在所有样品中均未检出。杂环胺的形成非常复杂，与加工温度、时间、加工方式以及肉中前体物的种类和含量密切相关。样品 2 和样品 5 中检出的杂环胺总含量相对较高，均大于 50ng/g 可能是因为其油炸温度高或者时间长。其中样品 5 中检测出了 MeIQx、7,8-DiMeIQx、Norahranm、Harman、Trp-P-2、PhIP、Trp-P-1、AαC 共 8 种杂环胺化合物。

表 4-13 熏鱼中杂环胺含量　　　　　　　　单位：ng/g

杂环胺种类	样品 1	样品 2	样品 3	样品 4	样品 5
IQ	1.51	ND	ND	ND	ND

续表

杂环胺种类	样品1	样品2	样品3	样品4	样品5
MeIQx	ND	ND	ND	ND	1.50
7,8-DiMeIQx	ND	2.35	ND	3.72	4.02
Norharman	2.75	15.88	4.39	13.08	21.05
Harman	1.43	38.06	1.79	5.25	46.95
Trp-P-2	ND	0.42	0.11	ND	0.51
PhIP	0.10	0.80	1.08	ND	0.30
Trp-P-1	ND	ND	ND	ND	0.14
A αC	0.35	0.30	ND	ND	0.48
总量	6.14	57.81	7.37	22.05	74.95

注：①$n=3$；②ND 表示未检出。

（三）其他制品的杂环胺

在150℃条件下油炸2.5min和5min时，其IQ含量分别为3.8ng/g和10.5ng/g。当脂肪含量添加到一定水平时，能够促进杂环胺IQ、MeIQ、MeIQx和PhIP的形成。将猪排、猪里脊和猪腩肉在225℃下油炸后发现，猪排所产生的杂环胺含量最低，为8.5ng/g，猪里脊为16ng/g，猪腩中杂环胺总含量最高，可达21.3ng/g。说明不同部位的肉对杂环胺种类和含量有显著影响。猪肉在180℃以上油炸时，PhIP、MeIQx和4,8-DiMeIQx三种杂环胺开始显著产生，并随着温度的升高而大量地产生。三种杂环胺中，PhIP产生量最多，随着温度的升高生成最快，MeIQx次之，4,8-DiMeIQx最慢。这三种杂环胺类化合物在相同温度下的产生量随时间的增加而增加。在较短时间内，杂环胺产生量很少。5min以后，三种杂环胺开始显著产生，并随着温度的升高而大量的产生。油炸猪肉的形状或表面积对杂环胺形成具有显著影响。油炸样品的表面积大，更有利于热量的传递，使内部温度较高，杂环胺的产生量多。

（四）油炸油烟PM2.5中的杂环胺

油炸加工食品时会产生大量的油烟，其中排放到大气中直径小于或等于2.5μm的颗粒物浓度称为PM2.5。研究表明，油炸烧鸡排出的PM2.5中携带着多种杂环胺化合物，其中前期和后期样品颗粒物PM2.5中均检测出MeIQ、MeIQx、4,8-DiMeIQx、Norharman、Harman、Trp-P-2、Trp-P-1这7种杂环胺，杂环胺总量分别为14.87μg/g和37.72μg/g。210℃条件下油炸猪肉和牛肉排放的PM2.5中也能检测出MeIQx和DiMeIQx，其中MeIQx在猪肉和牛肉中的含量分别为0.014ng/g和0.007ng/g。

二、影响油炸肉中杂环胺含量和种类的因素

反应前体物质的种类、数量、温度、时间、加热方式、溶剂种类和比例等都会影响到杂环胺的生成种类和数量。

（一）油炸温度

传统烧鸡加工中，油炸油经常连续使用且不断往油炸老油中添加新油，直至炸出来的产品有明显的哈败味道时才将油炸老油废弃不用。油炸油长时间连续使用，不仅会导致油中氧化、水解和聚合等反应产物的累积，随着棕榈油使用时间的延长，也会导致杂环胺含量的增加。

1. 油炸温度对鸡腿中杂环胺形成的影响

为获得良好的上色效果，于油炸上色前在鸡腿表面喷涂 60% 浓度的蜂蜜水。用棕榈油在 160℃ 下连续油炸 2h，鸡腿表皮中的杂环胺主要为 Norharman、Harman 和 AαC 三种类型。Norharman 和 Harman 是加工肉制品中很常见的杂环胺，二者的产生途径比较特别，它们甚至在 100℃ 以下的温度条件下通过还原糖和色氨酸的反应即可形成。180℃ 下油炸上色时，鸡腿表皮中的杂环胺主要有四种类型，分别为 Norharman、Harman、Trp-P-2 和 AαC。当温度上升到 200℃ 时油炸 2h，杂环胺种类不变，其含量变化也不明显（表 4-14）。

表 4-14　鸡腿表皮中杂环胺含量　　　　　　　　　　　单位：ng/g

化合物		160℃	180℃	200℃
鸡腿鸡皮	Norharman	0.32	0.54	0.57
	Harman	0.18	0.29	0.33
	Trp-P-2	ND	0.33	0.35
	AαC	0.48	0.45	0.54
	总量	0.98	1.61	1.79
鸡腿瘦肉	Norharman	0.09	0.17	0.31
	Harman	0.05	0.10	0.18
	总量	0.14	0.27	0.49

注：①$n=3$；②ND 表示未检出；③IQ、MeIQ、MeIQx、4,8-DiMeIQx、7,8-DiMeIQx、PhIP、Trp-P-1、MeAαC 等未检出杂环胺种类未标注。

2. 油炸温度对鱼肉中杂环胺形成的影响

随着油炸温度的升高，鱼肉中杂环胺的种类和含量均呈显著性上升趋势（表 4-15）。所有鱼肉中均检出 Norharman 和 Harman。在 150℃ 时，鱼肉中只检出 Norharman 和 Harman 这两种杂环胺，此时的杂环胺总含量为 0.23ng/g；当温度升高到 210℃ 时，样品中检出 7,8-DiMeIQx、PHIP、Norharman 和 Harman 共 4 种杂环胺，总含量为 9.85ng/g，是 150℃ 时的 39.65 倍，其中 7,8-DiMeIQx 占杂环胺总量的 80%。

表 4-15　不同油炸温度下鱼肉中杂环胺含量　　　　　　　单位：ng/g

油炸温度/℃	7,8-DiMeIQx	Norharman	Harman	PhIP	其他杂环胺	总量
150	ND	0.13[d]	0.10[d]	ND	ND	0.23[d]

续表

油炸温度/℃	7,8-DiMeIQx	Norharman	Harman	PhIP	其他杂环胺	总量
170	2. 30[c]	0. 21[c]	0. 18[c]	ND	ND	2. 69[c]
190	5. 36[b]	0. 34[b]	0. 29[b]	0. 17[b]	ND	6. 16[b]
210	7. 88[a]	0. 98[a]	0. 54[a]	0. 45[a]	ND	9. 85[a]

注：①$n=3$；②ND 表示未检出；③每行数值肩标不同字母者差异显著（$P<0.05$）。

3. 油炸温度对鸭胸肉中杂环胺形成的影响

鸭胸原料肉的鸭皮和精肉未检出杂环胺。随着油炸温度的提高，鸭皮和精肉杂环胺的种类和含量都显著增加（表 4-16）。对于鸭皮，150℃油炸 10min 后，只检出了两种杂环胺 Norharman 和 Harman。在 170℃油炸 10min 的鸭皮中检出了 AαC，含量为 0.09ng/g，共检出三种杂环胺。当油炸温度上升到 190℃时，开始检出 IQ，含量为 9.79ng/g，共检出四种杂环胺。鸭皮中 Norharman 含量从 150℃时的 0.37ng/g 上升到 190℃时的 0.71ng/g，增加了 91%，而 Harman 则相应地由 0.29ng/g 上升到 0.66ng/g，上升 127%。油炸温度的增加也促进了 AαC 的形成，190℃油炸 10min 的鸭皮比 170℃油炸 10min 的鸭皮增加了 11%。150℃油炸和 170℃油炸 10min 都不能使鸭皮和瘦肉产生 IQ，直到 190℃时，IQ 才被检出，而且鸭皮和精肉间差异不显著。与鸭皮类似，精肉中 Norharman 和 Harman 是生成量最高的两种杂环胺，且随着油炸温度的升高显著上升。170℃油炸 10min 后有 AαC 检出，且其含量随温度提高而增多。

表 4-16　不同油炸温度的鸭胸肉中的杂环胺含量　　　　　单位：ng/g

杂环胺	原料肉	150℃		170℃		190℃	
		鸭皮	精肉	鸭皮	精肉	鸭皮	精肉
IQ	ND	ND	ND	ND	ND	9. 79 ± 0. 11[a]	10. 66 ± 0. 20[a]
Norharman	ND	0. 37 ± 0. 02[c]	0. 82 ± 0. 02[c]	0. 49 ± 0. 03[b]	0. 92 ± 0. 03[b]	0. 71 ± 0. 02[a]	1. 01 ± 0. 00[a]
Harman	ND	0. 29 ± 0. 04[b]	0. 65 ± 0. 12[b]	0. 58 ± 0. 05[a]	0. 71 ± 0. 02[b]	0. 66 ± 0. 08[a]	1. 00 ± 0. 00[a]
AαC	ND	ND	ND	0. 09 ± 0. 01[a]	0. 10 ± 0. 00[a]	0. 10 ± 0. 00[a]	0. 11 ± 0. 01[a]
总量		0. 66	1. 47	1. 16	1. 73	11. 26	12. 78

注：数值表示为平均值±标准差，相同温度下鸭皮和精肉数值肩标不同字母者差异显著（$P<0.05$）。

鸭皮和精肉对比，精肉的杂环胺含量高于鸭皮。190℃油炸的精肉中 IQ、Norharman、Harman 和 AαC 分别比鸭皮多 8%、42%、51% 和 10%。这可能是由于鸭胸肉只有一面被表皮覆盖，皮和肉同时接触油炸油，而肉中肌酸等杂环胺前体物含量高于皮，从而使鸭精肉的杂环胺含量高于鸭皮。

（二）油炸时间

1. 油炸时间影响烧鸡中杂环胺形成

将 50% 的蜂蜜水喷涂在沥干后的鸡皮表面上，在 150℃下用大豆油分别油炸不同时间。

油炸时间越长，烧鸡中杂环胺含量越高（表4-17）。

表4-17 不同油炸时间下烧鸡中的杂环胺含量 单位：ng/g

化合物		1min	2min	4min	8min
瘦肉	Norharman	0.52	0.68	1.01	1.58
	Harman	0.10	0.15	0.21	0.23
	Trp-P-1	ND	ND	0.21	0.25
	总量	0.62	0.83	1.43	2.06
鸡皮	Norharman	1.40	2.12	3.76	17.33
	Harman	0.66	0.58	0.87	3.09
	Trp-P-1	0.57	0.56b	0.42	2.16
	总量	2.63	3.26	5.05	22.58

注：①n=3；②ND 表示未检出；③IQ、MeIQ、MeIQx、4,8-DiMeIQx、7,8-DiMeIQx、PhIP、Trp-P-1、MeAαC 等未检出杂环胺种类未标注。

由表4-17可知，油炸后的鸡肉和鸡皮中能检测到 Norharman、Harman 和 Trp-P-1 三种杂环胺类化合物，它们的含量总体上均随油炸时间的增加而呈现一定的上升趋势。经过8min 的油炸，鸡皮中的 Norharman、Harman 和 Trp-P-1 分别增加 17.33ng/g、3.09ng/g 和2.16ng/g，而鸡肉中分别增加 1.58ng/g、0.23ng/g 和 0.25ng/g，鸡皮中的杂环胺含量普遍高于相应鸡肉中的含量。Norharman 在各个肉样中的含量均最高，Harman 次之，Trp-P-1 最低。统计分析表明，油炸时间为 8min 的鸡肉中的 Norharman 含量与油炸时间为 1min、2min、4min 的差异显著；而油炸时间为 8min 的鸡皮中的 Norharman、Harman 和 Trp-P-1 的含量与油炸时间为 1min、2min、4min 的差异显著。此外，随着油炸时间的增加，烧鸡的表面色泽也加深，在油炸 8min 后，鸡肉开始发干，鸡皮表面已经开始发黑。

2. 油炸时间影响牛肉中杂环胺的形成

牛肉在210℃时，分别油炸 20s、40s 和 60s，测定杂环胺。随着油炸时间的增加，牛肉中杂环胺的种类和含量均呈上升趋势（表4-18）。不同油炸时间下的牛肉中均检出Norharman 和 Harman。油炸时间为 40s 时，牛肉中检测出的杂环胺有 IQ、Norharman、Harman 和 PhIP，且 60s 处各数值显著高于 40s 处的。油炸 20s、40s 和 60s 的牛肉中检测到的杂环胺总量分别为 0.28ng/g、0.67ng/g 和 4.10ng/g。

表4-18 不同油炸时间下牛肉中杂环胺含量 单位：ng/g

杂环胺	20s	40s	60s
IQ	ND	ND	3.08
MeIQx	ND	ND	ND
4,8-DiMeIQx	ND	ND	ND

续表

杂环胺	20s	40s	60s
Norharman	0.21[c]	0.37[b]	0.59[a]
Harman	0.07[c]	0.12[b]	0.21[a]
Trp-P-2	ND	ND	ND
PhIP	ND	0.18[b]	0.23[a]
Trp-P-1	ND	ND	ND
A αC	ND	ND	ND
MeA αC	ND	ND	ND
总量	0.28[b]	0.67[b]	4.10[a]

注：①$n=3$；②ND 表示未检出；③每行数值肩标不同字母表示差异显著（$P<0.05$）。

3. 油炸时间影响鱼肉中杂环胺的形成

随着油炸时间的延长，鱼肉中杂环胺的种类和含量呈上升趋势（表4-19）。4min 时检出了 Norharman 和 Harman，杂环胺的总含量为 0.55ng/g；而 20min 时检出了 6 种杂环胺，总含量为 27.09ng/g；油炸 20min 的鱼肉中杂环胺总量比油炸 4min 时增加 48.25 倍，且首次检出 MeIQx。

表 4-19 油炸时间对草鱼中杂环胺形成的影响 单位：ng/g

杂环胺	4min	7min	10min	15min	20min
MeIQx	ND	ND	ND	ND	2.39
7,8-DiMeIQx	ND	3.31[b]	7.88[a]	8.78[a]	9.13[a]
Norharman	0.30[c]	0.88[c]	0.98[bc]	1.89[b]	4.99[a]
Harman	0.25[c]	0.47[c]	0.54[c]	1.70[b]	2.33[a]
Trp-P-2	ND	ND	ND	1.23[b]	1.45[a]
PhIP	ND	0.22[c]	0.45[c]	5.08[b]	6.80[a]
其他 HCAs	ND	ND	ND	ND	ND
总量	0.55[e]	4.88[d]	9.84[c]	18.68[b]	27.09[a]

注：①$n=3$；②ND 表示未检出；③每行数值肩标不同字母表示差异显著（$P<0.05$）。

4. 油炸时间对鸭胸肉中杂环胺形成的影响

随着油炸时间的延长，鸭胸肉鸭皮和精肉杂环胺的种类和含量都有显著增加（表4-20）。鸭皮经 170℃油炸 10min 后检出 AαC，20min 后检出 IQ、PhIP 和 Trp-P-1，特别需要指出的是，同油炸温度的影响一致，鸭皮里的 IQ 一旦出现，其含量就很高，占总杂环胺含量的 68%，这与鸡肉、鱼肉和牛肉中杂环胺的产生形成了鲜明的对比。油炸 20min 的鸭胸肉皮层，其 Norharman 和 Harman 含量分别为油炸 5min 的鸭皮的 2.52 倍和 9.45 倍。油炸时间对鸭胸肉精肉杂环胺种类和含量的影响同样显著：油炸 5min，精肉检出 Norharman 和 Harman 两种杂环胺，总量为 1.48ng/g；油炸 10min 后，在精肉中检出 3 种，总量为 1.76ng/g。油炸 20min，检出 6 种杂环胺，总量为 16.04ng/g，而且 IQ 含量占了杂环胺总量的 74%。有研究指出，在 225℃ 下炼油的猪油渣中含量最高的杂环胺是 PhIP，含量高达 32ng/g。这可能与不同的肉的组成有关。

表 4-20　不同油炸时间的鸭胸肉中的杂环胺含量　　　　单位：ng/g

杂环胺	原料肉	5min		10min		20min	
		鸭皮	精肉	鸭皮	精肉	鸭皮	精肉
IQ	ND	ND	ND	ND	ND	8.86±0.20[a]	11.95±0.61[a]
Norharman	ND	0.52±0.00[c]	1.01±0.01[c]	0.63±0.05[b]	1.09±0.01[b]	1.31±0.04[a]	1.32±0.05[a]
Harman	ND	0.22±0.00[c]	0.47±0.03[b]	0.57±0.01[b]	0.57±0.03[b]	2.08±0.06[a]	1.98±0.08[a]
PhIP	ND	ND	ND	ND	ND	0.41±0.01[a]	0.44±0.01[a]
Trp-P-1	ND	ND	ND	ND	ND	0.19±0.00[a]	0.22±0.01[a]
A αC	ND	ND	ND	0.08±0.00[b]	0.10±0.00[b]	0.12±0.00[a]	0.13±0.01[a]
总量	ND	0.74	1.48	1.28	1.76	12.97	16.04

注：数值表示为平均值 ± 标准差，相同油炸时间的鸭皮和精肉数值肩标不同字母表示差异显著（$P < 0.05$）。

（三）油炸油连续使用时间（或油炸次数）

1. 油炸油连续使用时间影响鸡肉中杂环胺形成

油炸油连续油炸时间影响鸡肉中的杂环胺形成量（表 4-21）。在 160℃ 连续油炸时，Norharman 的含量在续油炸时间为 4h、6h、8h、10h 时发生显著变化，Harman 的含量在油脂使用时间为 4h、8h、10h 时也发生显著变化，而油脂使用时间为 4h 和 6h 时无显著差异。然而，AαC 在油脂使用时间为 4h、6h、8h 时，均未发生显著变化（$P > 0.05$），当油脂连续使用时间从 8h 增加至 10h 时，变化显著。

在 180℃ 油炸上色时，当油脂连续使用时间为 6h 时，在鸡腿表皮中开始检测到 PhIP。Norharman 的含量随油脂连续使用时间的增加总体上升的趋势，在油脂使用时间从 6h 增加至 8h，8h 增加至 10h 时发生显著变化（$P < 0.05$），Harman 的含量在油脂使用时间为 4h、6h、8h、10h 时均发生显著变化（$P < 0.05$），10h 时是 2h 的 6 倍。而 Trp-P-2 的含量在 8h 和 10h 间发生显著变化；而从 4h 增加到 6h，6h 增加至 8h 时，Harman 的含量无显著性差异。连续油炸时间在 6h 时开始检出少量 PhIP，但上升趋势明显。6h 和 8h 之间、8h 和 10h 之间，PhIP 形成量差异显著。AαC 的含量在 4h、10h 之间变化明显，其他无显著性差异。180℃ 下油炸上色时检测到了 Trp-P-2 和 PhIP 这两种杂环胺。与其他类型杂环胺相比，PhIP 的形成需要较高加热温度，且与原料肉有很大的关系。

200℃油炸上色时，鸡腿表皮中的杂环胺仍主要为 Norharman、Harman、Trp-P-2 和 AαC 四种，PhIP 在油脂使用时间为 4h 时开始检出，比 180℃提前开始在鸡腿表皮中出现。Norharman 和 Harman 这两种杂环胺含量随着油脂连续使用时间的迅速增加，Norharman 在油脂连续使用时间为 4h、6h、10h 时变化显著，从 6h 增加到 8h 时无显著变化；而 Harman 在 4h、6h、8h、10h 时均显著增加；Trp-P-2 随油脂连续使用时间的增加有上升的趋势，使用 6h、8h 时变化显著。而鸡腿表皮中 PhIP 的含量随油炸使用时间的增加总体上变化不明显，仅在使用时间达 10h 时变化显著。而 AαC 在油脂使用 4h、8h、10h 时变化显著（$P<0.05$）。

表 4-21 温度和油脂连续油炸时间对鸡腿皮层中杂环胺含量的影响　单位：ng/g

杂环胺	4h			6h			8h			10h		
	160℃	180℃	200℃	160℃	180℃	200℃	160℃	180℃	200℃	160℃	180℃	200℃
Norharman	0.81	0.90	0.81	1.20	1.18	1.20	1.43	1.52	1.26	2.05	2.29	2.09
Harman	0.57	0.56	0.59	0.55	0.54	0.74	0.76	0.75	0.81	1.31	1.81	1.87
Trp-P-2	ND	0.41	0.46	ND	0.35	0.45	ND	0.44	0.58	ND	0.36	0.56
PhIP	ND	ND	0.50	ND	0.29	0.52	ND	0.34	0.55	ND	0.49	0.67
AαC	0.46	0.36	0.65	0.46	0.41	0.69	0.51	0.56	0.89	0.55	0.61	1.01
总量	1.84	2.23	3.01	2.21	2.97	3.60	2.70	3.61	4.09	3.91	5.55	6.20

注：①$n=3$；②ND 表示未检出。

2. 油炸次数影响鱼肉中杂环胺的形成

鱼肉中杂环胺的种类随着油炸次数（170℃油炸 10min 为 1 次）的增多而增加（表 4-22）。在油炸 5 次时，鱼肉中检测出 6 种杂环胺。在所有鱼肉中均检测出 IQ、MeIQx、7,8-DiMeIQx、Norharman、Harman 和 AαC。在油炸 25 次后收集的鱼肉中检测到 PhIP，此时鱼肉中含有 7 种杂环胺。在实验中检出量较高的是 7,8-DiMeIQx，占杂环胺总量的 55.08%~81.88%。

表 4-22 油炸次数对草鱼中杂环胺形成的影响　单位：ng/g

油炸次数	IQ	MeIQx	7,8-DiMeIQx	Norharman	Harman	PhIP	AαC	其他杂环胺
0（对照）	ND	ND	ND	ND	ND	ND	ND	ND
5	NQ	NQ	1.22[cde]	0.39[a]	0.18[a]	ND	0.08[a]	ND
10	NQ	0.65	3.57[a]	0.51[a]	0.17[a]	ND	0.11[a]	ND
15	NQ	NQ	0.65[e]	0.35[ab]	0.11[a]	ND	0.07[a]	ND
20	NQ	NQ	1.42[cd]	0.43[a]	0.10[a]	NQ	0.11[a]	ND
25	NQ	NQ	2.14[b]	0.40[a]	0.11[a]	0.02±0.00[b]	0.07[a]	ND
30	NQ	NQ	1.77[b]	0.51[b]	0.15[a]	0.04±0.00[a]	0.08[a]	ND

续表

油炸次数	IQ	MeIQx	7,8-DiMeIQx	Norharman	Harman	PhIP	AαC	其他杂环胺
35	NQ	NQ	1.26[cd]	0.47[b]	0.12[a]	0.04[a]	0.08[a]	ND
40	NQ	NQ	2.25[b]	0.52[a]	0.14[a]	0.05[a]	0.12[a]	ND
45	NQ	NQ	1.11[de]	0.34[ab]	0.10[a]	0.04[a]	0.07[a]	ND
50	NQ	NQ	2.30[b]	0.42[a]	0.15[a]	0.04[a]	0.09[a]	ND

注：①n=3；②ND 表示未检出、 NQ 表示未定量；③每行数值肩标不同字母表示差异显著（$P<0.05$）。

3. 油炸次数和油炸方法影响鸭胸鸭皮中杂环胺的形成

油炸方法和油炸次数（又称油炸总时间、老油使用时间）影响鸭胸肉皮层杂环胺含量（表4-23）。样品皮层中的 HCAs 种类和含量随着油炸次数的增加而增加。油炸 1 次（10min）的鸭皮中，检测出了 Norharman、Harman、AαC 三种杂环胺。对于传统油炸来说，用油炸总时间 10h 的炸过的鸭皮中 Norharman、Harman、AαC 的含量分别比油炸总时间 10min 的鸭皮多96%、37%和144%。当油炸次数达到30 次（5h）时，PhIP 被检测出，而且油炸总时间 10h 的老油传统油炸的鸭皮中 PhIP 比油炸总时间 5h 的鸭皮多25%。除 Harman 和 PhIP，两种油炸方法油炸 60 次（10h）的鸭皮中各种杂环胺含量均显著高于油炸总时间 10min 的鸭皮。这意味着随着油炸油的持续使用，在高温下产生的杂环胺持续累积在老油中。杂环胺的具有一定的油溶性，Norharman、Harman 在 pH8 的条件下，$K_{o/w}$（油水分配系数）分别为36.8 和 38.4。油中杂环胺及其前体物的累积可能是杂环胺含量随着油炸次数显著升高的主要原因。此外，老油反复使用造成的油脂氧化的加强可能也是导致杂环胺随油炸次数增多而增加的原因之一。有研究指出，不饱和脂肪酸氧化物，尤其是 2,4-二烯醛，2-烯醛等对 PhIP 的生成具有显著促进作用。本实验中没有检测到 IQ 的原因可能是鸭胸肉的组分的影响。

总体而言，与传统油炸相比，水油混炸对（Norharman、Harman、PhIP、AαC）四种杂环胺的含量没有显著影响。

表4-23 不同油炸方法和油炸次数的鸭皮杂环胺含量的变化　　单位：ng/g

油炸次数（油炸时间）	Norharman		Harman		PhIP		AαC		总	
	传统油炸	水油混炸	传统油炸	水油混炸	传统油炸	水油混炸	传统油炸	水油混炸	传统油炸	水油混炸
原料肉	ND	ND	ND	ND	ND	ND	ND	ND	ND	ND
1 次（10min）	0.25 ± 0.02[dx]	0.28 ± 0.01[dx]	0.27 ± 0.04[ax]	0.32 ± 0.02[ax]	ND	ND	0.09 ± 0.00[dex]	0.10 ± 0.02[dex]	0.61	0.70
10 次（1.6h）	0.33 ± 0.01[cx]	0.34 ± 0.00[bx]	0.28 ± 0.03[ax]	0.30 ± 0.01[ax]	ND	ND	0.16 ± 0.01[bex]	0.08 ± 0.02[ey]	0.77	0.72
20 次（3.3h）	0.39 ± 0.03[bcx]	0.42 ± 0.02[ax]	0.30 ± 0.01[ax]	0.26 ± 0.00[by]	ND	ND	0.13 ± 0.01[cdx]	0.15 ± 0.00[bcx]	0.82	0.83

续表

油炸次数（油炸时间）	Norharman		Harman		PhIP		AαC		总	
	传统油炸	水油混炸	传统油炸	水油混炸	传统油炸	水油混炸	传统油炸	水油混炸	传统油炸	水油混炸
30次（5h）	0.34±0.02^{cx}	0.31±0.01^{cx}	0.28±0.12^{ax}	0.28±0.04^{abx}	0.12±0.02^{bx}	0.14±0.03^{ax}	0.08±0.02^{ex}	0.11±0.01^{dex}	0.82	0.84
40次（6.6h）	0.44±0.06^{abx}	0.40±0.01^{ax}	0.34±0.03^{ax}	0.31±0.02^{ax}	0.15±0.01^{ax}	0.17±0.01^{ax}	0.11±0.02^{dex}	0.12±0.01^{cdx}	1.04	1.00
50次（8.3h）	0.45±0.02^{abx}	0.43±0.01^{ax}	0.36±0.02^{ax}	0.34±0.04^{ax}	0.15±0.01^{ax}	0.16±0.01^{ax}	0.20±0.02^{abx}	0.17±0.01^{abx}	1.16	1.10
60次（10h）	0.49±0.03^{ax}	0.43±0.02^{ay}	0.37±0.12^{ax}	0.34±0.04^{ax}	0.15±0.02^{ax}	0.17±0.02^{ax}	0.22±0.02^{ax}	0.19±0.01^{ax}	1.23	1.13

注：①数值表示为平均值±标准差；②同一杂环胺下的同行数值肩标字母（x、y）不同者差异显著（$P<0.05$）；同一杂环胺下同列数值肩标字母（a~e）不同者差异显著（$P<0.05$）。表4-24同。

4. 油炸次数和油炸方法影响鸭胸精肉中杂环胺的形成

油炸次数和油炸方法对鸭胸精肉杂环胺的影响与对鸭皮的影响类似（表4-24）。随着老油使用时间的延长，检出的杂环胺种类和杂环胺含量也随之增加。与鸭皮不同的是，使用了3.3h的老油炸过的鸭胸精肉就有 PhIP 被检出，使用了 10h 的老油经传统油炸的鸭胸精肉中首次检出了 MeAαC，含量为 0.03ng/g。对于两种油炸方法来说，170℃下连同鸭肉一起加热了 10h 的老油，其炸过的鸭胸精肉中各种杂环胺含量均显著高于使用 10min 的老油炸过的精肉。油炸总时间 10min 的老油，其精肉杂环胺总量分别为 1.15ng/g、1.41ng/g，而油炸总时间 10h 的老油，分别为 2.08ng/g 和 2.11ng/g。两种油炸方式对精肉杂环胺含量无显著影响。对于 Norharman 和 Harman 来说，无论传统油炸和水油混炸，用 10h 的老油炸过的精肉中形成的这两种杂环胺的量是鸭皮的 2 倍左右。精肉和鸭皮之间其他杂环胺含量的差异不甚明显。

表4-24 不同油炸方法和油炸次数的鸭胸精肉杂环胺含量的变化 单位：ng/g

油炸次数（油炸时间）	Norharman		Harman		PhIP		AαC		MeAαC		总量	
	传统油炸	水油混炸	传统油炸	水油混炸	传统油炸	水油混炸	传统油炸	水油混炸	传统油炸	水油混炸	传统油炸	水油混炸
原料肉	ND	ND	ND	ND	ND	ND	ND	ND	ND	ND	ND	ND
1次（10min）	0.47±0.00^{ey}	0.66±0.02^{cx}	0.59±0.01^{bcx}	0.68±0.08^{bx}	ND	ND	0.09±0.01^{bx}	0.07±0.03^{cx}	ND	ND	1.15	1.41
10次（1.6h）	0.58±0.05^{dx}	0.73±0.03^{bcx}	0.63±0.07^{abcx}	0.70±0.02^{bx}	ND	ND	0.15±0.01^{abx}	0.10±0.05^{bcx}	ND	ND	1.36	1.53
20次（3.3h）	0.58±0.04^{dy}	0.83±0.06^{bx}	0.51±0.10^{cx}	0.64±0.02^{bx}	0.13±0.00^{ax}	0.17±0.01^{ax}	0.13±0.00^{abx}	0.11±0.02^{abcx}	ND	ND	1.35	1.75

续表

油炸次数（油炸时间）	Norharman		Harman		PhIP		AαC		MeAαC		总量	
	传统油炸	水油混炸	传统油炸	水油混炸	传统油炸	水油混炸	传统油炸	水油混炸	传统油炸	水油混炸	传统油炸	水油混炸
30次（5h）	0.77 ± 0.06^{cy}	1.00 ± 0.03^{ax}	0.59 ± 0.00^{bcx}	0.67 ± 0.05^{bx}	0.11 ± 0.02^{bx}	0.15 ± 0.02^{abx}	0.15 ± 0.01^{abx}	0.13 ± 0.01^{abx}	ND	ND	1.62	1.95
40次（6.6h）	0.87 ± 0.07^{bx}	0.99 ± 0.13^{ax}	0.73 ± 0.10^{abx}	0.82 ± 0.14^{abx}	0.12 ± 0.00^{abx}	0.15 ± 0.01^{abx}	0.18 ± 0.07^{abx}	0.14 ± 0.01^{abx}	ND	ND	1.90	2.10
50次（8.3h）	0.87 ± 0.02^{bx}	0.98 ± 0.05^{ax}	0.71 ± 0.02^{abx}	0.93 ± 0.14^{ax}	0.12 ± 0.00^{abx}	0.13 ± 0.01^{bx}	0.20 ± 0.06^{ax}	0.15 ± 0.01^{abx}	ND	ND	1.90	2.19
60次（10h）	1.01 ± 0.03^{ax}	0.99 ± 0.05^{ax}	0.76 ± 0.02^{ax}	0.81 ± 0.06^{abx}	0.12 ± 0.00^{abx}	0.15 ± 0.01^{abx}	0.16 ± 0.05^{abx}	0.16 ± 0.02^{ax}	0.03 ± 0.01	ND	2.08	2.11

油炸是肉制品加工的常见方式。油炸过程中，蛋白质在高温下变性，水分以水蒸气形式大量逸出，同时肉中脂肪和水溶性物质也会进入肉中。在此过程中，肉与油脂发生剧烈的传热传质。油炸前后，鸭胸肉的质量、水分含量、色泽会发生明显改变。鸭胸肉经170℃油炸10min后，其加热损失为47%左右。水溶性物质，包括蛋白质、游离氨基酸、核苷酸、肌酸、糖类和有机酸等随水分进入油中。糖类、游离氨基酸等进入高温油脂中，发生美拉德反应，或高温分解，导致油炸油颜色变深，形成杂环胺等有害物质。肉制品杂环胺的生成和加热条件密切相关。诸多研究表明，肉制品中杂环胺的种类和含量随着加热温度和加热时间的延长显著增加。Yao等研究烧鸡在160℃油炸时皮层和精肉杂环胺的生成量，结果显示，油炸1min的烧鸡鸡皮和精肉杂环胺分别为0.66ng/g、2.83ng/g，油炸8min，杂环胺总量分别为2.00ng/g和23.02ng/g，并且油炸8min的精肉中检测出油炸1min样品中没有检出的Trp-P-1。加热时间对杂环胺的影响同样显著。添加1%冰糖和10%酱油的猪肉（98±2）℃卤煮16h，其杂环胺总量是卤煮1h的3.65倍。190℃油炸10min，鸭胸肉鸭皮和精肉杂环胺总量较150℃下油炸的显著增加，且检出后者未检出的IQ；170℃油炸20min的皮层和精肉，杂环胺种类和含量均显著高于5min的样品。本实验中检出含量最高的两种杂环胺是Norharman和Harman。色氨酸是Norharman和Harman的前体物。加热温度/时间的提高有利于色氨酸分解反应的进行，进而促进Norharman和Harman的生成。此外，随着加热温度或时间的增加，杂环胺的前体物（肌酸、氨基酸、还原糖）随水分越来越多地迁移到肉的表面，导致杂环胺含量增加。样品脂肪含量随着时间或温度的增加而增大。脂肪是良好的传热介质，其含量超过一定阈值，同样会促进杂环胺的形成。

杂环胺的生成和加热方式有关。水油混炸和传统油炸对杂环胺的影响研究表明，对比传统油炸，水油混炸对鸭胸鸭皮和精肉杂环胺的影响不大，绝大部分数据与传统油炸无显著差异。但老油使用时间达到10h的传统油炸的精肉中检出了MeAαC，这在水油混炸的样品中并未检出。随着油炸次数的增多，色氨酸等前体物不断在油脂中富集，在高温环境下裂解为Norharman。水油混炸过程中产生的水溶性物质及时落入水层中，由于水油混炸在油水界面处温度较低（一般在60℃以下），避免了水溶性蛋白质、氨基酸和维生素在高温下的持续裂解，延缓了杂环胺在油脂中的生成速率。因此，水油混炸大豆油中的Norharman浓度可能低于传统油炸。MeAαC 是蛋白质高温裂解产生的，其生成温度较高。采用传统油炸方法，使用时间达到 10h 老油炸过的精肉中检出微量的 MeAαC，这可能与 MeAαC 在油脂中的累积有关。

油炸肉制品的工业生产中，为了降低成本，经常将油脂反复使用。作者及其同事首次研究了油炸油使用次数对鸭肉杂环胺的影响，结果显示，随着油炸次数的增多，鸭胸肉皮层和精肉检出的杂环胺种类和含量均有所增加。老油使用次数对草鱼鱼饼杂环胺形成有影响，反复油炸增加了杂环胺生成的种类。由于杂环胺具有一定油溶性，随着老油使用次数的增多，油脂中的杂环胺前体物不断增多，杂环胺的总量也呈上升趋势。油炸油的反复使用促进了 Norharman、Harman、PhIP 和 AαC 生成。PhIP 会在代谢过程中与 DNA 形成结合物，对机体产生致癌或致突变作用。国际癌症研究机构将 PhIP 和 AαC 归类为 2B 级可疑致癌物。Norharman、Harman 在 Ames 试验中并不具有致突变性，但是它们可以增加 Trp-P-1、Trp-P-2、3,4-苯并芘等物质的致突变性。为了避免反复油炸带来的健康隐患，油炸鸭肉时，老油累积使用时间不宜超过 3h。

（四）添加物对产品中杂环胺形成量的影响

1. 香辛料提取物对油炸鸭胸肉中杂环胺的影响

香辛料提取物对油炸鸭肉丸杂环胺含量的影响如图 4-7 所示，图中"0"代表未添加提取物，即对照组。所有的处理组均检出 3 种杂环胺：Norharman、Harman、AαC。三种香辛料对油炸肉丸杂环胺均有一定的抑制作用，但抑制效果有区别。对于 Norharman，三种香辛

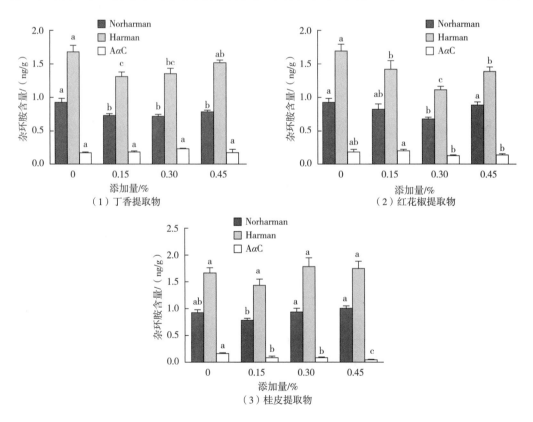

图 4-7　香辛料提取物对油炸鸭肉丸杂环胺含量的影响

注：结果表示为平均值±标准差，柱形图中不同小写字母表示差异显著（$P<0.05$）。

料提取物均表现出一定的抑制作用。丁香提取物在三种添加水平下均可显著降低炸肉丸中 Norharman 的形成（$P<0.05$），抑制率为 15.22%～21.74%；红花椒提取物只在 0.30% 有抑制效果，抑制率为 27.17%；而桂皮提取物对 Norharman 无抑制效果。对于 Harman，丁香提取物添加量为 0.15% 和 0.3% 时，抑制率分别为 21.56% 和 18.56%；红花椒提取物 3 种添加量下的抑制率为 16.17%～34.13%；丁香提取物则无显著抑制效果（$P>0.05$）。对于 AαC，丁香提取物无抑制效果；红花椒提取物在添加 0.3% 和 0.45% 时，抑制率约为 29%；桂皮提取物的 3 种添加水平均可抑制油炸肉丸中的 AαC，抑制率高达 35.29%～64.70%。从杂环胺总量来看，添加 0.3% 的红花椒提取物抑制效果最佳，杂环胺抑制率为 31.52%；其次为 0.15% 的丁香提取物，抑制率为 19.56%。

2. 蜂蜜浓度对烧鸡中杂环胺形成的影响

蜂蜜浓度对烧鸡鸡肉中的杂环胺种类和含量无明显影响，但对鸡皮中杂环胺形成量有一定影响（表 4-25）。涂抹 50% 浓度蜂蜜的鸡皮中的 Norharman 含量高于不涂抹蜂蜜和涂抹 25% 浓度蜂蜜，而与涂抹 100% 浓度蜂蜜差异不显著。随着蜂蜜浓度的增大，鸡皮中 Norharman 呈现上升趋势，涂抹 100% 浓度蜂蜜的鸡皮中的 Norharman 含量较不涂抹蜂蜜的鸡皮中的含量高 1.80ng/g，而 Harman 和 Trp-P-1 的含量无明显变化。

表 4-25　不同蜂蜜浓度下烧鸡中的杂环胺含量　　　　　单位：ng/g

杂环胺		蜂蜜质量分数/%			
		0	25	50	100
瘦肉	Norharman	0.51	0.76	0.70	1.27
	Harman	0.15	0.22	0.21	0.24
	总量	0.66	0.98	0.91	1.51
鸡皮	Norharman	2.52	3.14	3.7	4.3
	Harman	0.50	0.43	0.4	0.5
	Trp-P-1	0.57	0.55	0.5	0.4
	总量	3.59	4.12	4.73	5.30

注：①$n=3$；②未检出杂环胺种类未标注。

3. 香辛料对烧鸡中杂环胺形成的影响

（1）香辛料水提液对烧鸡中杂环胺形成的抑制效果　如图 4-8 所示，5 种抗氧化能力较强的香辛料（香叶、桂皮、良姜、花椒、丁香）水提液影响烧鸡中杂环胺的形成。丁香对烧鸡瘦肉和鸡皮中 PhIP 的抑制率分别达到 46.7% 和 40.2%，但对 Norharman、Harman 的抑制效果不明显。良姜对烧鸡瘦肉和鸡皮中的 Norharman 抑制效果最好，抑制率分别达到 45.2% 和 11.6%，但对 PhIP 的形成反而有一定的促进作用。花椒对烧鸡鸡皮中的 Harman 抑制效果较好，抑制率为 35.9%，而所有香辛料对烧鸡瘦肉中的 Harman 均无显著的抑制效果。

（2）丁香水提物浸渍时间对烧鸡中杂环胺形成的影响　从表 4-26 可以看出，在对照组和丁香提取液不同浸渍时间条件下的烧鸡鸡肉和鸡皮中均检测到 Norharman、Harman 和 PhIP

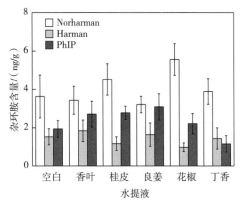

图 4-8　香辛料水提液对烧鸡鸡皮中杂环胺的抑制效果

3 种杂环胺类化合物。浸渍时间对烧鸡鸡肉中 PhIP 的形成有一定影响，与对照组相比，腌制 5h 和 6h 的鸡肉中 PhIP 含量显著降低；而对烧鸡鸡皮而言，浸渍 4h、5h 和 6h 的鸡皮中 PhIP 含量较对照组均有一定下降，但效果不明显，不同腌制时间条件下烧鸡鸡肉和鸡皮中 Norharman 和 Harman 的含量差异也不显著。多酚浓度不同的料液对烧鸡鸡肉和鸡皮中 PhIP 的形成有一定的抑制作用。腌制液中的多酚浓度对烧鸡鸡肉中 Norharman 和 Harman 的形成影响不明显，但是，随着腌制液中多酚含量的增加，烧鸡鸡皮中 Harman 含量呈现显著上升趋势。

表 4-26　丁香提取液不同浸渍时间对烧鸡鸡肉中的杂环胺形成的影响

单位：ng/g

化合物		浸渍时间/h						
		空白	1	2	3	4	5	6
瘦肉	Norharman	0.35	0.35	0.46	0.27	0.26	0.31	0.37
	Harman	0.09	0.12	0.14	0.11	0.10	0.12	0.11a
	PhIP	0.18	0.12	0.27	0.13	0.15	0.04	0.02
	总量	0.62	0.59	0.87	0.51	0.51	0.47	0.50
鸡皮	Norharman	3.42	3.84	3.44	3.50	2.76	4.22	4.75
	Harman	1.45	1.54	1.29	1.34	1.16	1.42	1.36
	PhIP	1.88	1.61	1.93	1.83	1.23	1.34	1.22
	总量	6.75	6.99	6.66	6.67	5.15	6.98	7.33

注：①数值表示为平均值±标准差；②未检出杂环胺种类未标注。

第三节　肉类油炸期间多环芳烃的形成

油炸食品所含的多环芳烃，一方面来自油炸油本身，另一方面，油炸过程也会使多环芳烃增加。我国规定了食品中 3,4-苯并芘的限量标准，尚未提及其他多环芳烃的限量。

一、老油中的多环芳烃

（一）食用油脂中的多环芳烃

食用油中多环芳烃来源范围较广，如油料作物生长期间受到工业污染，油脂精炼和加工过程中受到污染等。许多食用油都不同程度地含有多环芳烃化合物，如芝麻油中多环芳烃平均总量高达 181.4μg/kg，初榨橄榄油中多环芳烃总量为 90.12μg/kg，花生油、菜籽油、豆油中多环芳烃含量在 60~80μg/kg，而有的精炼菜籽油中芳烃类化合物只有 2.5μg/kg。

德国规定烟熏食品的 3,4-苯并芘含量不得高于 1μg/kg，同时也规定了多环芳烃总量不得超过 25μg/kg，其中重质多环芳烃的含量不得超过 5μg/kg。欧盟要求市场上直接消费和应用到食品加工中的油类和脂肪类所含 3,4-苯并芘的最高残留量为 2μg/kg，还规定 PAH4｛3,4-苯并芘、苯并［β］荧蒽、苯并［α］蒽、䓛)｝的含量不得超过 10μg/kg。我国 GB 2716—2018《食品安全国家标准　植物油》规定油脂中 3,4-苯并芘不得超过 10μg/kg。

（二）老油中的多环芳烃

精炼油中都含有一定量的多环芳烃。食物在煎炸、烟熏、烧烤等加热过程中也会导致多环芳烃的生成。在 150~190℃的加热条件下加热 1~5h 后，油脂中不会产生分子结构稳定的多环芳烃。这是由于温度不能满足多环芳烃的生成，脂肪酸和甘油三酯的热降解和高温环化难以发生，不能产生供多环芳烃生成的前体自由基。但若老油在极度高温下，多环芳烃的含量会急速上升。豆油加热到 350℃时多环芳烃含量增加到 91.56μg/kg，400℃时增至 365.46μg/kg，说明高温促进了多环芳烃的产生，温度越高，新产生的多环芳烃总量越高。

随着温度的升高，一开始油脂中轻质多环芳烃从油脂中挥发，温度继续升高，到 350℃，油脂中的有机物开始裂解形成小分子的轻质多环芳烃，继续升高温度，多环芳烃急剧增加，不光生成大量的轻质多环芳烃，还进一步生成了重质多环芳烃。

二、油炸过程中细颗粒物与多环芳烃的排放

食品在油炸过程中挥发的油脂、有机质及热氧化和热裂解产生的混合物形成了食品加工油烟。这些油烟在形态组成上包括颗粒物及气态污染物两类，其中颗粒物粒径较小，一般小于 10μm。在物质组成上，油烟中含有大量的有机成分，如多环芳烃、杂环胺类化合物、甲醛、SO_2、NO_x 等。

（一）细颗粒物的排放

1. 棕榈油油炸烧鸡油烟中 $PM_{2.5}$ 浓度

油炸烧鸡多使用棕榈油，加工温度在 180℃左右。油炸过程中油会多次（天）循环使用，直至油色变黑、油哈味明显，或烟气有呛感时更换新油。由表 4-27 可知，重复使用 12~25h 的棕榈油在油炸时所排放的 $PM_{2.5}$ 浓度最高可达 1833μg/m³，为我国《环境空气质量标准》二级限值（75μg/m³）24.4 倍；继续重复油炸 30h 以上的棕榈油在油炸时所排放的 $PM_{2.5}$ 浓度最高达 2440μg/m³，为标准的 32.5 倍。

表 4-27 棕榈油油炸烧鸡烟气中 PM$_{2.5}$ 浓度和 3,4-苯并芘含量

油烟	PM$_{2.5}$ 浓度/（μg/m³）			3,4-苯并芘含量/（μg/g）	
	最高浓度	平均值±标准差	超标倍数	含量	超标倍数
油炸 12~25h 的油烟	1833	1589.50±226.78	24.4	18.35	7.34
油炸 30h 以上的油烟	2440	2070.75±222.92	32.5	30.68	12.27

2. 菜籽油和大豆油油烟中 PM$_{2.5}$ 浓度

当菜籽油油温由 165℃ 开始上升时，油烟中的 PM$_{2.5}$ 浓度明显增加，180℃ 时达到 610μg/m³，而 200℃ 时，油烟中的 PM$_{2.5}$ 浓度猛增到 3500μg/m³。与菜籽油相似，大豆油油烟排放的 PM$_{2.5}$ 浓度也随着油温的上升而增加，但是排放的 PM$_{2.5}$ 浓度却少得多。油温上升到 165℃ 时，油烟中的 PM$_{2.5}$ 浓度开始增加，当油温上升到 180℃ 时，达到 490μg/m³，而 200℃ 时，油烟中的 PM$_{2.5}$ 浓度猛增到 2490μg/m³。花生油和葵花籽油的 PM$_{2.5}$ 排放也随着油温的上升而增加，与未经精炼的油相比，精炼油排放的 PM$_{2.5}$ 明显减少，如精炼菜籽油排放的 PM$_{2.5}$ 浓度仅为未经精炼的菜籽油的 1/6。

（二）多环芳烃的排放

1. 棕榈油油炸烧鸡油烟 PM$_{2.5}$ 中 3,4-苯并芘浓度

由表 4-27 可见，采集的油炸烧鸡油烟中 PM$_{2.5}$ 携载的 3,4-苯并芘含量分别是 18.35μg/g、30.68μg/g，超过《环境空气质量标准》规定的限值 2.5ng/m³ 的 7.34 倍和 12.27 倍。可见，油炸油烟是影响车间内空气质量的重要因素之一，且受多种因素影响。食用油和油炸温度不同，排放的 PM$_{2.5}$ 的数量也明显不一样，且随着反复使用热次数的增加，多环芳烃的排放量也增加。

2. 其他油烟中的 PM$_{2.5}$ 和多环芳烃

油炸、煎炒和烧烤等加热方式比卤煮排放的 PM$_{2.5}$ 浓度高许多，同时，也会排放较多的多环芳烃。许多研究显示，如果把餐饮和街头摊点所有油炸、烧烤、煎炒等的排放量加在一起，其每年 PM$_{2.5}$ 排放总量则相当于或大于汽车 PM$_{2.5}$ 的排放量。在美国，炭烤各种食物所排放的 PM$_{2.5}$ 总量为每年 79300t，是汽车 PM$_{2.5}$ 每年排放量的 1/2，炭烤每年排放的多环芳烃为 206t。不同国家饮食习惯大相径庭，烹饪方式不同，PM$_{2.5}$ 排放量和多环芳烃的生成量也不一样，如表 4-28 所述，相比于中餐和印度餐的烹调习惯，马来西亚的烹调会导致多环芳烃的浓度和其在 PM$_{2.5}$ 中的比例大大增加。此外，中式餐厅、西式餐厅、快餐馆和日式餐厅都排放多环芳烃，其中 4 种 PAHs，即 3,4-苯并芘、苯并［a］蒽、苯并［b］荧蒽、䓛排放量分别为 3.409μg/m³、3.187μg/m³、1.92μg/m³ 和 1.139μg/m³。油炸比煎炒产生的多环芳烃多，新加坡的一项研究指出，油炸豆腐排放的 16 种多环芳烃浓度是 36.5ng/m³，而煎豆腐和炒豆腐排放的 16 种多环芳烃浓度分别为 25ng/m³ 和 21.5ng/m³。油炸豆腐、煎豆腐和炒豆腐排放的 3,4-苯并芘浓度分别为 0.56ng/m³、0.49ng/m³ 和 0.38ng/m³（空气 3,4-苯并芘背景值是 0.1ng/m³）。

表 4-28　不同国家餐食多环芳烃排放浓度和比例

多环芳烃的排放	不同国家餐馆		
	马来西亚餐	印度餐	中餐
多环芳烃浓度/（ng/m³）	600	37.9	141
多环芳烃在 PM$_{2.5}$ 中占比/%	0.25	0.02	0.07

三、油炸肉品中的多环芳烃

油炸肉品的基质较为复杂。油炸温度低，多环芳烃的生成量低。由于缺乏简单高效、可靠稳定的前处理方法，以至于关于油炸肉品油炸过程中多环芳烃的形成方面的研究较少。有研究表明，不同种类的肉、不同加热方式引起多环芳烃含量的变化，总体而言，油炸加工后的食品中多环芳烃含量最高，尤其是鱼肉制品中的多环芳烃含量最高。油炸肉品中的多环芳烃含量一般高于对应的油中的多环芳烃含量。不同种类的多环芳烃在不同种类的肉中其生成量差别较大。有些多环芳烃在羊肉中生成量较多，如苊和芴；有些则在猪肉中生成量较大，如荧蒽和芘。鸡心、鸡胗、鸡胸、鸡腿、鸭腿经过腌制后油炸，发现鸡胗的多环芳烃含量最高，鸡心次之。其原因可能是鸡心、鸡胗的脂肪含量较其他部位高，而多环芳烃具有亲脂性，易于在鸡胗和鸡心上累积。

四、影响油炸肉品中多环芳烃含量和种类的因素

（一）油炸温度对肉品中多环芳烃含量的影响

油脂的加热温度是影响多环芳烃产生的重要因素。由于油炸时温度较高，肉中的有机物受热分解，经环化、聚合而形成 3,4-苯并芘，使产品中的 3,4-苯并芘含量增加。肉的脂肪含量是影响 3,4-苯并芘残留的另一个重要因素。脂肪在高温（>200℃）热解时可生成 3,4-苯并芘，在 500~900℃ 的高温，尤其是 700℃ 以上，最有利于 3,4-苯并芘形成。其他有机物质（如蛋白质和碳水化合物）受热分解时也会产生多环芳烃，但脂肪受热分解产生的多环芳烃最多。一般地说，肉品在 200℃ 以上油炸时，随着油炸温度的增加，肉品中多环芳烃的含量和种类都会增多。

（二）油炸时间对肉品中多环芳烃含量的影响

油炸时间延长，油炸肉品中生产的多环芳烃增多。陈炳辉等（2012）研究显示，用棕榈油在 180℃ 下油炸鸡腿肉，油炸 12min 和 20min 时，多环芳烃总量分别为 42.8μg/kg 和 59.5μg/kg；油炸 5min 和 10min 的鸡胸肉的多环芳烃总量分别为 45.8μg/kg 和 54.5μg/kg，油炸 15min 和 30min 的鸭腿肉其多环芳烃总量分别为 79.7μg/kg 和 56.1μg/kg。在这些实验中，未检测到 3,4-苯并芘。无独有偶，Hao 等（2016）研究显示，未经油炸的新鲜菜籽油、大豆油、花生油和橄榄油均未检测出 3,4-苯并芘、苯并 [a] 蒽、苯并 [b] 荧蒽以及苗。然而，新油中多环芳烃总量很高，而且在 200℃ 下油炸鸡柳的时间越长，多环芳烃的总量越高，同时，也检测到 3,4-苯并芘（表 4-29）。

表4-29 油炸时间对食用油多环芳烃含量和种类的影响 单位：μg/kg

| 食用油 | 油炸时间/min | | | | | | | | | | | |
| | 0 | | | 15 | | | 30 | | | 45 | | |
	BaP	PAH4	PAHs	BaP	PAH4	PAHs	BaP	PAH4	PAHs	BaP	PAH4	PAHs
菜籽油	ND	ND	1424.1	ND	ND	1835.8	ND	ND	3112.7	ND	ND	4143.9
大豆油	ND	ND	553.3	ND	ND	3532.5	ND	ND	4731.9	ND	29.66	6237.2
花生油	ND	ND	2754.7	55.9	15.1	4671	67.1	43.0	5738.9	84	121.3	6865.7
橄榄油	ND	ND	2353.7	20.3	23.1	2762.9	54.7	55.3	3772.2	88.4	71.7	3929.1

注：①ND 表示未检出；②BaP 表示 3,4-苯并芘，PAH4 表示 3,4-苯并芘、苯并[a]蒽、苯并[b]荧蒽和䓛，PAHs 表示多环芳烃总量。

（三）连续油炸次数对肉品中多环芳烃含量的影响

老油连续油炸次数越多，油炸肉制品中的多环芳烃总量越高。饭店工作人员的 3,4-苯并芘暴露量也可以反映连续油炸产生 3,4-苯并芘的情况。服务人员作为对照组，其 3,4-苯并芘的暴露量平均为 $0.69ng/m^3$。用新油油炸时，厨师的暴露量平均为 $1.26ng/m^3$；用老油和饭店废油油炸时，厨师的 3,4-苯并芘暴露量分别为 $7.22ng/m^3$ 和 $2.29ng/m^3$。

影响油炸肉制品中多环芳烃的因素还有很多，肉的种类、脂肪含量、部位和预处理方式、油炸用油的来源和制油方法等都影响油炸肉制品的多环芳烃含量和种类。

参考文献

[1] TSAI H K, SHAUN C, CHIA J C, et al. Evaluation of analysis of polycyclic aromatic hydrocarbons by the QuEChERS method and gas chromatograchy-mass spectrometry and their formation in poultry meat as affected by marinating and frying [J]. Journal of agricultrual and food chemistry, 2012,60：1380-1389.

[2] HAO X W, LI J, YAO Z L. Change in PAHs levels in edible oils during deep-frying process [J]. Food Control, 2016, 66：233-240.

[3] YAO. Y, PENG Z Q, SHAO B, et al. Effect of frying and boiling on the formation of hetercyclic amines in the braise chicken [J]. Poultry Science, 2013, 92：3017-3025.

[4] ZHANG N, HAN B, HE F, et al. Chemical charateristic of PM2.5 emission and inhalational carcinogennic risk of domestic chinese cooking [J]. Environmental Pollution, 2017, 227：24-30.

[5] WANG Y, HUI T, ZHANG Y W, et al. Effect of frying conditions on the formation of hetercyclic amines and trans fatty acids in grass carp [J]. Food Chemistry, 2015,167：251-257.

[6] LIMA D G, SOARES V C D, RIBEIRO E B, et al. Diesel-like fuel obtained by pyrolysis of vegetable oils [J]. Journal of Analytical and Applied Pyrolysis, 2004, 71 (2)：987-996.

[7] LI G, WU S M, ZENG J X, VICTORIA C, et al. Effect of frying and aluminium on the levels and migration of parent and oxygenated PAHs in a popular chinese fried bread youtiao [J]. Journal of Food Chemistry, 2016, 209：123-130.

［8］ GEMMA P, ROSER MC, VICTORIA C, et al. Concentration of polybrominated diphenyl ethers, hexachlorobenzene and polycyclic aromatic hydrocarbons in various foodsuffs before and after cooking ［J］. Food and Chemical Toxicology, 2009, 47: 709-715.

［9］ JAMALI M A, ZHANG Y, TENG H, et al. Inhibitory effect of rosa rugosa tea extract on the formation of heterocyclic amines in meat patties at different temperatures ［J］. Molecules, 2016, 21 (2): 173.

第五章　肉类烧烤过程中有害物质的形成

第一节　烧烤过程中肉品主要成分的变化

一、肉中游离氨基酸的变化

（一）游离氨基酸的种类

肉中游离的氨基酸包括赖氨酸、亮氨酸、色氨酸、苏氨酸、甲硫氨酸等。在加热期间，肉中游离氨基酸由于参加美拉德反应以及自身发生热降解反应，其含量会有所下降。

（二）烧烤期间游离氨基酸的变化

1. 烤猪肉中游离氨基酸的变化

在烧烤猪肉期间，对苏氨酸（Thr）、丝氨酸（Ser）、谷氨酸（Glu）、丙氨酸（Ala）、甘氨酸（Gly）、胱氨酸（Cys）、缬氨酸（Val）、甲硫氨酸（Met）、亮氨酸（Leu）、异亮氨酸（Ile）、酪氨酸（Tyr）、苯丙氨酸（Phe）、天冬氨酸（Asp）、赖氨酸（Lys）、组氨酸（His）、精氨酸（Arg）、脯氨酸（Pro）共17种氨基酸进行测定，其结果表5-1所示。

表5-1　猪肉烧烤过程中不同加工阶段17种氨基酸含量　　单位：mg/100g

氨基酸种类	烤制时间		
	0min	20min	40min
苏氨酸（Thr）	96.54	48.66	22.08
丝氨酸（Ser）	28.45	18.54	8.68
谷氨酸（Glu）	26.89	18.09	19.32
丙氨酸（Ala）	80.25	66.43	38.98
甘氨酸（Gly）	30.48	25.19	23.46
胱氨酸（Cys）	9.34	5.66	6.58
缬氨酸（Val）	20.14	11.65	11.76
甲硫氨酸（Met）	15.54	7.28	9.77
亮氨酸（Leu）	19.55	12.32	10.88
异亮氨酸（Ile）	12.53	7.65	5.13

续表

氨基酸种类	烤制时间		
	0min	20min	40min
酪氨酸（Tyr）	12.78	8.79	10.06
苯丙氨酸（Phe）	28.58	16.29	16.22
天冬氨酸（Asp）	6.85	2.26	2.48
赖氨酸（Lys）	36.96	22.10	20.08
组氨酸（His）	14.87	8.89	6.15
精氨酸（Arg）	22.14	12.48	13.56
脯氨酸（Pro）	16.66	10.23	6.21
总量	478.64	302.51	231.40

结果表明，17 种氨基酸的总量不断减少。在烤制 40min 时，氨基酸总量相比原料肉降低了 51.65%，苏氨酸降低了 77.12%，赖氨酸、丙氨酸、胱氨酸、甲硫氨酸、脯氨酸分别降低了 45.67%、51.43%、29.55%、37.13% 和 62.73%。通常认为氨基酸在较高温度下会发生脱氨脱羧反应，产生具有不愉快嗅感的胺类物质。随着加热时间的延长，这些胺类物质相互之间会发生反应，生成具有良好香味的嗅感物质。

甲硫氨酸和半胱氨酸在肉类中含量较为丰富，高温加热条件下容易发生降解，可以形成一些活泼的中间产物如 H_2S、NH_3、乙醛和 Cys 等，也可以与美拉德反应的其他产物或与脂质反应产物进行交联，产生杂环类化合物，如噻唑、噻吩、吡嗪等，这些物质的综合作用往往构成肉类的特征性风味，如烤肉味、烘烤味、肉香味等。脯氨酸和羟脯氨酸因其结构中含有杂环，容易在高温下与其他物质发生反应，其产物具有烧烤香气；还有一些结构简单的氨基酸，如丙氨酸等，在美拉德反应中能够自身降解；而苏氨酸、赖氨酸等因其反应复杂，其在风味形成过程中的反应机理还不清楚。总之，氨基酸在烤制过程中都是呈不断减少的趋势，并逐渐形成丰富的肉类香气。

2. 烤羊肉中游离氨基酸的变化

游离氨基酸在美拉德反应和杂环胺（HCAs）的形成过程中也扮演着重要角色。多种游离氨基酸被认为是不同杂环胺（HCAs）形成的前体物质，不同的游离氨基酸可以形成相同的杂环胺（HCAs）同时同一种游离氨基酸也可以产生多种不同的杂环胺（HCAs）。例如，PhIP 产自 Phe，是其经热降解或 Strecker 降解形成苯乙醛，进而与肌酐反应而形成。当 Phe 与葡萄糖和肌酐在 100℃ 加热 2h 后，也检测到 AαC 和 MeAαC。Leu、Ile 和 Tyr 也是 PhIP 形成的前体物质。新鲜生羊肉的游离氨基酸含量见表 5-2。游离氨基酸总量为 388.32mg/100g。在测定的 17 种游离氨基酸中，Ala 含量最高，Cys 含量最低。

烧烤影响烤羊肉中游离氨基酸的含量。烤制时间和红柳的添加影响游离氨基酸含量（表 5-3）。从表 5-3 可知，烤制后所有处理组的游离氨基酸含量均呈显著降低趋势，相比于生羊肉，羊肉烤制 35min，Gly 下降 22.26%，Thr 下降 77.18%。生肉加热后游离氨基酸含量的显著减少被认为是由于氨基酸自身降解反应的发生或与葡萄糖发生美拉德反应生成了杂环胺。

表5-2 生羊肉中游离氨基酸的种类及含量

氨基酸种类	氨基酸含量/（mg/100g）	氨基酸种类	氨基酸含量/（mg/100g）
天冬氨酸（Asp）	3.26±0.05	异亮氨酸（Ile）	9.85±0.98
苏氨酸（Thr）	61.97±2.22	亮氨酸（Leu）	26.48±1.99
丝氨酸（Ser）	16.00±1.41	酪氨酸（Tyr）	11.88±0.29
谷氨酸（Glu）	26.17±1.97	苯丙氨酸（Phe）	26.13±0.43
甘氨酸（Gly）	21.11±1.49	赖氨酸（Lys）	19.89±0.38
丙氨酸（Ala）	78.58±2.66	组氨酸（His）	7.93±0.02
胱氨酸（Cys）	1.66±0.37	精氨酸（Arg）	28.04±0.32
缬氨酸（Val）	15.72±1.07	脯氨酸（Pro）	19.56±1.73
甲硫氨酸（Met）	14.07±0.99	游离氨基酸总量	388.32±7.97

注：数据表示为平均值±标准差。

表5-3 红柳提取物及烤制时间对烤羊肉饼中氨基酸的影响 单位：mg/100g

氨基酸	烤制时间/min	生羊肉	红柳提取物/（g/kg）		
			0.15	0.30	0.45
天冬氨酸（Asp）	15	1.64±0.19[b]	1.42±0.07[bC]	2.09±0.04[a]	1.61±0.01[bC]
	25	1.58±0.12[c]	1.73±0.02[bcB]	2.12±0.11[a]	1.86±0.01[bB]
	35	1.46±0.03[c]	2.33±0.09[abA]	2.09±0.19[b]	2.39±0.02[aA]
苏氨酸（Thr）	15	39.18±0.11[cA]	48.09±0.49[aA]	42.61±0.40[bcA]	44.99±2.55[abA]
	25	25.07±1.14[dB]	40.27±0.46[aA]	29.95±0.76[cB]	33.86±0.21[bB]
	35	14.14±0.45[bC]	15.14±4.41[abB]	18.61±0.03[abC]	21.09±1.67[aC]
丝氨酸（Ser）	15	7.57±0.24[bC]	8.33±0.41[aB]	8.70±0.05[aC]	8.13±0.03[abC]
	25	8.65±0.22[bB]	10.29±0.34[aA]	9.83±0.19[aB]	9.73±0.13[aB]
	35	9.61±0.04[bA]	9.92±0.65[bA]	11.44±0.19[aA]	11.88±0.04[aA]
谷氨酸（Glu）	15	11.62±0.26[C]	11.34±0.51[C]	11.82±0.12[C]	11.79±0.06[C]
	25	14.34±0.31[B]	14.65±0.56[B]	14.13±0.13[B]	13.61±0.51[B]
	35	16.53±0.32[A]	17.03±0.01[A]	16.17±0.85[A]	17.46±0.16[A]
甘氨酸（Gly）	15	11.09±0.13[bC]	11.13±0.50[bC]	12.82±0.07[aB]	11.55±0.06[bC]
	25	14.36±0.00[B]	13.90±0.47[B]	14.32±0.29[B]	14.19±0.37[B]
	35	16.41±0.16[A]	16.79±0.07[A]	17.59±1.21[A]	16.61±0.07[A]

续表

氨基酸	烤制时间/min	生羊肉	红柳提取物/（g/kg）		
			0.15	0.30	0.45
丙氨酸 （Ala）	15	43.74±0.23^{C}	45.97±2.22^{B}	45.21±0.08^{B}	44.13±0.42^{C}
	25	47.72±1.24^{cB}	52.32±1.19^{bA}	48.89±1.07^{cB}	55.95±0.81^{aB}
	35	56.15±0.08^{abA}	54.42±0.73^{bA}	57.36±4.01^{abA}	60.40±0.81^{aA}
胱氨酸 （Cys）	15	0.68±0.01^{bC}	0.72±0.00^{a}	0.68±0.01b^{cB}	0.66±0.00^{cC}
	25	0.82±0.00^{B}	0.75±0.08	0.72±0.00^{B}	0.72±0.00^{B}
	35	0.88±0.02^{aA}	0.85±0.00^{ab}	0.81±0.03^{bA}	0.84±0.02^{abA}
缬氨酸 （Val）	15	5.76±0.10^{cB}	6.47±0.13^{bB}	6.96±0.29^{a}	6.52±0.00^{abC}
	25	7.54±0.22^{A}	8.04±0.91^{B}	7.86±0.10	6.91±0.19^{B}
	35	7.94±0.14^{bA}	9.88±0.11^{aA}	7.97±0.48^{b}	9.72±0.04^{aA}
甲硫氨酸 （Met）	15	4.61±0.07B	4.94±0.82	5.31±0.05	5.16±0.02^{B}
	25	5.70±0.09A	5.70±0.74	5.84±0.03	5.16±0.11^{B}
	35	5.58±0.06^{bA}	6.82±0.08^{a}	5.87±0.33^{b}	7.00±0.03^{aA}
异亮氨酸 （Ile）	15	4.75±0.05^{cB}	5.16±0.02^{bB}	5.52±0.06^{a}	5.44±0.02^{aB}
	25	5.87±0.03^{A}	5.43±0.16^{B}	5.99±0.22	6.16±0.47^{B}
	35	5.94±0.09^{bA}	7.51±0.05^{aA}	6.21±0.35^{b}	7.60±0.04^{aA}
亮氨酸 （Leu）	15	10.19±0.11^{cB}	11.34±0.27^{bC}	11.81±0.10^{a}	11.46±0.05^{abB}
	25	12.85±0.07^{aA}	13.72±0.69^{aB}	13.03±0.22^{a}	11.66±0.34^{bB}
	35	13.20±0.17^{bA}	16.16±0.13^{aA}	13.30±0.79^{b}	16.40±0.09^{aA}
酪氨酸 （Tyr）	15	5.32±0.04^{dB}	6.09±0.06^{cC}	6.68±0.05^{a}	6.30±0.00^{bB}
	25	6.87±0.12^{A}	7.30±0.42^{B}	7.13±0.46	6.48±0.16^{B}
	35	6.67±0.08^{cA}	8.76±0.13^{aA}	7.36±0.43^{b}	9.23±0.03^{aA}
苯丙氨酸 （Phe）	15	8.70±0.23^{bB}	9.07±0.83^{b}	10.52±0.08^{aB}	10.09±0.01^{abC}
	25	9.08±0.07^{bAB}	10.19±1.24^{ab}	11.39±0.47^{aB}	11.87±0.55^{aB}
	35	9.33±0.15^{bA}	9.76±0.52^{b}	13.72±0.14^{aA}	14.14±0.08^{aA}
赖氨酸 （Lys）	15	6.63±0.01^{cB}	7.89±0.49^{bC}	8.73±0.01^{aB}	7.89±0.14^{bC}
	25	8.53±0.12^{bA}	9.04±0.14^{aB}	9.08±0.07^{aAB}	9.03±0.10^{aB}
	35	8.22±0.25^{bA}	10.65±0.13^{aA}	10.23±0.71^{aA}	10.33±0.07^{aA}

续表

氨基酸	烤制时间/min	生羊肉	红柳提取物/（g/kg）		
			0.15	0.30	0.45
组氨酸（His）	15	4.39 ± 0.08^{bAB}	4.67 ± 0.22^{bB}	5.04 ± 0.05^{aAB}	4.66 ± 0.01^{bB}
	25	4.15 ± 0.12^{cB}	4.85 ± 0.41^{bAB}	5.21 ± 0.14^{abA}	5.55 ± 0.19^{aA}
	35	4.57 ± 0.02^{bA}	5.56 ± 0.09^{aA}	4.57 ± 0.27^{bB}	5.76 ± 0.04^{aA}
精氨酸（Arg）	15	10.03 ± 0.15^{bC}	10.79 ± 0.52^{abC}	11.40 ± 0.06^{a}	10.77 ± 0.02^{abC}
	25	11.07 ± 0.24^{bB}	12.33 ± 0.26^{aB}	12.46 ± 0.30^{a}	12.48 ± 0.34^{aB}
	35	12.14 ± 0.07^{bA}	14.86 ± 0.28^{aA}	12.59 ± 0.80^{b}	14.25 ± 0.01^{aA}
脯氨酸（Pro）	15	6.53 ± 0.00^{bC}	7.47 ± 0.46^{abC}	7.99 ± 0.11^{aB}	7.74 ± 0.50^{aC}
	25	8.63 ± 0.19^{B}	9.02 ± 0.02^{B}	8.91 ± 0.08^{B}	8.78 ± 0.18^{B}
	35	9.78 ± 0.05^{bA}	10.25 ± 0.28^{abA}	10.57 ± 0.65^{abA}	10.86 ± 0.06^{aA}
总量	15	182.82 ± 0.75^{bC}	200.90 ± 3.69^{aB}	203.88 ± 1.64^{a}	198.89 ± 1.45^{aC}
	25	192.44 ± 2.55^{cB}	219.54 ± 3.83^{bA}	206.85 ± 0.17^{b}	214.01 ± 1.03^{aB}
	35	198.55 ± 1.43^{cA}	216.68 ± 3.41^{bA}	216.47 ± 10.73^{b}	235.95 ± 1.55^{aA}

注：①数据表示为平均值±标准差；②同行数值肩标不同的小写字母（a~d）表示不同红柳提取物添加量处理间差异显著（$P<0.05$），同一种氨基酸同列数值肩标不同的大写字母（A~C）表示不同烤制时间处理间差异显著（$P<0.05$），相同字母表示差异不显著（$P>0.05$）。

红柳提取物对游离氨基酸的损耗有不同程度地减缓作用，尤其是对 Asp、Thr、Ser、Phe、Lys、His 和 Arg（表 5-3），减损作用比较明显。当烤制 25min 和 35min 时，添加 0.45g/kg 红柳提取物的烤羊肉中，上述 7 种游离氨基酸含量显著高于对照组（$P<0.05$）。Ala、Val、Ile、Leu 及 Tyr 的损耗量也在不同的烤制时间及一定红柳添加量的条件下显著减少（$P<0.05$）；与对照组相比，在 3 个烤制温度条件下不同浓度红柳的添加均能够显著减少游离氨基酸的损耗（$P<0.05$），使其增加了 7.49%~18.84%。如 Lys，对烤制 15min 和 35min 的烤羊肉来说，Lys 分别（19.89mg/100g）损耗了 66% 和 58%，而添加了 0.15g/kg 红柳提取物之后，两个同样烤制时间的烤羊肉中 Lys 损耗了 60% 和 46%，换句话说，添加 0.15g/kg 红柳提取物的烤羊肉中 Lys 含量比对照组分别相应提高了 6% 和 12%。又如 Phe，烤制 25min 的对照组烤羊肉中 Phe 比生羊肉损耗了 65%，而添加了 0.3g/kg 红柳提取物的同样烤制时间的烤羊肉中 Phe 比生羊肉损耗了 56%，就是说，添加红柳使烤羊肉的 Phe 少损耗了 9%。游离氨基酸损耗量的减少可能与红柳的抗氧化能力和能够不同程度地抑制一些杂环胺的形成密切相关。总之，烧烤本身降低了羊肉的氨基酸营养，而添加红柳又明显使烤羊肉损失了的氨基酸营养得到一定的补偿。

3. 烤牛肉饼中游离氨基酸的变化

如表 5-4 所示，与生牛肉相比，经烤制之后所有肉饼中的游离氨基酸含量均显著降低（$P<0.05$）。某些游离氨基酸含量的降低与其自身的降解及其与葡萄糖发生的反应有关，这

导致加工过程中杂环胺的形成。与无添加的对照组相比，花椒叶醇提物添加能在很大程度上抑制烤牛肉饼中游离氨基酸的损耗。醇提物对烤制过程中 Met、Ile 和 His 损耗的抑制作用更为显著，使这 3 种游离氨基酸的含量分别增加了 27.73%～36.93%、23.17%～32.83% 和 22.27%～33.06%。由此可见，添加花椒叶醇提物能够提高烤牛肉的氨基酸营养水平。

表 5-4　花椒叶醇提物烤牛肉饼的游离氨基酸含量　　　　单位：mg/100g

氨基酸	生牛肉	花椒叶醇提物添加水平			
		0	0.015%	0.030%	0.045%
天冬氨酸（Asp）	1.61±0.16^a	0.81±0.46^b	0.97±0.05^{bc}	0.92±0.05^c	1.15±0.04^b
酪氨酸（Thr）	85.20±4.36^a	70.67±4.03^c	75.21±4.08^b	75.91±6.53^b	77.39±3.99^b
丝氨酸（Ser）	25.20±0.71^a	15.25±0.47^c	18.07±0.18^b	17.96±0.36^b	19.17±1.72^b
谷氨酸（Glu）	57.13±1.34^a	36.67±1.07^d	42.16±1.19^c	43.45±0.71^c	46.11±1.69^b
甘氨酸（Gly）	26.59±0.75^a	14.40±0.62^c	17.19±0.50^b	17.03±1.06^b	18.37±2.04^b
丙氨酸（Ala）	82.57±2.23^a	49.98±2.30^c	55.96±1.70^b	57.60±2.60^b	60.16±2.99^b
胱氨酸（Cys）	1.82±0.08^a	0.91±0.05^b	0.84±0.01^c	0.82±0.02^c	0.84±0.00^c
缬氨酸（Val）	20.08±0.58^a	13.20±0.73^c	15.71±0.12^b	15.31±0.32^b	16.47±1.39^b
甲硫氨酸（Met）	14.43±0.42^a	8.80±1.42^d	11.24±0.14^{bc}	10.28±0.47^{cd}	12.05±1.25^b
异亮氨酸（Ile）	15.99±0.47^a	9.84±0.70^d	12.12±0.15^{bc}	11.76±0.14^c	13.07±1.16^b
亮氨酸（Leu）	32.66±0.94^a	20.56±0.94^c	25.00±0.07^b	24.52±0.30^b	26.63±2.40^b
酪氨酸（Tyr）	24.33±0.39^a	15.46±1.07^c	18.65±0.27^b	17.96±0.60^b	19.64±1.89^b
苯丙氨酸（Phe）	29.51±0.39^a	17.54±1.03^c	21.08±0.31^b	20.44±0.53^b	22.22±1.99^b
赖氨酸（Lys）	22.38±0.64^a	14.12±0.40^c	16.68±0.13^b	16.53±0.38^b	17.59±1.49^b
组氨酸（His）	13.88±0.43^a	7.23±0.13^c	8.84±0.53^b	8.80±0.39^b	9.62±0.82^b
精氨酸（Arg）	26.54±0.74^a	14.27±0.30^c	17.22±0.56^b	17.39±0.24^b	18.67±1.63^b
脯氨酸（Pro）	14.37±0.35^a	6.53±0.17^c	8.57±0.46^b	8.49±0.31^b	8.99±0.50^b
总量	474.29±2.55^a	316.24±3.83^c	365.51±1.78^b	365.17±1.44^b	388.14±3.69^b

注：①数据表示为平均值±标准差；②同行数值肩标不同的小写字母（a～d）表示不同添加量处理间差异显著（$P<0.05$）。

游离氨基酸损耗与杂环胺形成有密切的关系，如 Phe 与 PhIP、AαC 和 MeAαC 的形成密切相关，Gly、肌酐和果糖与 IQ、MeIQx 和 7,8-DiMeIQx 生成有关。Ala 是形成 MeIQ 的前体物，且花椒叶醇提物的添加更为显著地抑制了 Met、Ile 和 His 损耗。本研究进一步分析了 Gly、Ala、Met、Ile、Phe 和 His 与 HCAs 相关性（图 5-1）。由图可见，PhIP 的形成与 Ala、Phe 和 His 的含量呈显著负相关（$P<0.05$），相关系数分别为 -0.99、-0.91 和 -0.95；IQ 与

Gly、Ala 和 His 呈显著负相关（$P<0.05$），相关系数分别为-0.96、-0.99 和-0.96。MeIQ 与 Ala 表现出显著负相关（$P<0.05$），相关系数为-0.95，即在烤牛肉饼中这些游离氨基酸的含量越高，生成的 PhIP、AαC、IQ 和 MeIQ 越少。

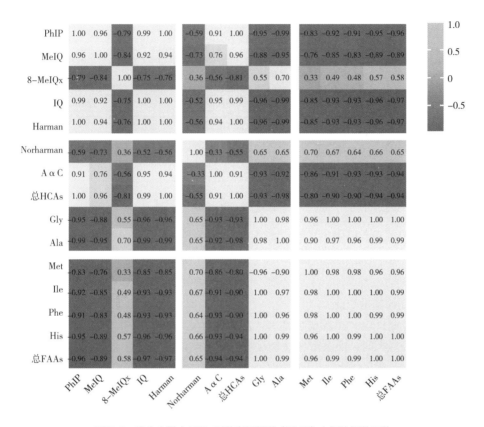

图 5-1　烤牛肉饼中 HCAs 和游离氨基酸（FAAS）之间的相关系数

二、还原糖的变化

（一）还原糖的种类

还原糖是肉中一种风味前体物质，主要的还原糖种类有核糖、葡萄糖、木糖、淀粉、甘露糖、果糖、麦芽糖、6-磷酸甘露糖、6-磷酸葡萄糖、6-磷酸果糖、6-磷酸核糖等。肉在加热过程中，还原糖必定要参与美拉德反应，所以其含量会不断减少。有研究表明有些还原糖在加热后完全消失（如核糖），而其他还原糖（如葡萄糖和果糖）则仍有存留。

（二）烤肉期间还原糖的变化

1. 烤羊肉中葡萄糖的变化

葡萄糖是生羊肉中含量最高的碳水化合物，著者测得生羊肉中葡萄糖的含量为（1.24 ± 0.07）mg/g。许多研究认为，加热处理后肉制品的葡萄糖含量比生肉显著降低，这是葡萄糖参与美拉德反应以及加热过程中葡萄糖自身的降解所致。如表 5-5 所示，烤制后所有处理组烤羊肉中葡萄糖含量均显著降低。对照组烤羊肉中葡萄糖含量按加热时间依次降低了44%、55%和79%，加热时间越长，损耗的葡萄糖越多。在添加红柳提取物的烤羊肉中，葡萄糖含量的变化也表现出同样的趋势。与对照组烤羊肉相比，对于烤制时间为15min的烤羊肉，红柳提取物的添加虽然能够显著提高其葡萄糖的含量，但是提高的幅度不是非常明显。对于其他烤制时间的烤羊肉，其葡萄糖含量也变化不大。总体而言，红柳提取物的添加能够在一定程度上减缓葡萄糖的损耗。

表5-5　红柳提取物添加量及烤制时间对烤羊肉饼中葡萄糖含量的影响

单位：mg/g

烤制时间	红柳提取物添加量			
	对照组	0.15g/kg	0.30g/kg	0.45g/kg
15min	0.69 ± 0.03^{cA}	0.74 ± 0.02^{bA}	0.69 ± 0.02^{cA}	0.81 ± 0.02^{aA}
25min	0.55 ± 0.04^{dB}	0.72 ± 0.02^{bA}	0.64 ± 0.03^{cB}	0.78 ± 0.02^{aB}
35min	0.26 ± 0.04^{cC}	0.40 ± 0.01^{bB}	0.44 ± 0.01^{aC}	0.45 ± 0.02^{aC}

注：①数据表示为平均值±标准差；②同行数值肩标不同的小写字母（a~d）表示不同红柳提取物添加量处理间差异显著（$P<0.05$），同列数值肩标不同的大写字母（A~C）表示不同烤制时间处理间差异显著（$P<0.05$）。

2. 烤猪肉中还原糖的变化

还原糖是美拉德反应的必需底物之一，在加工过程中必然由于美拉德反应而导致其含量降低。猪肉在烧烤期间，还原糖含量呈逐渐下降的趋势，其含量在0min、20min和30min时分别为（0.365±0.029）mg/g、（0.180±0.023）mg/g、（0.119±0.033）mg/g，前20min内比后20min还原糖含量降低得更多。

在整个烧烤过程当中还原糖含量呈逐渐下降的趋势，而且随着时间的延长，还原糖的降低速率会随之降低。在美拉德反应的第一阶段，氨基酸中的游离氨基和还原糖中的羰基化合物发生缩合反应，生成席夫碱。席夫碱对热不稳定，重新发生分子重排进而形成稳定的 N-葡萄糖基胺。在酸性条件下，N-葡萄糖基胺可以发生 Amadori 重排，其中初级产物 1-氨基-1-脱氧-2-酮糖可以转变为 2-氨基-2-脱氧酮糖。由于美拉德反应第一阶段在温度较低的情况下比较活跃，短时间内还原糖含量显著降低。除此之外，还原糖在没有游离氨基存在的情况下，也能因受热而发生自身降解。当温度继续升高，且加热时间较长时，最终会形成焦糖色。此时，美拉德反应活性逐渐减弱，氨基酸不再参与反应，而主要以还原糖自身的降解或聚合为主，因此还原糖含量的降低趋势减弱。

3. 烤牛肉饼中葡萄糖和肌酸的变化

生牛肉中的肌酸含量为（4.25±0.11）mg/g（图5-2）。烤制加热显著降低了牛肉中的肌酸含量（$P<0.05$）。对照组牛肉饼比生牛肉降低了53.88%，这可能是烤制加热过程中肌酸转化为肌酐所致，而产生的部分肌酐进一步参与 IQ 型和 IQx 型杂环胺分子结构中氨基咪唑部分的形成。添加花椒叶醇提物在一定程度上抑制了烤牛肉饼中肌酸的转化，与对照组相比，添加三个水平的醇提物的烤牛肉饼中肌酸含量分别增加了14.29%、18.88%和36.22%。添加0.045%醇提物烤牛肉饼的肌酸含量显著高于对照组和0.015%处理组（$P<0.05$），但与0.030%处理组无显著差异（$P>0.05$）。

还原糖也参与杂环胺的形成。许多研究指出，单独加热 Phe，仅有极少量 PhIP 生成；加热葡萄糖与 Phe 的混合物（摩尔比为 1∶2）时，PhIP 的生成量显著上升。葡萄糖的碳原子也参与了 IQx、8-MeIQx 和 4,8-DiMeIQx 的形成。本研究中，生牛肉中葡萄糖的含量为（3.80±0.18）mg/g（图 5-2）。由图可知，所有肉饼的葡萄糖含量均显著低于生牛肉中葡萄糖的含量，分别降低了 43.42%、42.63%、37.63% 和 29.21%（$P<0.05$）。这主要是烤制加热过程中葡萄糖与氨基酸发生美拉德反应所致。花椒叶添加在一定程度上抑制了葡萄糖的加热损耗，其中添加 0.045% 醇提物牛肉饼的葡萄糖含量显著高于对照组和 0.015% 醇提物牛肉饼（$P<0.05$），比对照组其含量增加了 25.12%。综上所述，肉饼内源葡萄糖的含量随着花椒叶醇提物添加水平的增加呈现逐渐升高的趋势。烤牛肉饼中前体物的损耗抑制与杂环胺的形成抑制作用有紧密关系。

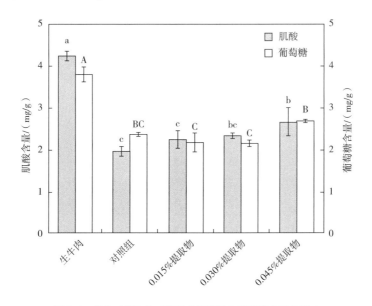

图 5-2　花椒叶提取物对烤牛肉饼肌酸和葡萄糖含量的影响

注：不同小写字母（a~c）表示不同处理组间肌酸含量差异显著（$P<0.05$），不同大写字母（A~C）表示不同处理组间葡萄糖含量差异显著（$P<0.05$）。

三、硫胺素的变化

硫胺素是一种含氮、硫的双环化合物，也称为维生素 B_1，是一种重要的肉香化合物前体物质，它通过热降解反应能产生一些重要的挥发性化合物。挥发性的含硫化合物对牛肉的香气作用比较大，对烤牛肉的香气具有显著贡献的含硫化合物是甲硫基丙醇、2-乙酰基噻唑和 2-乙酰基四氢噻唑。

硫胺素的量在整个烧烤过程中呈现下降趋势，随着烧烤时间的延长下降速率随之加快。在 0~20min，硫胺素的量从（0.500±0.008）mg/100g 减少到（0.397±0.011）mg/100g，在 20~40min，从（0.397±0.011）mg/100g 减少至（0.179±0.009）mg/100g。研究证实，硫胺素热反应可产生 6 种典型的风味物质：3-乙酰基-1,2-二硫杂戊烷、4,5-二甲基噻唑、2-甲基四氢噻吩-2-硫醇、2-甲基-4,5-二氢噻吩-3-硫醇、2-甲基噻吩-3-硫醇、双（2-甲基-

3-噻基）二硫化物。而这些化合物在水中风味阈值都很低，均低于 0.05μg/kg，大多具有肉香味。可见，硫胺素是形成肉香风味的重要前体物质。

四、烤羊肉中肌酸和肌酐的变化

（一）加热时间对肌酸和肌酐含量的影响

肌酸是存在于哺乳动物体内的一种天然化合物，与能量代谢密切相关。经测定，生羊肉中肌酸的含量为 11.52mg/g，肌酐含量为 0.076mg/g，烤制加热的样品中肌酸含量下降（表5-6），而肌酐含量呈上升趋势（表5-7）。在对照组羊肉饼烤制 15min、25min 和 35min 后，肌酸含量分别下降30%、31%和46%，而肌酐含量分别增加321%、768%和1150%。可见，加热可以使肌酸转化为肌酐，并且加热时间越长，转化量越高。肌酸或肌酐在熟肉中杂环胺致突变活性的形成过程中起着关键作用，如果没有肌酐存在，咪唑喹啉类杂环胺和咪唑喹喔啉类杂环胺则不能形成，但对非极性杂环胺形成的影响不大。

表5-6　加热时间和红柳提取物添加量对烤羊肉饼中肌酸含量的影响

单位：mg/g

加热时间/min	对照组	红柳提取物		
		0.15	0.30	0.45
15	8.05 ± 0.29^A	7.32 ± 0.83^A	7.70 ± 1.47^A	8.47 ± 0.98^A
25	7.86 ± 0.76^aA	7.45 ± 0.08^abA	7.27 ± 0.14^bA	7.27 ± 0.26^bB
35	6.20 ± 0.35^bB	5.25 ± 0.67^cB	6.16 ± 0.21^bB	7.41 ± 0.91^aB

注：①数据表示为平均值±标准差；②同行数值肩标不同的小写字母（a~c）表示不同红柳提取物添加量处理间差异显著（P<0.05），同列数值肩标不同的大写字母（A~C）表示不同加热时间处理间差异显著（P<0.05），无字母表示差异不显著（P>0.05）。

（二）红柳提取物对肌酸和肌酐的影响

由表5-6可知，在添加量为 0.15~0.45g/kg，添加红柳提取物的烤羊肉饼中肌酸含量随着烤制加热时间的延长而降低，这与对照组肌酸含量的变化趋势是一致的。红柳提取物的添加对肌酸含量有一定影响。与对照组相比，添加红柳提取物的烤制 15min 的羊肉饼中肌酸含量无显著影响（P>0.05）；添加 0.30g/kg 和 0.45g/kg 红柳提取物的烤制 25min 的羊肉饼，其肌酸含量显著降低（P<0.05），而烤制 35min 时添加 0.45g/kg 红柳提取物的烤羊肉饼中肌酸含量显著增高（P<0.05）。总体看来，添加红柳提取物能够对加热引起的肌酸的损耗具有一定的补偿作用。这与红柳提取物抑制一些杂环胺形成的效果是一致的。

表5-7　红柳提取物和加热时间对烤羊肉饼中肌酐含量的影响　单位：mg/g

加热时间/min	对照组	红柳提取物		
		0.15	0.30	0.45
15	0.32 ± 0.01^aC	0.25 ± 0.02^cC	0.29 ± 0.04^abC	0.27 ± 0.02^bcC

续表

加热时间/min	对照组	红柳提取物		
		0.15	0.30	0.45
25	0.66 ± 0.09^{aB}	0.47 ± 0.06^{bB}	0.51 ± 0.02^{bB}	0.50 ± 0.04^{bB}
35	0.95 ± 0.03^{aA}	0.76 ± 0.10^{bA}	0.63 ± 0.04^{cA}	0.69 ± 0.06^{bcA}

注：①数据表示为平均值±标准差；②同行数值肩标不同的小写字母（a~c）表示不同红柳提取物添加量处理间差异显著（$P<0.05$），同列数值肩标不同的大写字母（A~C）表示不同加热时间处理间差异显著（$P<0.05$）。

由表5-7可知，添加红柳提取物虽然极大地提高了烤羊肉饼中肌酐含量，且随加热时间的延长而增加。但与对照组相比，肌酐含量提高的幅度却明显下降。烤制加热15min的羊肉饼，添加红柳提取物使得肌酐含量下降9%~20%，在烤制加热25min和35min的烤羊肉饼，添加红柳提取物使其肌酐含量下降22%~33%。

五、水分的变化

水分对肉品加工过程中所发生的变化有重要影响，随着烤制时间的延长，肉品的中心温度逐渐升高，相应的水分含量则不断降低。有研究表明，烤制时间达到20min时，猪肉中的水分含量由最初的72.58%降到了49.65%，而烤制时间达到40min时，猪肉中的水分含量则为32.50%，相比于原料肉降低了55.22%。而烧烤风味的产生是外部低水分活度条件下肉外层产生的风味物质和肉内部高水分活度产生的风味物质的综合，而不是单纯由外面或内部贡献的。因此，猪肉烤制过程中水分含量不断减少，逐渐形成了烧烤肉制品特有的风味。

第二节 肉品烧烤期间杂环胺的形成

杂环胺（Heterocyclic Amines，HCAs）是由碳、氮与氢原子组成的具有多环芳香族结构的化合物。在近30年，杂环胺已受到广泛关注。这类化合物经常在经高温处理的高蛋白食品当中被发现，如肉制品和水产品等。

一、烧烤肉品中杂环胺的形成

从生成方式上，杂环胺主要分为两类：第一类由杂环胺的4种前体物即葡萄糖、氨基酸、肌酸与肌酐经热反应而形成，也称为氨基咪唑氮杂环芳香烃，包括喹啉类（IQ、MeIQ）、喹喔啉类（IQx、MeIQx、4,8-DIMeIQx、7,8-DieIQx）、吡啶类（PhIP）以及呋喃吡啶类（IFP）；另一类直接由单一氨基酸或蛋白质经热裂解而生成，其形成温度一般高于300℃，主要包括 α-咔啉（Aαc、MeAαC）、β-咔啉（Norharman、Harman）、γ-咔啉（Trp-P-1、Trp-P-2）和 ζ-咔啉（Glu-P-1、Glu-P-2）。

烧烤通常是在较高温度下（190~260℃）进行的，很容易导致杂环胺的生成。杂环胺的致突变能力是黄曲霉毒素 B_1 的100多倍，是3,4-苯并芘的2000倍以上。由于杂环胺有较强的致癌、致突变作用，因此近年来对杂环胺的检测也成为研究热点之一。研究者对煎炸、炉烤、炉烘的牛肉、猪肉、鱼肉等进行了相关的检测研究，Polak 等在烤猪肉中检测到的MeIQx 达 2.45μg/kg；Puangsomba 等研究显示，牛排在 232℃烘烤 10min 可产生 PhIP、MeIQx和 4,8-DiMeIQx 三种杂环胺，共 1.72μg/kg，烘烤 20min，杂环胺总量增加到 6.04μg/kg；Sinha 等在烘烤至八成熟的培根中检测到一种杂环胺 PhIP，含量为 1.4μg/kg，而十成熟的培根中检测到两种，即 PhIP 和 MeIQx，总含量达 20.1μg/kg；在煎烤牛肉饼中 IQ 的含量为0.5~20μg/kg，而 MeIQ 只有微量生成；在煎烤碎牛肉中 7,8-DiMeIQx 的含量为 0.7μg/kg，而烘烤鳝鱼中则为 5.3μg/kg。

（一）IQ 型杂环胺的形成

杂环胺是由肌酸、氨基酸和碳水化合物通过美拉德反应等复杂过程形成的，美拉德反应也是通过自由基机制形成的，它被证明对咪唑并喹啉与咪唑并喹喔啉基团的形成有重要作用。Jagerstad 等人首次提出了 IQ 型杂环胺的形成机制，即肌酸通过环化和脱水形成分子中氨基咪唑部分，而 IQ 型杂环胺剩下的部分来源于美拉德反应中 Strecker 降解产物如吡啶和吡嗪等。通过 Strecker 反应产物醛或相关席夫碱，发生醇醛缩合将这两部分连接起来。这个假说已在几种杂环胺中得到了验证。

（二）Norharman 的形成

Norharman 是一种非极性杂环胺，Norharman 自身并没有致突变性，但当与苯胺共存时它可以变成致突物。其基本形成机制：色氨酸 Amadori 重排产物（ARP）以呋喃糖的形式进行脱水反应，随后在环氧孤对电子的辅助下进行 β 消去反应从而形成一个共轭的氧鎓离子。这个反应中间体可以通过脱水和形成一个扩展的共轭体系而进一步稳定自身，或者通过 C—C键断裂而产生一个中性的呋喃衍生物和一个亚胺鎓阳离子。随后中间体进行分子内亲核取代反应而形成 β-咔啉。

（三）PhIP 的形成

有研究表明，PhIP 的前体物质很可能为苯丙氨酸、肌酐和葡萄糖。以苯丙氨酸和肌酐作为前体物的简单模型体系中，PhIP 的形成首先是 Strecker 降解产物苯乙醛的形成，第二步是醛和肌酐的醇醛缩合反应并随后脱水。在模型体系和加热肉品中已鉴定出这些缩合产物。PhIP 中形成吡啶基团的氮原子的来源至少有两部分：一是肌酐的氨基与中间体的含氧基团反应而成，二是苯丙氨酸的氨基或者是游离氨。

（四）烤鸭中杂环胺的形成

从烤鸭中检测出 9 种杂环胺（表 5-8）。高效液相色谱分析显示，所有烤鸭中均有Norharman 和 Harma；在木料明火 A 烤鸭中检测出 MeIQx 和 PhIP。4,8-DiMeIQx 和 Trp-P-2在木料明火 B 烤鸭中被检出；木炭烤鸭的杂环胺含量最多，高达 99.13ng/g。国际癌症研究

表 5-8　市售烤鸭胸皮中杂环胺含量　　　　　　　　　　　单位：ng/g

杂环胺	加热方法			
	木料明火 A	木料明火 B	液化石油气明火 C	木炭明火 D
IQ	ND	ND	11±2	46.85±0.48

续表

杂环胺	加热方法			
	木料明火 A	木料明火 B	液化石油气明火 C	木炭明火 D
MeIQx	2.1±0.8	ND	ND	21.92±1.82
4,8-DiMeIQx	ND	1.4±0.5[b]	6.3±2[a]	ND
Norharman	8.2±1[b]	6.7±1[b]	14±2[a]	13.55±2.17
Harman	5.2±1[b]	3.8±1[b]	12±2[a]	10.20±1.21
Trp-P-1	ND	ND	ND	1.75±0.16
Trp-P-2	ND	1.1±0.3[b]	1.7±0.4[a]	ND
PhIP	1.3±0.4[b]	ND	4.3±0.6[a]	4.86±0.31
AαC	ND	ND	0.78±0.2	ND
总量	16.82	13.01	49.95	99.13

注：①同一行数值肩标字母不同者差异显著（$P<0.05$）；②ND 表示未检出。

机构把 IQ 定为对人类很可能致癌的物质（2A 类），把 MeIQ、MeIQx、PhIP、Trp-P-2 和 AαC 定为对人类可能致癌的物质（2B 类）。杂环胺的形成决定于许多因素，如加热方法、加热温度和时间、鸭肉脂肪含量和水分活度。

二、烤架上的杂环胺

烧烤是一种将肉直接与热源接触的加热方式。在烧烤过程中，温度一般在 190~260℃，肉与热源的接触比较紧密，烤架的温度可高达 500~600℃，因此肉表层的温度相较于其他加热处理要高得多。通常来说，烧烤的杂环胺产生量大于油炸、卤煮等其他加热方式，肉在高温下渗出的汁液中含有大量杂环胺前体物，如肌酸、肌酐、还原糖等，当烤架上黏附有肉和肉汁时，这些前体物在明火的炙烤下必然产生数量可观的杂环胺类化合物。因此，烤架上附着的少量肉渣可能含有比烤肉自身含量更高的杂环胺。但是，这方面的研究报道比较少，需要进一步研究以证实以上观点。

第三节 肉品烧烤期间多环芳烃的形成

多环芳烃（PAHs）是煤、石油、木材、烟草、有机高分子化合物等有机物不完全燃烧时产生的挥发性碳氢化合物，是重要的环境和食品污染物。3,4-苯并芘是第一个被发现的环境化学致癌物，而且致癌性很强。

一、肉品中多环芳烃的形成

肉制品烘烤过程中，若温度较高（达 200℃以上），其中的有机物质受热分解，经环化、聚合而形成一种称 3,4-苯并芘的多环芳烃。食品中的 3,4-苯并芘来源主要有以下几个方面：①烧烤时的燃料如木炭，含有少量的 3,4-苯并芘，在高温条件下有可能伴着烟雾进入肉制品中；②烧烤时，动物油脂在高温条件下滴到炭火上发生热聚合反应，随烟雾附着于肉制品表面；③肉自身的还原糖和脂肪等化合物不完全燃烧也会产生 3,4-苯并芘以及其他多环芳烃类物质；④肉制品炭化时脂肪高温裂解，产生自由基，经热聚合形成 3,4-苯并芘。

澳大利亚学者在 1960 年提出了 3,4-苯并芘的形成步骤：首先是有机物在高温缺氧条件下裂解产生碳氢自由基并结合成乙炔，乙炔经聚合作用形成乙烯基乙炔或 1,3-丁二烯，然后再经环化作用生成己基苯，再进一步结合成丁基苯和四氢化萘，最后通过中间体形成 3,4-苯并芘。但到目前为止，3,4-苯并芘的形成机制尚不完全清楚。

在各类食品中，多环芳烃在肉制品中出现的频率较高，这是因为部分肉制品中含有较多脂肪，温度高于 200℃时发生分解就会产生多环芳烃。Tsai 等（2014）研究了中国台湾炭烤肉制品和海鲜制品中的 16 种多环芳烃，表 5-9、表 5-10、表 5-11 分别列出了畜禽肉、红肉和海鲜原料肉及炭烤结束后 16 种多环芳烃的总量和 3,4-苯并芘的量。从表 5-12 可以看出畜禽肉中原料肉的多环芳烃的含量从 55.6μg/kg 到 69.1μg/kg 不等，3,4-苯并芘含量为零；但在炭烤结束后，鸡心、鸡胸肉、鸡腿肉和鸭腿肉中多环芳烃的总含量有显著增加，而鸡胗中的多环芳烃却又明显下降，除鸡胗外都检测出 3,4-苯并芘，最高的含量为 3.3μg/kg（鸭腿肉）。在对红肉的检测当中，羊排原料肉中未检测到 3,4-苯并芘，而在炭烤之后羊排中的多环芳烃有很大程度的增加，含量范围在 65.6~547.5μg/kg，而其他红肉中的多环芳烃也有类似的结果。在海产品中，原料肉以及炭烤后的肉制品中都没有发现 3,4-苯并芘的存在，除章鱼在炭烤后多环芳烃总量有显著增加，其他几种海鲜在炭烤后多环芳烃都有不同程度的降低。在炭烤结束后，检测到 3,4-苯并芘的肉制品有鸡心、鸡胸肉、鸡腿肉、鸭腿肉以及羊排，其中羊排中的含量最高（5.8μg/kg），这可能是因为在炭烤期间油滴到木炭上燃烧形成烟雾，导致 3,4-苯并芘附着到肉的表面。另外，在炭烤后，有些肉制品中的多环芳烃会有不同程度的降低，这可能是由于烧烤会引起一些多环芳烃的挥发或者是会生成其他多环芳烃衍生物。鸡腿肉、鸡胸肉、鸭腿肉、羊排和章鱼分别经烤制 40min、30min、40min、12min、80min 后，肉中多环芳烃的总量分别为 118.3μg/kg、238.8μg/kg、245.0μg/kg、547.5μg/kg、249.7μg/kg，均大于 100μg/kg。其原因可能是这些原料肉烤制时间相对较长，脂肪含量较高，但对于脂肪含量相对较少的鸡胸肉和章鱼来说，应该是其较大的受热面积使肉表面沉积的多环芳烃总量相对较高。需重点指出的是，羊排在炭烤后 3,4-苯并芘的检出量为 5.8μg/kg，已超过我国的最高限量标准（5μg/kg）。

表 5-9 畜禽肉中原料肉及炭烤后多环芳烃和 3,4-苯并芘的含量 单位：μg/kg

多环芳烃	鸡心（26min）		鸡胗（16min）		鸡胸肉（30min）		鸡腿肉（40min）		鸭腿肉（40min）	
	原料	炭烤	原料	炭烤	原料	炭烤	原料	炭烤	原料	炭烤
3,4-苯并芘	ND	2.4	ND	ND	ND	1.3	ND	3.3	ND	3.1
多环芳烃总量	62.6	88.2	57.3	6.7	55.6	238.8	57.4	118.3	69.1	245.0

表 5-10　红肉中原料肉及炭烤后多环芳烃和 3,4-苯并芘的含量　　单位：μg/kg

多环芳烃	牛排 （32min）		羊排 （12min）		猪排 （16min）		火腿 （12min）		猪蹄 （46min）	
	原料	炭烤	原料	炭烤	原料	炭烤	原料	炭烤	原料	炭烤
3,4-苯并芘	ND	ND	ND	5.8	ND	ND	ND	ND	ND	ND
多环芳烃总量	56.9	54.4	65.6	547.5	64.4	27.7	62.5	1.2	64.9	23.0

表 5-11　海鲜中原料肉及炭烤后多环芳烃和 3,4-苯并芘的含量　　单位：μg/kg

多环芳烃	牡蛎 （20min）		章鱼 （80min）		鲑鱼 （18min）		鱿鱼 （20min）		小虾 （10min）	
	原料	炭烤	原料	炭烤	原料	炭烤	原料	炭烤	原料	炭烤
3,4-苯并芘	ND	ND	ND	ND	ND	ND	ND	ND	ND	ND
多环芳烃总量	55.4	30.7	56.2	249.7	62.1	46.4	61.4	6.6	55.6	42.6

表 5-12　不同加热方式烤肉中 3,4-苯并芘和 PAH4 的含量　　单位：μg/kg

多环芳烃	烤鸭皮			烤鸭肉	
	炭挂炉	炭电加热	炭燃气	炭挂炉	炭电加热
3,4-苯并芘	8.7	ND	4.24	ND	ND
PAH4	32.5	ND	—	1.8	ND

注：　ND 表示未检出。

　　烤鸭是我国传统禽肉制品，因营养丰富、皮红肉香、风味独特、味美可口，深受广大人民群众的欢迎。但传统烤鸭加工方式主要为利用木炭、燃气、电烤制，使其温度过高，从而产生较多的有害物质。从表 5-12 可以看出以挂炉方式加工的烤鸭，鸭皮中的 3,4-苯并芘为 8.7μg/kg，PAH4 高达 32.5μg/kg，远高于我国规定在肉制品中 3,4-苯并芘的最高残留量限制（<5μg/kg），而鸭肉中并未检出 3,4-苯并芘，PAH4 的含量也相对较少；使用燃气烤制时 3,4-苯并芘含量为 4.25μg/kg，接近国标限量 5μg/kg；以电加热的加工方式制作的烤鸭、烤鸭皮和烤鸭肉中 3,4-苯并芘和 PAH4 含量均为零。因此，以挂炉方式制作的烤鸭，鸭皮中含有较多的 3,4-苯并芘，而且多环芳烃的种类和含量也要比烤鸭肉中高出很多倍，燃气烤制方式产生的有害物质次之，而以电加热方式加工鸭子则更为安全、健康。

表 5-13　烤肉烟雾中 3,4-苯并芘和 PAH4 的浓度　　单位：μg/kg

多环芳烃	猪肉	牛肉	虹鳟鱼
3,4-苯并芘	2.1	0.027	0.068
PAH4	78	1.5	2.1

肉的种类影响烟雾中多环芳烃的浓度，由表5-13可知，以甲烷为燃料烧烤猪肉时烟雾中3,4-苯并芘和PAH4的浓度最高，分别比烤鱼肉时的3,4-苯并芘和PAHs的浓度30倍和37倍。这可能是由于猪肉含有较多的脂肪，脂肪烧烤过程中滴到火焰上会产生较多的多环芳烃。

超高效液相色谱（UHPLC）分析显示，在市售的北京烤鸭胸皮中检测到的3,4-苯并芘（BaP）含量为0~2.94μg/kg。Guo等（2011）报道，北京烤鸭中BaP为8.7μg/kg，PAH4为32.5μg/kg。烧烤温度和烧烤持续时间等因素影响多环芳烃的种类和含量。木材明火挂炉加工的烤鸭皮中BaP含量高可能是鸭肉多不饱和烃类落到燃烧的木材上发生高温分解或不完全燃烧造成的。

二、烤架上的多环芳烃

烧烤食物的温度一般在200℃左右，对食品污染程度较低，但随着烤制时间的不断延长，温度不断升高，肉中的脂肪不断滴落到炭火上，就会产生大量的多环芳烃。在烤制期间，金属架的温度会超过200℃，即在500~600℃，远高于肉和周围空气的温度。肉由于受热表面收缩，肉的表面与烤架直接接触，随之就会产生较多的多环芳烃。肉直接在高温下进行烧烤，被分解的脂肪滴在炭火上，食物脂肪热解并产生热聚合反应产物与肉里蛋白质结合，会产生大量的高强度致癌物——3,4-苯并芘，附着于食物的表面。另外，在烤制期间燃料不完全燃烧也会产生大量的3,4-苯并芘，并沉积于食物表面。有人测出，烤肉用的铁签上黏附的焦屑中的3,4-苯并芘含量高达125μg/kg。因此，在烧烤时要注意烧烤的时间和温度，尤其是温度不要太高。另外，在烧烤食物前，先在烤架上刷一层油，以免食物粘在架上，尽量避免明火烧烤，还要及时清理、更换烤架，保持烤架的清洁。

三、烧烤过程中PM$_{2.5}$的排放

肉制品烧烤过程中会产生大量的烟气，这些油烟含有大量的有机成分，如多环芳烃、杂环胺、甲醛等致癌致突变物质，杂环胺就是Nagao等（1977）在烤鱼的烟气冷凝物中发现的。油烟颗粒物易导致DNA及细胞氧化损伤。当人们吸入这些烟雾时，这些颗粒会在身体内部沉积，有些直径较小的颗粒会进入肺泡中，长期积累会导致肺癌的发生。人体的呼吸器官分为三个区域，即胸腔外区域、气管支气管区域、肺泡区域，烧烤产生的多环芳烃主要集中在1~2.5μm的细颗粒物中，这些颗粒物基本上都沉积在肺泡区。油炸和烧烤是我国传统肉类食品的主要热加工方式，食品加工过程中产生的油烟中PM$_{2.5}$含量较高。肉制品加工油烟成分复杂，且随加工方式、加工温度及食物原料成分不同而异。石金明等（2014）使用燃气炉烤制烤鸭，收集高温烤制阶段的烟气，烟气中PM$_{2.5}$质量浓度为2020.00μg/m³，超过标准26.9倍，还指出，煎鱼时排放的PM$_{2.5}$比我国《环境空气质量标准》一级限值（35μg/m³）高了58倍，最高浓度达到2050μg/m³。湘菜和粤菜的烹饪油烟中PM$_{2.5}$分别为1406.3μg/m³和672.0μg/m³，在PM$_{2.5}$颗粒中检测到90多种化学物质，如烷烃、脂肪酸、二元酸、多环芳烃、类固醇、壬醛等。

第四节 影响烧烤肉品有害物质含量的因素

烤肉制品中有害物质的产生量，如杂环胺、多环芳烃、丙烯酰胺等，主要取决于食品种类、加工方式、加工温度与时间，其中加工温度与时间为主要影响因素。

一、原料肉中脂肪的含量

肉中的脂肪含量是影响 3,4-苯并芘残留的一个重要因素。脂肪高温（高于 200℃）加热，可被氧化分解，生成 3,4-苯并芘。在 500~900℃ 的高温时，尤其是 700℃ 以上，最有利于 3,4-苯并芘的形成。其他有机物质例如蛋白质和碳水化合物受热分解时也会产生多环芳烃，但脂肪受热分解产生的最多。Doremire（1979）等研究发现当炭火烧烤牛肉中的脂肪含量由 15% 增加到 40% 时，产品中 3,4-苯并芘的残留量由 16.0μg/kg 增加到 121.0μg/kg。因此，原料肉中脂肪含量越高，在烧烤过程中随之产生 3,4-苯并芘的可能性越大。

二、烧烤温度和时间

众所周知，在烧烤过程中温度和时间对有害物质的形成（杂环胺、3,4-苯并芘等）有显著影响。随着加工温度的升高和加工时间的延长，形成有害物质的种类会逐渐增多，其含量也会明显上升。通过模型计算发现，温度对杂环胺形成的影响较时间更为显著。总体来说，当加热温度超过 200℃ 时，总杂环胺的含量则迅速增加。Gross 等（1992）研究了加热温度对烤鱼中杂环胺含量的影响，结果表明烤鱼在 200℃ 加热 12min 时 Norharman 含量为 26μg/kg，而 270℃ 加热 12min 时 Norharman 的含量为 44μg/kg。Kazerouni 等（2011）研究表明经高温处理的烤肉样品中 3,4-苯并芘的含量为 2.6μg/kg，而低温处理的样品仅有 0.13μg/kg 的 3,4-苯并芘。如果烧烤时间过长，产品被焦化或炭化时，3,4-苯并芘的含量会显著增加。

三、烧烤方式

在烧烤过程中，煤炭、石油、煤气、木柴、香烟以及其他有机物不完全燃烧时，或者局部温度很高（碳氢化合物高温裂解）及使用热原材料不同或加工工艺不合理都可以造成不同数量 3,4-苯并芘的产生。目前，烤制方式基本上分为直接烤制和间接烤制两大类。直接烤制就是食物直接与热源（木炭、煤气、木柴等）接触，使肉或半成品进行熟化和烘干的过程。直接烤制方式包括炭烤、煤气烤以及木柴烤制等。而间接烤制是指热源在烤炉的一侧或两侧，将食物放在不直接接触热源的位置上进行烤制，需要盖上烤炉盖子，其主要方式就是电炉烤制。明火烧烤时，在相同的烤制时间内肉样距离火源越近，其 3,4-苯并芘的残留量越高。经过烟熏、烧烤的肉制品，大部分的 3,4-苯并芘最初主要附着于产品的表层，随着贮存时间延长，3,4-苯并芘可向产品内部渗透，从而产生更严重的污染。Ledicia 等（2008）比较了木火、燃气烤炉和木炭这三种不同的直接烤制方式所生产的面包的多环芳烃的量，结果为木火产生量最多，炭火最少，而用电烤方式烤制时并未检测到多环芳烃。因此，直接烤制时燃烧烟雾中的多环芳烃沉积到食物表面，是食物中多环芳烃的主要来源，而间接烤制则可以有效地降低多环芳烃的产生。

（一）电烤

电烤是一种间接加热的烤制方式，电烤的产品因原料本身并没有接触火源，不存在脂肪滴到明火上而产生 3,4-苯并芘的问题，因此电烤产品中 3,4-苯并芘残留量是最少的。万丽红将猪肉饼在电烤炉中分别在 160℃、200℃、240℃烤制 60min，发现 3,4-苯并芘的含量分别为 1.86μg/kg、1.93μg/kg、2.16μg/kg，相对于其他烤制方式，其 3,4-苯并芘的含量是相当低的。用电炉烤面包时发现，200℃加热 20min 后并没有检测到 3,4-苯并芘，300℃、500℃分别加热 15min 后检测到 3,4-苯并芘的量分别为 0.5μg/kg、0.8μg/kg，比在猪肉饼中检测到的量低得多，这可能是由于面包中的脂肪含量相对于猪肉较少，形成 3,4-苯并芘的量较低。

（二）炭烤

炭烤是一种直接加热方式。在炭烤过程中，影响样品中有害物质（主要是 3,4-苯并芘）含量的可控因素为烧烤的时间和是否接触火焰。有研究表明，炭烤的时间越长，烤肉中 3,4-苯并芘的含量越高，接触火焰烤制的样品中 3,4-苯并芘的含量均高于不接触火焰烤制的样品。接触火焰炭烤 20min，3,4-苯并芘的含量为 5.08μg/kg，而不接触火焰组 3,4-苯并芘的含量为 3.65μg/kg。这说明在炭烤中，是否接触火焰是影响 3,4-苯并芘含量的主要因素。这可能是因为肉类在直接接触火焰时，其中所含的脂肪会分解而产生 3,4-苯并芘，脂肪融化后滴落在热源上，也会产生 3,4-苯并芘，然后随着升起来的烟又落到肉的表面，燃料本身未充分燃烧，也可能会形成 3,4-苯并芘，未充分燃烧的炭灰中的 3,4-苯并芘落到肉上并吸附于肉表面。

（三）煤气烤制

煤气烤制是一种直接加热方式，通过同位素稀释-气质联用技术测定木炭烤制和煤气烤制两种方式烤制的羊肉串中 16 种多环芳烃污染物，结果发现煤气烤制中多环芳烃生成量远低于木炭烤制，煤气烤制时间较长时，烤肉串中多环芳烃总量明显增加。在相同的温度下烤制相同的时间时，煤气烤制和木炭烤制两种烤肉中的 3,4-苯并芘含量分别为 0.47μg/kg、5.63μg/kg，木炭烤制产生的 3,4-苯并芘是煤气烤制的 12 倍左右。

四、加热杀菌和速冻对杂环胺形成的影响

肉制品加工时往往采用杀菌或速冻的方式延长产品货架期。在杀菌或速冻之前的冷却过程中，暴露于空气中的产品可能不同程度地被氧化。

表 5-14 反映的是不同加工方法制备的烤牛肉经灭菌（121℃加热 25min，常温保藏）和速冻（-80℃冻结，-18℃下冻藏）后杂环胺种类和含量的变化。研究结果显示，与未经灭菌和速冻的散装产品（对照组）相对比，传统烤牛肉经灭菌后，杂环胺种类增加，杂环胺总量比对照组增加 89.87%（$P<0.05$），其中，IQ、MeIQ、MeAαC、Harman 和 Trp-P-2 分别增加 4.1 倍、2.6 倍、1.9 倍、0.9 倍和 2.1 倍。速冻烤牛肉中杂环胺种类减少为四种，其杂环胺总量下降 10.9%（$P>0.05$）。速冻烤牛肉与灭菌的烤牛肉相比，8-MeIQx、MeAαC 和 Trp-P-2 这三种杂环胺未检出，IQ、MeIQ、Harman 和 Norharman 的含量分别下降了 2.8 倍、

1.6 倍、0.7 倍和 1.0 倍，杂环胺总量下降 2.1 倍（$P<0.05$）。

表 5-14　灭菌和速冻对烤牛肉杂环胺含量的影响　　　　　　单位：ng/g

类别	传统烤牛肉			热力场加热烤牛肉		
	对照组	灭菌	速冻	对照组	灭菌	速冻
IQ	2.170±0.3[cd]	11.09±0.91[a]	2.95±0.49[c]	0.75±0.02[d]	6.36±1.12[b]	1.48±0.45[cd]
MeIQ	0.12±0.04[b]	0.44±0.10[a]	0.17±0.021[b]	ND	0.15±0.04[b]	ND
8-MeIQx	ND	0.21±0.12[a]	ND	D	0.12±0.09[a]	ND
MeAαC	0.28±0.13[b]	0.79±0.09[a]	ND	0.08±0.02[b]	0.22±0.05[b]	ND
Harman	12.27±1.36[c]	23.06±1.41[a]	13.57±1.59[bc]	4.51±0.52[d]	15.86±1.43[b]	7.14±1.15[d]
Norharman	9.84±1.47[a]	11.09±3.35[a]	5.42±0.78[b]	3.36±0.35[b]	5.99±0.75[b]	2.74±0.37[b]
Trp-P-2	0.14±0.06[b]	0.43±0.09[a]	ND	0.08±0.02[b]	0.09±0.00[b]	ND
总量	24.81±0.43[bc]	47.11±4.07[a]	22.11±0.28[c]	8.77±0.84[d]	28.79±1.24[b]	11.35±1.97[d]

注：数据表示为平均值±标准差；同行数值肩标不同小写字母（a~d）表示差异显著（$P<0.05$）；　ND 表示未检出。

对于热力场干燥牛肉，与未经灭菌散装产品（对照组）相对比，灭菌处理使热力场干燥牛肉新增了 MeIQ 和 8-MeIQx 这两种杂环胺，IQ 和 Harman 含量显著增多，分别是对照组的 8.49 倍和 3.52 倍，杂环胺总含量增加 2.28 倍（$P<0.05$）。在速冻的热力场干燥牛肉中仅检测出 IQ、Harman 和 Norharman，而杂环胺总含量却增加 29.39%（$P>0.05$）。灭菌后的热力场干燥牛肉，不仅比速冻组增多了 4 种杂环胺（MeIQ、8-MeIQx、MeAαC 和 Trp-P-2），而且 IQ、Harman 和 Norharman 的含量均显著增加，分别升高了 3.29 倍、1.22 倍和 1.19 倍。总之，无论是传统烤制牛肉还是热力场干燥牛肉，与对照组相比，灭菌处理的杂环胺的种类增多，含量显著增加，而速冻处理的产品杂环胺种类减少，含量无显著性差异。

灭菌处理的传统烤制牛肉和热力场干燥牛肉均产生 7 种杂环胺。传统烤牛肉中 IQ、MeIQ、MeAαC、Harman、Norharman 和 Trp-P-2 含量均显著高于热力场干燥牛肉，分别高出 74.5%、187.6%、261.4%、45.4% 和 104.5%，杂环胺总量比热力场干燥牛肉高出 63.6%（$P<0.05$）。速冻处理的热力场干燥牛肉产生的杂环胺种类比传统烤牛肉少 1 种（MeIQ），总量降低 48.7%（$P<0.05$），其中 IQ、Harman 和 Norharman 的生成量分别下降 98.99%、90.15% 和 98.32%。所以，无论是灭菌还是速冻，与传统烤牛肉比较，热力场干燥牛肉中的杂环胺含量均显著降低。灭菌处理的烤牛肉中杂环胺含量显著高于速冻组，这可能是加热时间的延长和冷却过程中烤牛肉与氧气的长时间接触所导致的。作者研究发现，市售真空包装的牛肉制品中杂环胺含量显著高于未经高温灭菌的鲜食牛肉制品。速冻过程温度低，未达到杂环胺形成或降解的温度条件，杂环胺含量比灭菌处理组少。

第五节 辅料对肉品中杂环胺和苯并芘含量的影响

一、辅料对杂环胺含量的影响

（一）香辛料对杂环胺形成的影响

根据目前的研究结果，香辛料对于杂环胺的形成既有抑制作用，部分种类香辛料又可以促进杂环胺的生成。在加热高脂肪肉丸子前加入黑胡椒，可起到完全抑制 PhIP 生成的作用，并且在不同的加热温度下黑胡椒对于肉品中的杂环胺总量降低 12% ~ 100% 。Puangsombat 等（2012）研究发现，将 5 种不同方式提取的迷迭香提取物加入牛肉饼中再进行烹调，结果表明对杂环胺的生成有不同程度的抑制作用，分析认为可能是该提取物中迷迭香酸、卡诺醇和鼠尾草酸起到了协同抑制作用。也有报道称，牛排经含有黑胡椒、洋葱和大蒜的腌制液腌制后，在锅煎和烘烤两种方式下加工至全熟，均检测不出 PhIP；在烧烤条件下加工至全熟，PhIP 含量也由原来的 $4.07\mu g/kg$ 降低到 $0.14\mu g/kg$。然而，有研究者却发现添加五香粉和红辣椒粉会诱发 MeAαC、PhIP 和 4,8 – DiMeIQx 的生成，还会大大增加间苯二甲酸二甲酯（DMIP）的生成。因此，目前对于香辛料对杂环胺形成的影响还并没有明确的定论。

1. 高良姜对杂环胺生成的影响

高良姜（*Alpinia officinarum* Hance）为姜科植物，又名良姜、小良姜，被广泛用作调味料或者是姜的替代物，同时还是我国常用的中药材之一。在对高良姜抗氧化试验中发现，在众多的香辛料中，高良姜在 ABTS 法和 FRAP 法中均显示出最高的抗氧化能力，同时还具有较高的清除 DPPH 自由基的能力，清除率为 88.3%，高良姜中的总酚含量也是非常高的。

吕美（2011）通过研究 5 种抗氧化性较强的香辛料（高良姜、麻椒、花椒、香叶和桂皮）对煎烤牛肉饼中杂环胺形成的影响发现，高良姜对煎烤牛肉饼中的 PhIP 抑制率可达到100%，同时对 AαC 和 Norharman 的抑制率也分别达到了 77.27% 和 77.08%。此外，添加 3% 高良姜使煎烤牛肉饼中的杂环胺总量减少 78.32%。高良姜对杂环胺的形成抑制效果是非常显著的，原因可能是高良姜中含有丰富的酚类物质，每克高良姜中约含有 4.33mg 的高良姜素，同时高良姜素是高良姜中唯一的酚类物质，因此可以推断出，高良姜素参与杂环胺的形成反应，并且阻断了杂环胺的形成途径。

2. 桂皮和陈皮

桂皮又称肉桂、官桂或香桂，为樟科植物天竺桂、阴香、细叶香桂、肉桂或川桂等树皮的通称。桂皮是常用中药，桂皮中有强烈的肉桂醛香气和微甜的辛辣味，因此也是肉类烹调中必不可少的调料。陈皮，又称为橘皮，为芸香科植物橘及其栽培变种的成熟果皮。陈皮为药食同源的香辛料，陈皮味苦，但有橘子的芳香，故常用于烹制某些特殊风味的菜肴，如陈皮兔肉、陈皮牛肉等。在抗氧化的试验中，桂皮和陈皮具有较为相似的抗氧化性，抗氧化能力处于 17 种香辛料的中间位置，具有一定的抗氧化能力和清除 DPPH 自由基的能力。

吕美（2011）在试验中发现，将 3% 的桂皮添加到牛肉饼中进行煎烤，由于桂皮的添加使煎烤牛肉饼中的 PhIP 含量增加 250%，对 AαC 和 Norharman 的抑制率也非常低，仅有

4.54%和14.58%。同样，陈皮使煎烤牛肉饼中的 Norharman 含量提高了21.53%，对 AαC 和 PhIP 的抑制率分别为36.36%和50%。

可以发现，香辛料的抗氧化性与其对杂环胺的形成的影响之间并不具有相关性。Damasius 等（2011）发现添加5%的罗勒和牛至可以促进 PhIP 的形成，然而却起到抑制 Trp-P-2 形成的作用。因此，对于香辛料对杂环胺形成的影响问题，目前学界尚无定论。

（二）抗氧化剂对杂环胺形成的影响

在烧烤前将合成的抗氧化剂如丁基羟基茴香醚、没食子酸丙酯、2,6-二叔丁基对甲酚和特丁基对苯二酚加入原料肉中，发现丁基羟基茴香醚减少了 IQ 和 MeIQx 的生成量，2,6-二叔丁基对甲酚也减少了 IQ 和 MeIQx 的量，但4,8-DiMeIQx 的量轻微增加。

在对添加茶及茶多酚对杂环胺形成的影响的研究中发现，加入茶黄素没食子酸与儿茶素没食子酸酯可以显著减少 MeIQx 与 PhIP 的形成。同时在模型体系中加入绿茶和红茶可以减少 PhIP 的生成量。大量试验表明，茶多酚作为美拉德反应中间体的竞争捕获剂和抗氧化剂可以影响美拉德反应中间体的生成量，但其具体机制仍有待研究。大量的试验研究足以说明在肉品加工前添加茶多酚是抑制杂环胺形成的有效方法。

某些维生素对于杂环胺的形成也有明显的抑制作用。例如，维生素 B_6 可显著抑制美拉德反应产物以及糖基化终产物的形成，而作为美拉德反应的一种，杂环胺的形成也受到维生素 B_6 的显著抑制。加入维生素 E 可使 Norharman、PhIP、AαC 以及 MeAαC 的含量减少。高剂量的维生素 C 的添加也能抑制除 Harman 以外的多种杂环胺的形成。类胡萝卜素的添加能在模拟体系和肉汁体系中显著减少 IQx 型杂环胺的形成。

二、烧烤过程中降低3,4-苯并芘的措施

（一）腌渍

影响烤肉中3,4-苯并芘含量的因素有很多，如肉的种类、烧烤温度、烧烤时间以及烟气、热源是否与肉直接接触等。通常可以通过降低烤制温度、缩短烧烤时间、过滤燃料产生的烟气、防止脂肪滴落在热源上等方法抑制烤肉中3,4-苯并芘的生成。关于辅料对烤肉中3,4-苯并芘的影响报道并不多见。Farhadian 等（2010）使用不同的腌渍液腌制牛肉，在炭烤后发现基础腌渍液（含有糖、洋葱、姜黄、柠檬草、食盐、大蒜、香菜、肉桂）可以显著降低3,4-苯并芘含量。洋葱和大蒜中含有丰富的有机含硫化合物，这些化合物可能阻碍美拉德反应的发生。尽管多环芳烃和美拉德反应的关系尚不明确，但已证实美拉德反应的初步产物可以在长时间高温环境下反应生成多环芳烃。不仅如此，在基础腌渍液里添加一定量的柠檬汁，发现其对3,4-苯并芘的抑制能力进一步提高，由此得到酸性腌料更能抑制3,4-苯并芘的结论。

（二）紫外线照射处理

多环芳烃类化合物对紫外辐射引起的光化学反应极为敏感，而3,4-苯并芘是其中最为敏感的物质，极易发生光降解反应。有研究表明，紫外线照射可以加速3,4-苯并芘的降解，处理时间越长，降解就越明显。Janson Chen 等研究发现，将紫外线照射2h后，3,4-苯并芘的含量并没有显著降低，而照射3h后，3,4-苯并芘的残留量却减少到原来的70.85%，这表明紫外线对3,4-苯并芘的降解有相当大的促进作用。因此，可以尝试用这种方法降低烧烤

中 3,4-苯并芘的含量，提高烧烤制品的安全性。

（三）低浓度聚乙烯（LDPE）薄膜包装

有人认为低浓度聚乙烯（LDPE）薄膜可以有效吸收烧烤食品中的多环芳烃。塑料薄膜吸收某种类型的复合物基于一种复杂的过程，由于复合物和薄膜的极性相同，因此可以亲和到薄膜表面，最终扩散到包装膜的内部，而且超过 50% 的多环芳烃的吸附都发生在 24h 内。Janson Chen 等通过模型研究发现低浓度聚乙烯薄膜能够有效地去除多环芳烃，其具体研究内容如下：鸭子经 225℃烧烤 60min，在鸭皮中检测到苯并［a］蒽（BaA）、苯并［b］荧蒽（BaF）和 3,4-苯并芘（BaP）的量分别为 143μg/kg、3.7μg/kg、3.5μg/kg，将烤鸭皮用低浓度聚乙烯薄膜真空包装，确保肉与薄膜完全接触，在室温下放置 24h 后进行检测，BaA、BbF 和 BaP 的量分别为 130μg/kg、1.69μg/kg、0.94μg/kg，苯并［a］蒽和 3,4-苯并芘的量显著降低，尤其是 3,4-苯并芘下降了 73%。这表明烤肉制品中多环芳烃可能通过与低浓度聚乙烯薄膜接触而被去除，因为多环芳烃经常聚集在烧烤肉制品表皮，所以通过接触包装材料进而对 PAHs 进行吸附，从而达到去除多环芳烃的方法是可行的。

参考文献

[1] 冯云，彭增起，崔国梅. 烘烤对肉制品中多环芳烃和杂环胺含量的影响［J］. 肉类工业，2009（8）：27-30.

[2] 刘森轩，彭增起，吕慧超，等. 120℃条件下模型体系烤牛肉风味的形成［J］. 食品科学，2015，36（10）：119-123.

[3] 吕慧超，彭增起，刘森轩，等. 温和条件下模型体系中烧烤风味及杂环胺形成测定［J］. 食品科学，2015，36（8）：150-155.

[4] 吕美. 香辛料的抗氧化性及其对煎烤牛肉饼中杂环胺形成的影响［D］. 无锡：江南大学，2011.

[5] 鄢嫣. 烤肉中杂环胺的形成规律的研究［D］. 无锡：江南大学，2015.

[6] KAO T H, CHEN S, HUANG C W, et al. Occurrence and exposure to polycyclic aromatic hydrocarbons in kindling-free-charcoal grilled meat products in Taiwan［J］. Food & Chemical Toxicology, 2014, 71（8）：149-158.

[7] REY-SALGUEIRO L, MARTÍNEZ-CARBALLO E, SIMAL-GÁNDARA J. Effects of toasting procedures on the levels of polycyclic aromatic hydrocarbons in toasted bread［J］. Food Chemistry, 2008, 108（2）：607-615.

[8] JENSEN W K, DEVINE C, DIKEMAN M. Encyclopedia of meat sciences［M］. Oxford, USA：Elsevier Academic Press, 2004.

[9] SAITO E, TANAKA N, MIYAZAKI A, et al. Concentration and particle size distribution of polycyclic aromatic hydrocarbons formed by thermal cooking［J］. Food Chemistry, 2014, 153（9）：285-291.

[10] LIN G F, WEIGEL S, TANG B Y, et al. The occurrence of polycyclic aromatic hydrocarbons in Peking duck：Relevance to food safety assessment［J］. Food Chemistry, 2011, 129：524-527.

第六章 肉类煮制过程中有害物质的形成

老卤是指反复煮制后所产生的卤汤。传统观念认为，随着老卤连续使用时间的延长，原料肉的可溶性蛋白质、呈味核苷酸等物质越来越多地溶解在老卤中，产品的风味就越浓厚；企业在生产加工时也极为强调老卤的质量，认为老卤越老越好，常将百年老卤视为珍品并积极宣传。杂环胺是在加工鱼、畜禽肉等蛋白质含量丰富的肉制品过程中形成的，其前体物为肌肉中天然存在的氨基酸、肌酸（酐）和葡萄糖；加工时间对其形成也有重要的影响，加工时间越长，产生的杂环胺也就越多，研究表明，加工时间为 1~2h 时，就已经能检测到杂环胺。而老卤本身在长时间的复卤过程中已经有很多杂环胺前体物富集，在之后的连续使用时又会添加酱油或者黄酱等氨基酸含量丰富的物质，因此老卤中会产生更多的致癌致突变的杂环胺。

第一节 肉制品煮制过程中主要营养成分含量的变化

酱卤类肉制品在煮制加热过程中，在发生物理变化、营养成分变化的同时，也会产生杂环胺类化合物。

一、畜禽肉中的杂环胺前体物

（一）畜禽肉中氨基酸的含量

1. 酱牛肉中氨基酸的含量

牛肉、食盐、糖、五香粉、酱油、料酒加入水中，煮制 2h。用老卤继续煮 11 组肉，每次煮制继续加入食盐、糖、五香粉、酱油、料酒，煮制 2h，并保持卤汤体积为 3L。取第 1 次（2h）、第 4 次（8h）、第 8 次（16h）、第 12 次（24h）煮制的牛肉及老卤做分析。

由表 6-1 可知，生牛肉氨基酸总量为 209.16mg/g，其中含量较多的氨基酸有谷氨酸、赖氨酸、亮氨酸和天冬氨酸，半胱氨酸、色氨酸、半胱氨酸的含量较少。牛肉煮制后由于水分的流失和干物质含量的提高，各种氨基酸含量均有所上升，总量为 318.33~349.53mg/g。随着煮制次数的增加，酱牛肉中各氨基酸含量和总量都有一定程度的增加。

表 6-1 煮制 1 次、4 次、8 次、12 次的牛肉中氨基酸的含量 单位：mg/g

氨基酸	生牛肉	煮制次数（总煮制时间）			
		1 次（2h）	4 次（8h）	8 次（16h）	12 次（24h）
天冬氨酸（Asp）	15.07 ± 0.18[b]	18.14 ± 0.1[a]	17.87 ± 0.28[a]	17.88 ± 0.07[a]	18.28 ± 0.16[a]

续表

氨基酸	生牛肉	煮制次数（总煮制时间）			
		1次（2h）	4次（8h）	8次（16h）	12次（24h）
苏氨酸*（Thr）	10.34±0.09[b]	14.43±0.28[a]	14.57±0.09[a]	15.12±0.18[a]	15.78±0.23[a]
丝氨酸（Ser）	8.64±0.11[b]	14.05±0.06[a]	13.88±0.20[a]	14.57±0.48[a]	15.18±0.32[a]
谷氨酸（Glu）	38.06±1.11[b]	59.45±0.64[a]	59.01±0.72[a]	59.23±0.32[a]	64.53±1.68[a]
甘氨酸（Gly）	8.77±0.02[b]	14.98±0.21[a]	14.47±0.13[a]	15.81±0.89[a]	15.85±0.28[a]
丙氨酸（Ala）	12.75±0.31[b]	20.34±0.34[a]	20.49±0.21[a]	21.76±0.58[a]	22.25±0.44[a]
半胱氨酸（Cys）	0.75±0.18[b]	1.61±0.02[a]	1.56±0.09[a]	1.54±0.06[a]	1.86±0.06[a]
缬氨酸*（Val）	10.67±0.32[b]	17.65±0.94[a]	18.88±0.25[a]	18.49±0.19[a]	19.75±0.16[a]
甲硫氨酸*（Met）	6.19±0.23[b]	9.59±0.07[a]	9.74±0.04[a]	9.83±0.12[a]	10.40±0.29[a]
异亮氨酸*（Ile）	10.52±0.49[b]	15.58±0.83[a]	16.58±0.14[a]	16.82±0.37[a]	17.81±0.28[a]
亮氨酸*（Leu）	18.21±0.60[b]	28.72±0.20[a]	28.94±0.22[a]	28.03±0.88[a]	31.44±0.52[a]
酪氨酸（Tyr）	7.04±0.37[b]	10.18±0.28[a]	11.06±0.03[a]	11.87±0.40[a]	12.10±0.01[a]
苯丙氨酸*（Phe）	9.96±0.30[b]	14.15±0.50[a]	14.80±0.13[a]	14.34±0.59[a]	16.27±0.28[a]
赖氨酸*（Lys）	18.91±0.53[b]	29.79±0.01[a]	29.16±0.35[a]	29.82±0.62[a]	31.80±1.04[a]
组氨酸（His）	8.30±0.16[b]	10.22±0.54[a]	11.05±0.17[a]	11.94±0.69[a]	12.28±0.32[a]
精氨酸（Arg）	14.37±0.39[b]	22.91±0.11[a]	22.58±0.11[a]	23.18±0.50[a]	24.59±0.42[a]
脯氨酸（Pro）	8.32±0.19[b]	12.21±0.48[a]	12.39±0.14[a]	13.87±0.43[a]	14.48±0.33[a]
色氨酸*（Trp）	2.29±0.05[b]	4.32±0.12[a]	4.31±0.11[a]	4.45±0.09[a]	4.90±0.16[a]
总氨基酸	209.16	318.33	321.37	328.55	349.53

注：①数值表示为平均数±标准差；②同行数值肩标字母不同表示差异显著（$P<0.05$）；③标 * 者为必需氨基酸；④煮制时间2h/次。

2. 鸭胸肉中游离氨基酸的含量

游离氨基酸是重要的呈味物质，其种类和含量对滋味有重要影响。鸭皮和精肉中游离氨基酸含量随卤煮次数的变化情况分别见表6-2和表6-3。实验模拟盐水鸭生产工艺，炒盐、擦盐、熬卤、复卤、煮制1h。补充水并煮沸后继续进行下一次煮制，直至卤汤重复使用40次。

鸭胸原料鸭皮的游离氨基酸总量为32.12mg/100g，其中含量最高的3种氨基酸是丙氨酸、谷氨酸和脯氨酸。必需氨基酸Lys含量为2.16mg/100g，Phe和Met分别为0.86mg/100g和0.64mg/100g。随着总煮制时间的增加，鸭皮中游离氨基酸含量也逐渐提高。总煮制时间达到40h的卤汤煮过的鸭皮游离氨基酸总含量达到147.83mg/100g，比生鸭皮的游离氨基酸总含量多了3.6倍；其中Ala、Glu和Pro含量分别比生鸭皮多了3.4倍、3倍和2.6倍；

Lys、Phe 和 Met 含量分别比生鸭皮多了 3.1 倍、6.6 倍和 3.9 倍。

原料精肉的游离氨基酸总量为 254.39mg/100g，其中含量最高的 3 种氨基酸是丙氨酸、谷氨酸和甘氨酸，其含量分别为 41.04mg/100g、21.87mg/100g 和 18.51mg/100g。精肉中最丰富的 3 种必需氨基酸 Lys、Leu 和 Thr 含量分别为 16.97mg/100g、15.7mg/100g 和 12.71mg/100g。与鸭皮形成鲜明的对比，鸭胸精肉中游离氨基酸总含量总体上是随着总煮制时间的延长而下降的，尽管总煮制时间达到 40h 的卤汤煮过的鸭胸精肉游离氨基酸总含量又恢复到 254mg/100g 的水平。卤煮 1h 的精肉中游离氨基酸总含量仅为原料精肉的 50%，Lys 减少较为严重，仅为原料精肉的 31%。

表 6-2　卤煮次数对鸭胸原料鸭皮游离氨基酸含量的影响　　单位：mg/100g

氨基酸	原料鸭皮	煮制次数（总煮制时间）				
		1 次（1h）	10 次（10h）	20 次（20h）	30 次（30h）	40 次（40h）
天冬氨酸（Asp）	0.73 ± 0.04^d	0.66 ± 0.00^d	1.79 ± 0.01^c	1.82 ± 0.03^c	2.11 ± 0.09^b	3.21 ± 0.28^a
苏氨酸（Thr）	2.41 ± 0.18^e	5.05 ± 0.05^d	6.96 ± 0.05^c	7.76 ± 0.06^b	8.60 ± 0.27^a	8.32 ± 0.31^a
丝氨酸（Ser）	2.19 ± 0.15^e	4.85 ± 0.03^d	9.54 ± 0.09^c	9.43 ± 0.03^c	10.47 ± 0.35^b	11.47 ± 0.29^a
谷氨酸（Glu）	4.36 ± 0.09^f	6.85 ± 0.12^e	12.23 ± 0.08^d	13.21 ± 0.07^c	15.95 ± 0.58^b	17.47 ± 0.64^a
甘氨酸（Gly）	3.00 ± 0.21^e	7.22 ± 0.03^d	13.12 ± 0.04^a	11.15 ± 0.14^c	13.06 ± 0.35^{ab}	12.48 ± 0.43^b
丙氨酸（Ala）	5.16 ± 0.38^e	11.15 ± 0.01^d	17.52 ± 0.22^c	18.62 ± 0.04^c	21.65 ± 0.90^b	22.99 ± 0.73^a
半胱氨酸（Cys）	0.35 ± 0.01^d	0.52 ± 0.02^c	0.75 ± 0.04^b	0.72 ± 0.01^b	0.74 ± 0.01^b	0.97 ± 0.02^a
缬氨酸（Val）	1.18 ± 0.04^f	1.87 ± 0.04^e	3.57 ± 0.01^d	4.33 ± 0.05^c	5.33 ± 0.20^b	6.18 ± 0.23^a
甲硫氨酸（Met）	0.64 ± 0.02^f	0.94 ± 0.01^e	1.95 ± 0.01^d	2.39 ± 0.02^c	2.90 ± 0.10^b	3.18 ± 0.04^a
异亮氨酸（Ile）	0.53 ± 0.04^f	1.07 ± 0.01^e	2.26 ± 0.02^d	2.68 ± 0.03^c	3.42 ± 0.14^b	4.04 ± 0.11^a
亮氨酸（Leu）	1.18 ± 0.07^f	2.24 ± 0.02^e	4.67 ± 0.02^d	5.55 ± 0.03^c	7.41 ± 0.31^b	8.39 ± 0.28^a
酪氨酸（Tyr）	0.46 ± 0.06^e	0.71 ± 0.01^e	2.22 ± 0.02^d	2.61 ± 0.01^c	3.88 ± 0.15^b	4.23 ± 0.21^a
苯丙氨酸（Phe）	0.86 ± 0.10^e	1.83 ± 0.02^d	3.95 ± 0.08^c	3.98 ± 0.02^c	5.64 ± 0.17^b	6.58 ± 0.16^a
赖氨酸（Lys）	2.16 ± 0.08^e	2.27 ± 0.01^e	5.72 ± 0.08^d	6.48 ± 0.11^c	7.39 ± 0.28^b	8.87 ± 0.40^a

续表

氨基酸	原料鸭皮	煮制次数（总煮制时间）				
		1次（1h）	10次（10h）	20次（20h）	30次（30h）	40次（40h）
组氨酸（His）	0.83 ± 0.05^e	0.81 ± 0.02^e	1.48 ± 0.01^d	2.20 ± 0.01^c	2.99 ± 0.10^b	3.46 ± 0.11^a
精氨酸（Arg）	1.65 ± 0.09^f	2.44 ± 0.01^e	5.69 ± 0.07^d	6.21 ± 0.03^c	6.82 ± 0.28^b	7.77 ± 0.34^a
脯氨酸（Pro）	3.83 ± 0.23^e	9.86 ± 0.20^d	11.97 ± 0.28^c	13.87 ± 0.03^b	15.95 ± 0.36^a	13.92 ± 0.43^b
色氨酸（Trp）	0.60 ± 0.03^f	0.96 ± 0.06^e	2.07 ± 0.08^d	2.90 ± 0.11^c	3.59 ± 0.11^b	4.30 ± 0.12^a
总氨基酸	32.12	61.30	107.46	115.91	137.90	147.83

注：①数值表示为平均值±标准差；②同行数值肩标字母不同代表差异显著（$P<0.05$）。

原料精肉的氨基酸营养比原料鸭皮丰富，是鸭皮氨基酸总含量的7.9倍。煮制1h的鸭皮中游离氨基酸总含量仅为精肉的48%。总煮制时间达到40h的卤汤煮过的鸭皮Lys含量仅为精肉的55%。这表明游离氨基酸在鸭肉中的含量分布与组织部位有关。煮制后鸭胸肉皮层、精肉中游离色氨酸的含量随卤煮次数的增加而显著增加（$P<0.05$），卤煮40次后，鸭皮、精肉中色氨酸含量分别为卤煮1次的4.48倍、2.32倍。色氨酸在鸭皮、精肉中的富集为杂环胺的生成提供了丰富的前体物。

表6-3　卤煮次数对鸭胸肉精肉游离氨基酸含量的影响　　单位：mg/100g

氨基酸	原料精肉	煮制次数（总煮制时间）				
		1次（1h）	10次（10h）	20次（20h）	30次（30h）	40次（40h）
天冬氨酸（Asp）	5.16 ± 0.10^b	1.66 ± 0.05^d	3.62 ± 0.28^c	3.59 ± 0.01^c	3.81 ± 0.04^c	6.07 ± 0.06^a
苏氨酸（Thr）	12.71 ± 0.97^a	10.27 ± 0.24^d	12.46 ± 0.56^c	13.71 ± 0.05^b	14.86 ± 0.11^b	14.62 ± 0.11^b
丝氨酸（Ser）	16.30 ± 0.64^b	9.14 ± 0.15^d	15.90 ± 0.36^b	15.00 ± 0.14^c	16.14 ± 0.17^b	18.32 ± 0.35^a
谷氨酸（Glu）	21.87 ± 0.67^c	11.55 ± 0.95^e	20.18 ± 0.11^d	21.24 ± 0.14^{cd}	24.34 ± 0.31^b	27.71 ± 0.49^a
甘氨酸（Gly）	18.51 ± 1.14^c	13.75 ± 0.12^e	22.26 ± 0.37^a	16.33 ± 0.15^d	20.37 ± 0.17^b	20.25 ± 0.32^b
丙氨酸（Ala）	41.04 ± 1.76^a	24.33 ± 0.30^e	33.28 ± 0.40^c	29.94 ± 0.36^d	34.06 ± 0.42^c	38.40 ± 0.57^b
半胱氨酸（Cys）	1.63 ± 0.13^a	0.88 ± 0.01^d	1.22 ± 0.01^b	1.01 ± 0.01^{cd}	1.08 ± 0.01^{bc}	1.60 ± 0.03^a
缬氨酸（Val）	11.96 ± 0.06^a	4.02 ± 0.03^f	6.83 ± 0.09^e	8.28 ± 0.06^d	9.36 ± 0.12^c	11.17 ± 0.15^b

续表

氨基酸	原料精肉	煮制次数（总煮制时间）				
		1 次（1h）	10 次（10h）	20 次（20h）	30 次（30h）	40 次（40h）
甲硫氨酸（Met）	5.18 ± 0.00[c]	2.26 ± 0.03[f]	3.78 ± 0.10[e]	4.71 ± 0.03[d]	5.48 ± 0.07[b]	5.87 ± 0.09[a]
异亮氨酸（Ile）	7.99 ± 0.02[a]	2.66 ± 0.03[e]	4.42 ± 0.23[d]	6.13 ± 0.03[c]	6.87 ± 0.07[b]	8.16 ± 0.12[a]
亮氨酸（Leu）	15.70 ± 0.09[b]	5.78 ± 0.08[f]	9.51 ± 0.35[e]	12.72 ± 0.09[d]	14.86 ± 0.17[c]	16.87 ± 0.20[a]
酪氨酸（Tyr）	8.63 ± 0.08[d]	3.02 ± 0.05[f]	5.72 ± 0.05[e]	8.82 ± 0.04[c]	9.96 ± 0.07[b]	10.70 ± 0.13[a]
苯丙氨酸（Phe）	9.16 ± 0.05[c]	5.13 ± 0.07[e]	7.27 ± 0.35[d]	9.10 ± 0.06[c]	10.55 ± 0.09[b]	11.25 ± 0.24[a]
赖氨酸（Lys）	16.97 ± 0.17[a]	5.40 ± 0.00[e]	12.13 ± 0.78[d]	13.57 ± 0.10[c]	13.40 ± 0.23[c]	16.00 ± 0.21[b]
组氨酸（His）	5.85 ± 0.06[b]	2.24 ± 0.03[e]	3.50 ± 0.04[d]	5.19 ± 0.02[c]	5.78 ± 0.07[b]	6.57 ± 0.13[a]
精氨酸（Arg）	13.74 ± 0.13[b]	5.89 ± 0.08[d]	11.76 ± 0.42[c]	13.39 ± 0.08[b]	13.81 ± 0.12[b]	15.50 ± 0.25[a]
脯氨酸（Pro）	17.31 ± 0.54[cd]	16.38 ± 0.38[d]	18.34 ± 0.45[c]	20.18 ± 0.11[b]	22.50 ± 0.35[a]	19.95 ± 0.62[b]
色氨酸（Trp）	4.68 ± 0.11[b]	2.21 ± 0.08[e]	3.18 ± 0.08[d]	4.02 ± 0.09[c]	4.91 ± 0.12[ab]	5.12 ± 0.12[a]
总氨基酸	254.39	126.57	195.32	206.93	232.14	254.13

注：①数值表示为平均值 ± 标准差；②同行数值肩标字母不同代表差异显著（$P < 0.05$）。

（二）畜禽肉中的肌酸的含量

1. 酱牛肉中肌酸的含量

生牛肉肌酸含量为 6.97mg/g。经煮制后牛肉中肌酸含量下降到原来的 35% 左右。各煮制次数的酱牛肉间肌酸含量差异不显著（$P > 0.05$），如图 6-1 所示。有报道称，放在塑料袋中的牛排经 70℃ 水浴加热 90min 后肌酸含量为生肉的 59.4%。肌酸含量低的原因可能与牛肉的来源、加热时间长和加热温度高有关。

2. 鸭胸肉中肌酸含量

鸭胸肉原料鸭皮和原料精肉的肌酸含量分别为 0.44mg/g、3.60mg/g（图 6-2）。卤煮 1 次后，精肉的肌酸含量降低为原始含量的 42.50%。有研究显示，煮制后的鸡肉肌酸含量显著低于生鸡肉而肌酐含量显著高于生鸡肉。煮制加热后的精肉肌酸含量的降低可能是肌酸在加热过程中部分转化为肌酐所致。卤煮后鸭皮的肌酸含量是生皮含量的 1.7 倍，这可能是由于卤煮过程中鸭肉中的肌酸大量转移进入鸭皮所致。随着卤煮次数的增加，鸭皮、精肉中的肌酸含量较于新卤样品均呈现上升趋势。总煮制时间达到 40h（40 次）的卤汤煮过的鸭皮、精肉中的肌酸含量分别为卤煮 1 次样品的 1.52 倍、1.17 倍。

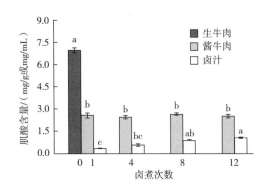

图 6-1 生牛肉、酱牛肉及其老卤中肌酸含量

注：柱形图中不同小写字母表示差异显著（$P < 0.05$）。

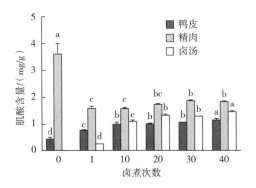

图 6-2 鸭皮、精肉及卤汤中肌酸含量

注：柱形图中不同小写字母表示差异显著（$P < 0.05$）。

二、畜禽肉老卤中氨基酸和肌酸的含量

（一）酱牛肉老卤中游离氨基酸的含量

老卤中也含有氨基酸，如表 6-4 所示。随着复卤次数的增加，即连续时间的延长，老卤中氨基酸总含量增长明显：第一次煮肉的新卤氨基酸总含量约为 2.90mg/g，而连续使用 8h、16h、24h 后，氨基酸总含量上升到约 6.64mg/g、12.25mg/g、19.14mg/g，分别是新卤的 2.29 倍、4.22 倍、6.6 倍。第一次煮的牛肉和相应的老卤中氨基酸总量之比为 109.9，第 4 次、第 8 次、第 12 次煮制的牛肉和老卤这一比值逐渐降低，分别为 48.41、26.82 和 18.26。

表 6-4 煮制 1 次、 4 次、 8 次、 12 次的老卤中氨基酸的含量 单位：μg/mL

氨基酸	煮制次数（总煮制时间）			
	1 次（2h）	4 次（8h）	8 次（16h）	12 次（24h）
天冬氨酸（Asp）	97.75±8.80[d]	264.18±12.81[c]	497.90±4.85[b]	749.12±8.37[a]
苏氨酸*（Thr）	78.41±3.77[d]	194.31±2.51[c]	343.69±10.05[b]	553.32±13.22[a]

续表

氨基酸	煮制次数（总煮制时间）			
	1 次（2h）	4 次（8h）	8 次（16h）	12 次（24h）
丝氨酸（ser）	86.96±4.75[ad]	212.62±2.00[c]	413.72±9.95[b]	610.64±14.48[a]
谷氨酸（Glu）	757.31±16.33[d]	1514.29±102.97[c]	2581.46±45.22[b]	3918.50±153.01[a]
甘氨酸（Gly）	198.63±4.86[d]	640.88±43.92[c]	1165.72±18.67[b]	1845.49±64.34[a]
丙氨酸（Ala）	166.41±4.58[d]	434.22±34.02[c]	837.66±10.77[b]	1334.30±42.99[a]
半胱氨酸（Cys）	19.03±0.40[d]	24.87±2.55[c]	30.28±2.91[b]	38.03±0.47[a]
缬氨酸*（Val）	98.52±1.08[d]	199.58±15.85[c]	419.68±2.00[b]	683.42±50.53[a]
甲硫氨酸*（Met）	27.72±0.28[d]	61.59±6.89[c]	120.46±4.30[b]	169.57±5.04[a]
异亮氨酸*（Ile）	71.77±1.58[d]	134.84±10.10[c]	289.69±2.84[b]	472.98±23.96[a]
亮氨酸*（Leu）	136.13±2.33[d]	256.27±19.34[c]	544.95±6.64[b]	899.56±42.54[a]
酪氨酸（Tyr）	15.00±0.99[d]	28.98±3.15[c]	68.73±0.73[b]	99.97±0.74[a]
苯丙氨酸*（Phe）	232.91±4.75[d]	499.00±33.74[c]	896.26±15.86[b]	1367.72±49.44[a]
赖氨酸*（Lys）	181.94±4.92[d]	317.88±21.97[c]	609.47±14.30[b]	973.46±49.37[a]
组氨酸（His）	335.29±9.23[d]	840.33±63.01[c]	1556.21±27.05[b]	2369.18±89.74[a]
精氨酸（Arg）	94.05±1.54[d]	262.03±20.54[c]	530.68±7.34[b]	835.56±78.56[a]
脯氨酸（Pro）	144.38±0.68[d]	383.56±39.26[c]	670.43±11.05[b]	1059.83±26.50[a]
色氨酸*（Trp）	153.92±4.52[d]	368.92±7.42[c]	673.37±14.97[b]	1163.80±9.02[a]
总氨基酸	2896.12	6638.43	12250.35	19145.31

注：①数值表示为平均数±标准差；②同行数值肩标字母不同表示差异显著（$P<0.05$）；③标*者为必需氨基酸；④煮制时间为2h/次。

（二）酱牛肉老卤中肌酸的含量

如图 6-1 所示，水煮过一次牛肉的新卤中肌酸含量为 0.34mg/mL，随着连续使用时间的延长肌酸含量逐渐上升，使用 8 次、16 次、24 次后分别为 0.57mg/mL、0.88mg/mL、1.08mg/mL，分别是新卤的 1.68 倍、2.59 倍、3.18 倍。第一次煮的牛肉和相应的老卤中肌酸含量之比为 7.56，随着煮制次数的增加这一比例逐渐减低，经 4 次、8 次、12 次煮制后分别为 4.30、3.02、2.32。

（三）鸭胸肉卤汤中游离氨基酸含量

卤煮过程中，鸭肉游离氨基酸及可溶性蛋白不断溶入卤汤，可溶性蛋白又进一步降解为氨基酸。因此，卤汤中的游离氨基酸含量迅速升高。卤汤重复卤煮 10 次（10h）后，卤汤的游离氨基酸总量已经超过鸭胸精肉。煮制 40 次（40h）后，达到 453.90mg/100g。天冬氨酸、谷氨酸为呈鲜味的特征氨基酸，其含量多少决定了卤汤滋味是否鲜美。卤煮 1 次的卤汤，这两种氨基酸含量为 2.89mg/100g，卤煮 40 次后，含量变为 65.96mg/100g，表明卤汤随着使用次数的增多而更加鲜美。色氨酸是 Norharman、Harman 形成的前体物。色氨酸的 Amadori 重排产物经一系列反应后形成 Norharman。由表 6-5 可知，煮制后鸭胸肉卤汤中游离色氨酸的含量随卤煮次数的增加而显著增加（$P<0.05$），卤煮 40 次后，卤汤中色氨酸含量为卤煮 10 次的 1.93 倍。色氨酸在卤汤中的富集为杂环胺的生成提供了丰富的前体物。

表 6-5　煮制次数对卤汤中游离氨基酸含量的影响　　　单位：mg/100g

氨基酸	煮制次数（总煮制时间）				
	1 次（1h）	10 次（10h）	20 次（20h）	30 次（30h）	40 次（40h）
天冬氨酸（Asp）	0.30±0.01[e]	3.93±0.07[d]	5.75±0.20[c]	7.57±0.43[b]	13.39±0.74[a]
苏氨酸（Thr）	1.75±0.03[d]	11.61±0.62[c]	13.81±0.53[b]	15.59±0.84[b]	24.48±1.27[a]
丝氨酸（Ser）	1.84±0.04[e]	17.36±0.98[d]	21.35±0.59[c]	24.56±1.15[b]	36.28±1.68[a]
谷氨酸（Glu）	2.59±0.07[d]	25.53±0.86[c]	32.85±1.05[b]	33.43±1.70[b]	52.57±2.65[a]
甘氨酸（Gly）	2.59±0.05[d]	20.86±0.99[c]	23.50±0.76[c]	29.09±1.49[b]	38.55±1.77[a]
丙氨酸（Ala）	4.41±0.07[d]	37.82±1.97[c]	47.85±1.56[b]	48.27±2.37[b]	74.49±3.87[a]
半胱氨酸（Cys）	0.35±0.01[d]	1.40±0.02[c]	1.72±0.04[b]	1.82±0.11[b]	2.37±0.09[a]
缬氨酸（Val）	0.83±0.02[d]	7.40±0.25[c]	9.94±0.31[b]	10.69±0.50[b]	18.27±0.87[a]
甲硫氨酸（Met）	0.35±0.09[d]	4.32±0.42[c]	5.57±0.16[b]	6.06±0.26[b]	9.76±0.42[a]
异亮氨酸（Ile）	0.37±0.02[d]	4.82±0.29[c]	6.35±0.19[b]	6.65±0.01[b]	11.99±0.55[a]
亮氨酸（Leu）	0.79±0.02[d]	10.04±0.23[c]	13.81±0.43[b]	13.96±0.42[b]	25.34±1.24[a]
酪氨酸（Tyr）	0.20±0.01[c]	5.55±0.10[b]	7.60±0.25[b]	6.19±2.80[b]	14.51±0.82[a]
苯丙氨酸（Phe）	0.68±0.02[c]	8.95±0.13[b]	12.08±0.36[b]	10.25±3.55[b]	20.40±0.89[a]
赖氨酸（Lys）	0.81±0.02[e]	11.83±0.53[d]	14.83±0.38[c]	17.40±0.39[b]	29.43±1.71[a]

续表

氨基酸	煮制次数（总煮制时间）				
	1 次（1h）	10 次（10h）	20 次（20h）	30 次（30h）	40 次（40h）
组氨酸（His）	0.25 ± 0.01^d	4.30 ± 0.09^c	5.61 ± 0.19^b	5.66 ± 0.34^b	10.14 ± 0.46^a
精氨酸（Arg）	0.88 ± 0.01^e	10.60 ± 0.67^d	14.30 ± 0.46^c	16.53 ± 0.84^b	26.14 ± 1.29^a
脯氨酸（Pro）	5.80 ± 0.07^d	23.81 ± 0.80^c	27.90 ± 0.56^b	26.39 ± 0.96^b	38.12 ± 1.54^a
色氨酸（Trp）	0.30 ± 0.02^e	3.97 ± 0.08^d	5.39 ± 0.13^c	6.55 ± 0.18^b	7.67 ± 0.23^a
总氨基酸	25.09	214.10	270.21	286.66	453.90

注：①数值表示为平均数±标准差；②同行数值肩标字母不同表示差异显著（$P<0.05$）。

（四）鸭胸肉卤汤中肌酸含量

随着卤煮次数的增加，卤汤中的肌酸含量较新卤样品均呈现上升趋势（图6-2）。总煮制次数达到40次（40h）的卤汤煮过的卤汤中的肌酸含量为卤煮1次样品的5.76倍。其中卤汤中的肌酸上升速率快于鸭皮和精肉。总煮制次数达到10次（10h）后，卤汤中的肌酸含量已经高于皮层。随着卤煮过程的持续，卤汤与精肉的肌酸含量差距逐渐减小。

（五）鸭胸肉及其卤汤中的葡萄糖含量

鸭胸肉葡萄糖含量随卤煮次数的变化如图6-3所示。生鸭肉中葡萄糖含量为26.24mg/100g，卤煮1次的鸭胸精肉中葡萄糖含量与生肉无显著差异（$P>0.05$）。随着卤汤使用次数的增加，鸭精肉葡萄糖缓慢上升，总煮制次数达到40次（40h）鸭精肉的葡萄糖含量显著高于第1次葡萄糖含量（$P<0.05$）。生鸭皮未检出葡萄糖。卤煮1次后鸭皮中葡萄糖含量为16.49mg/100g，并且随着卤煮次数的增多呈现上升趋势。卤汤使用1次后，其葡萄糖含量为6.72mg/100g。随着卤煮次数的增多，卤汤中葡萄糖含量显著增加（$P<0.05$），卤煮40次后，葡萄糖含量急剧上升到109.14mg/100g。卤汤葡萄糖含量的上升速率高于鸭肉和鸭皮，这和葡萄糖较强的水溶性有关。

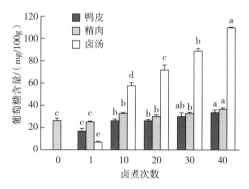

图6-3　煮制次数对鸭胸肉及其卤汤中葡萄糖含量的影响

注：柱形图中不同小写字母表示差异显著（$P<0.05$）。

第二节　肉品煮制期间杂环胺的形成

老卤煮制是我国千百年来沿用的肉类制作方法。研究杂环胺在煮制过程中的形成，对降低肉类消费的风险、提高人民身体健康水平具有重要意义。

一、老卤及煮制方式杂环胺形成的影响

（一）酱牛肉老卤中的杂环胺

第一次煮制的老卤中共检测出 4,8-DiMeIQx、Harman 及 Norharman 及三种杂环胺，总含量为 25.52ng/g，如表 6-6 所示。其中 Harman 含量最高，占三种杂环胺总量的 2/3 左右，其次是 Norharman，占总量的 1/3 左右，4,8-DiMeIQx 含量最低，仅占 1% 左右。随着煮制次数的增加，老卤中形成的杂环胺种类不变，含量总体上呈上升趋势，第 4 次、第 8 次、第 12 次煮制老卤中杂环胺总含量分别是第 1 次煮制的 1.29 倍、2.71 倍、3.26 倍，第 12 次煮制的老卤中杂环胺总量高达 83.31ng/g。随着老卤连续使用时间的延长，老卤中杂环胺总含量呈逐渐增多的趋势。

表 6-6　煮制 1 次、4 次、8 次、12 次卤汤中杂环胺的含量　　单位：ng/g

| 杂环胺 | 煮制次数（总煮制时间） | | | |
	1 次（2h）	4 次（8h）	8 次（16h）	12 次（24h）
4,8-DiMeIQx	0.73 ± 0.07^{bc}	0.81 ± 0.11^{b}	0.94 ± 0.28^{ab}	1.25 ± 0.18^{a}
Norharman	7.74 ± 0.65^{d}	11.09 ± 1.48^{d}	20.84 ± 4.53^{c}	30.12 ± 2.08^{b}
Harman	17.04 ± 1.12^{d}	21.02 ± 1.21^{d}	47.42 ± 6.56^{bc}	51.94 ± 3.32^{b}
总量	25.52	32.92	69.20	83.31

注：数值表示为平均数±标准差；同行数值肩标字母不同表示差异显著（$P<0.05$）；煮制时间为 2h/次。

（二）烧鸡老卤中的杂环胺

老卤 A 中检测出 IQ、Norharman、Harman、Trp-P-2、Trp-P-1 五种杂环胺，杂环胺总量为 42.24ng/g。老卤 B 中检测出 IQ、4,8-DiMeIQx、Norharman、Harman、Trp-P-2、Trp-P-1 六种杂环胺，杂环胺总和 41.49ng/g，如表 6-7 所示。其中老卤 A 中 IQ 含量显著大于老卤 B 中 IQ 含量，其他几种杂环胺含量相似。

表 6-7　两种烧鸡老卤样品中杂环胺含量　　单位：ng/g

样品	IQ	4,8-DiMeIQx	Norharman	Harman	Trp-P-2	PhIP	Trp-P-1	总量
老卤 A	18.11 ± 3.24	ND	4.39 ± 0.34	1.90 ± 0.06	13.80 ± 1.04	ND	4.04 ± 0.56	42.24

续表

样品	IQ	4,8-DiMeIQx	Norharman	Harman	Trp-P-2	PhIP	Trp-P-1	总量
老卤 B	6.56±1.08	11.24±1.35	4.72±0.23	1.62±0.12	12.10±0.97	ND	5.25±0.17	41.49

注：①数值表示为平均值±标准差；②ND 表示未检出。

（三）卤煮时间对鸭胸肉杂环胺含量的影响

1. 卤煮时间对鸭皮杂环胺含量的影响

鸭胸肉皮层杂环胺含量随卤煮时间的变化如表 6-8 所示。卤煮后，鸭皮检测出 3 种杂环胺：Norharman、Harman 和 AαC。随着卤煮时间的延长，皮层中的 3 种杂环胺含量均显著增加（$P<0.05$）。与卤煮 0.5h 相比，1h 的各种杂环胺生成量均无显著差异（$P>0.05$），而 1.5h、2h 的生成量显著增加（$P<0.05$），并且随着卤煮时间的延长，杂环胺的生成速度加快：卤煮 1h、1.5h 和 2h 时杂环胺总量分别为卤煮 0.5h 的 1.22 倍、1.61 倍和 4.63 倍。因此，鸭胸肉皮层的卤煮过程应尽量控制在 1.0h 以内。

2. 卤煮时间对精肉杂环胺含量的影响

表 6-9 反映了鸭胸肉精肉杂环胺含量随卤煮时间的变化。精肉检出的杂环胺种类与皮层一致，其中 Norharman 和 Harman 含量较高，且随时间延长增加明显，AαC 含量较低且增加幅度不大。

表 6-8　不同卤煮时间的鸭胸肉皮层的杂环胺含量　　　　单位：ng/g

杂环胺	原料肉	卤煮时间/h			
		0.5	1	1.5	2
Norharman	ND	0.31±0.03[c]	0.37±0.02[c]	0.57±0.08[b]	2.12±0.09[a]
Harman	ND	0.45±0.05[c]	0.59±0.05[bc]	0.69±0.08[b]	1.80±0.11[a]
AαC	ND	0.13±0.01[c]	0.13±0.02[bc]	0.17±0.01[b]	0.20±0.00[a]
总量	ND	0.89	1.09	1.43	4.12

注：①数值表示为平均值±标准差；②每行数值肩标不同字母表示差异显著（$P<0.05$）。

表 6-9　不同卤煮时间的鸭胸精肉的杂环胺含量　　　　单位：ng/g

杂环胺	原料肉	卤煮时间/h			
		0.5	1	1.5	2
Norharman	ND	0.41±0.03[c]	0.51±0.03[c]	0.74±0.05[b]	1.72±0.09[a]
Harman	ND	0.80±0.06[d]	1.25±0.07[c]	1.47±0.07[b]	2.06±0.09[a]
AαC	ND	0.15±0.01[b]	0.16±0.04[b]	0.19±0.01[ab]	0.22±0.01[a]
总量	ND	1.36	1.92	2.40	4.00

注：①数值表示为平均值±标准差；②每行数值肩标不同字母表示差异显著（$P<0.05$）。

（四）煮制次数对盐水鸭和老卤中杂环胺含量的影响

1. 煮制次数对盐水鸭中杂环胺含量的影响

生鸭皮和精肉中未检出杂环胺（表6-10）。第1次卤制的鸭胸肉皮层、精肉均检出3种杂环胺：Norharman、Harman和AαC。检出杂环胺种类少于炭烤、煎炸鸭胸肉，这可能是卤煮的温度较低所致。检出的杂环胺种类并不随着卤汤重复次数的增加而改变，三种杂环胺含量却随着煮制次数增加而显著提高（$P<0.05$）。卤汤使用40次后，或总煮制时间达到40h的卤汤煮制的鸭皮和精肉中杂环胺总量分别为2.18ng/g和2.74ng/g，分别是煮制1h的相应浓度的2.27倍、1.55倍。在这里需要指出的是，AαC和MeAαC属于氨基咔啉类非IQ型杂环胺，一般认为是在加热温度高于300℃下由氨基酸和蛋白质的热解反应产生的。200℃加热30min的肉汁模型中也可有AαC被检出。但是100℃煮制1h的鸭胸鸭皮和精肉中就有AαC被检出。小鼠体内实验证实，AαC能够在肝脏中形成DNA加合物并具有一定的致突变能力。国际癌症研究机构将AαC列为2B类致癌物。因此，鸭胸肉及卤汤中的杂环胺残留应当引起足够重视。

表6-10　不同煮制次数的鸭胸肉中杂环胺含量　　　　　单位：ng/g

煮制次数	Norharman		Harman		AαC		总量	
	鸭皮	精肉	鸭皮	精肉	鸭皮	精肉	鸭皮	精肉
对照	ND	ND	ND	ND	ND	ND	ND	ND
1次	0.33 ± 0.02^{c}	0.48 ± 0.02^{c}	0.50 ± 0.02^{d}	0.13 ± 0.01^{d}	0.13 ± 0.01^{d}	0.13 ± 0.02^{c}	0.96	1.77
10次	0.40 ± 0.03^{c}	0.52 ± 0.05^{c}	0.55 ± 0.01^{d}	1.26 ± 0.13^{c}	0.14 ± 0.01^{cd}	0.16 ± 0.02^{bc}	1.09	1.94
20次	0.61 ± 0.02^{b}	0.70 ± 0.02^{b}	0.68 ± 0.02^{c}	1.35 ± 0.08^{bc}	0.17 ± 0.02^{bc}	0.18 ± 0.02^{ab}	1.46	2.23
30次	0.77 ± 0.03^{a}	0.72 ± 0.02^{b}	0.82 ± 0.01^{b}	1.49 ± 0.08^{ab}	0.19 ± 0.01^{ab}	0.18 ± 0.03^{abc}	1.78	2.39
40次	0.85 ± 0.06^{a}	0.88 ± 0.02^{a}	1.13 ± 0.07^{a}	1.65 ± 0.02^{a}	0.20 ± 0.01^{a}	0.21 ± 0.01^{a}	2.18	2.74

注：①数值表示为平均值±标准差；②每列数值肩标不同字母表示差异显著（$P<0.05$）。

2. 煮制次数对老卤中杂环胺含量的影响

未煮制的卤汤中未检出杂环胺（表6-11）。第1次卤制的卤汤中均检出Norharman、Harman和AαC三种杂环胺。盐水鸭卤汤使用40次后，或总煮制时间达到40h的卤汤中杂环胺总量为1.08ng/g，是煮制1h的2.57倍。煮制40h的卤汤中AαC含量是煮制1h的1.6倍。煮制1h、10h、20h、30h、40h的卤汤煮制的精肉和相应卤汤杂环胺总量之比分别为4.21、3.59、3.18、3.14、2.54，即随着卤汤使用时间或次数的增多，精肉和卤汤之间杂环胺总量差异不断减小，该变化趋势与酱牛肉及卤汤中杂环胺含量之比先增大再减小的趋势不一致，这可能与酱牛肉卤煮过程中加入酱油有关，而盐水鸭煮制是不添加酱油的。酱油中含有丰富的杂环胺前体物，所以卤煮过程中添加酱油可以显著增加肉制品杂环胺含量。

表6-11　不同煮制次数的卤汤中杂环胺含量　　　　　单位：ng/g

煮制次数（总煮制时间）	Norharman	Harman	AαC	总量
对照	ND	ND	ND	ND

续表

煮制次数（总煮制时间）	Norharman	Harman	A αC	总量
1 次（1h）	0.20 ± 0.01[c]	0.19 ± 0.02[d]	0.03 ± 0.00[b]	0.42
10 次（10h）	0.28 ± 0.01[c]	0.21 ± 0.00[d]	0.05 ± 0.00[ab]	0.54
20 次（20h）	0.39 ± 0.06[b]	0.27 ± 0.01[c]	0.04 ± 0.01[ab]	0.70
30 次（30h）	0.41 ± 0.00[b]	0.30 ± 0.01[b]	0.05 ± 0.01[ab]	0.76
40 次（40h）	0.63 ± 0.03[a]	0.40 ± 0.00[a]	0.05 ± 0.01[a]	1.08

注：①数值表示为平均值 ±标准差；②每列数值肩标不同字母者差异显著（$P < 0.05$）。

鸭肉和卤汤杂环胺总量与卤煮次数之间的线性关系见图 6-4。随着卤煮次数的增加，鸭皮、精肉和卤汤的杂环胺总量呈现线性增加，回归方程分别 $y = 0.032x + 0.8472$（$R^2 = 0.9833$）、$y = 0.0224x + 1.7209$（$R^2 = 0.9871$）和 $y = 0.0157x + 0.3821$（$R^2 = 0.9442$）。目前国际上尚没有规定肉制品中杂环胺的残留限量。有研究发现，杂环胺的摄入量超过 41.4ng/d 会增加结肠癌的风险。若以每天摄入老卤鸭肉 100g 计，食用反复卤煮 108h（按每天煮制 8h 计算，接近 15d 的老卤）以上的老卤生产的鸭肉，杂环胺摄入量将超过 41.4ng，会对健康产生很大风险。

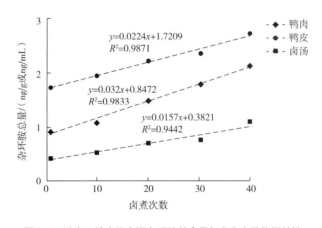

图 6-4 鸭肉、鸭皮及卤汤杂环胺总含量与卤煮次数的相关性

综上所述，卤煮时间对鸭肉中杂环胺的生成具有显著影响。随卤汤使用次数的增多，鸭肉可溶性物质不断溶出，卤汤中的肌酸、氨基酸、葡萄糖含量显著升高。反复卤煮延长了卤汤中杂环胺前体物的受热时间，导致了杂环胺的进一步富集。因此，卤汤中的杂环胺含量迅速升高。在卤煮过程中，卤汤与鸭肉发生强烈的物质交换，导致鸭肉中杂环胺及前体物的变化规律与卤汤一致，即随卤煮次数增多显著升高。为减少杂环胺的产生与摄入，一方面，在保证肉制品达到食用要求的基础上，应尽量减少卤煮时间；另一方面，卤汤反复卤煮次数不宜过多。

二、肉品中的杂环胺

（一）酱牛肉中的杂环胺

第一次煮制的酱牛肉中共检测出 4,8-DiMeIQx、Harman 及 Norharman 三种杂环胺，总含量为 36.94ng/g，如表 6-12 所示。其中 Harman 含量最高，占三种杂环胺总量的 2/3 左右，其次是 Norharman，占总量的 1/3 左右，4,8-DiMeIQx 含量最低，仅占 1% 左右。随着煮制次数的增加，牛肉中形成的杂环胺种类不变，含量总体上呈上升趋势，第 4 次、第 8 次、第 12 次煮制牛肉中杂环胺总含量分别是第 1 次煮制的 1.83 倍、2.87 倍、2.69 倍，第 12 次煮制的牛肉中高达 99.49ng/g。

表 6-12　煮制 1、4、8、12 次牛肉中杂环胺的含量　　　单位：ng/g

杂环胺	煮制次数（总煮制时间）			
	1 次（2h）	4 次（8h）	8 次（16h）	12 次（24h）
4,8-DiMeIQx	0.43 ± 0.09^c	0.41 ± 0.07^c	0.70 ± 0.09^{bc}	0.65 ± 0.06^{bc}
Norharman	12.03 ± 1.91^d	25.12 ± 0.08^{bc}	37.83 ± 1.52^a	36.72 ± 5.48^a
Harman	24.47 ± 0.97^d	42.03 ± 2.92^c	67.51 ± 4.98^a	62.13 ± 5.97^a
总量	36.94	67.56	106.04	99.49

注：①数值表示为平均数 ±标准差；②同行数值肩标字母不同表示差异显著（$P<0.05$）；③煮制时间 2h/次。

（二）烧鸡和烤鸭肉及皮中的杂环胺

市售烧鸡（A~F）和烤鸭肉及皮中均检出杂环胺类化合物，烧鸡中检测出 Norharman、Harman、Trp-P-1、Trp-P-2、PhIP 五种杂环胺，烤鸭肉中只检测到 Norharman 和 Harman 两种杂环胺，含量分别仅为 0.62ng/g 和 0.35ng/g，而在烤鸭皮中还检测到 IQ 和 4,8-DiMeIQx 两种 IQ 型杂环胺，六种杂环胺总量高达 65.33ng/g，超出鸭肉 66 倍，如表 6-13 所示。

表 6-13　6 种烧鸡和烤鸭肉及皮样品中杂环胺含量　　　单位：ng/g

样品	IQ	4,8-DiMeIQx	Norharman	Harman	Trp-P-2	PhIP	Trp-P-1	总量
烧鸡 A 肉	ND	ND	1.68 ± 0.06	0.51 ± 0.07	0.86 ± 0.05	1.31 ± 0.18	0.78 ± 0.14	5.14
烧鸡 A 皮	ND	ND	3.06 ± 0.11	1.08 ± 0.03	1.70 ± 0.17	7.04 ± 0.28	0.93 ± 0.01	13.81
烧鸡 B 肉	ND	ND	2.24 ± 0.56	1.59 ± 0.42	0.86 ± 0.51	1.37 ± 0.63	1.19 ± 0.33	7.25
烧鸡 B 皮	ND	ND	8.06 ± 0.21	6.08 ± 0.08	3.70 ± 0.22	7.04 ± 0.64	1.93 ± 0.11	26.81
烧鸡 C 肉	ND	ND	4.11 ± 0.89	2.37 ± 1.01	1.87 ± 0.76	ND	0.97 ± 0.84	9.32
烧鸡 C 皮	ND	ND	12.56 ± 0.53	9.22 ± 0.22	6.77 ± 0.44	ND	4.21 ± 0.24	32.76
烧鸡 D 肉	ND	ND	2.21 ± 0.44	2.67 ± 1.32	0.85 ± 0.76	ND	1.19 ± 0.65	6.92

续表

样品	IQ	4,8-DiMeIQx	Norharman	Harman	Trp-P-2	PhIP	Trp-P-1	总量
烧鸡 D 皮	ND	ND	9.17±0.16	13.35±0.2	5.72±0.12	ND	7.42±0.05	35.66
烧鸡 E 肉	ND	ND	1.23±0.89	0.67±55	0.74±0.71	ND	0.79±0.49	3.43
烧鸡 E 皮	ND	ND	7.10±1.04	6.40±0.39	4.08±0.37	ND	3.31±0.51	20.89
烧鸡 F 肉	ND	ND	5.63±1.34	2.55±0.96	0.77±0.42	ND	1.43±0.52	10.38
烧鸡 F 皮	ND	24.03±2.24	50.17±2.45	21.39±1.4	5.53±0.65	ND	7.72±0.84	84.81
烤鸭肉	ND	ND	0.62±0.01	0.35±0.02	ND	ND	ND	0.97
烤鸭皮	26.85±3.48	8.12±1.82	13.55±2.17	10.20±1.2	1.75±0.16	4.86±0.31	ND	65.33

注：①数值表示为平均值±标准差；②ND 表示未检出。

（三）牛肉干加工中煮制时间对杂环胺含量的影响

牛肉干的加工多经过煮制入味工序，煮制是传统牛肉干制作过程中较常见的加工方式之一，由表 6-14 可知，在煮制牛肉中只检测出 Norharman 和 Harman 这两种 HCAs，煮制 45min、90min 和 135min 时检测到的杂环胺总量分别为 0.18ng/g、0.19ng/g、0.19ng/g，且随着煮制时间的延长，样品中检测到的杂环胺含量并没有显著差异（$P > 0.05$）。

表 6-14　煮制时间对牛肉中杂环胺含量的影响　　　　单位：ng/g

杂环胺	煮制时间/min		
	45	90	135
IQ	ND	ND	ND
MeIQx	ND	ND	ND
4,8-DiMeIQx	ND	ND	ND
Norharman	0.14±0.01[a]	0.15±0.02[a]	0.15±0.01[a]
Harman	0.04±0.00[a]	0.04±0.00[a]	0.04±0.00[a]
Trp-P-2	ND	ND	ND
PhIP	ND	ND	ND
Trp-P-1	ND	ND	ND
A αC	ND	ND	ND
MeA αC	ND	ND	ND
总量	0.18±0.01[a]	0.19±0.02[a]	0.19±0.02[a]

注：①数值表示平均值±标准差；②同列数值肩标字母不同表示差异显著（$P < 0.05$）；③ND 表示未检出。

（四）原料肘冻融次数对酱猪肘丙二醛和杂环胺形成的影响

酱猪肘是受广大消费者喜爱的美食。长期以来，酱猪肘加工一直沿用传统的老卤煮制的办法。食品现代加工和绿色制造技术的应用对于改善传统肉制品的感官属性和健康属性具有重要意义。

1. 酱猪肘制备

新鲜原料猪肘经去骨、清洗和整理，然后100℃清水加热30min。经冷水冲洗，而后经卤汤煮制〔（98±2）℃，2h〕、文火焖煮〔（90±2）℃，30min〕、室温冷却，即为成品，可作为散装产品出售。配料包括猪肘、盐、酱油、白糖、料酒、香辛料和水。商业上，为了延长货架期，产品往往需要真空包装、二次加热处理，例如，产品中心温度达到（70±2）℃后再水浴加热30min，或高温灭菌（产品中心温度达到121℃后加热25min）。

2. 原料猪肘反复冻融对酱猪肘丙二醛形成的影响

随着原料猪肘反复冻融次数的增加，酱猪肘肘皮、皮下脂肪、瘦肉中丙二醛含量均呈现先基本不变后显著升高的趋势（图6-5）。对猪肘皮来说，冻融1次、3次、5次之间丙二醛含量无显著差异（$P>0.05$），冻融7次后丙二醛含量达到最大值，为0.26μg/g，比冻融1次升高了73%。对于皮下脂肪，冻融1次、3次后丙二醛含量没有显著差异，均为0.08μg/g，冻融5次后丙二醛含量显著升高至0.15μg/g。冻融7次的原料猪肘丙二醛含量比冻融1次的原料猪肘升高了125%。冻融1次、3次后，原料猪肘的瘦肉里丙二醛含量没有显著差异，冻融5次后瘦肉中丙二醛含量显著升高至0.18μg/g，相比于冻融1次升高了29%。冻融7次和冻融5次的原料猪肘在丙二醛含量方面并无显著差异。在冻融1~7次的原料肘中，肘皮中丙二醛含量最高，皮下脂肪最低，并且两者差异显著。冻融1次、3次、5次时，瘦肉中丙二醛含量虽略低于皮，但差异不显著（$P>0.05$）。冻融7次的肘皮中丙二醛含量迅速升高，瘦肉中丙二醛含量显著低于皮（$P<0.05$），并与皮下脂肪无显著差异（$P>0.05$）。

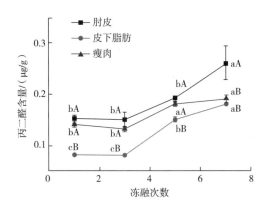

图6-5　原料冻融次数对酱猪肘的丙二醛含量的影响

注：a~c不同字母表示相同组织不同冻融次数样品差异显著（$P<0.05$）；A、B不同字母表示相同冻融次数不同组织间差异显著（$P<0.05$）。

3. 原料猪肘反复冻融对酱猪肘中杂环胺形成的影响

原料猪肘的冻融次数影响酱猪肘肘皮、皮下脂肪、瘦肉中的杂环胺含量（表6-15）。这三个部位中都检测出Norharman、Harman和AαC，其中Norharman、Harman含量较高，AαC

含量较低。IQ、MeIQ、MeIQx、4,8-DiMeIQx、7,8-DiMeIQx、Trp-P-2、Trp-P-1、PhIP 和 MeAαC 均未检出。无论反复冻融几次，酱猪肘肘皮杂环胺总量最高，皮下脂肪次之，瘦肉中杂环胺总量最低。

表 6-15 原料冻融次数对酱猪肘中杂环胺含量的影响 单位：ng/g

杂环胺	原料冻融次数			
	1 次	3 次	5 次	7 次
肘皮				
Norharman	7.63 ± 0.16^a	5.13 ± 0.74^b	9.11 ± 0.75^a	4.35 ± 0.40^b
Harman	6.29 ± 0.05^{ab}	3.64 ± 0.45^c	7.26 ± 0.60^a	5.26 ± 1.03^{bc}
A αC	0.34 ± 0.04^{ab}	0.44 ± 0.03^a	0.45 ± 0.01^a	0.30 ± 0.06^b
总量	14.26 ± 0.17^{aA}	9.21 ± 1.17^{bA}	16.82 ± 1.36^{aA}	9.91 ± 1.49^{bA}
皮下脂肪				
Norharman	4.39 ± 0.33^a	2.81 ± 0.85^{ab}	3.32 ± 0.43^{ab}	1.61 ± 0.34^b
Harman	3.53 ± 0.10^a	1.98 ± 0.42^b	2.41 ± 0.30^{ab}	1.84 ± 0.36^b
A αC	0.41 ± 0.02^a	0.42 ± 0.00^a	0.38 ± 0.11^a	0.26 ± 0.03^a
总量	8.33 ± 0.42^{aB}	5.21 ± 1.27^{abB}	6.11 ± 0.83^{abB}	3.71 ± 0.72^{bB}
瘦肉				
Norharman	0.91 ± 0.27^a	0.73 ± 0.06^b	0.48 ± 0.03^{bc}	0.23 ± 0.11^c
Harman	1.27 ± 0.20^a	0.71 ± 0.13^b	0.71 ± 0.05^b	0.50 ± 0.23^b
A αC	0.42 ± 0.02^a	0.21 ± 0.01^b	0.24 ± 0.01^b	0.23 ± 0.02^b
总量	2.59 ± 0.49^{aC}	1.65 ± 0.17^{bC}	1.42 ± 0.06^{bC}	0.96 ± 0.36^{bB}

注：a~c 同行不同字母表示差异显著（$P<0.05$）；A~C 同列不同字母表示差异显著（$P<0.05$）。

（五）卤汤使用次数对酱猪肘丙二醛和杂环胺形成的影响

1. 卤汤使用次数对酱猪肘中丙二醛含量的影响

随着卤汤使用次数的增加，酱猪肘肘皮中丙二醛的含量显著升高（图 6-6）。卤汤使用第 4 次、第 8 次、第 12 次时，肘皮中丙二醛的含量分别为 0.22μg/g、0.28μg/g 和 0.32μg/g，分别是新卤的 1.2 倍、1.5 倍和 1.7 倍。卤汤使用次数对酱猪肘皮下脂肪和瘦肉中丙二醛含量的影响不明显。卤汤使用 12 次之内，均为肘皮中丙二醛的含量最高，且显著高于瘦肉和皮下脂肪。

2. 卤汤使用次数对酱猪肘中杂环胺含量的影响

在卤汤使用 12 次以内，酱猪肘肘皮、皮下脂肪和瘦肉中都检测出 Norharman、Harman 和 AαC。使用 4 次以上开始检测出 IQ，并且 IQ 含量最高，占杂环胺总量的 50% 以上。MeIQ、MeIQx、4,8-DiMeIQx、7,8-DiMeIQx、Trp-P-2、Trp-P-1、PhIP 和 MeAαC 均未检测出（表 6-16）。

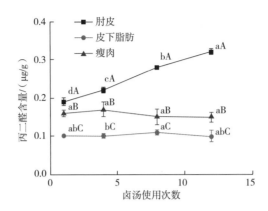

图6-6　卤汤使用次数对酱猪肘中丙二醛含量的影响

注：a~d 不同字母表示相同组织不同冻融次数样品间差异显著（$P<0.05$）；A~C 不同字母表示相同冻融次数不同组织间差异显著（$P<0.05$）。

在卤汤使用4次以上的酱猪肘中，肘皮、皮下脂肪和瘦肉中杂环胺总量显著高于使用1次的酱猪肘。在卤汤使用4次、8次、12次的酱猪肘之间，三个组织中杂环胺总量没有显著差异；卤汤使用12次的酱猪肘肘皮中杂环胺总量比使用1次增加了1.7倍，皮下脂肪中杂环胺总量增加了2.4倍，瘦肉中杂环胺总量增加了2.7倍。在卤汤使用12次之内，肘皮中杂环胺总量总是高于皮下脂肪和瘦肉。

表6-16　卤汤使用次数对酱猪肘中杂环胺含量的影响　　　　单位：ng/g

杂环胺	卤汤使用次数			
	1次	4次	8次	12次
肘皮				
Norharman	3.97 ± 0.49^b	5.08 ± 0.26^{ab}	5.13 ± 0.63^{ab}	6.33 ± 0.50^a
Harman	4.80 ± 0.58^a	5.01 ± 0.22^a	4.94 ± 0.34^a	4.94 ± 0.34^a
A αC	0.34 ± 0.03^b	0.39 ± 0.01^a	0.41 ± 0.01^a	0.42 ± 0.01^a
IQ	ND	13.26 ± 0.64^a	12.25 ± 0.72^a	12.46 ± 0.70^a
总量	9.11 ± 1.10^{bA}	23.75 ± 0.60^{aA}	22.71 ± 0.44^{aA}	24.15 ± 1.56^{aA}
皮下脂肪				
Norharman	2.99 ± 0.65^b	3.81 ± 0.30^{ab}	3.91 ± 0.29^{ab}	4.61 ± 0.44^a
Harman	2.77 ± 0.61^a	3.54 ± 0.65^a	3.45 ± 0.13^a	3.45 ± 0.13^a
A αC	0.45 ± 0.03^a	0.46 ± 0.04^a	0.42 ± 0.02^a	0.44 ± 0.01^a
IQ	ND	12.60 ± 0.90^a	12.16 ± 0.68^a	12.79 ± 0.32^a
总量	6.21 ± 1.29^{bA}	20.41 ± 0.09^{aB}	19.94 ± 0.81^{aB}	21.29 ± 0.02^{aA}

续表

杂环胺	卤汤使用次数			
	1 次	4 次	8 次	12 次
	瘦肉			
Norharman	2.46 ± 0.16^{c}	3.16 ± 0.13^{b}	3.06 ± 0.11^{b}	3.86 ± 0.17^{a}
Harman	2.85 ± 0.73^{a}	3.34 ± 0.03^{a}	3.82 ± 0.11^{a}	3.82 ± 0.11^{a}
A αC	0.41 ± 0.00^{a}	0.43 ± 0.01^{a}	0.43 ± 0.02^{a}	0.44 ± 0.02^{a}
IQ	ND	12.07 ± 0.12^{a}	13.34 ± 0.42^{a}	13.07 ± 0.99^{a}
总量	5.71 ± 0.89^{cA}	19.00 ± 0.03^{bC}	20.64 ± 0.17^{abB}	21.18 ± 1.02^{aA}

注：a~c 同行不同字母表示差异显著（$P<0.05$）；A~C 同列不同字母表示差异显著（$P<0.05$）。

3. 酱油添加量对酱猪肘丙二醛和杂环胺形成的影响

（1）酱油添加量对酱猪肘丙二醛含量的影响　随着酱油添加量的增加，酱猪肘皮下脂肪、瘦肉中丙二醛含量均呈现下降趋势，但酱猪肘肘皮中的丙二醛变化不显著（图 6-7）。对酱猪肘皮下脂肪来说，当酱油添加量增加到 5% 时，丙二醛含量由不添加酱油组的 $0.14\mu g/g$ 显著降低至 $0.11\mu g/g$。酱油增加到 10% 时，酱猪肘肘皮丙二醛含量没有显著变化。对于酱猪肘的瘦肉部分，酱油添加量增加到 5% 时，丙二醛含量没有显著变化，当增加到 10% 时，丙二醛含量显著降低。添加 10% 酱油的酱猪肘肘皮、皮下脂肪和瘦肉中丙二醛含量都达到最小值，分别为 $0.30\mu g/g$、$0.11\mu g/g$ 和 $0.20\mu g/g$，分别是不添加酱油组的 77%、79%、77%。酱油添加量不影响三个组织间丙二醛的分布，均为肘皮中丙二醛含量最高，瘦肉次之，皮下脂肪最低。

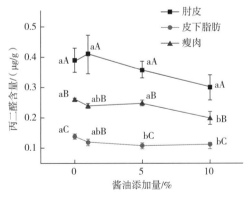

图 6-7　酱油添加量对酱猪肘丙二醛含量的影响

注：a、b 同行不同字母表示相同组织不同处理组样品差异显著（$P<0.05$）；A~C 不同字母表示相同处理组不同组织间差异显著。

（2）酱油添加量对酱猪肘杂环胺含量的影响　由表 6-17 可知，不添加酱油时，酱猪肘肘皮、皮下脂肪中检测出 Norharman、Harman 和 AαC，瘦肉中检测出 Norharman。添加 1% 时，皮、皮下脂肪、瘦肉均检测出 Norharman、Harman 和 AαC。添加 5% 和 10% 时，皮、皮下脂肪、瘦肉中均未检测出 AαC。所有样品中均未检测出 IQ、MeIQ、MeIQx、4,8-DiMeIQx、7,8-DiMeIQx、Trp-P-2、Trp-P-1、PhIP 和 MeAαC。随着酱油添加量增加，酱猪肘肘皮、皮下脂肪、瘦肉中杂环胺总量均显著增加。添加 10% 时肘皮、皮下脂肪和瘦肉中杂环胺总量分别比不添加酱油组增加 77.5 倍、31.3 倍和 11.3 倍。酱油添加量在 10% 以下时，均为皮中杂环胺总量最高，皮下脂肪次之，瘦肉中最低。

表 6-17　酱油添加量对酱猪肘中杂环胺含量的影响　　　　单位：ng/g

杂环胺	酱油添加量			
	0	1%	5%	10%
	肘皮			
Norharman	0.20 ± 0.00^{d}	6.53 ± 0.22^{c}	13.72 ± 2.77^{b}	24.20 ± 0.79^{a}
Harman	0.26 ± 0.04^{c}	6.41 ± 0.11^{c}	15.27 ± 3.45^{b}	26.84 ± 0.26^{a}
AαC	0.19 ± 0.05^{a}	0.22 ± 0.02^{a}	ND	ND
总量	0.65 ± 0.02^{cA}	13.17 ± 0.30^{cA}	29.00 ± 6.22^{bA}	51.04 ± 1.04^{aA}
	皮下脂肪			
Norharman	0.05 ± 0.03^{c}	3.02 ± 1.09^{b}	3.64 ± 0.03^{b}	6.15 ± 0.46^{a}
Harman	0.14 ± 0.01^{c}	2.14 ± 0.51^{bc}	4.41 ± 0.13^{b}	7.74 ± 1.28^{a}
AαC	0.24 ± 0.06^{a}	0.22 ± 0.02^{a}	ND	ND
总量	0.43 ± 0.04^{cAB}	5.38 ± 0.60^{bB}	8.05 ± 0.16^{bB}	13.89 ± 1.74^{aB}
	瘦肉			
Norharman	ND	0.50 ± 0.14^{b}	0.90 ± 0.46^{ab}	1.77 ± 0.06^{a}
Harman	0.18 ± 0.01^{c}	0.80 ± 0.08^{bc}	1.39 ± 0.42^{b}	3.12 ± 0.18^{a}
AαC	0.22 ± 0.00^{a}	0.01 ± 0.04^{b}	ND	ND
总量	0.40 ± 0.06^{bB}	1.31 ± 0.17^{bC}	2.28 ± 0.88^{bC}	4.90 ± 0.24^{aC}

注：①a~c 同行不同字母表示差异显著（$P<0.05$），A~C 同列不同字母表示差异显著（$P<0.05$）；②ND 表示未检出。

4. 二次加热对酱猪肘丙二醛和杂环胺形成的影响

（1）二次加热影响酱猪肘丙二醛的含量　　散装酱猪肘肘皮、皮下脂肪和瘦肉中丙二醛含量分别为 0.05μg/g、0.07μg/g 和 0.06μg/g（图 6-8）。70℃ 条件下加热 30min 后，肘皮中丙二醛含量显著升高至 0.14μg/g，瘦肉中丙二醛含量显著升高至 0.10μg/g（$P<0.05$），皮下脂肪中丙二醛含量没有显著变化。121℃ 条件下加热 25min 后，肘皮、皮下脂肪和瘦肉中丙二醛含量分别为 0.17μg/g、0.09μg/g 和 0.13μg/g，与散装酱猪肘相比，均显著升高。散装酱猪肘皮下脂肪中丙二醛含量最高，肘皮中最低，且差异显著。而二次加热组均为肘皮中

丙二醛含量最高，瘦肉次之，皮下脂肪最低，且三个组织间差异显著。

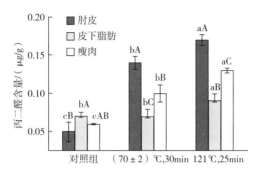

图6-8　二次加热对酱猪肘中丙二醛含量的影响

注：a~c 不同字母表示相同组织不同处理组样品差异显著（$P<0.05$），A~C 不同字母表示相同处理组不同组织间差异显著（$P<0.05$）。

（2）二次加热影响酱猪肘杂环胺的含量　散装酱猪肘和二次加热酱猪肘肘皮、皮下脂肪、瘦肉中均检测出 Norharman、Harman 和 AαC，其中 Harman 含量最高，AαC 含量最低。IQ、MeIQ、MeIQx、4,8-DiMeIQx、7,8-DiMeIQx、Trp-P-2、Trp-P-1、PhIP 和 MeAαC 均未检测出（表6-18）。70℃ 条件下加热 30min 后，肘皮中杂环胺总量增加53%，皮下脂肪和瘦肉中杂环胺总量没有显著变化。121℃ 条件下加热 25min 后，肘皮中杂环胺总量增加100%，皮下脂肪和瘦肉中杂环胺总量没有显著变化。在散装酱猪肘和二次加热酱猪肘，均为肘皮中杂环胺总量最高，皮下脂肪和瘦肉中杂环胺总量无显著差异。

表6-18　二次加热对酱猪肘中杂环胺含量的影响　　　　　　　单位：ng/g

杂环胺	散装组	二次加热（温度，时间）	
		（70±2）℃,30min	121℃,25min
肘皮			
Norharman	2.78 ± 0.46^a	4.14 ± 0.18^b	5.44 ± 0.15^c
Harman	4.49 ± 0.34^a	6.90 ± 0.61^b	9.04 ± 0.11^c
A αC	0.16 ± 0.01^a	0.32 ± 0.01^b	0.36 ± 0.00^c
总量	7.43 ± 0.79^{aA}	11.36 ± 0.77^{bA}	14.84 ± 0.26^{cA}
皮下脂肪			
Norharman	1.91 ± 0.15^a	1.66 ± 0.14^a	1.64 ± 0.58^a
Harman	2.87 ± 0.10^a	2.33 ± 0.41^a	2.30 ± 0.41^a
A αC	0.25 ± 0.05^b	0.41 ± 0.02^a	0.42 ± 0.02^a
总量	5.03 ± 0.10^{aAB}	4.40 ± 0.54^{aB}	4.36 ± 1.00^{aB}
瘦肉			
Norharman	1.46 ± 0.59^a	1.61 ± 0.93^a	2.03 ± 0.70^a

续表

杂环胺	散装组	二次加热（温度，时间）	
		（70±2）℃,30min	121℃,25min
Harman	2.39±0.71[a]	2.03±1.13[a]	3.41±0.54[a]
A αC	0.23±0.01[a]	0.30±0.01[b]	0.43±0.02[c]
总量	4.08±1.31[aB]	3.94±2.07[aB]	5.86±1.21[aB]

注：a~c 同行数值肩标不同字母表示差异显著（$P<0.05$）；A、B 同列数值肩标不同字母表示差异显著（$P<0.05$）。

总之，加工条件是影响传统酱猪肘中胆固醇氧化物和杂环胺形成的重要因素。研究表明，随着原料冻融次数的增加，酱猪肘肘皮、皮下脂肪和瘦肉中丙二醛含量均呈现先基本不变后显著升高的趋势。这是因为在反复冻融的过程中，冰晶大小和分布发生变化，导致组织物理损伤，血红素铁释放增加，促进了脂质氧化所致。随着卤汤使用次数的增加，酱猪肘肘皮、皮下脂肪和瘦肉中杂环胺和胆固醇氧化物总量均呈现增加的趋势。这与牛肉和老卤中的杂环胺含量随着卤汤使用次数的增加总体上呈上升趋势。在加热过程中，猪肘中的脂溶性物质、氨基酸、肌酸会溶解在卤汤中，卤汤的重复使用使这些前体物质在老卤中不断富集，并形成大量的杂环胺，卤汤中杂环胺可能会迁移到猪肘中。值得关注的是，AαC 在所有样品中均有检出，AαC 为非 IQ 型杂环胺，一般认为非 IQ 型杂环胺由蛋白质或氨基酸在 300℃ 以上的高温下分解形成。可见 300℃ 并不是形成非 IQ 型杂环胺所必须达到的温度，其形成机制尚待进一步研究。为提高酱猪肘的健康品质，应避免使用老卤。卤煮过程中酱油中丰富的氨基酸会促进杂环胺的形成，这可以解释酱猪肘肘皮、皮下脂肪、瘦肉中杂环胺总量随着酱油添加量的增加而显著升高。杂环胺种类的差异可能与原料肉的种类、部位以及添加物不同有关。二次加热后，酱猪肘肘皮中杂环胺总量均显著高于散装酱猪肘，这可能是由两方面原因造成的：一是酱猪肘在冷却过程中与氧气接触，二是加热时间延长。

第三节　影响肉制品杂环胺形成的因素

研究表明，肉制品中杂环胺的形成十分复杂，会受到很多因素的影响，肉中的前体物、脂肪、水分、抗氧化剂、加工方式以及加工温度和时间等都会不同程度地影响杂环胺的形成。

一、煮制温度和时间

煮制温度和时间是影响肉制品中杂环胺形成的重要因素之一，一般认为，肉制品中的杂环胺种类和含量均会随着加工温度的升高和加工时间的延长而增加。Kondjoyan 等（2009）报道，随着加热温度的升高和加热时间的延长，牛背最长肌中杂环胺含量呈现显著上升趋势。Lan 等（2004）研究了加热时间对腌制食品中杂环胺形成的影响，结果表明，猪肉从加热 1h 到 32h，总的杂环胺含量从 7.05ng/g 增加至 34.68ng/g，且卤汤中的杂环胺含量也有显著增加。

国外研究的大多是锅煎、烘烤和烧烤的加工方式，加工温度较高、时间较短，而我国对肉制品的加工最常见的方式是在卤汤中长时间煮制。如牛肉中各种杂环胺及其总量都随着使用老卤的煮制时间的延长而不断增多，但其前体物受老卤的影响不大，用不同使用时间的老卤加工的酱牛肉肌酸含量基本一致，氨基酸含量也仅略有增加，因此只有很小一部分前体物参与杂环胺的形成。前人的研究也表明，加工肉制品中产生的杂环胺是痕量的，仅为 10^{-9} 级别，即使是在纯的前体物模型体系中，其产率也仅仅为 10^{-6} 级别。

由此可见，加工温度和时间显著影响杂环胺的形成，从反应动力学上而言，温度和时间是影响化学反应的重要因素，高温加剧了反应，而随着反应时间的延长，产物不断积累。

二、前体物的种类和浓度

研究证实杂环胺是由肌酸、肌酐、氨基酸和碳水化合物这些前体物在高温下经过复杂反应形成的，因此肉中前体物的种类和浓度对杂环胺的形成有重要影响。Lee 等（1994）认为肌酸对猪肉中杂环胺的形成影响较为显著，而肌酸酐仅起到较弱的增强作用，但 Bordas 等（2004）提出，添加了肌酸酐和游离氨基酸的肉汁中 IQ 和 MeIQx 的含量显著增加。氨基酸种类和含量对 IQx、MeIQx、7,8-DiMeIQx 的形成均有影响，Johansson 等（1995）解释为氨基酸可通过逆缩醛反应形成甘氨酸，以及通过自由基反应裂解，而甘氨酸则是形成上述化合物的前体物。肉制品中的碳水化合物主要是指葡萄糖，通过 ^{14}C 同位素标记法已经确认葡萄糖是杂环胺形成的前体物，肉中的葡萄糖含量只有在合适的浓度下才会促进杂环胺的生成，而过高或过低的浓度都有可能抑制杂环胺产生。而廖国周等（2008）提出，原料肉中各种前体物与加工肉制品中杂环胺的形成量不存在相关性，但 PhIP 的形成量与原料肉中肌酸与葡萄糖的物质的量浓度比存在显著相关性。

三、脂肪含量

Johansson 等（1993）在含有肌酸、甘氨酸和葡萄糖的水模型体系中分别添加脂肪酸、玉米油、橄榄油和甘油以研究其对杂环胺形成的影响，结果表明，以上物质仅对 MeIQx 的产生有一定影响，对其他杂环胺化合物均无影响。在加热的前 10min，脂肪并无显著影响，但是在加热 30min 后，添加了脂肪的模型中产生的 MeIQx 显著高于未添加脂肪的，且随着脂肪添加量的增加，MeIQx 形成量呈现上升趋势。Johansson 等（1993）推测这可能是由美拉德反应产物的增加或自由基产生的增加所致。Hwang 等（2002）从化学反应动力学的角度研究了脂肪含量对肉糜中杂环胺形成的影响，他们得出结论，脂肪能从化学反应层面影响杂环胺的形成，脂肪含量的增加会降低杂环胺形成的化学反应活化能，但同时也会稀释可供反应的前体物，最终会减少杂环胺的产生。

四、其他因素

除了以上因素，水分、抗氧化剂、金属离子等都对杂环胺的形成有一定的影响。Borgen 等（2001）考察了水对模型体系中杂环胺形成的影响，结果显示，TMIP、IFP 和 PhIP 可在无水条件下通过加热前体物形成，而 MeIQx 则必须在有水的条件下才能形成，这表明部分杂环胺产生的反应需要水的参与。在含有肌酐、甘氨酸和葡萄糖的模型体系中添加 Fe^{2+} 和

Fe^{3+}可使 IQx、MeIQx 和 DiMeIQx 形成量显著增加，而添加 Cu^{2+} 却没有作用。杂环胺通过自由基反应产生，而抗氧化剂具有清除自由基的作用，因此能有效抑制杂环胺产生。

第四节　辅料对肉品杂环胺形成的影响

有研究表明，自由基参与了杂环胺的形成，即前体物质氨基酸和葡萄糖在加热时能形成吡啶（或吡嗪）自由基和碳中心自由基，这些自由基进一步与肌酐反应生成杂环胺；而多酚类抗氧化剂能够清除美拉德反应中产生的自由基从而抑制杂环胺的形成。

香辛料富含多酚类物质，而且具有独特的气味，常用于酱牛肉等肉制品的加工。以往研究各种抗氧化剂或者植物提取物对杂环胺含量的影响主要集中在模型体系或锅煎、油炸、烧烤等加工方式。例如，在二甘醇加热冷冻干燥牛肉粉的模型中添加 0.5% 的百里香、香薄荷和甘牛至能减少 PhIP 含量；牛排在煎前撒上 1%（质量分数）的黑胡椒粉、煎肉圆前撒上 1%（质量分数）的红辣椒粉能抑制 IQ、MeIQ、4,8-DiMeIQx 和 PhIP 的形成。鸡胸肉在烧烤前用含大蒜和芥末的腌制液腌制 4h 能使 PhIP 含量下降 92%~99%。进一步研究表明，抗氧化剂或香辛料等添加物对杂环胺形成的抑制或者是促进作用受肉的种类、添加浓度、加工方式等多种因素的影响。有研究者发现在烤牛肉饼前用含 0.5%~7.0% 的茶多酚的薄层溶液处理 15min 后能显著降低烤牛肉饼的致突变性，且茶多酚的浓度越高抑制效果越好。各地居民根据口味不同会在酱牛肉煮制过程中添加不同浓度的香辛料，而不同浓度香辛料的添加对酱牛肉中杂环胺含量的影响鲜有报道。而且，酱牛肉在加工过程中通常会加入料酒、白酒等含乙醇的作料以增香入味，而乙醇在之前的研究中被证明会影响杂环胺的形成。有研究发现，牛排在煎前用红酒或者啤酒腌制 6h，PhIP 和 MeIQx 含量能分别下降 8% 和 40% 左右；牛肉饼在煎前加用 20% 乙醇提取迷迭香后冷冻干燥的迷迭香粉，能显著抑制 MeIQx 和 PhIP 的形成，而且添加 20% 乙醇提取的粉末对上述两种杂环胺的抑制效果优于水提取组。然而也有研究发现，在模型体系中乙醇能以剂量效应增加 IQ 和 IQx 的含量。因此，乙醇的添加本身有可能会影响酱牛肉中杂环胺的形成，或通过影响香辛料的抗氧化性而间接影响杂环胺的形成。

一、模型体系中类黄酮化合物对杂环胺形成的影响

为了进一步理解香辛料抗氧化作用，试验设计了化学模型，研究香辛料中常见的三种类黄酮醇化合物对 Harman 和 Norharman 形成的影响。在 0.4mmol/L 色氨酸中分别与 0.05mmol/L 高良姜素、槲皮素和山奈酚混合，加入 4mL 体积分数为 80% 的二甘醇后于 150℃ 下加热 1h。反应结束后立即在碎冰中冷却以终止反应。不加类黄酮化合物的对照组模型在相同条件下反应。三种类黄酮醇的化学结构如图 6-9 所示。

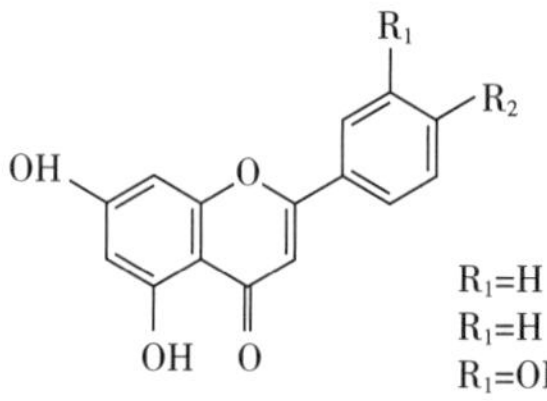

R_1=H　R_2=H　　高良姜素
R_1=H　R_2=OH　山奈酚
R_1=OH　R_2=OH　槲皮素

图 6-9　高良姜素、山奈酚和槲皮素的化学结构

表 6-19　三种黄酮醇类化合物对 Norharman 和 Harman 形成的影响　单位：ng/g

黄酮醇类化合物	Norharman	Harman
对照	145. 33 ± 14. 23[ab]	11. 59 ± 1. 70[ab]
高良姜素	121. 09 ± 9. 33[b]	8. 20 ± 1. 86[b]
山柰酚	170. 82 ± 4. 80[a]	14. 74 ± 2. 47[a]
槲皮素	169. 70 ± 8. 39[a]	13. 75 ± 1. 43[a]

注：①数值表示为平均数 ±标准差；②同列数值肩标字母不同表示差异显著（$P < 0.05$）。

表 6-19 展示了三种黄酮醇类化合物对 Norharman 和 Harman 形成的影响。其中高良姜素能降低 Norharman 和 Harman 的含量，而山柰酚和槲皮素不但不降低反而能提高其含量。与对照相比，三种黄酮醇类化合物的提高或者降低作用对 Norharman 和 Harman 形成无显著影响，而三种化合物之间，高良姜素能显著抑制 Norharman 和 Harman 的形成（$P < 0.05$）。可见，类黄酮化合物的结构决定了这些化合物对 Norharman 和 Harman 形成方面的功能。

二、香辛料醇提物对卤煮鸭胸肉中杂环胺的影响

试验研究了清除 DPPH 自由基能力强的三种香辛料醇提物对卤煮鸭肉丸杂环胺含量的影响（图 6-10）。丁香醇提物添加水平在 0.45% 时，卤煮肉丸的 Norharman 含量反而显著增加了（$P < 0.05$）。对于 Harman，添加水平 0.45% 的丁香促进了 Harman 的形成。丁香醇提物的添加对 AαC 的形成几乎没有影响。红花椒醇提物对 Norharman 的形成具有一定的促进作用，添加水平 0.45% 的肉丸中 Norharman 含量显著高于对照组。红花椒醇提物对 Harman 的形成无显著影响。但是，高水平添加红花椒醇提物对 AαC 的形成有抑制作用，添加 0.45% 红花椒可以抑制 42%。桂皮醇提物对 Norharman 含量没有影响，桂皮在 0.15% 和 0.3% 水平下可以抑制 Harman 产生，抑制率为 20% 左右。0.3% 和 0.45% 的桂皮对 AαC 抑制率分别为 35% 和 50%。从杂环胺总量来看，丁香和红花椒对杂环胺总量有促进作用，而桂皮具有一定的抑制作用，其中，添加 0.3% 的桂皮提取物对杂环胺总量的抑制率为 17%。由此看来，香辛料清除 DPPH 自由基的能力与抑制杂环胺的能力没有线性关系。

抗氧化物质抑制脂质自由基的能力与丙二醛的形成有关。丁香醇提物清除 DPPH 和 ABTS⁺·自由基的能力强，其对卤煮肉丸硫代巴比妥酸反应物（TBARS）值有影响（图 6-11）。与不添加的对照组相比，丁香醇提物的添加能显著降低卤煮肉丸的 TBARS 值（$P < 0.05$），随着添加水平的增加，其抑制作用有所加强。红花椒和桂皮醇提物的添加均能显著降低 TBARS 值（$P < 0.05$）。红花椒提取物在高添加水平（0.45%）下显著抑制脂肪氧化（$P < 0.05$）。桂皮提取物在高添加水平下不能显著降低 TBARS 值（$P > 0.05$），而在中低添加量下可以显著降低 TBARS 值（$P < 0.05$），抑制效果弱于丁香和红花椒。在这里需要提出，对香辛料清除自由基能力和抑制脂质氧化能力的深入理解有利于更加合理地利用香辛料的调味和抗氧化功能。

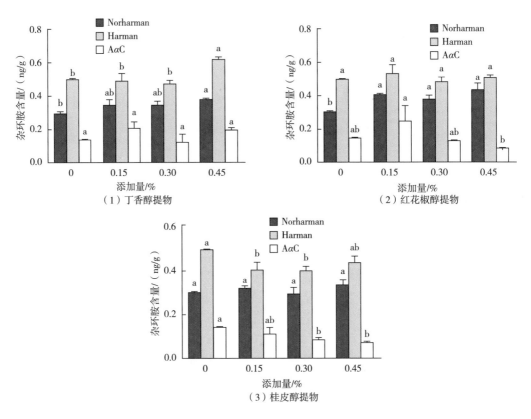

图 6-10　香辛料醇提物添加量对煮后肉丸杂环胺含量的影响

注：柱形图中上标不同小写字母表示差异显著（$P<0.05$）。

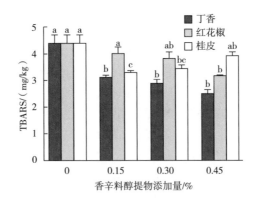

图 6-11　香辛料醇提物添加量对煮后肉丸 TBARS 值的影响

注：柱形图中上标不同小写字母表示差异显著（$P<0.05$）。

三、香辛料对酱牛肉杂环胺形成的影响

香辛料影响杂环胺的种类和含量。丁香、红花椒、香叶、高良姜和桂皮 5 种香辛料总酚含量

较高、抗氧化能力较强，因此选取这5种香辛料进一步研究其对酱牛肉杂环胺含量的影响。

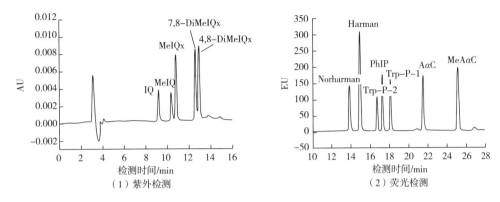

图6-12　12种杂环胺标准混合溶液的紫外检测及荧光检测色谱图

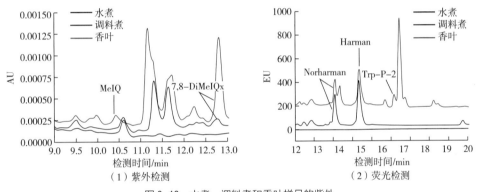

图6-13　水煮、调料煮和香叶样品的紫外
检测及荧光检测色谱图

表6-20　丁香、桂皮、高良姜、红花椒和香叶对酱牛肉中杂环胺含量的影响

单位：ng/g

样品	MeIQ	7,8-DiMeIQx	Norharman	Harman	Trp-P-2	Trp-P-1	总量
水	ND	ND	0.2±0.03[e]	0.13±0.01[c]	ND	ND	0.33
调料	ND	1.14±0.04[b]	19.45±0.24[a]	14.84±0.09[a]	0.16±0.01[b]	0.13±0.01[ab]	35.72
丁香	ND	1.16±0.03[b]	17.02±0.21[b]	12.64±0.44[b]	0.08±0.01[b]	0.13±0.01[ab]	31.03
桂皮	ND	1.25±0.04[b]	13.91±0.49[c]	12.45±0.38[b]	0.12±0.01[b]	0.12±0.02[b]	27.85
高良姜	ND	ND	16.67±0.72[b]	13.30±0.43[b]	0.10±0.01[b]	0.12±0.01[b]	30.19
红花椒	ND	ND	17.35±0.69[b]	12.30±0.25[b]	0.07±0.01[b]	0.16±0.01[a]	29.87
香叶	1.31±0.05	10.84±0.19[a]	9.48±0.70[d]	12.65±1.36[b]	5.07±0.24[a]	ND	39.35

注：①数值表示为平均数±标准差；②同列数值肩标字母不同表示差异显著（$P<0.05$）；ND表示未检出；
③调料为一定量的白砂糖、盐和酱油等化合物。

12 种常见的杂环胺的标准混合溶液的色谱图如图 6-12 所示。只用蒸馏水煮的牛肉只检测出了 Norharman 和 Harman 两种杂环胺，而且含量很低，总量仅为 0.33ng/g，如表 6-20 所示。调料煮样品中 Norharman 和 Harman 含量高达 19.45ng/g 和 14.84ng/g，分别是水煮样品的 97 倍和 114 倍，而且还检测出了 7,8-DiMeIQx、Trp-P-1 和 Trp-P-2 三种杂环胺，5 种杂环胺总量为 35.72ng/g。5 种香辛料对酱牛肉中不同杂环胺的形成的影响具有特异性，结果各不相同。香叶能特异性地促进在对照样品中未检测到的 MeIQ 的形成，如图 6-13（1）所示，而其他四种香辛料对 MeIQ 的形成没有显著影响。高良姜和红花椒能显著抑制 7,8-DiMeIQx 的形成，而香叶能使 7,8-DiMeIQx 的含量提高到对照的 10 倍。如表 6-20 所示，5 种香辛料对 Norharman 和 Harman 均有抑制作用，其中香叶对 Norharman 的抑制效果最好。添加香叶的牛肉样品中 Norharman 的含量几乎为对照（调料组）样品的 1/2，桂皮其次，抑制率为 28.5%（以调料组为对照），再次是丁香、高良姜和花椒，抑制率为 10.8%～14.3%。各香辛料对 Harman 的抑制差异不显著，抑制率均在 15% 左右。Trp-P-1 和 Trp-P-2 两种香辛料与其他 4 种杂环胺相比，含量较少。香叶能显著提高 Trp-P-2 的含量，添加香叶的牛肉样品 Trp-P-2 含量比对照样品高 30 倍，而其他 4 种香辛料均能使 Trp-P-2 含量有所降低，但差异不显著（$P>0.05$）。此外香叶还能抑制 Trp-P-1 的形成，而其他 4 种香辛料对 Trp-P-1 的含量无显著影响。总体而言，只用水煮的牛肉产生的杂环胺量很低，而对照样品产生的杂环胺较多。与对照组相比，除香叶能使总杂环胺含量上升 10.2% 外，其他 4 种香辛料能降低酱牛肉中总杂环胺含量。其中，桂皮的抑制率最高，达到了 22.0%；丁香的抑制率最低，仅为 13.1%。高良姜和红花椒的抑制率虽然比桂皮低（分别为 15.5% 和 16.4%），但不会产生新的杂环胺，而且能显著抑制 7,8-DiMeIQx 的形成，因此总体而言抑制效果最好。

四、添加方式对杂环胺形成的影响

（一）水煮、醇煮和调料煮牛肉的杂环胺含量

如表 6-21 所示，水煮样品只检测出了 Norharman 和 Harman 两种杂环胺，而且含量很低，分别仅为 0.33ng/g 和 0.07ng/g。10% 乙醇煮的样品的 Norharman 含量比水煮样品略高而 Norharman 含量比水煮样品略低，两者差异均不显著（$P>0.05$）。调料水煮样品中 Norharman 和 Harman 含量高达 10.73ng/g 和 23.65ng/g，分别是水煮样品的 32 倍和 337 倍。与此对应，调料醇煮样品中 Norharman 和 Harman 含量高达 11.73ng/g 和 20.40ng/g，分别是醇煮样品的 20 倍和 510 倍。此外，加调料的样品中还检测出了微量的 Trp-P-2，三种杂环胺在两组醇煮样品中差异均不显著（$P>0.05$）。

表 6-21　高良姜和花椒不同添加方式对酱牛肉中杂环胺含量的影响

单位：ng/g

添加方式	7,8-DiMeIQx	4,8-DiMeIQx	Norharman	Harman	Trp-P-2	总量
水煮牛肉	ND	ND	0.33 ± 0.03^e	0.07 ± 0.01^d	ND	0.40
醇煮牛肉	ND	ND	0.60 ± 0.01^e	0.04 ± 0.01^d	ND	0.64
调料水煮牛肉	ND	ND	10.73 ± 0.56^{abc}	23.65 ± 0.35^{ab}	0.10 ± 0.02^a	34.48

续表

添加方式	7,8-DiMeIQx	4,8-DiMeIQx	Norharman	Harman	Trp-P-2	总量
调料醇煮牛肉	ND	ND	11.73 ± 0.13[ab]	20.40 ± 1.22[bc]	0.10 ± 0.01[a]	32.23

注：①数值表示为平均数 ±标准差；同列数值肩标字母不同表示差异显著（$P<0.05$）；NQ 表示未定量，ND 表示未检出；②水煮牛肉：蒸馏水和牛肉水浴加热（液面盖过牛肉），沸腾 45min 后冷却至室温的牛肉；醇煮牛肉：牛肉和 10% 乙醇的蒸馏水水浴加热（液面盖过牛肉），沸腾 45min 后冷却至室温的牛肉；调料水煮牛肉：牛肉、1% 白砂糖、1% 食盐、5% 酱油和蒸馏水水浴加热，沸腾 45min 后冷却至室温；调料醇煮牛肉：牛肉、1% 白砂糖、1% 食盐、5% 酱油和 10% 乙醇的蒸馏水水浴加热，沸腾 45min 后冷却至室温。

（二）高良姜添加方式对酱牛肉中 β-咔啉杂环胺形成的影响

图 6-14 显示了高良姜不同添加方式对酱牛肉中 β-咔啉杂环胺形成的影响。以水煮方式添加 0.4% 和 1.6% 的高良姜能使 Norharman 和 Harman 含量有所降低，但与调料水煮对照相比差异不明显。以醇煮方式添加两种浓度的高良姜均能使 Norharman 含量显著降低 25% 左右，但对 Harman 含量无显著影响。不论水煮还是醇煮，不同浓度的高良姜处理组之间无显著差异。对 Trp-P-2 而言，四组处理样品对 Trp-P-2 的形成均无显著影响。此外，高良姜对 IQ 型杂环胺的形成无影响，其紫外检测色谱图如图 6-15（1）所示。

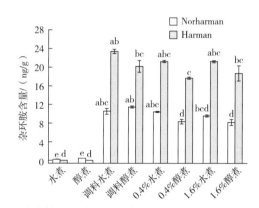

图 6-14　高良姜不同添加方式对酱牛肉中 β-咔啉杂环胺形成的影响

注：①结果表示为平均值 ±标准差；②柱形图中不同小写字母表示差异显著（$P<0.05$）。

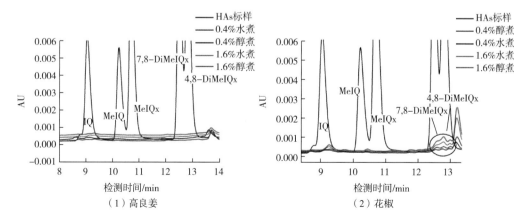

图 6-15　高良姜和花椒样品的紫外检测色谱图

（三）花椒添加方式对酱牛肉中 β-咔啉杂环胺形成的影响

如图 6-16 所示，以醇煮方式添加 1.6% 的花椒能提高 Norharman 和 Harman 含量；但与调料醇煮对照相比，1.6% 的花椒对 Norharman 的促进作用不显著而对 Harman 的促进作用显著。以醇煮方式添加 0.4% 花椒或者以水煮方式添加两种浓度的花椒能使 Norharman 和 Harman 含量有所上升或者下降，但与相应的调料醇煮对照或者调料水煮对照相比，差异均不显著。水煮条件下，两种浓度的花椒处理组之间差异不显著，而在醇煮条件下，添加 1.6% 花椒处理组中 Norharman 含量显著高于 0.4% 花椒处理组。四个处理组对 Trp-P-2 的含量均无显著影响。此外，花椒能促进 7,8-DiMeIQx 和 4,8-DiMeIQx 的形成，而且具有浓度效应：添加 1.6% 的花椒以水煮方式煮酱牛肉能生成 0.69ng/g 的 7,8-DiMeIQx 和 1.02ng/g 的 4,8-DiMeIQx，添加相同浓度以醇煮方式的酱牛肉 7,8-DiMeIQx 和 4,8-DiMeIQx 的含量分别为 1.18ng/g 和 2.03ng/g；而当浓度为 0.4% 时不论水煮还是醇煮，两种杂环胺在如图 6-15（2）所示的色谱图中有明显的峰，但小于检出限而无法定量。

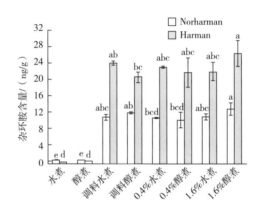

图 6-16　花椒不同添加方式对酱牛肉中 β-咔啉类杂环胺形成的影响

注：①结果表示为平均值±标准差；②柱形图中不同小写字母表示差异显著（$P<0.05$）。

（四）高良姜、花椒以及混合粉末对酱牛肉中 β-咔啉杂环胺形成的影响

在水煮条件下，单独添加 1.6% 的高良姜或者花椒能够降低酱牛肉中 Harman 含量，但与对照相比差异不显著，添加 1.6% 的混合粉具有一定的协同抑制作用，能使 Harman 含量显著降低。单独或者混合添加高良姜花椒均能使 Norharman 含量有所减低，但与水煮对照相比差异均不显著。

在 10% 醇煮条件下，单独添加 1.6% 的高良姜能够显著降低 Norharman 含量，单独添加花椒能使 Norharman 含量有所提高，两者混合添加使 Norhamanhan 含量有所降低，但与醇煮对照相比差异不显著。单独添加 1.6% 的高良姜能够降低 Harman 含量，单独添加 1.6% 花椒能显著提高 Harman 含量，混合添加使 Harman 含量有所提高，但与醇煮对照相比差异不显著。混合添加在水煮和醇煮条件下对 Trp-P-2 的形成也无显著影响。

猪肉酱卤制品在卤煮期间除了会产生杂环胺芳香化合物，也会产生胆固醇氧化物。卤煮时间越长，产生的胆固醇氧化物含量越高。

参考文献

［1］陈万青，郑荣寿，张思维，等．2012 年中国恶性肿瘤发病和死亡分析［J］．中国肿瘤，2016，25（1）：1-8．

［2］YAO Y，PENG Z Q，WAN K，et al．Determination of heterocyclic amines in braised sauce beef［J］．Food Chemistry，2013，141（3）：1847-1853．

［3］姚瑶，彭增起，邵斌，等．20 种市售常见香辛料的抗氧化性对酱牛肉中杂环胺含量的影响［J］．中国农业科学，2012，45（20）：4252-4259．

［4］万可慧，彭增起，邵斌，等．高效液相法测定牛肉干制品中 10 种杂环胺含量［J］．色谱，2012，30（3）：285-291．

［5］BALOGH Z，GRAY J I，GOMAA E A，et al．Formation and inhibition of heterocyclic aromatic amines in fried ground beef patties［J］．Food and Chemical Toxicology，2000，38（5）：395-401．

［6］KONDJOYAN A，CHEVOLLEAU S，GREVE E，et al．Formation of heterocyclic amines in slices of Longissimus thoracis beef muscle subjected to jets of superheated steam［J］．Food Chemistry，2009，119（1）：19-26．

［7］LAN C M，KAO T H，CHEN B H．Effects of heating time and antioxidants on the formation of heterocyclic amines in marinated foods［J］．Journal of Chromatography B，2004，802（1）：27-37．

［8］SKOG K，AUGUSTSSON K，STEINECK G，et al．Polar and non-polar heterocyclic amines in cooked fish and meat products and their corresponding pan residues［J］．Food and Chemical Toxicology，1997，35（6）：555-565．

［9］OZ F，KABAN G，KAYA M．Effects of cooking methods and levels on formation of heterocyclic aromatic amines in chicken and fish with Oasis extraction method［J］．LWT-Food Science and Technology，2010，43（9）：1345-1350．

［10］LIAO G Z，WANG G Y，XU X L，et al．Effect of cooking methods on the formation of heterocyclic aromatic amines in chicken and duck breast［J］．Meat Science，2010，85（1）：149-154．

第七章　肉类熏制过程中有害物质的形成

　　熏制是目前肉制品加工的常用手段之一。烟熏火腿、熏鸡、熏猪头肉和熏马肉等中国传统名吃都是熏制品。熏制可赋予肉制品特殊风味，改善食品色泽、抗氧化、抑制微生物生长，但传统烟熏方法导致的卫生安全性问题也不容忽视。熏烟中含有许多有害成分，如果在食品中含量过高，对人体健康极为有害。在熏制食品卫生安全性研究中广受关注的是熏制过程中产生的多环芳烃和甲醛等污染物，它们可使人或实验动物发生突变、畸变或癌变，目前许多国家已将其列为食品有害物质监测的重要内容之一。烟熏液的应用改善了烟熏食品的安全状况。

第一节　肉类熏制产生的多环芳烃和甲醛

　　烟熏的过程实质上是肉品吸收木材（木材、树枝、锯木屑、谷壳、秸秆、稻草、鲜松柏枝等）分解产物的过程。木材的不完全燃烧，或肉类蛋白和脂肪的高温热解都会产生多环芳烃和甲醛等物质。

一、烟熏肉制品中的多环芳烃和甲醛

（一）烟熏肉制品中的多环芳烃

　　烟熏制品中多环芳烃类化合物和甲醛易沉积或吸附在肉制品表面，污染食品，危害人的健康。我国法规规定食品中3,4-苯并芘的残留量应在5μg/kg以下；欧盟规定，食品中3,4-苯并芘的最高含量是5μg/kg；德国、法国的限量为<1μg/kg。表7-1中给出了国内外几种烟熏食品中3,4-苯并芘的含量（王卫，2005），可见我国大部分烟熏食品中的苯并芘残留量超过了国家限定标准。Wretling（2010）用气质联用法分析了瑞典77个烟熏食品中的多环芳香类化合物，发现用传统直接烟熏法生产的9种烟熏肉制品样品中3,4-苯并芘含量为6.6~36.9μg/kg，6种烟熏鱼制品中3,4-苯并芘含量为68.4~14.4μg/kg，间接烟熏的烟熏肉制品和烟熏鱼制品中3,4-苯并芘含量都低于定量限（<0.3μg/kg），或未检出（<0.1μg/kg）。在西班牙和波兰，烟熏肉制品中3,4-苯并芘的含量因产品和烟熏方法的不同而有很大的区别。拉脱维亚的熏肉中，熏猪肉的3,4-苯并芘含量范围是0.05~6.03μg/kg，熏火腿的3,4-苯并芘含量为0.05~2.10μg/kg，熏鸡的3,4-苯并芘含量为0.08~2.80μg/kg，烟熏肠和烟熏半干肠3,4-苯并芘的含量一般在5μg/kg以下（Rozent，2015）。需要指出的是，欧洲食品安全局（EFSA，2008）提出，3,4-苯并芘（BaP）不能单独作为食品中多环芳香类化合物的指示物，PAH4（BaP+CHr+BaA+BbF）更适合于指示制品中多环芳香类化合物的存在和毒性，其最高含量应小于30μg/kg。

表 7-1 烟熏食品中 3,4-苯并芘（BaP）的含量　　　　单位：μg/kg

中国		瑞典		西班牙		波兰	
样品	BaP	样品	BaP	样品	BaP	样品	BaP
熏肉	1~10	熏火腿[a]	1.6~36.9	Chorozos 1	26	传统熏肠	0.94~6.2
老腊肉	19.1	熏火腿[b]	n. d. ~<0.3	Chorozos 2	3.0	传统熏火腿	1.0~2.65
红肠	24.5	熏培根[a]	4.1~15.9	Chorozos 3	3.2	液熏火腿	ND~0.22
熏牛肉	5.1	熏通脊[b]	n. d. ~<0.3	熏牛排	<0.06	熏鲱鱼	ND~4.83
熏烤兔肉	4.8	熏鲱鱼[a]	0.4~14.4	熏通脊	<0.06	烟熏鸡胸	ND~2.30
熏鳗鱼	5.9~15.2	熏马鲛[a]	0.6~14.3	烟熏萨拉米	1.10	液熏鸡胸	ND~0.22

注：①BaP 为 3,4-苯并芘含量；②a 为直接烟熏；b 为间接烟熏；ND 为未检出，<0.1μg/kg；③Chorozos 1~3 为不同产地的无肠衣口利左香肠。

（二）烟熏肉制品中的甲醛

1. 烟熏液中的甲醛

烟熏液大多是通过木材干馏、提纯等工序而制成。木材干馏过程中会产生甲醛和 3,4-苯并芘等多环芳烃类物质，而提纯过程只能除去 3,4-苯并芘等多环芳烃，并不能除去烟熏液中的甲醛。调查发现目前市售的国产及进口烟熏液中大多含有甲醛，甲醛含量在 6.30~140.50mg/kg（表 7-2）。

表 7-2 市售烟熏液中甲醛和 3,4-苯并芘的含量　　　　单位：mg/kg

有害物质含量	烟熏液 A	烟熏液 B	烟熏液 C	烟熏液 D
甲醛	140.50	14.36	6.30	61.22
3,4-苯并芘	未检出	未检出	未检出	未检出

2. 烟熏肉制品中的甲醛

甲醛广泛地存在于自然界中，某些天然来源（如森林大火），以及人为来源（如汽车尾气和工业用途）都会导致甲醛的产生。在烟熏过程中，糖类及其聚合物在不充分燃烧的过程中也会产生大量甲醛。在熏制过程中，熏烟中的甲醛等有害物质主要附着在产品的表层（表 7-3）。

表 7-3 烟熏食品中甲醛的含量　　　　单位：mg/kg

肉制品	表层	内部
湖南熏肉	24.99	17.20
重庆熏肠	28.32	11.77
重庆熏肉	124.32	22.51

二、烟熏肉制品中多环芳烃和甲醛产生的影响因素

许多因素影响熏烟的组分，如熏材的种类、熏烟温度和时间、湿度、烟气流速以及采用的烟熏方法等。

（一）发烟温度对多环芳烃和甲醛产生的影响

发烟温度是影响多环芳烃形成的重要因素。研究表明（表7-4），3,4-苯并芘的形成跟生烟时的燃烧温度有很密切的关系。发烟温度在400℃以下时，只形成极微量的3,4-苯并芘；发烟温度在400~1000℃，3,4-苯并芘的生成量随温度的上升而呈直线形的增加，每100g木屑的3,4-苯并芘的生成量从5μg增加到20μg。但熏烟中的有益成分如酚类、羰基化合物和有机酸等在600℃时含量达到最高，所以为了使熏烟中含有尽量多的有益成分和相对少的3,4-苯并芘，一般使用400~600℃的生烟温度较为合理（Andrzej，2005）。发烟温度也影响甲醛的形成。纤维素类物质在不同温度下产生的甲醛含量差别较大，温度越高产生的甲醛含量越多。

表7-4　发烟温度对法兰克福肠多环芳烃含量的影响　　单位：μg/kg

多环芳烃	发烟温度					
	600~760℃	500~600℃	430~500℃	370~425℃	320~360℃	300~320℃
3,4-苯并芘	0.40~0.61	0.24~0.35	0.16~0.21	0.02~0.04	0.07~0.11	0.01~0.15
PAH4	1.95~3.25	1.41~2.01	1.01~1.62	0.17~0.41	1.25~1.81	0.30~1.62

（二）烟熏时间对多环芳烃和甲醛产生的影响

烟熏肉制品中的3,4-苯并芘和甲醛最初主要沉积、附着于食品的表层，但不同的熏烤温度和时间所产生的3,4-苯并芘含量是不同的。食品在熏烤过程中，随着烟熏时间的延长，熏烟成分渗透到肉制品内部，时间越长，渗透量越多。存放40d后的烟熏肉制品，其内层的多环芳烃和甲醛含量可由总量的10%升高至40%~45%。对酱卤熏肉的研究结果也表明，熏烤1h熏肉中3,4-苯并芘的含量为3.5μg/kg，而6h后则上升至8.5μg/kg。表7-5列出了烟熏时间对猪肉香肠风味及3,4-苯并芘含量的影响。由此可知，要得到风味佳、色泽好、有害物质含量少的烟熏肉制品，烟熏时间至关重要。

表7-5　烟熏时间对猪肉香肠风味及3,4-苯并芘含量的影响

烟熏时间/min	3,4-苯并芘含量/(μg/kg)	风味	色泽
0	0.15	没有烟熏味	原色
16	0.15	基本没有烟熏味	原色
30	0.15	稍有烟熏味	浅黄色
46	0.17	烟熏味适宜	褐色

(三) 烟熏方法对多环芳烃形成的影响

烟熏法分直接烟熏和间接烟熏，传统直接烟熏包括冷熏 (20～30℃) 和热熏 (55～130℃，通常在80℃左右)，间接烟熏包括摩擦生烟法、液熏法、静电熏法和其他发烟技术。

用栎木直接烟熏的脂肪含量40%的干腌发酵猪肠衣熏肠，其3,4-苯并芘含量为0.27μg/kg，PAH4为10.35μg/kg，而间接烟熏的熏肠3,4-苯并芘和PAH4含量分别为0.19μg/kg和8.26μg/kg。在间接烟熏中，用山毛榉作熏材，摩擦生烟法熏制的羊肠衣香肠的3,4-苯并芘含量平均为0.03μg/kg，PAH4平均为0.29μg/kg；而过热蒸汽生烟法熏制的香肠的3,4-苯并芘和PAH4平均含量分别为0.08μg/kg和0.94μg/kg；同样用山毛榉作熏材，直接烟熏法制得的熏肠，其3,4-苯并芘含量为0.09～0.15μg/kg，PAH4含量为1.57～2.42μg/kg，多环芳烃总量为3.53～5.79μg/kg，有害物质含量明显增加。

(四) 熏材种类对多环芳烃和甲醛产生的影响

1. 木材和农作物秸秆熏制对多环芳烃产生的影响

在我国，用于熏制肉制品的熏材来源广泛，如甘蔗渣、茶叶副产物、玉米芯等秸秆和木屑等。熏材种类对烟熏肉制品的多环芳烃含量有显著影响 (表7-6)。杉木熏的猪肉中3,4-苯并芘含量为32μg/kg，PAH4为165μg/kg。而用苹果木热熏的猪肉中3,4-苯并芘含量为6μg/kg，PAH4为27μg/kg。虽然都是果木，但是用李子木比苹果木熏的猪肉中的3,4-苯并芘含量高。木炭熏的猪肉3,4-苯并芘含量为10μg/kg、PAH4为50.5μg/kg。

表7-6　不同熏材的熏猪肉中的多环芳烃　　　　　　单位：μg/kg

多环芳烃	杉木	赤杨木	山杨木	苹果木	李子木	花生壳	木炭
3,4-苯并芘	32.3	9.4	35	6.04	17～30	1.3	10
PAH4	165.4	41.5	146.8	27.3	67～221	5.09	50.5

2. 木材和农作物秸秆熏制对甲醛产生的影响

熏材种类对烟熏肉制品的甲醛含量有显著影响 (表7-7)。橡木燃烧的甲醛排放达1772mg/kg (干物质)，海松木燃烧的甲醛排放达653mg/kg (干物质)。用农作物秸秆和谷物果实作烟材在我国也是常见的，这类熏材燃烧所产生的甲醛与普通熏材差别不大。

表7-7　不同熏材燃烧产生的甲醛含量　　单位：mg/kg (干物质)

熏材种类	海松木	桉木	栎木	圣栎木	橡木	松木
甲醛生成量	653	1038	1080	988	1772	1165

三、糖熏过程中产生的多环芳烃和甲醛

在我国部分省份，如河北、山西、山东、浙江、辽宁等，往往将食用糖和木屑一起作为熏制的熏材。葡萄糖、蔗糖等在加热条件下会发生脱水、热解等化学反应，在产生特定的风味物质和颜色物质的同时，会导致一些有害物质的生成，如多环芳烃、甲醛等。糖类在加热过程中有害物质的产生与糖的种类有关，还与加热温度密切相关。

（一）糖熏过程中产生的甲醛

糖类物质是甲醛的前体物。所有的糖类物质在220~550℃都会产生甲醛，在10%含氧环境中，四种固体糖（红糖、白糖、果糖、葡萄糖）、糖浆和蜂蜜在不同温度下生成甲醛的量各不相同（表7-8），玉米糖浆和蜂蜜在50℃时即产生甲醛，而四种固体糖在220℃以上才会有甲醛产生。葡萄糖在375℃左右时产生的甲醛最多，为4.5μg/mg；果糖在325℃左右时产生的甲醛最多，为6μg/mg；白糖在375℃左右时产生的甲醛最多，为4.0μg/mg；红糖在325℃左右时产生的甲醛最多，为5.0μg/mg；蜂蜜在所有试验组中产生的甲醛最多，在275℃左右就产生9.8μg/mg；玉米糖浆产生的甲醛较少，最高为2.5μg/mg。

表7-8　糖类物质在不同温度下燃烧产生的甲醛含量　　　　　　单位：μg/mg

温度/℃	燃烧物					
	葡萄糖	果糖	白糖	红糖	玉米糖浆	蜂蜜
225~275	0~1.6	0.3~2.2	0~1.5	0~2	0.6~0.75	2.6~9.8
275~325	1.6~2.1	2.2~6.0	1.5~3.1	2.0~5.0	0.75~1.3	9.8~2.6
325~375	2.1~4.5	6.0~2.5	3.1~4.0	5.0~3.0	1.3~2.5	2.6~1.8
375~425	4.5~2.8	2.5~1.5	4.0~1.8	3.0~1.5	2.5~1.9	1.8~1.0
425~475	2.8~1.2	1.5~0.7	1.8~0.9	1.5~0.7	1.9~0.9	1.0~0.9
475~525	1.2~0.6	0.7~0.4	0.9~0.5	0.7~0.3	0.9~0.75	0.9
525~575	0.6	0.4	0.5	0.3	0.75	0.9

纤维素、淀粉主要通过燃烧与热解产生甲醛，而果糖、葡萄糖则主要是通过热解作用产生甲醛的。对于大部分的糖类来说，甲醛是糖的直接降解产物，而对于转化糖来说甲醛的形成机制比直接降解要复杂得多。测定结果表明，市售糖熏烧鸡的鸡皮中甲醛含量为30~40mg/kg，鸡肉中甲醛含量为5~10mg/kg，糖熏鸡架中甲醛含量为25~45mg/kg，糖熏五花肉中甲醛含量为18~39mg/kg。

（二）糖熏过程中产生的多环芳烃

碳水化合物在超过800℃的高温下会产生较多的多环芳烃类物质，D-葡萄糖、D-果糖以及纤维素在超过800℃的高温条件下分解会导致大量酚醛和多环芳烃的产生。传统的红糖制作过程是将甘蔗榨汁后再以小火熬煮5~6h，甘蔗汁中的水分蒸发，糖的浓度逐渐升高，高浓度的糖浆冷却凝固成固体块状的粗糖，即红糖。高温长时间的熬煮使红糖本身含有大量的多环芳烃。对红糖制品的研究发现，其中含有16种多环芳烃，而且大多数红糖制品中3,4-苯并芘的含量一般为0.1μg/kg，多环芳烃的含量在0.5~4.0μg/kg。商业上往往用糖和木屑的混合物进行糖熏，所以糖熏过程会产生多环芳烃。

第二节　烟熏肉制品中多环芳烃和甲醛的控制

烟熏肉制品历史悠久，并以其特有的色、香、味而受到广大消费者的青睐。肉制品烟熏的目的是改善产品感官质量和延长贮藏时间，产生能引起食欲的烟熏香味，酿成制品的独特风味，使其外观产生特有的烟熏色泽，肉组织的腌制颜色更加诱人，同时抑制不利微生物的生长，抗脂肪氧化酸败，延长产品货架期。但一些传统烟熏方法可能导致的卫生安全性问题也不容忽视。由于在烟熏肉制品中可能含有多环芳烃、甲醛等有害物质，对人类健康造成很大的威胁，所以应采取有效的控制措施，减少烟熏肉制品中多环芳烃和甲醛的含量。

一、熏材选择

不用水分含量高、发霉变质、有异味的熏材，尽可能选用含树脂少的硬质料和商品化、标准化复合熏材。不用含树脂木材、经化学处理的木材以及其他非天然木材作为熏材。选择熏材要慎重，熏材不同，多环芳烃残留量也不同。用枫木热熏的猪肉中3,4-苯并芘含量为9.3μg/kg，与赤杨木接近，但PAH4为66.1μg/kg，约为赤杨木的1.6倍。采用木屑熏制的四川红板兔产品，3,4-苯并芘残留量为2.13μg/kg，而用谷草或杂锯末高温熏制的四川红板兔产品3,4-苯并芘残留量为6.4μg/kg；用杂锯末与谷草熏制的腊肉中3,4-苯并芘含量高达8.1μg/kg，而用松柏枝制作的熏腊肉中为3.2μg/kg。

二、烟熏方法选择

采用间接烟熏法（如使用摩擦生烟器）代替直接烟熏法可以显著减少烟熏食品中的多环芳烃污染。研究表明，间接烟熏法可减少烟熏肉制品中33%~45%的多环芳烃，尤其是使用天然肠衣的产品中多环芳烃含量的降低更为明显。间接烟熏方式采用现代的工业炉，外部设有发烟器，熏烟被引入烟熏室之前加以过滤，或以静电沉淀法，或以冷却法去除熏烟中的有害物质。同传统的烟熏过程相比，间接烟熏可以降低多环芳烃的污染，对人体健康威胁较小。传统的直接烟熏方法制作的熏鱼中含有大量的3,4-苯并芘，尤其是鱼体表层，其含量高达50μg/kg，而采用间接烟熏方式，控制发烟条件，其含量仅为0.1μg/kg，甚至更少。采用明火直接熏制的香肠中，3,4-苯并芘的浓度范围是2~7μg/kg，是德国、法国法规规定的含量的2~7倍。传统烟熏方法加工的酱卤熏肉和红板兔中的3,4-苯并芘含量分别平均为1.92μg/kg和5.85μg/kg，而用多功能烟熏炉间接熏制的酱卤熏肉和红板兔的3,4-苯并芘含量分别为0.35μg/kg和0.45μg/kg，差别非常明显。需要指出的是，多功能烟熏装置往往发烟量不大，熏制的产品往往烟熏味不足。所以这种间接烟熏装置的功能需要改进，才能适应商业生产的需求。烟熏时为避免熏材与食品直接接触，也可采用电热、以远红外线为热源等新的加工方法。

三、烟熏设备及运行参数

（一）烟熏设备的选择

从烟熏设备和工艺上来看，需对传统烟熏工艺进行改进和优化，在尽可能保持传统风味特色的同时，不断研究新技术、新设备，改善产品安全品质。在加工过程中，可以通过采用最佳的烟熏程序，控制烟熏程序的整个工艺，选用熏烟净化装置，来减少或消除烟熏肉制品中的有害物质。传统熏烤食品是通过简陋装置，甚至是简易烟熏架直接熏制。在现代食品加工中，各种空调式多功能自动烟熏装置广泛应用。采用空调式多功能自动烟熏装置加工产品，熏烤室内各个部位温度均匀，温湿度均可自动控制，熏烤可间接进行，因此产品质量好，多环芳烃污染程度小，标准化程度高，损耗少，加工周期短。采用自动熏烤设备，结合中温或低温熏制法，可明显减少 3,4-苯并芘等多环芳烃的残留，保证产品卫生安全。

（二）运行参数的选择

1. 烟熏温度和气流

摩擦生烟室、蒸汽烟熏室等设备中影响多环芳烃形成的主要运行参数是热解温度和气流速度。烟熏工艺参数对产品中多环芳烃含量有显著影响。多环芳烃含量随着烟浓度和气流速度的增加而增加。相比于蒸汽烟熏和直接烟熏，摩擦生烟法熏制的法兰克福肠中 3,4-苯并芘的含量仅为前两者的三分之一。生烟温度是影响多环芳烃含量的主要参数，将其控制在 600℃以下能够有效阻止多环芳烃的形成。采用空气循环式烟熏装置时，热熏法熏制的食品中多环芳烃含量为 300μg/kg，而冷熏法仅为 60~70μg/kg。在法式熏兔加工中，采用冷熏法，3,4-苯并芘的残留仅为 0.1μg/kg 或未检出，而明火熏烤的样品高达 11.5μg/kg。较低温度下生成的熏烟中，所含 3,4-苯并芘等多环芳烃的量较少，例如，在 425℃以下进行木材热分解，以防止多环芳烃的生成。

2. 烟熏时间

不同的烟熏时间所产生的多环芳烃的量不同。研究表明，猪肉乳化香肠的 3,4-苯并芘初始含量为 0.24mg/kg，烟熏 3d 后 3,4-苯并芘的含量为 0.38mg/kg，烟熏 5d 后 3,4-苯并芘的含量上升到 0.75mg/kg。用橡木和栗木的混合熏材，用天然肠衣灌制，熏制 0d 的猪肉乳化肠中未检出 3,4-苯并芘，熏制 10d 的猪肉乳化肠肠衣中 3,4-苯并芘的含量为 17.0~22.81mg/kg，肠肉中 3,4-苯并芘的含量为 1.56~1.84mg/kg。

四、采用液熏法

液熏法是在烟熏法基础上发展起来的食品非烟熏加工技术，它是用烟熏液替代烟雾进行熏制食品的一种方法。烟熏液以天然植物（如枣核、山楂核等）为原料，经干馏、提纯精制而成，具有和烟雾几乎相同的风味成分，如有机酸、酚类及碳氢化合物等，保持了传统熏制食品的风味，除去了聚集在焦油液滴中的多环芳烃等有害物质。许多研究表明，烟熏食品中的多环芳烃污染能够通过使用烟熏液替代直接烟熏来显著降低。采用液熏法可使 3,4-苯并芘的残留降低到小于 1μg/kg。然而，由于甲醛的挥发性和水溶性，许多市售烟熏液中不同程度地含有甲醛。

五、肉品与热源的距离和位置

将发酵香肠放置在烟熏室垂直方向上的不同位置进行熏制，测得下方的香肠中 PAH4 含量最低，为 15.9μg/kg，中间和上方的分别为 47.7μg/kg 和 78.2μg/kg。这可能与烟熏过程中烟气集中在烟熏室上部有关。但香肠表面和内部的多环芳烃变化趋势不一致，放置在烟熏室上、中和下部的香肠表面 PAH4 含量分别为 242.3μg/kg、144.6μg/kg 和 8.9μg/kg，内部 PAH4 含量分别为 0.9μg/kg、1.5μg/kg 和 19.2μg/kg。

六、脂肪含量和肠衣类型

随着法兰克福肠脂肪含量增加，产品中 3,4-苯并芘含量明显提高。脂肪含量本身并不会影响多环芳烃形成，但当高脂肪含量与天然肠衣共同作用时，产品中多环芳烃含量显著增加。在相同烟熏条件下，使用天然肠衣的香肠中多环芳烃含量为 220μg/kg，高于胶原蛋白肠衣（31.3μg/kg），并且胶原蛋白肠衣能更有效地阻止多环芳烃进入香肠内部。而与天然肠衣和胶原蛋白肠衣相比，采用可剥离纤维素肠衣的法兰克福肠中多环芳烃含量更低。这与肠衣物理性质有关，天然肠衣具有高孔隙率，使脂肪能够流经天然肠衣并覆盖在外表面，使其变黏，随后，当含有多环芳烃的烟气到达产品表面时，烟气颗粒容易黏附在上面，并往产品内部迁移。而人造肠衣孔隙率低，使脂肪存在于产品内部，肠衣外表面保持干燥和光滑，不会吸附烟气颗粒，因此在肠衣表面只检测到少量含有多环芳烃的烟气颗粒。此外，肠衣孔径越小，越能有效阻止多环芳烃进入产品内部。烟尘颗粒粒径大于胶原蛋白肠衣的孔径，但小于天然肠衣孔径，含有多环芳烃的烟尘颗粒更易进入采用天然肠衣的产品内部。

传统的烟熏方法导致的安全问题不容忽视，特别是产生的多环芳烃和甲醛等有害物质，污染食品，危害人体健康，已受到消费者的广泛关注，因此改革陈旧的烟熏技术势在必行。开发一种非烟熏的绿色制造技术，使肉制品的风味和色泽可以与传统烟熏肉制品相媲美，同时极大降低有害物残留量，将具有极其重要的意义。

参考文献

[1] 崔国梅，彭增起，孟晓霞. 烟熏肉制品中多环芳烃的来源及控制方法 [J]. 食品研究与开发，2010，31 (3)：180-183.

[2] 赵勤，王卫. 熏烤肉制品卫生安全性及其绿色产品开发的技术关键 [J]. 成都大学学报：自然科学版，2005，24 (2)：107-110.

[3] PÖHLMANN M, HITZEL A, SCHWÄGELE F, et al. Contents of polycyclic aromatic hydrocarbons (PAH) and phenolic substances in Frankfurter-type sausages depending on smoking conditions using glow smoke [J]. Meat Science, 2012, 90 (1)：176-84.

[4] ROSEIRO L C, GOMES A, SANTOS C. Influence of processing in the prevalence of polycyclic aromatic hydrocarbons in a Portuguese traditional meat product [J]. Food & Chemical Toxicology, 2011, 49 (6)：1340-5.

[5] LEDESMA E, RENDUELES M, DÍAZ M. Characterization of natural and synthetic casings and mechanism of BaP penetration in smoked meat products [J]. Food Control, 2015, 51：195-205.

[6] LEDESMA E, RENDUELES M, DÍAZ M. Contamination of meat products during smoking by polycyclic aromatic hydrocarbons：Processes and prevention [J]. Food Control, 2016, 60：64-87.

[7] VARLET V, SEROT T, KNOCKAERT C, et al. Organoleptic characterization and PAH content of salmon (*Salmo salar*) fillets smoked according to four industrial smoking techniques [J]. Journal of the Science of Food & Agriculture, 2010, 87 (5)：847-854.

［8］KOSTYRA E, BARYKO - PIKIELNA N. Volatiles composition and flavour profile identity of smoke flavourings ［J］. Food Quality & Preference, 2006, 17 (1): 85-95.

［9］BAKER R R, COBURN S, LIU C. The pyrolytic formation of formaldehyde from sugars and tobacco ［J］. Journal of Analytical & Applied Pyrolysis, 2006, 77 (1): 12-21.

［10］LEDESMA E, RENDUELES M, DÍAZ M. Characterization of natural and synthetic casings and mechanism of BaP penetration in smoked meat products ［J］. Food Control, 2015, 51: 195-205.

［11］YI ZHU, ZENGQI PENG, MIN WANG, et al. Optimization of extraction procedure for formaldehyde assay in smoked meat products ［J］. Journal of Food Composition and Analysis, 2012, 28 (1): 1-7.

［12］STUMPEVĪKSNA I, BARTKEVIĊS V, KUKĀRE A, et al. Polycyclic aromatic hydrocarbons in meat smoked with different types of wood ［J］. Food Chemistry, 2008, 110 (3): 794-797.

［13］GOMES A, SANTOS C, ALMEIDA J, et al. Effect of fat content, casing type and smoking procedures on PAHs contents of Portuguese traditional dry fermented sausages ［J］. Food & Chemical Toxicology, 2013, 58 (7): 369-374.

第八章　肉类贮藏加工过程中胆固醇氧化物的形成

日常饮食中高胆固醇氧化产物（COPs）的摄入会对人体健康构成威胁。由于其动脉粥样硬化、癌症和神经系统疾病等不良的生物学影响以及其他对人体健康的有害影响，肉类加工过程中产生的胆固醇氧化物已经引起了广泛关注。酱卤肉制品是我国传统特色肉制品，在其加工中往往使用老卤，这虽然给产品带来良好的风味，但会产生胆固醇氧化物。因此，抑制肉制品加工过程中胆固醇氧化物的形成具有重要意义。

第一节　畜产品中的胆固醇氧化物

一、肉制品中的胆固醇氧化物

新鲜肉中几乎不含胆固醇氧化物。肉中胆固醇氧化物的形成主要源于受到氧化作用的情况下，如腌制、加热、光照以及长时期贮存，因而在很多种加工肉制品中可检测到胆固醇氧化物。肉类样品在加工过程中胆固醇氧化程度可用总胆固醇氧化物含量表示，并可由剩余胆固醇百分含量以及相应的硫代巴比妥酸反应物（thiobarbituric acid reactive substances，TBARS）值反映。

Zubillaga 等（1991）报道，7-酮基胆固醇是肉制品中主要的胆固醇氧化物，几乎占胆固醇氧化物总量的一半，其余按含量由高到低依次为 7α-羟基胆固醇、7β-羟基胆固醇、环氧化胆固醇。Monahan 等（1992）在生猪排中未检测到胆固醇氧化物，并且冷藏 8d 后也仅在少数样品中检测到胆固醇氧化物。Lercker 等（2000）发现，不同加热方式的肉中，7-酮基胆固醇含量没有显著差异，并且生肉中 7-酮基胆固醇含量已经达到较高水平，约为 3.5mg/kg。这可能是生肉在排酸过程中产生的，此过程通常在 4~6℃ 放置 10~15d 以改善肉的嫩度和风味。Baggio 等（2002）在冻藏 16 个月的生火鸡胸肉中检测到 7-酮基胆固醇含量约为 330μg/kg。Conchillo 等（2005）报道，5β,6β-环氧化胆固醇是生肉中含量最高的胆固醇氧化物，而在烤鸡肉中，7-酮基胆固醇含量最丰富。

氧化反应起始于含有大量多不饱和脂肪酸的膜磷脂，不饱和脂肪酸含量越高越易发生氧化。由食物成分表可知，禽肉中不饱和脂肪酸的比例高于其他肉类如猪肉、牛肉和羊肉，但猪肉和牛肉中的胆固醇和血红素含量高于禽肉，因此在考虑胆固醇氧化敏感性时要综合考虑各种因素。此外，胆固醇氧化物的产生与肉的部位有很大关系，如相同处理条件下，鸡腿肉中的胆固醇氧化物高于鸡胸肉，这是因为鸡腿肉中的胆固醇、总脂类物质、磷脂和铁的含量都高于鸡胸肉。肉制品的氧化程度还取决于原料的品质、抗氧化剂的添加量、加工条件和贮藏时间等多种因素。

（一）干腌火腿

干腌火腿是用带骨、皮、爪尖的整只猪后腿或前腿，经腌制、洗晒、风干和长期发酵、整形等工艺制成的著名生腿制品。干腌是一种缓慢的腌制过程，干腌火腿因其加工周期长，腌制过程中过量的食盐、脱水、适宜的温度以及长期暴露在空气中等因素都可能会促进胆固醇氧化，并形成胆固醇氧化物。

Zanardi 等（2000）检测了帕尔玛火腿（Parma Ham）中胆固醇及胆固醇氧化物含量，发现胆固醇含量为76.4mg/100g，胆固醇氧化物占胆固醇含量的0.11%，并且仅检测出7-酮基胆固醇、7β-羟基胆固醇和 $5\alpha,6\alpha$-环氧化胆固醇三种氧化产物分别为 0.32mg/kg、0.21mg/kg、0.31mg/kg。在毒理学上，该浓度的胆固醇氧化物与体外细胞培养试验中发现的毒性最小水平相当，但比动物体内试验中发现的毒性最小水平低100倍左右。Vestergaard 等（1999）分别检测了不同成熟时间干腌火腿瘦肉与肥肉中的胆固醇氧化物含量，发现在两年内，瘦肉中单种胆固醇氧化物的含量均不超过 1mg/kg，而同一火腿的皮下脂肪中胆固醇氧化物含量较高。这可能是因为肥肉部分脂肪含量丰富，并且在外层，更易与氧气接触而发生氧化反应。此外，加工时间越长，干腌火腿中胆固醇氧化物含量越高。加工时间为 12 个月、15 个月、18 个月的帕尔玛火腿肌肉组织中 7-酮基胆固醇含量最高，分别为 0.3mg/kg、0.5mg/kg、1.8mg/kg。

金华火腿脂肪组织中胆固醇氧化物含量与帕尔玛火腿相似（钱烨等，2017）。新鲜火腿（第1年）、陈放 1 年的市售金华火腿（第 2 年）胆固醇氧化物及其含量见表 8-1。

表 8-1　金华火腿肌肉组织和脂肪组织中胆固醇氧化物（COPs）含量

单位：mg/kg

胆固醇氧化物	第1年		第2年	
	肌肉组织	皮下脂肪	肌肉组织	皮下脂肪
7β-羟基胆固醇	0.23±0.10	0.47±0.22	0.51±0.26	0.83±0.34
7-酮基胆固醇	0.24±0.12	0.91±0.47	0.88±0.37	1.33±0.81
25-羟基胆固醇	0.05±0.03	0.32±0.13	0.31±0.13	0.51±0.28
胆甾烷-$3\beta,5\alpha,6\beta$-三醇	0.07±0.05	0.79±0.31	0.42±0.18	1.47±0.79
总量	0.59±0.30	2.49±1.13	2.12±0.94	4.14±2.22

注：数值表示为平均值±标准差。

由表可知，从第 1 年到第 2 年，金华火腿肌肉组织中胆固醇氧化物总量由 0.59mg/kg 增加到 2.12mg/kg，其中 7β-羟基胆固醇增加 2 倍，25-羟基胆固醇和胆甾烷-$3\beta,5\alpha,6\beta$-三醇增加 6 倍。7-酮基胆固醇含量最高，第 1 年和第 2 年分别为 0.24mg/kg 和 0.88mg/kg，可见金华火腿肌肉组织中单种胆固醇氧化物的含量均不超过 1mg/kg。从第 1 年到第 2 年，金华火腿脂肪组织中胆固醇氧化物总量从 2.49mg/kg 增加到 4.14mg/kg，其中 7-酮基胆固醇增加 1.5 倍，胆甾烷-$3\beta,5\alpha,6\beta$-三醇增加约 2 倍。第 1 年 7-酮基胆固醇含量最高，为 0.91mg/kg；第 2 年胆甾烷-$3\beta,5\alpha,6\beta$-三醇含量最高，达 1.47mg/kg。金华火腿脂肪组织中胆固醇氧化物含量明显高于肌肉组织，脂肪组织中胆固醇氧化物含量高的原因可能是表层脂肪易受氧气和光线的作用，从而更易发生氧化，脂肪氧化过程中形成多不饱和脂肪酸的氢过氧化物，引发了胆固醇的自动氧化。从以上结果可以看出，火腿皮下脂肪组织在加工过程中氧化严重，不仅会产生哈喇味（丙二醛含量增加），影响食用品质，还会产生较多胆固醇氧化物，危害人体健康。

（二）肠类肉制品

肠类肉制品是指切碎或斩碎的肉与辅料混合，并灌入肠衣内加工制成的肉制品。其中中式香肠、熏煮香肠在加工过程中添加食盐、硝酸钠等辅料进行腌制处理。

中式香肠（又称风干肠）是我国传统腌腊肉制品中的一大类。传统生产过程是在冬季于较低的温度下将原料肉进行腌制，然后经过自然风干和成熟过程加工成的一类产品。Wang 等（1995）研究发现，7β-羟基胆固醇、7-酮基胆固醇、22-酮基胆固醇是中式香肠中主要的胆固醇氧化物。

Salame 是欧洲尤其是南欧民众喜爱食用的一种腌制肉肠，由猪肉或猪肉和牛肉混合制成，腌制时间较长，味道咸。Zanardi 等（2000）对 Salame 中的胆固醇和胆固醇氧化物进行了测定，测得胆固醇含量为 110.5mg/100g，胆固醇氧化物占胆固醇含量的 0.12%，其中 7-酮基胆固醇、7β-羟基胆固醇、$5\alpha,6\alpha$-环氧化胆固醇分别有 0.52mg/kg、0.56mg/kg、0.23mg/kg。

Coppa 是一种意大利肉肠，以猪颈肉为原料，加入食盐、亚硝酸盐和黑胡椒等腌制而成。Zanardi 等（2000）测得 Coppa 中胆固醇含量为 115.5mg/100g，胆固醇氧化物占胆固醇含量的 0.16%，其中 7β-羟基胆固醇含量极低，7-酮基胆固醇、$5\alpha,6\alpha$-环氧化胆固醇分别有 1.16mg/kg、0.65mg/kg。

（三）盐渍水产品

盐渍水产品是指以鲜（冻）鱼、虾等为原料，经相应工艺加工制成的产品。盐渍鱼、盐渍虾等是常见的盐渍水产品。

Kang 等（2008）检测了盐渍时间分别为 5h 和 5d 的黄花鱼中的胆固醇及胆固醇氧化物含量。新鲜黄花鱼中胆固醇含量为 133.4mg/100g，未检测到 7α-和 7β-羟基胆固醇；分别盐渍 5h 和 5d 后胆固醇降为 130.3mg/100g、87.2mg/100g，7α-羟基胆固醇分别为 1.463mg/kg、2.314mg/kg，7β-羟基胆固醇分别为 1.257mg/kg、1.309mg/kg。此外，他们还发现，经过盐渍的样品在晒干后贮藏的过程中胆固醇氧化物含量继续增加，但盐渍 5d 的黄花鱼在贮藏 21d 后胆固醇氧化物含量比盐渍 5h 的黄花鱼少。可见，盐渍会导致肉中胆固醇氧化，并且盐渍时间越长，产生的胆固醇氧化物可能越多。经过长时间盐渍处理的肉制品在后续贮藏过程中产生的胆固醇氧化物可能比短时间盐渍的肉制品更少。

Sampaio 等（2006）发现盐渍虾米中含有大量胆固醇氧化物，他们对市售的不同季节盐渍虾米中的胆固醇氧化物进行了分析测定，测得夏季、秋季、冬季的盐渍虾米中总胆固醇氧化物含量分别为 31.74mg/kg、41.33mg/kg、54.84mg/kg，其中 7β-羟基胆固醇是主要的胆固醇氧化物。加工和贮藏条件的不同是导致样品中胆固醇氧化物含量有差异的主要原因。由于虾米中胆固醇含量高，因此在盐渍、晒干等加工过程中，长期受氧气、辐照等恶劣因素的作用，极易形成胆固醇氧化物。

二、蛋制品中的胆固醇氧化物

每枚鸡蛋中平均含有 213mg 胆固醇，是相同质量的黄油和冻干肉制品中胆固醇含量的两倍，是乳制品的 5~10 倍。蛋制品中胆固醇氧化物含量在微量至 200mg/kg，但新鲜鸡蛋中的胆固醇氧化物含量未见报告。其中，$5\alpha,6\alpha$-环氧化胆固醇和 $5\beta,6\beta$-环氧化胆固醇是蛋制品中最主要的胆固醇氧化物。

Sander 等（1989）研究表明，蛋粉在贮藏过程中形成的胆固醇氧化物主要为 $5\alpha,6\alpha$-环氧化胆固醇。他们发现蛋制品中胆固醇氧化物含量由高到低依次为 $5\alpha,6\alpha$-环氧化胆固醇、7β-羟基胆固醇、$5\beta,6\beta$-环氧化胆固醇、7-酮基胆固醇。据 Fontana 等（1993）报道，25-羟基胆固醇和胆甾烷-$3\beta,5\alpha,6\beta$-三醇仅在蛋粉于 90℃ 加热 6~24h 才检出。同时，他们发现 7-酮基胆固醇含量在加热过程中由 2.2mg/kg 升高到 317mg/kg。

鸡蛋产品的物理形态对胆固醇氧化物的产生有影响，粉状更易发生氧化，乳化的酱状产品也易发生氧化，因其与氧的接触面积增大。蛋粉生产过程中采用的干燥工艺对胆固醇氧化影响很大，喷雾干燥的蛋粉中胆固醇氧化物含量高于冻干蛋粉。并且蛋粉的水分活度对贮藏过程中胆固醇氧化物的形成有显著影响，蛋粉产品的水分活度越低，产生的胆固醇氧化物越多，而相同水分活度时，全蛋粉中产生的胆固醇氧化物比蛋黄粉中的多。此外，蛋制品贮藏时间越长，温度越高，产生的胆固醇氧化物就越多。

三、乳制品中的胆固醇氧化物

牛奶中胆固醇含量约为 12mg/100g。Sander 等（1989）对乳酪生产用鲜奶进行测定，得出的结果是鲜奶中胆固醇氧化物含量极低。在新鲜的乳酪和乳酪酱中，胆固醇氧化物也含量甚微，仅有少数研究检测出极低含量的 7-酮基胆固醇等。新鲜奶油和新鲜黄油中胆固醇氧化物的含量水平也非常低。鲜牛奶及鲜乳制品中产生胆固醇氧化物的可能性非常小，主要是因为鲜奶是液态的，含氧量很低；而且鲜奶中多不饱和脂肪酸的比例很小，铁、铜等氧化强化剂也少，但储藏和加工会促进乳制品中胆固醇氧化产物的生成。

7-酮基胆固醇是乳制品中主要的胆固醇氧化物。奶粉中 7-酮基胆固醇含量比蛋黄粉更高，原因可能是两者的矿物质组成有差异。而在帕玛森干酪和芝士酱中只能检测到少量胆固醇氧化物，在其他奶酪和烤芝士中也只能在少数样品中检测出 7-酮基胆固醇和极微量的 7α-羟基胆固醇、7β-羟基胆固醇。Sander 等（1989）将有盐黄油和无盐黄油置于 110℃ 下加热 24d，测得无盐黄油中含有超过 300mg/kg 的酮基胆固醇和 200mg/kg $5\alpha,6\alpha$-环氧化胆固醇，这是有盐黄油的 2~3 倍，因此盐分可能会抑制黄油中的胆固醇氧化。常见的畜产品中的胆固醇氧化物含量见表 8-2。

表 8-2 食品中胆固醇氧化物含量 单位：mg/kg

产品名称	胆固醇氧化物						参考文献
	7α-羟基胆固醇、7β-羟基胆固醇	7-酮基胆固醇	$5\alpha,6\alpha$-环氧化胆固醇、$5\beta,6\beta$-环氧化胆固醇	25-羟基胆固醇	胆甾烷-$3\beta,5\alpha,6\beta$-三醇	总胆固醇氧化物	
生牛肉	未测定	3.5	未测定	未测定	未测定	0.5~3.4	Hwang 等（1993）

续表

产品名称	胆固醇氧化物						参考文献
	7α-羟基胆固醇、7β-羟基胆固醇	7-酮基胆固醇	5α,6α-环氧化胆固醇、5β,6β-环氧化胆固醇	25-羟基胆固醇	胆甾烷-3β,5α,6β-三醇	总胆固醇氧化物	
熟牛肉	未测定	未测定	未测定	未测定	未测定	3.1~5.9	Engeseth 等（1994）
牛油	7β-羟基胆固醇 0.17	未检出	5β,6β-环氧化胆固醇 0.60	未检出	未检出	未测定	Verleyen 等（2003）
鸡肉（牛油喂养）	未测定	未测定	未测定	未测定	未测定	3.70	Grau 等（2001）
鸡肉（辐照后）	7α,7β-羟基胆固醇 43.2	6.0	5α,6α-环氧化胆固醇 3.9	未测定	未检出	53.4	Nam 等（2001）
生鸡肉（贮藏 3 个月）	7α-羟基胆固醇 1.31 7β-羟基胆固醇 1.49	0.55	5α,6α-环氧化胆固醇 0.20 5β,6β-环氧化胆固醇 2.69	0.23	0.92	7.40	Conchillo 等（2005）
生火鸡肉	7α-羟基胆固醇 3.6 7β-羟基胆固醇 4.8	5.1	5α,6α-环氧化胆固醇 1.6 5β,6β-环氧化胆固醇 7.0	未测定	1.5	23.7	Boselli 等（2005）
萨拉米香肠	未测定	0.2~1.1	未测定	未测定	未测定	微量~16.6	Novelli 等（1998）
干腌火腿脂肪（贮藏 12 个月）	7β-羟基胆固醇 0.4	1.1	5α,6α-环氧化胆固醇 0.4	0.2	0.7	未测定	Vestergaard 等（1999）
	7β-羟基胆固醇 0.47	0.91	未测定	0.32	0.79	2.49	钱烨（2017）
新鲜牛奶	未检出	未检出	未检出	未检出	未检出	未测定	Sieber（2005）
碎干酪	未测定	0.2~0.8	未测定	未测定	未测定	4~46	Finocchiaro 等（1984）
全脂奶粉	未测定	0.3~0.7	未测定	未测定	未测定	微量~6.8	Zunin 等（1998）
全蛋粉	未测定	1.3~4.6	未测定	未测定	未测定	8~311	Lai 等（1995）

续表

产品名称	胆固醇氧化物						参考文献
	7α-羟基胆固醇、7β-羟基胆固醇	7-酮基胆固醇	5α,6α-环氧化胆固醇、5β,6β-环氧化胆固醇	25-羟基胆固醇	胆甾烷-3β,5α,6β-三醇	总胆固醇氧化物	
喷干蛋粉（贮藏1个月）	未测定	未测定	未测定	未测定	未测定	47.8	Caboni 等（2005）
蛋黄粉	7α-羟基胆固醇 39.5 7β-羟基胆固醇 59.2	79.4	5α,6α-环氧化胆固醇 127.5 5β,6β-环氧化胆固醇 135.5	未测定	未测定	441.1	Obara 等（2005）

第二节 肉品贮藏加工过程中胆固醇氧化物形成的影响因素

原料肉新鲜度、加热方法和加热时间、老卤和添加物、包装方式等都影响肉制品胆固醇氧化物的形成。

一、原料对肉制品胆固醇氧化物形成的影响

（一）原料冻融次数对酱猪肘胆固醇氧化物含量的影响

加工猪肉产品所用原料往往是冻肉，由表8-3可知，原料反复冻融7次之内，酱猪肘皮、皮下脂肪和瘦肉中均检测出7β-羟基胆固醇、25-羟基胆固醇、7-酮基胆固醇，肘皮、皮下脂肪中未检测出5α,6α-环氧化胆固醇，并且7-酮基胆固醇含量最高，7β-羟基胆固醇含量较低。瘦肉中未检测出胆甾烷-3β,5α,6β-三醇，并且7-酮基胆固醇和7β-羟基胆固醇含量均较高。对于肘皮，胆固醇氧化物总量随着原料冻融次数增加略有增加，但变化不显著；在酱猪肘皮下脂肪和瘦肉中，胆固醇氧化物总量随着原料冻融次数增加而降低，冻融7次后胆固醇氧化物总量显著低于冻融1次，分别降低了11%、38%。原料冻融7次之内，均为瘦肉中胆固醇氧化物总量显著高于皮和皮下脂肪。冻融1次、3次时，皮下脂肪中胆固醇氧化物总量显著高于肘皮；冻融5次、7次后，皮下脂肪与肘皮中胆固醇氧化物总量无显著差异。

表8-3 原料冻融次数对酱猪肘中胆固醇氧化物含量的影响 单位：ng/g

胆固醇氧化物	原料冻融次数			
	1次	3次	5次	7次
	肘皮			
7β-OH	84.7±7.3[b]	77.9±5.2[b]	106.9±14.6[a]	114.2±4.7[a]

续表

胆固醇氧化物	原料冻融次数			
	1 次	3 次	5 次	7 次
	肘皮			
5,6 α-EP	ND	ND	ND	ND
Triol	167.8±3.1[a]	167.1±4.6[a]	166.1±5.1[a]	170.0±4.3[a]
25-OH	163.1±4.5[b]	177.1±8.0[a]	158.8±6.2[b]	156.5±4.7[b]
7-keto	248.7±10.4[ab]	226.2±12.4[b]	236.9±19.2[ab]	254.7±4.8[a]
总量	664.3±25.1[aC]	648.4±30.1[aC]	668.7±44.5[aB]	695.4±18.4[aB]
	皮下脂肪			
7 β-OH	146.9±7.3[a]	128.3±9.4[bc]	138.7±6.8[ab]	114.7±6.3[c]
5,6 α-EP	ND	ND	ND	ND
Triol	165.6±3.2[a]	165.0±2.6[a]	166.1±2.6[a]	167.2±0.9[a]
25-OH	191.2±5.9[b]	205.7±6.5[a]	170.8±8.5[c]	178.4±5.2[c]
7-keto	276.3±13.6[a]	245.2±7.9[bc]	256.1±8.3[b]	230.0±8.2[c]
总量	780.0±29.8[aB]	744.2±26.1[aB]	731.7±26.1[abB]	690.4±20.4[bB]
	瘦肉			
7 β-OH	507.7±17.1[a]	502.3±11.8[a]	390.9±10.9[b]	153.8±9.2[c]
5,6 α-EP	386.7±3.7[a]	386.6±0.8[a]	259.3±224.6[a]	386.4±1.7[a]
Triol	ND	ND	ND	ND
25-OH	149.5±3.4[a]	152.0±4.0[a]	151.8±6.2[a]	156.2±5.6[a]
7-keto	500.2±22.4[a]	494.3±21.8[a]	378.2±13.5[b]	264.5±15.7[c]
总量	1544.1±46.1[aA]	1535.2±38.1[aA]	1180.2±252.1[bA]	960.9±31.7[bA]

注：①a～c 同行数值肩标不同字母表示差异显著（$P<0.05$），A～C 同列数值肩标不同字母表示差异显著（$P<0.05$）；②ND 表示未检出；③7β-OH 为 7β-羟基胆固醇，5,6α-EP 为 5α,6α-环氧化胆固醇，Triol 为胆甾烷-3β,5α,6β-三醇，25-OH 为 25-羟基胆固醇，7-keto 为 7-酮基胆固醇。

（二）酱油对酱猪肘胆固醇氧化物含量的影响

添加酱油影响酱猪肘中胆固醇氧化物的形成（表 8-4）。酱油添加量在 10% 以下时，酱猪肘肘皮、皮下脂肪和瘦肉中均检测出 7β-羟基胆固醇、25-羟基胆固醇、7-酮基胆固醇，肘皮中未检测出 5α,6α-环氧化胆固醇，皮下脂肪中未检测出 5α,6α-环氧化胆固醇和胆甾烷-3β,5α,6β-三醇。酱油添加量在 1% 以上的酱猪肘中，瘦肉中开始检测出胆甾烷-3β,5α,6β-三醇；酱油添加 5% 以上，瘦肉中开始检测出 5α,6α-环氧化胆固醇。肘皮和皮下脂肪中7-酮基胆固醇含量较高，瘦肉中 7β-羟基胆固醇含量较高。酱猪肘肘皮中胆固醇氧化物总量随酱油添加量的增加呈现先减少后增加的趋势。添加1%酱油时，胆固醇氧化物总量相比不添加酱油的酱猪肘降低7%左右，添加10%酱油时，胆固醇氧化物总量相比空白组增加14%。酱油添加量为0%、1%、5%时，酱猪肘皮下脂肪中胆固醇氧化物总量没有显著差异，添加10%时，胆固醇氧化物总量增加26%，差异显著；对于酱猪肘瘦肉部分来说，酱油添加0%、1%、5%时，胆固醇氧化物总量没有显著差异，而酱油添加量为10%的酱猪肘瘦肉中胆固醇氧化物总量明显降低。酱油添加量在1%~10%，酱猪肘瘦肉中胆固醇氧化物总量最高，皮次之，皮下脂肪最低。

表8-4 酱油对酱猪肘中胆固醇氧化物含量的影响 单位：ng/g

胆固醇氧化物	酱油添加量			
	0%	1%	5%	10%
肘皮				
7β-OH	79.6±2.9^{bc}	68.9±0.8^{c}	93.3±3.9^{b}	130.2±10.3^{a}
5,6α-EP	ND	ND	ND	ND
Triol	167.2±0.4^{b}	166.4±0.1^{b}	166.1±0.6^{b}	168.6±0.5^{a}
25-OH	174.3±3.7^{b}	154.4±0.3^{c}	155.2±3.2^{c}	201.5±0.0^{a}
7-keto	226.0±3.7^{b}	212.6±1.1^{c}	218.5±4.3^{bc}	240.5±3.2^{a}
总量	647.0±10.7^{bB}	602.3±2.4^{cB}	632.9±12.0^{bB}	740.7±14.0^{aA}
皮下脂肪				
7β-OH	83.4±7.1^{b}	77.1±4.0^{b}	95.3±4.0^{ab}	108.6±13.6^{a}
5,6α-EP	ND	ND	ND	ND
Triol	ND	ND	ND	ND
25-OH	196.7±4.2^{b}	176.7±4.2^{c}	179.7±5.4^{bc}	298.2±11.1^{a}
7-keto	223.0±8.3^{a}	215.3±4.1^{a}	218.0±3.7^{a}	227.9±3.6^{a}
总量	502.9±19.5^{bC}	469.0±12.3^{bC}	492.9±13.0^{bC}	634.6±28.2^{aA}
瘦肉				
7β-OH	743.1±11.1^{a}	768.2±16.7^{a}	646.6±29.8^{b}	179.7±3.7^{c}
5,6α-EP	ND	ND	391.2±2.0^{a}	191.7±271.1^{ab}
Triol	ND	166.2±0.1^{c}	166.6±0.2^{b}	167.6±0.1^{a}
25-OH	145.9±0.4^{b}	146.2±1.6^{b}	149.3±0.1^{a}	148.9±0.1^{a}
7-keto	592.1±7.1^{a}	580.9±20.5^{a}	476.2±40.6^{b}	246.3±0.5^{c}
总量	1480.9±18.0^{aA}	1661.4±38.7^{aA}	1829.9±72.8^{aA}	934.1±275.6^{bA}

注：①a~c同行数值肩标不同字母表示差异显著（$P<0.05$），A、B、C同列数值肩标不同字母表示差异显著（$P<0.05$）；②ND表示未检出；③7β-OH为7β-羟基胆固醇，5,6α-EP为5α,6α-环氧化胆固醇，Triol为胆甾烷-3β,5α,6β-三醇，25-OH为25-羟基胆固醇，7-keto为7-酮基胆固醇。

二、加热影响胆固醇氧化物的形成

许多研究结果已证实新鲜原料肉中几乎不含胆固醇氧化物，大多数胆固醇氧化物都是在加工过程中，尤其是加热后被发现的。已知胆固醇氧化物的形成需要活性氧、不饱和脂肪酸、胆固醇的存在，并且过渡金属和酶对其有显著影响。而加热会引起蛋白质变性，从而导致抗氧化酶失活，或使与蛋白质结合的金属离子得到释放，催化氧化反应；加热破坏细胞膜，使多不饱和脂肪酸与氧化剂反应，产生氢过氧化物，氢过氧化物热分解，形成自由基，引发胆固醇氧化。因此加热是导致胆固醇氧化物产生的重要因素。

（一）加热时间及温度对胆固醇氧化物形成的影响

1. 卤汤持续使用时间影响酱猪肘胆固醇氧化物的含量

卤汤持续使用时间，也就是卤汤使用次数对酱猪肘胆固醇氧化物的形成有影响。卤汤使用8次的猪肘皮中5种胆固醇氧化物的选择离子色谱图见图8-1。卤汤使用12次之内，酱猪肘皮、皮下脂肪和瘦肉中均检测出 7β-羟基胆固醇、25-羟基胆固醇、7-酮基胆固醇，未检测出 $5\alpha,6\alpha$-环氧化胆固醇（表8-5）。卤汤使用4次以上，肘皮、皮下脂肪、瘦肉中开始检测出甾烷-$3\beta,5\alpha,6\beta$-三醇。其中，7-酮基胆固醇含量最高，占胆固醇氧化物总量的39%~57%。酱猪肘肘皮、皮下脂肪和瘦肉中胆固醇氧化物总量均随着卤汤使用次数增加而呈现增加的趋势。卤汤使用12次的酱猪肘肘皮中胆固醇氧化物总量比使用1次的增加了3.1倍，皮下脂肪和瘦肉略有增加，但不显著。卤汤使用1次、4次、8次，瘦肉中胆固醇氧化物总量高于肘皮和皮下脂肪；卤汤使用12次后，肘皮中胆固醇氧化物总量高于瘦肉和皮下脂肪。

表8-5 卤汤使用次数对酱猪肘中胆固醇氧化物含量的影响 单位：ng/g

胆固醇氧化物	卤汤使用次数			
	1次	4次	8次	12次
肘皮				
7β-OH	165.0±47.7[d]	306.4±8.2[c]	391.9±21.0[b]	700.7±33.1[a]
$5,6\alpha$-EP	ND	ND	ND	ND
Triol	ND	169.0±1.1[a]	169.0±1.4[a]	168.1±0.3[a]
25-OH	154.7±20.4[b]	177.3±3.7[ab]	171.3±8.6[ab]	194.4±0.5[a]
7-keto	276.5±34.6[d]	464.7±20.9[c]	605.2±56.6[b]	905.1±93.6[a]
总量	596.3±62.7[cC]	1117.3±26.4[bB]	1337.3±67.5[bB]	1968.4±103.3[aB]
皮下脂肪				
7β-OH	237.1±28.4[b]	363.3±43.3[ab]	455.7±51.7[a]	465.8±61.2[b]
$5,6\alpha$-EP	ND	ND	ND	ND
Triol	ND	168.3±0.4[a]	168.4±1.8[a]	167.2±0.6[a]
25-OH	181.4±11.0[b]	191.8±6.7[b]	219.9±2.5[a]	220.4±6.4[a]
7-keto	380.3±31.2[c]	530.7±32.1[b]	727.5±62.8[a]	716.6±27.1[a]
总量	798.8±70.6[cB]	1254.1±82.5[bB]	1571.5±113.8[aAB]	1570.0±95.4[aC]

续表

胆固醇氧化物	卤汤使用次数			
	1 次	4 次	8 次	12 次
	瘦肉			
7β-OH	482.8±30.4ᶜ	583.0±46.4ᵇ	650.2±76.1ᵇ	935.7±48.2ᵃ
5,6α-EP	ND	ND	ND	ND
Triol	ND	178.7±11.1ᵃ	174.3±8.1ᵃ	197.8±19.4ᵃ
25-OH	152.8±4.3ᵇ	154.6±2.5ᵇ	158.3±1.7ᵇ	174.4±5.7ᵃ
7-keto	569.6±46.7ᶜ	782.2±93.5ᵇ	790.7±109.8ᵇ	1027.8±120.1ᵃ
总量	1205.2±92.0ᶜᴬ	1698.5±145.4ᵇᴬ	1773.4±176.2ᵇᴬ	2335.7±125.1ᵃᴬ

注：①a~d 同行数值肩标不同字母表示差异显著（$P<0.05$），A、B 同列数值肩标不同字母表示差异显著（$P<0.05$）；②ND 表示未检出；③7β-OH 为 7β-羟基胆固醇，5,6α-EP 为 5α,6α-环氧化胆固醇，Triol 为胆甾烷-3β,5α,6β-三醇，25-OH 为 25-羟基胆固醇，7-keto 为 7-酮基胆固醇。

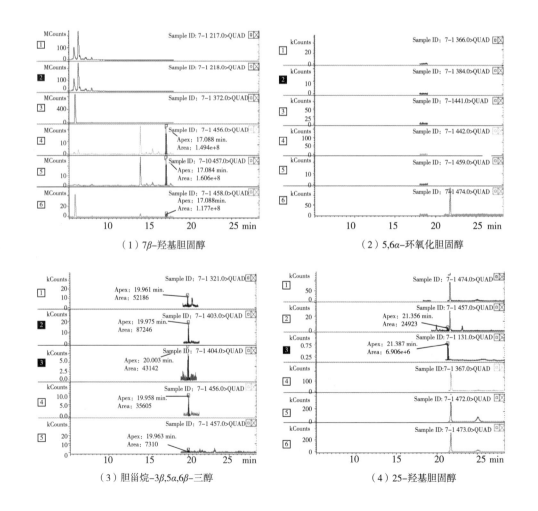

（1）7β-羟基胆固醇

（2）5,6α-环氧化胆固醇

（3）胆甾烷-3β,5α,6β-三醇

（4）25-羟基胆固醇

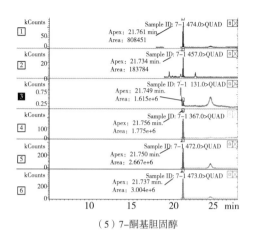

（5）7-酮基胆固醇

图8-1 卤汤使用8次的猪肘皮中5种胆固醇氧化物的选择离子色谱图

2. 二次加热影响酱猪肘胆固醇氧化物的形成

在散装组和二次加热组的酱猪肘肘皮、皮下脂肪和瘦肉中，均检测出7β-羟基胆固醇、25-羟基胆固醇、7-酮基胆固醇，未检测出5α,6α-环氧化胆固醇和胆甾烷-3β,5α,6β-三醇（表8-6）。肘皮和皮下脂肪中，7-酮基胆固醇含量最高，而瘦肉中7β-羟基胆固醇含量最高。95℃杀菌30min后，肘皮中胆固醇氧化物总量显著增加了57%，皮下脂肪中胆固醇氧化物总量显著降低12%，瘦肉中胆固醇氧化物总量没有显著变化。121℃加热25min后，肘皮和瘦肉中胆固醇氧化物总量分别增加35%、74%，皮下脂肪中胆固醇氧化物总量降低17%差异显著。散装酱猪肘和二次加热的酱猪肘均为瘦肉中胆固醇氧化物总量最高，肘皮和皮下脂肪中胆固醇氧化物总量较低。

表8-6 二次加热对酱猪肘中胆固醇氧化物含量的影响 单位：ng/g

胆固醇氧化物	二次加热（温度，时间）		
	散装组	（95±2）℃,30min	121℃,25min
	肘皮		
7β-OH	198.8±6.0[b]	241.8±15.7[a]	233.1±13.2[a]
5,6α-EP	ND	ND	ND
Triol	ND	ND	ND
25-OH	151.5±1.6[b]	166.9±6.7[a]	175.6±3.8[a]
7-keto	308.2±3.8[c]	426.0±25.8[b]	411.7±10.0[a]
总量	658.5±3.8[bC]	834.7±34.8[aB]	820.4±12.4[aC]
	皮下脂肪		
7β-OH	238.4±11.9[a]	297.0±12.4[a]	300.4±24.0[a]

续表

胆固醇氧化物	二次加热（温度，时间）		
	散装组	（95±2）℃,30min	121℃,25min
5,6 α-EP	ND	ND	ND
Triol	ND	ND	ND
25-OH	163.8±1.0^b	177.2±7.8^a	171.3±3.0^a
7-keto	393.0±10.7^b	400.5±8.5^b	435.5±13.3^a
总量	795.1±2.2^{bB}	874.8±28.7^{aB}	907.2±26.3^{aB}
	瘦肉		
7 β-OH	499.8±44.2^b	779.3±86.0^a	948.3±143.7^a
5,6 α-EP	ND	ND	ND
Triol	ND	ND	ND
25-OH	144.3±1.8^a	150.0±0.4^a	148.1±2.8^a
7-keto	526.5±23.4^b	621.6±26.0^a	642.3±28.5^a
总量	1170.6±59.4^{bA}	1550.9±94.4^{aA}	1738.7±165.0^{aA}

注：①a~c 同行数值肩标不同字母表示差异显著（$P<0.05$），A、B 同列数值肩标不同字母表示差异显著（$P<0.05$）；②ND 表示未检出；③7β-OH 为 7β-羟基胆固醇，5,6α-EP 为 5α,6α-环氧化胆固醇，Triol 为胆甾烷-3β,5α,6β-三醇；25-OH 为 25-羟基胆固醇，7-keto 为 7-酮基胆固醇。

传统酱猪肘的二次加热影响其胆固醇氧化物的种类和含量。本研究表明，传统酱猪肘皮下脂肪和瘦肉中胆固醇氧化物总量随着原料冻融次数的增加而减少，这可能是冻融次数增加导致肉的汁液流失增多造成的。反复冻融使组织结构受到机械损害，造成解冻时汁液流失。反复冻融还会引起肉的煮制损失增加，胆固醇氧化物可能会随着加热过程中流失的汁液转移到卤汤中，而导致肉中的胆固醇氧化物总量降低。随着卤汤使用次数的增加，酱猪肘皮、皮下脂肪和瘦肉中胆固醇氧化物总量均呈现增加的趋势。卤汤使用4~12次的样品中检测出胆甾烷-3β,5α,6β-三醇，这可能与老卤中自由基含量增加有关。胆固醇启动氧化时，自由基首先提取其 C7 位上的氢形成 7-羟基胆固醇或 7-酮基胆固醇，而后进一步进攻 5,6-双键，形成胆甾烷-3β,5α,6β-三醇。因此推测反复加热之后卤汤中自由基含量增多，促进了胆甾烷-3β,5α,6β-三醇的形成。胆甾烷-3β,5α,6β-三醇通常被认为是毒性最强的胆固醇氧化物。所以作者认为，为提高酱猪肘的健康品质，应避免重复使用卤汤，特别是老卤。二次加热后，酱猪肘肘皮中胆固醇氧化物总量均显著高于散装的酱猪肘，这可能是因为熟肉在有氧环境下的贮藏和延长加热时间都会促进胆固醇氧化物的形成。

胆固醇氧化反应与热处理温度和时间直接相关。Yen 等（2010）将胆固醇置于150℃加热60min 后可检测出胆固醇氧化物，但在120℃或100℃加热后未检测出胆固醇氧化物。

研究表明，食品中胆固醇氧化也与加热温度和时间直接相关。Park 等（1986）发现7-酮基胆固醇含量随加热时间增加而线性增加，在155℃加热376h，7-酮基胆固醇含量为初始胆固醇含量的10%。Pie等（1991）研究了烤箱加热（220℃）对牛肉和猪肉中胆固醇氧化物含量的影响，发现加热后牛肉中胆固醇氧化物总量增加了252%，猪肉增加了321%。张明霞等（2002）研究发现，在90℃下加热2h和150℃加热初期（10min以内）没有检测到胆固醇氧化物生成，胆固醇的氧化并不显著；但是高温下加热较长时间时，胆固醇自动氧化明显加快。陈炳辉等（2006）研究发现，猪肉卤煮时间越长，产生的7α-羟基胆固醇、7β-羟基胆固醇、25-羟基胆固醇、7-酮基胆固醇含量越高，加热24h后，这几种物质分别增加了70.1ng/g、157.9ng/g、64.8ng/g、75ng/g，胆固醇氧化物总量达896ng/g，其中7β-羟基胆固醇和7-酮基胆固醇含量最高，而胆甾烷三醇在加热4h后才被检测出，并且继续加热其含量变化不大。此外，某些胆固醇氧化物在高温下加热一定时间会发生分解。Park等（1986）研究发现，7-羟基胆固醇在缺水环境中高温（如155℃）加热极易脱水分解，生成7-酮基胆固醇。

常见的热处理方式如油炸、烧烤这些加热方式均在高温条件下，卤煮的老卤加热时间长，并经过反复加热，也产生了大量胆固醇氧化物，故不应长期食用这些传统加热方式生产的肉制品，以防止摄入过多的胆固醇氧化物。

（二）加热方式对胆固醇氧化物形成的影响

肉的加热方式主要有煮制、油炸、高温烤制、微波加热等，不同的加热方式，加热介质、温度、时间等条件不同。其中微波加热技术与传统加热方式不同，微波加热是一种依靠物体吸收微波能将其转换成热能，使自身整体同时升温的加热方式，它是通过被加热体内部偶极分子高频往复运动，产生"内摩擦热"而使被加热物料温度升高。因此，加热方式可能会影响胆固醇氧化物的形成。

Chen等（1993）研究发现，鸡肉在煮制4h后，胸肉和腿肉样品含有20-羟基胆固醇、5α,6α-环氧化胆固醇和胆甾烷-3β,5α,6β-三醇，然而，深度油炸和微波只产生20-羟基胆固醇。Maider等（2001）用三种方式加热鲑鱼：橄榄油炸（180℃，4min）、大豆油炸（180℃，4min）、烧烤（200℃，30min），测得每100g脂肪中胆固醇氧化物含量分别为0.298mg、0.335mg、0.738mg。Echarte等（2003）发现微波加热的鸡肉和牛肉比橄榄油油炸产生的胆固醇氧化物更多，其中微波加热的样品中心温度为100℃，加热3min，油炸中心温度为85~90℃，加热6min。Sabri等（2004）对鲑鱼用清蒸、油炸方式加热，结果显示，油炸（180℃，6min）和清蒸（12min）处理后，胆固醇氧化物均有增加，其中清蒸比油煎处理产生的胆固醇氧化物更多，推测原因可能为清蒸处理时热暴露时间较长。Broncano等（2009）分别用烧烤（190℃，4min）、油炸（170℃，4min）、微波（80℃，90s）、烘烤（150℃，20min）四种加热方式处理伊比利亚猪肉，结果表明，经过这几种方式加热的猪肉中，胆固醇氧化物含量没有显著差异，含量最高的胆固醇氧化物都是7α-羟基胆固醇和7β-羟基胆固醇。Min等（2016）研究了烤锅烤制（170℃，20min）、清蒸、烤箱烤制（150℃，1h）、微波（2450MHz，10min）四种加热方式对猪里脊中胆固醇氧化物形成的影响，结果表明，烤锅烤制和微波加热产生较多的胆固醇氧化物，主要有胆甾烷-3β,5α,6β-三醇、25-羟基胆固醇、20-羟基胆固醇。

三、冷却方式和贮藏对酱排骨胆固醇氧化物的影响

有些肉制品一经熟制，往往需要冷却、真空包装、杀菌和贮藏等过程。这些过程对胆固

醇氧化物的形成有影响。

（一）冷却方式对酱排骨胆固醇氧化物的影响

热力场干燥熟制的酱排骨分别经自然冷却 30min、自然冷却 1h、快速冷却 10min（三组均经 125℃高温灭菌 25min）和-60℃速冻 3h。然后测定 4 组排骨样品中的胆固醇氧化物含量（表 8-7）。室温自然冷却 1h 的酱排骨中 7β-OH、7-keto 含量比自然冷却 30min 的酱排骨显著性升高，而快速冷却组和速冻组的 7β-OH、7-keto 比自然冷却 30min 组显著降低，其他组胆固醇氧化物含量无显著性差异。四种冷却方式的酱排骨之间的胆固醇氧化物总量都存在显著性差异。自然冷却 1h 的酱排骨胆固醇氧化物总量显著高于自然冷却 30min 组，快速冷却和速冻组酱排骨的胆固醇氧化物总量显著低于自然冷却 30min 的酱排骨，且速冻组下降更多。这些结果说明，延长冷却时间会明显升高胆固醇氧化物总量，尤其是 7β-OH、7-keto 的含量，而快速冷却和速冻处理都能提高酱排骨的健康品质。

表 8-7　不同冷却方式影响酱排骨胆固醇氧化物的含量　　　　单位：ng/g

胆固醇氧化物	冷却方式			
	自然冷却 30min	自然冷却 1h	快速冷却 10min	速冻 3h
7β-OH	73.13±0.98[B]	88.56±1.61[A]	56.13±0.31[C]	47.99±1.80[D]
5,6α-EP	260.33±1.42[A]	264.28±2.00[A]	253.69±2.50[B]	248.39±0.74[B]
Triol	104.86±1.07[AB]	105.32±0.55[A]	104.84±0.18[AB]	101.87±1.30[B]
25-OH	85.27±0.34[AB]	85.46±0.05[A]	85.19±0.22[AB]	83.08±1.14[B]
7-keto	162.26±1.89[B]	170.13±1.22[A]	156.95±0.35[C]	139.15±1.68[D]
总量	685.85±5.69[B]	713.75±2.88[A]	656.80±2.86[C]	620.48±4.07[D]

注：①A~D 同行不同上标字母表示差异显著（$P<0.05$）；②7β-OH 为 7β-羟基胆固醇；5,6α-EP 为 5α,6α-环氧化胆固醇；Triol 为胆甾烷-3β,5α,6β-三醇；25-OH 为 25-羟基胆固醇；7-keto 为 7-酮基胆固醇。

（二）贮藏时间及温度对胆固醇氧化物形成的影响

Park 等（1987）研究了冻猪肉样品中胆固醇氧化物含量，该样品在有氧条件下长时间贮藏，并且未控制贮藏湿度、光照等条件，虽然该试验得到的数据不能完全反映市售冻猪肉中所含胆固醇氧化物的情况，但其显示长期贮藏会产生大量胆固醇氧化物，并形成易导致动脉粥样硬化的胆甾烷-3β,5α,6β-三醇。

有研究发现，碎牛肉和火鸡肉中胆固醇氧化物随着贮藏时间的延长而增加，而贮藏前胆固醇氧化物未检出。牛肉在 0~4℃贮藏 2 周，胆固醇氧化物含量大大增加。贮藏过程中，猪肉中大部分胆固醇氧化物都呈增加趋势，但增加量比牛肉少。Federico 等（2008）对牛肉进行气调包装（80% O_2+20% CO_2）研究发现，经过气调包装并低温冷藏的牛肉，在贮藏 8d 后，牛肉中的胆固醇氧化物含量升高了约 1 倍（196%），15d 后则升高了约 5 倍（483%）。Wang 等（1995）研究了不同温度下贮藏 3 个月的中式香肠中胆固醇氧化物的含量，发现 15℃贮藏的样品中胆固醇氧化物含量显著高于 4℃。

（三）辐照对胆固醇氧化物形成的影响

辐照主要包括贮藏过程中的光照作用和食品的辐射保鲜。辐射保鲜是利用原子能射线的辐射能量对食品进行杀菌处理的保存食品的一种物理方法，辐照剂量根据主要目的和达到的手段而确定，当肉、禽、鱼及其他易腐食品需要不用低温且长期安全贮藏时，辐照剂量为 40~60kGy，而当在 3℃ 条件下延长贮藏期时，辐照剂量为 5~10kGy。辐照对肉中胆固醇的氧化有显著促进作用。但 Du 等（2001）研究发现，相比于加热对胆固醇氧化物形成的影响，辐照的影响较小。

Luby 等（1986）注意到光照会加速胆固醇氧化，因此他们推测光照可诱导胆固醇发生氧化反应。Hur 等（2007）也报道肉制品中胆固醇氧化物含量会随着光照时间的增加而增加，并且在光照条件下贮存使得肉制品中的胆固醇氧化物主要集中在表面。Hwang 等（1993）比较了经过辐照处理和未经辐照处理的牛肉在贮藏过程中胆固醇氧化物含量的差异，结果表明，辐照处理的牛肉中胆固醇氧化物含量远高于未经辐照的牛肉。Zanardi 等（2009）对意大利猪肉进行不同剂量的辐照处理（2kGy、5kGy、8kGy），发现肉中胆固醇氧化物产生量随辐照剂量的升高而增加。其中，8kGy 辐照处理组贮藏 60d 后产生的胆固醇氧化物是对照组的 3~5 倍。Maerker 和 Jones 等（1991）报道，辐照会导致脂质体中的胆固醇氧化而产生大量 7-羟基胆固醇。Lozada 等（2011）研究证明，电子束照射会增加 25-羟基胆固醇和 7-酮基胆固醇浓度，但与辐照剂量不呈线性增长关系。

（四）包装对胆固醇氧化物形成的影响

肉制品包装方式可分为真空包装和充气包装。真空包装是指除去包装袋内的空气，经过密封，使包装袋内的食品与外界隔绝，在真空状态下，减少了微生物生长和脂肪的氧化酸败。充气包装是通过特殊的气体或气体混合物，抑制微生物生长和酶促腐败，延长食品货架期的一种方式，充气包装所用气体主要为 N_2、CO_2。Du 等（2001）发现，有氧包装的火鸡、猪肉、牛肉饼在贮藏 7d 后，胆固醇氧化物含量显著增加，而真空包装能有效阻止胆固醇氧化，有氧包装的肉中胆固醇氧化物含量比真空包装的高 2~6 倍。Conchillo 等（2005）报道，生鸡肉、烧烤、烘烤样品在有氧贮藏后，产生的胆固醇氧化物含量是真空贮藏的 1.6 倍、5.9 倍、1.94 倍，说明真空包装对减少热加工肉制品贮藏期间产生的胆固醇氧化物含量的作用更显著。Wang 等（1995）研究了真空包装与充气包装（75% N_2+25% CO_2）对中式香肠贮藏过程中胆固醇氧化物形成的影响，结果表明，这两种方式之间并无显著差异。但 Zanardi 等（2002）研究发现，贮藏 2 个月后，真空包装的米兰式香肠控制胆固醇氧化物生成的能力稍弱于充气包装。Valencia 等（2005）也有相似结论，认为充气包装比真空包装更有利于阻止胆固醇氧化。

包装材料一般需要满足阻气性、遮光性等要求。阻气性主要目的是防止大气中的氧重新进入经真空包装的袋内，避免微生物的生长和氧化反应发生。遮光性主要目的是防止光线促使肉品氧化，按照遮光效能递增的顺序，采用的方法有使用透明膜、印刷、着色、涂聚偏二氯乙烯、上金、加一层铝箔等。Luby 等（1986）发现，只有铝箔包装袋能够阻止黄油中的胆固醇在荧光照射 15d 后不被氧化，而不透明羊皮纸、干蜡纸、聚乙烯薄膜都没有效果。Boselli 等（2010）研究发现，当使用透明包装袋时，光照 8h 处理之后，马肉片产生的胆固醇氧化物较对照组升高约 36%，而采用有保护作用的红色包装袋时，光照处理后产生的胆固醇氧化物比对照组降低约 20%。

四、胆固醇氧化物的消减

(一) 添加香辛料

香辛料是某些植物的果实、花、皮、蕾、叶、茎、根，它们具有辛辣和芳香风味成分，许多香辛料还具有抗氧化作用。常见的香辛料有葱、姜、蒜、茴香、花椒、桂皮等。

1. 芹菜提取物对酱猪肘中胆固醇氧化物形成的影响

酱猪肘是将预煮后的猪肘放在含有酱油、糖、香辛料等配料的老卤中，经大火煮沸后用小火长时间煮制而成。老卤由于反复煮制，脂质氧化严重，为胆固醇氧化物的形成提供了有利条件。胆固醇氧化物具有细胞毒性、神经毒性，会导致动脉粥样硬化、癌症、帕金森病等多种疾病的发生，因此研究酱卤肉制品中胆固醇氧化物的减控措施具有重要意义。芹菜提取物是良好的亚硝酸盐替代物，也可以抑制酱猪肘中胆固醇氧化物的形成。

(1) 芹菜提取物及其硝酸盐含量　新鲜芹菜，洗净后沥干表面水分，切碎。加入等量水，榨取芹菜汁。芹菜汁经离心后将上清液在 85℃ 条件下旋转蒸发和离心，即得芹菜提取物。测得新鲜芹菜中硝酸盐含量为 2583.20mg/kg，芹菜提取物中硝酸盐浓度为 3698.41mg/L。

(2) 芹菜提取物对酱猪肘丙二醛含量的影响　在肘皮中，与空白组和 CE1 组相比，CE2 组、CE3 组、硝酸钠组酱猪肘丙二醛含量显著降低（表 8-8），分别下降为空白组的 50%、61%、68%，并且三组间无显著差异，说明 CE2 组、CE3 组和硝酸钠组处理能有效抑制酱猪肘肘皮的脂质氧化。在皮下脂肪中，CE1 组、CE2 组、CE3 组和硝酸钠组酱猪肘丙二醛含量与空白组无显著差异。而在瘦肉中，CE1 组、CE2 组丙二醛含量与空白组相比显著上升，CE3 组、硝酸钠组的丙二醛含量与空白组无显著差异。

由结果可见，CE3 组对酱猪肘脂肪氧化的抑制效果最好，与硝酸钠组没有显著差异。

表 8-8　芹菜提取物对酱猪肘丙二醛含量的影响　　　　　单位：μg/g

酱猪肘	空白组	CE1 组	CE2 组	CE3 组	硝酸钠组
肘皮	0.28±0.014[aA]	0.29±0.047[aA]	0.14±0.008[bA]	0.17±0.030[bA]	0.19±0.027[bA]
皮下脂肪	0.12±0.005[aB]	0.14±0.012[aB]	0.12±0.017[aA]	0.14±0.007[aA]	0.15±0.016[aA]
瘦肉	0.04±0.005[cC]	0.18±0.012[aB]	0.15±0.007[bA]	0.05±0.003[cB]	0.04±0.001[cB]

注：①a~c 同行数值肩标不同字母表示差异显著（$P<0.05$），A~C 同列数值肩标不同字母表示差异显著（$P<0.05$）；②空白组不添加硝酸盐，CE1 组、CE2 组、CE3 组，分别相当于 300mg/kg、400mg/kg、500mg/kg 硝酸盐的芹菜提取物，硝酸钠组添加量为 500mg/kg。

(3) 芹菜提取物对胆固醇氧化物含量的影响　在酱猪肘肘皮、皮下脂肪中，空白组和 CE1 组均检测出 5 种胆固醇氧化物，CE2 组、CE 组和化学组中未检测出 25-羟基胆固醇（表 8-9）。CE3 组酱猪肘肘皮和硝酸钠组酱猪肘瘦肉中均未检测出 5α,6α-环氧化胆固醇。在酱猪肘皮中，CE1 组胆固醇氧化物总量显著高于空白组，但 CE2 组、CE3 组和硝酸钠组胆固醇氧化物总量显著降低，分别比空白组降低 91%、64%、62%。硝酸钠组和 CE3 组间无显著差异。在皮下脂肪和瘦肉中，CE1、CE2、CE3 组和硝酸钠组的胆固醇氧化物总量均显著高于空白组，且 CE1 组胆固醇氧化物总量最高。

表 8-9 芹菜提取物对酱猪肘胆固醇氧化物含量的影响　　　　　单位：ng/g

胆固醇氧化物	空白组	CE1 组	CE2 组	CE3 组	硝酸钠组
肘皮					
7β-OH	525.1±10.5^b	624.8±21.8^a	485.8±23.8^{bc}	466.2±15.3^c	313.5±6.0^d
5,6α-EP	406.8±2.4^a	398.3±0.2^b	395.2±0.1^c	ND	396.1±0.2^{bc}
triol	229.7±7.0^a	227.1±8.2^a	236.7±1.6^a	205.5±0.1^b	205.0±0.5^b
25-OH	148.7±0.6^a	144.0±1.5^b	ND	ND	ND
7-keto	1022.1±20.3^b	1243.2±26.2^a	1042.2±10.2^b	860.7±23.1^c	559.2±26.8^d
总量	2387.2±40.7^{bA}	2637.4±57.9^{aC}	2159.9±35.2^{cC}	1532.4±38.5^{dC}	1473.8±33.4^{dC}
皮下脂肪					
7β-OH	501.5±28.5^c	1101.7±23.4^a	758.6±21.7^b	740.8±15.7^b	743.4±21.0^b
5,6α-EP	398.0±0.5^b	395.9±0.5^c	393.8±0.2^d	400.5±0.3^a	395.5±0.1^c
triol	213.6±1.2^b	199.8±0.8^c	216.0±0.8^a	211.6±0.8^b	187.3±0.4^d
25-OH	148.6±0.9^a	144.0±1.0^b	ND	ND	ND
7-keto	283.5±2.6^d	1709.5±27.7^a	1242.6±31.4^c	1356.1±44.5^b	1182.3±10.4^c
总量	1545.3±33.6^{dB}	3551.3±53.5^{aA}	2610.9±54.1^{bcB}	2708.9±61.4^{bA}	2508.5±31.9^{cA}
瘦肉					
7β-OH	966.8±41.4^b	1152.2±38.7^a	1147.5±30.4^a	869.0±18.9^c	721.8±5.2^d
5,6α-EP	ND	ND	ND	ND	ND
triol	216.8±1.0^a	207.2±1.0^c	217.5±1.6^a	199.6±0.4^d	211.2±0.3^b
25-OH	151.6±1.2^a	146.2±1.3^b	ND	ND	ND
7-keto	291.5±3.4^d	1800.8±25.5^a	1482.5±58.4^b	1194.7±6.5^c	1177.8±18.9^c
总量	1626.7±47.1^{eB}	3306.4±66.5^{aB}	2847.5±90.3^{bA}	2263.3±25.8^{cB}	2110.8±14.1^{dB}

注：①a～e 同行数值肩标不同字母表示差异显著（$P<0.05$），A～C 同列数值肩标不同字母表示差异显著（$P<0.05$）；ND 表示未检出；②7β-OH—7β-羟基胆固醇；5,6α-EP—5α,6α-环氧化胆固醇；Triol—胆甾烷-3β,5α,6β-三醇；25-OH—25-羟基胆固醇；7-keto—7-酮基胆固醇；③空白组不添加硝酸盐，CE 1、CE 2、CE 3 组，分别相当于 300mg/kg、400mg/kg、500mg/kg 硝酸盐的芹菜提取物，硝酸钠组添加量为 500mg/kg。

2. 其他香辛料

有些香辛料等也对胆固醇氧化物的形成有抑制作用。芹菜提取物由于含有丰富的硝酸盐，可作为化学合成的亚硝酸盐替代物。在猪肉脯时用芹菜提取物代替硝酸盐和亚硝酸盐，能够使猪肉脯产生较好的色泽、风味和口感，抑制脂肪氧化，并且亚硝酸盐残留量显著低于添加硝酸盐的化学组。植物提取物对亚硝酸盐的消减效果较好，其作用机制可能是蔬菜中的某些组分如有机酸、多糖、多酚、黄酮、生物碱等物质，对亚硝酸盐有一定的清除作用。选择 500mg/kg 硝酸盐当量的芹菜提取物可明显降低酱猪肘肘皮丙二醛含量，也能明显减少胆固醇氧化物含量和种类。Beata（2010）对比了猪肉和肉汁添加洋葱、大蒜及不添加任何配料 3 种情况对两种胆固醇氧化物——7-酮基胆固醇和 7-羟基胆固醇含量的影响，发现当不加任何配料时，猪肉受热产生的 7-酮基胆固醇和 7-羟基胆固醇分别为 82.4ng/g 和 1331.6ng/g，洋葱（30g/100g 猪肉）组所产生的 7-酮基胆固醇和 7-羟基胆固醇降低了 9.5%～79%，而大蒜（15g/100g 猪肉）组降低了 17%～88%。研究者认为原因可能是洋葱和大蒜中的抗氧化成分起到了保护作用。

（二）添加抗氧化剂

添加抗氧化物质可减少加工肉制品中胆固醇氧化物含量。抗氧化剂有油溶性抗氧化剂和水溶性抗氧化剂两大类。油溶性抗氧化剂能均匀地分布于油脂中，对油脂或含脂肪的食品可以很好地发挥其抗氧化作用。人工合成的油溶性抗氧化剂有丁基羟基茴香醚（BHA）、二丁基羟基甲苯（BHT）、没食子酸丙酯（PG）等；天然的有生育酚（维生素 E）混合浓缩物等。水溶性抗氧化剂主要有 L-抗坏血酸及其钠盐、异抗坏血酸及其钠盐等；天然的有植物（包括香辛料）提取物，如茶多酚、类黄酮、迷迭香抽提物等。

1. 外源添加

Guardiola 等（1997）研究表明，食品中添加少量迷迭香可有效防止胆固醇氧化物生成，但该抗氧化剂仅在高温下有效，如果食品必须在高温条件下处理，可添加少量迷迭香以减少胆固醇氧化。

陈炳辉等（2008）在卤肉中加入抗氧化剂，如维生素 C、维生素 E、丁基羟基茴香醚，发现均能有效抑制胆固醇氧化物形成，其中丁基羟基茴香醚的抑制作用最明显。Xu 等（2009）观察到添加 200mg/kg 天然或合成抗氧化剂可抑制胆固醇在 180℃ 条件下氧化。但他们发现天然抗氧化剂（如维生素 E、槲皮素和绿茶儿茶素）比 BHT 抑制胆固醇氧化物生成的能力强。

Anna 等（2001）在深冻鸡肉中分别加入维生素 E（225mg/kg）和抗坏血酸（110mg/kg），发现维生素 E 在生肉和熟肉中都减少了胆固醇氧化物的产生；而抗坏血酸则没有保护作用。而 Zanardi（2004）研究发现，发酵香肠中加入 0.03% 抗坏血酸后，胆固醇氧化和脂肪氧化都有所降低。Lee（2008）对腌制猪肉研究发现，加入 0.02% 的抗坏血酸时猪肉中胆固醇氧化物含量有所减少，而加入 0.1% 的抗坏血酸时，猪肉中胆固醇氧化物含量降低更多；加入 0.02% 的维生素 E 时，猪肉中胆固醇氧化物含量有所减少，但加入 0.1% 的维生素 E 时，胆固醇氧化物含量却有所升高，其原因可能是抗氧化剂的剂量与其效应有关，在一定浓度范围内时，抗氧化能力随浓度升高而升高，超过此范围即可能起到促氧化作用。

2. 内源添加

通过在饲料中补充抗氧化剂，可以大大提高动物骨骼肌中抗氧化物质的含量。这些动物宰杀后制成的肉制品中内源性抗氧化物质的含量也可以大大提高，从而可以增强肌肉食品的抗氧化稳定性。与在加工时加入的外源性抗氧化剂相比，内源性抗氧化剂在肉制品内部分布均匀，抗氧化能力强，安全性高。

有实验表明，喂食了饲料中含维生素 E 和油酸添加剂的猪，其猪肉制品中胆固醇氧化物含量比对照组低。此外，饲料中添加生育酚能显著减少预煮肉制品贮藏过程中胆固醇氧化物的生成。Monahan 等（1992）在每千克猪饲料中添加 100mg 或 200mg 生育酚乙酸酯，其预煮猪肉产品经冷藏 4d 后，生成的胆固醇氧化物总量比对照样分别减少 12.2% 和 12.4%。Engeseth 等（1993）在每头牛每天的饲料中添加 500mg 生育酚乙酸酯，其预煮牛肉产品经冷藏 4d 后，生成的胆固醇氧化物总量比对照样减少 65%。Galvin 等（1998）在每千克鸡饲料中添加 200mg 或 800mg 生育酚乙酸酯，其预煮鸡胸肉产品经冷藏 12d 后，生成的胆固醇氧化物总量比对照样分别减少 41% 和 69%。每千克鸡饲料中添加 200mg 或 800mg 生育酚乙酸酯，其预煮鸡腿肉产品经冷藏 12d 后，生成的胆固醇氧化物总量比对照样分别减少 50% 和 72%。

参考文献

[1] 钱烨, 彭增起, 周光宏. 干腌火腿中胆固醇氧化物含量研究 [J]. 食品科技, 2017, 42 (5): 116-119.

[2] BRONCANO J M, PETRÓN M J, PARRA V, et al. Effect of different cooking methods on lipid oxidation and formation of free cholesterol oxidation products (COPs) in *Latissimus dorsi* muscle of Iberian pigs [J]. Meat Science, 2009, 83 (3): 431-437.

[3] LEE H W, JOHNTUNG CHIEN A, CHEN B H. Formation of cholesterol oxidation products in marinated foods during heating [J]. Journal of Agricultural & Food Chemistry, 2006, 54 (13): 4873-4879.

[4] VESTERGAARD C S, PAROLARI G. Lipid and cholesterol oxidation products in dry-cured ham. [J]. Meat Science, 1999, 52 (4): 397-401.

[5] HUR S J, PARK G B, JOO S T. Formation of cholesterol oxidation products (COPs) in animal products [J]. Food Control, 2007, 18 (8): 939-947.

[6] AL-SAGHIR S, THURNER K, WAGNER K H, et al. Effects of different cooking procedures on lipid quality and cholesterol oxidation of farmed salmon fish (*Salmo salar*) [J]. J Agric Food Chem, 2004, 52 (16): 5290-5296.

[7] GUO X Y, ZHANG Y W, QIAN Y, et al. Effects of cooking cycle times of marinating juice and reheating on the formation of cholesterol oxidation products and heterocyclic amines in marinated pig hock [J]. Foods, 2020, 9: 1104.

第九章　绿色化学与绿色制造

随着社会经济的发展和科技的进步，人们逐渐意识到一些生产方式带来了严重的环境污染，威胁着人类的健康和生存。为了找到对环境友好、健康友好的可持续发展方式，人类经过了 30 多年的探索，提出了"绿色化学"，并受到了包括我国在内的世界各国的高度重视和积极响应。绿色化学和绿色化工工程在机械、电子和化工等工业领域率先得到了发展，也必将对食品科学和食品工业的可持续发展带来前所未有的机遇。

第一节　绿色化学

一、原子经济性

（一）原子经济性概念

绿色化学是指化学反应方法和过程以"原子经济性"为基本原则，即在获取新物质的化学反应中应充分利用参与反应的每个原料原子，实现"零排放"的化学。"原子经济性"的概念最早于 1991 年由美国著名有机化学家 Barry Trost 教授提出：高效的有机合成反应应最大限度地利用原料分子中的每一个原子，使之结合到目标产物分子中（如完全的加成反应：A+B ⟶ C），即不产生副产物或废弃物；并且提出，原料分子转化为产物分子的百分比可用来估算不同工艺路线的原子利用程度。原子经济性使得化学反应可以在有效地利用原材料的同时降低了污染物的排放，满足对环境保护的要求。当前，绿色化学已成为大宗基本有机原料的研究和生产的热点。

（二）原子经济性反应

从原子经济性的概念出发，一个有效的化学反应，不但要有高度的选择性，而且必须具有较好的原子经济性，也就是说，这个化学反应应具备两个显著的特点：一是最大限度地利用原料；二是最大限度减少废物的排放和污染。原子经济性可以用原子利用率来衡量，见式（9-1）。

$$原子利用率 = \frac{目标产物的相对分子质量}{化学反应计量式中反应物的相对分子质量总和} \times 100\% \qquad (9-1)$$

一个化学反应的原子经济性越高，原料中的物质进入目标产物的量就越多。原料物质中的原子百分之百地转化为目标产物的化学反应即为理想的原子经济性反应。符合理想的原子经济性的化学反应主要有加成反应和重排反应。加成反应就是两个分子或多个分子相加而成为一个分子的反应，它在有机合成中得到广泛应用。完全的加成反应几乎没有副产物，所以原子经济性很高。常见的有羰基加成、环加成，以及烯烃和炔烃加成，其反应的通式为

A+B ——→ C。而重排反应是指化学键的断裂和形成都发生在同一个分子中。反应会引起组成分子的原子的配置方式发生改变，最后成为组成相同而结构却不同的新分子。如美拉德反应中级阶段的 Amadori 重排和 Heynes 重排等。重排反应也是理想的原子经济反应。其反应的通式为 A ——→ B。

然而并非所有的化学反应都符合理想的原子经济性的特点，如取代反应、消除反应。取代反应是有机化合物分子中的原子或基团被其他原子或基团所取代的反应，如烷基化、芳基化、酰基化反应等。若一个分子中的某些原子或基团被另一个分子中的某些原子或基团替换，则离去基团成为该反应中的一个副产物（或废弃物），因而降低了该转化过程中的原子经济性。而消除反应是从有机化合物分子中相近的两个碳原子上除去两个原子或基团，生成不饱和化合物的反应。如糖受强酸和热的作用发生脱水反应生成环状结构体或双键化合物，肉类中的天冬氨酸与还原糖的美拉德反应产物及其后续产物经脱氨基作用形成丙烯酰胺等都是消除反应。消除反应是通过消去基质的原子来产生最终产物的，被消去的原子成为副产物。因此，消除反应不是理想的原子经济性反应。

二、绿色化学

（一）绿色化学的含义

1996 年联合国环境规划署对绿色化学给予了明确定义：绿色化学即用化学的技术和方法去减少或消灭那些对人类健康、生态环境有害的原料、催化剂、溶剂和试剂、产物、副产物等的使用和产生。绿色化学的理想在于不再使用有毒、有害的物质，不再产生废物，不再处理废物。

（二）绿色化学的十二条原则

1998 年，Anastas 在 *Green chemistry*：*Theory and practice* 中提出了绿色化学的十二条原则，即预防污染、提高原子经济性、提倡对环境无害的化学合成方法、设计安全的化学品、使用无毒无害的溶剂和助剂、合理使用和节省能源、原料可再生而非耗尽、减少衍生物的生成、开发新型催化剂、设计可降解材料、加强预防污染中的实时分析、防止意外事故发生的安全工艺。十二条原则涉及化学反应中的原料、工艺、产品等各个方面，其应用已不再局限于化学化工领域，而是扩展到人类生产的所有领域，如食品、医药等。

绿色化学的研究内容包括 4 个基本要素：最终产品、原材料、试剂、反应条件。具体而言，就是使用无毒无害原料、溶剂和催化剂，提高反应过程中的原子经济性，产品中无致癌、致突变物质。

第二节 绿色制造

继绿色化学的兴起，绿色制造也应运而生，且在化学工业、机械工业、电子工业、制药工业、纺织工业、印染工业、农药生产等领域得到率先发展。食品工业是与公众的膳食营养和饮食安全息息相关的国民健康产业。现代食品加工和绿色制造不仅是拉动国民经济发展的新兴产业和新的经济增长点，而且是引领和带动现代农业发展的新动力，是实现现代食品工业可持续发展的重要支撑。实施绿色制造工程是加快推动生产方式转变、推动工业转型升级、实现消费升级的有效途径。

一、绿色制造的特点、工艺和发展

（一）绿色制造的特点

人类认识到传统制造对环境和人类健康的风险经历了一个漫长而曲折的发展过程。为了消除或降低这些风险，人类开始寻求对人类健康友好、对生存环境友好的制造方式。绿色制造是一种综合考虑人们需求、环境影响、资源效率和企业效益的现代化制造模式，产品在其整个生命周期中对人类健康无害、对自然环境无害或者危害极小、资源利用率高、能源消耗低。绿色制造的两个基本点是对人类健康友好，对生存环境友好，也是构成绿色制造的两个基本要素。

绿色制造包括绿色设计、绿色工艺、绿色包装、绿色使用、清洁生产和绿色回收等。从技术上来看，绿色制造包括绿色产品设计、绿色制造工艺、产品回收与循环利用。从生产上来看，绿色制造又是精益生产、柔性生产的延伸与发展，正在影响和引导当今制造技术的发展理念和方向。

（二）绿色制造工艺

绿色制造涉及三方面的工艺：节约资源型工艺、节省能源型工艺和环保型工艺。节约资源型工艺是在生产过程中简化工艺系统组成、节省原材料消耗的工艺。它可以提高材料的利用率，减少材料浪费，减少废弃物排放，从而减少对环境的污染；加工过程中要消耗大量的能量，这些能量一部分转化为有用功，而大部分则转化为其他能量形式而消耗掉，消耗掉的能量会产生噪声、污染环境等。而节省能源型工艺要求在生产的生命周期中尽可能采用清洁型可再生能源（如太阳能、风能、水能、地热能），既可减少能源的浪费，又对环境无害；生产过程中除目标产品还会生成废液、废气、废渣、噪声等污染物。环保型工艺技术就是通过一定的工艺环节，使这些物质尽可能减少或完全消除。最为有效的方法是在工艺设计阶段全面考虑，积极预防污染的产生，有时也同时增加末端治理技术。

（三）绿色制造的发展

为了发展绿色制造，近年来，美国、加拿大、英国、德国、日本等相继建立了产品标志制度，凡产品标有"绿色标志"图形的，表明该产品从生产到使用以及回收的整个过程都符合环境保护的要求，对生态环境无害或危害极少，并利于资源的再生和回收，如德国的"蓝色天使"、美国的"能源之星"、日本的"环境友好产品"等，涉及领域包括机械、电子、制药、纺织、染料、造纸工业和杀虫剂等。我国对绿色制造技术也进行了大量的研究及实践，如清洁生产技术、环境绿色技术评价体系、机电产品绿色设计理论及方法、可回收性绿色设计技术、绿色制造的集成运行模式和实用评估技术等。我国一些企业和研究机构在寻求传统制造业新的发展思路的过程中，也积极开展了绿色制造的相关研究，如肉制品"四非"制造技术（非烟熏、非油炸、非烧烤、非卤煮）、机电产品绿色设计理论及方法、可回收性绿色设计技术、清洁生产技术、绿色制造的集成运行模式和实用评估技术等，为绿色制造技术的发展奠定了基础，也为扩大绿色制造技术在其他工业门类中的应用提供了良好参考。

二、食品绿色制造研究范畴

食品绿色制造研究主要针对食用农产品加工产业仍处在高能耗、高水耗、高排放和高污染的境况，在食用农产品贮运技术与食品物流的信息化、传热传质技术、食品工程与加工技术、传统食品工业化与智能化、新型产品创制、专业化关键装备创制与成套技术集成等方面，开展食品绿色制造技术体系研究，开发节能降耗、减排低碳和资源高效利用的绿色制造与现代加工新技术，促进产业生产方式的根本转变。

（一）贮运加工应用基础研究

1. 食用农产品贮运过程中品质控制研究

研究食用农产品收获后品质变化规律，开发绿色、节能和高效的食用农产品冷却保鲜与品质安全控制关键技术与装备。玉米、花生等贮藏不当会产生黄曲霉毒素，而黄曲霉毒素已被世界卫生组织列为已知最强的致癌毒素，不但造成了花生的浪费，还会污染环境、危害健康。所以研究温度、湿度、气体等环境因子对产品贮藏过程中品质劣变和腐烂损耗的生物学机制至关重要。食品在运输过程中，由于机械损伤、环境温度等的变化，造成食品品质变差，因此需要从温度、时间等方面确定不同产品物流环境适宜参数及运输条件，利用现代储运技术保持食品在贮运中的品质，为保证食品在贮运期间的品质、减少贮运期间的损失提供理论依据。

2. 食用农产品加工过程中品质控制研究

研究果蔬、畜禽产品、水产品和谷物等在加工过程中碳水化合物、脂质、蛋白质等养分和生物活性物质的物理化学变化，揭示结构与功能之间的关系；研究加工方式对食品主要组分结构与功能的影响及控制机理，阐明食品组分结构与功能特性间的变化规律，以及与食品色香味和质构间的内在联系；通过技术创新，在保持传统特色风味的基础上，最大限度地减少食品在加工过程中有害物质的生成。

（二）绿色工程技术研究与装备创制

研究加热过程中不同介质及其温度对物料组分的释放，以及物料对介质中热量和组分的吸收；探索在这个动态平衡中，物料和介质相互作用而形成有益物质和有害物质的规律；揭示在传质过程中，物料和介质中有害物质和有益物质之间的迁移变化规律；研究不同加热方式以及加热温度、时间等特征参数对物料组分变化、物料水分活度、色泽、香味物质和有害物质形成的影响，揭示传热传质条件变化与有害物质含量的内在联系；揭示在传热传质期间，随着温度升高和时间延长，食品物料组分发生物理变化、生物变化和化学变化的时间依变关系；正确理解食品物料和工程单元操作之间的相互作用，控制食品各组分之间的化学互作，改进工艺水平；研究智能化技术，创新关键技术与装备，为有效减少或消除食品加工过程中 PM2.5 排放和有害物质的产生提供依据。

（三）食品添加物研究及开发

针对食品添加物制造的关键环节，研究天然动植物活性成分、天然增稠剂、乳化剂和稳定剂、天然抗氧化剂和防腐保鲜剂的分离制备技术；探索研究合成食品香料香精、色素、乳化剂和稳定剂、食品抗氧化剂、防腐保鲜剂的绿色制造的关键技术；研究食品添加物组分之间以及与食品物料组分在食品加工过程中的相互作用，有效减少或消除加工过程中有害物质的形成。

（四）食品有害物质的监控

开发食品加工过程中有害物质的监控技术及快速检测技术与仪器仪表，建立食品绿色制造操作规范、加工过程中产生的食源性致突变、致癌物质残留限量等标准。

三、肉制品绿色制造概述

蛋白质是由氨基酸组成的，蛋白质营养价值决定于各种氨基酸的比例。肉类蛋白质的氨基酸组成与人体非常接近，含有人体生长发育和维持需要的所有必需氨基酸，是全价蛋白。氨基酸利用率决定于加热温度，加热温度高则利用率低，如牛肉中的氨基酸，加热 70℃ 时其利用率为 90%，加热温度高达 160℃ 时则利用率只有 50%。在营养价值较低的同时，高温加热还会产生有害物质。早在 20 世纪 90 年代，世界癌症研究基金会专家组就指出，肉类经由油炸、烧烤或烟熏后，会产生食源性致癌致突物，其含量差异很大。因而，专家组提出，没有令人信服的证据支持现有油炸、烟熏、烧烤等加热方法能改变这种致癌风险。世界卫生组织国际癌症研究机构基于肌肉食品传统加热技术获得的资料，对红肉及加工肉制品的致癌性进行了评价，报告将牛肉、羊肉、猪肉等红肉列为 2A 类致癌物，将肠类制品、腌制火腿、培根等加工肉制品列为 1 类致癌物。必须指出的是，食源性致癌致突物的形成主要决定于肉类食品的加热技术。为了减少或消除由油炸、烟熏、烧烤等传统加热方法对环境和健康带来的风险，肉制品绿色制造技术研究和应用正在日益受到研究者和生产者的广泛关注。

（一）肉制品绿色制造的两个基本要素

绿色制造的两个基本点是对人类健康友好，对生存环境友好，也是构成绿色制造的两个基本要素。

1. 对人类健康友好

营养、健康和安全是保证加工肉制品健康消费的重要前提。传统特色肉制品一直深受消费者的青睐，而其加工方式主要涉及烧烤、油炸、烟熏、卤煮、煎炸等工艺，加热温度通常在 160~250℃。肉中的天然组分蛋白质、肽类、氨基酸、还原糖、脂肪、维生素等发生降解反应和美拉德反应（双刃剑），在赋予肉制品良好色泽风味的同时，也不可避免地导致有害物质的产生，如 3,4-苯并芘、杂环胺、反式脂肪酸、甲醛、胆固醇氧化物、油脂氧化物等。其一，肉类高温油炸会不同程度地产生杂环胺和反式脂肪酸等，其中，许多杂环胺类化合物属于对人类 2A 类或 2B 类致癌物。油炸产生的油烟排入大气，造成环境污染。其二是烧烤和烟熏。经常食用熏制及烧烤牛肉、羊肉、猪肉、鱼肉等肉类食品，可使摄入的多环芳烃化合物、杂环胺化合物等的概率大大增加。其三是老卤，即老汤。随着老卤使用次数的增加，酱卤肉制品中杂环胺含量和胆固醇氧化物含量也不断提高。绿色制造是一种环保和健康的现代化制造方式，能最大程度地降低加工过程中产生的有害物质，生产对人类和环境有益的食品。

2. 对环境友好

油炸、烧烤和烟熏等传统加工方式会向大气排放大量 PM2.5（细颗粒物）和甲醛等。一方面，食品工业和餐饮业采用的传统的油炸和烧烤加热方法排放的 PM2.5 质量浓度高达 $1800 \sim 2440 \mu g/m^3$，甲醛质量浓度达 $0.167 \sim 0.270 mg/m^3$。而且，这类 PM2.5 颗粒物中还携带高浓度的 3,4-苯并芘和杂环胺等有害物质。此外，厨房油烟也不容忽视，虽然厨房油烟净化器能过滤掉大部分油烟物质，但是对于 PM2.5 而言，净化器效果并不理想。人们长期暴露于高温油炸油烟、烧烤油烟和厨房小环境油烟，使人们罹患肺癌的风险增加 2~3 倍。

绿色化学的根本目标之一，就是运用绿色化学理论，开展绿色制造技术的研究与应用，最大程度地减少 PM2.5、有害物质和有害气体的排放，实现食品工业的可持续发展。

（二） 肉制品绿色制造

绿色制造技术是指利用绿色化学原理，对传统工艺进行改造，是现代食品科学发展的必然趋势。加工肉制品绿色制造是指以优质肉为原料，利用绿色化学原理和绿色化工手段，对产品进行绿色工艺设计，从而使产品在加工、包装、贮运、销售过程中，把对人体健康和环境的危害降到最低，并使经济效益和社会效益得到协调优化的一种现代化制造方法或途径（彭增起，2013）。开展加工肉制品绿色制造研究，要探索肌肉食品原料及其各种成分在加热过程中的化学变化，阐明主要组分的热变化机理和规律，揭示主要组分间的相互作用规律。肌肉食品原料和添加物成分的热变化是非常复杂的，既产生对健康有益的物质，又产生对健康有害的物质。研究热变化的目的就是要揭示主要组分在热变化中的内在联系，并使各种化学变化向人类期望的方向发生，实现从"必然王国"到"自由王国"的飞跃。

开展加工肉制品绿色制造研究，要探索加工过程中有害物质的形成机理和规律，弄清有害物质产生的必要条件和充要条件。氨基酸、还原糖及其混合物在不同的加热方式下并非都会产生杂环胺化合物，也并非在任何条件下都会产生人们不期望的物质。研究绿色制造的目的就是要揭示风味物质、色素物质和有害物质形成之间的内在联系，并在此基础上进行调控研究，开发关键技术。

开展加工肉制品绿色制造研究，要研究肌肉食品原料在加工过程中的物理变化，研究传热传质对肌肉食品原料形态变化的影响规律，揭示单向传质和双向传质过程中肌肉食品形态特征变化规律与风味形成、有害物质形成之间的规律，揭示传导、对流和辐射及其相对强度与风味形成、有害物质形成之间的规律。创新开发关键技术设备或操作单元，使肌肉食品原料在较低的温度下，产生人们期望的色泽、香气和味道，并有效减少或消除加工过程中有害物质的产生，PM2.5、有害气体和温室气体的排放。要利用现代智能技术和机械装备武装肉类加工业，最终实现加工肉制品的配方科学化、工艺现代化、生产标准化和产品健康化。

参考文献

［1］PAUL T A, JOHN C W. Green chemistry: Theory and practice ［M］. Qxford, UK: Oxford University Press, 1998.

［2］CELIK D, YILDIZ M, CELIK D, et al. Investigation of hydrogen production methods in accordance with green chemistry principles ［J］. International Journal of Hydrogen Energy, 2017.

［3］ANASTAS P T, HAMMOND D G. Chapter 3-The role of green chemistry in reducing risk ［J］. Inherent Safety at Chemical Sites, 2016: 17-22.

［4］LEWANDOWSKI T A. Green chemistry ［J］. Encyclopedia of Toxicology, 2014, 36 (5): 798-799.

［5］GAŁUSZKA A, MIGASZEWSKI Z, NAMIEŚNIK J. The 12 principles of green analytical chemistry and the significance mnemonic of green analytical practices ［J］. Trac Trends in Analytical Chemistry, 2013, 50: 78-84.

［6］ LIMA R N, PORTO A LM. Facile synthesis of new quinoxalines from ethyl gallate by green chemistry protocol ［J］. Tetrahedron Letters, 2017, 58: 825-828.

第十章　肉制品绿色制造技术

加热过程创新是有效减少肉制品中有害物质形成的重要途径之一。在温和加热条件下，对不同反应底物组合的优选能够使美拉德反应向人们期望的方向发生，即在产生漂亮色泽和愉悦香气的同时，有效减少或突致癌性杂环胺的形成，从而实现美拉德反应的定向控制。这也是消减食品中有害物质形成另一有效途径。植物源天然抗氧化物在肉制品中的应用，不仅能够不同程度地抑制食品中杂环胺化合物、反式脂肪酸等的产生，还可以有效抑制食品自由基形成以及由自由基反应导致的蛋白质氧化和脂质氧化，从而有效延长产品的风味货架期和质构货架期。

第一节　热力场加热

场是物质存在的一种基本形式，如电场、磁场等，热力场，是热能的一种存在形式，在热力场中能完成物料与介质的能量传递。热力场主要研究供热方式与环境的匹配关系，涉及供热原件的布置与形状、气流的状态与速度、温度等因素。加热干燥泛指从湿物料中除去水分或其他湿分的各种操作，属于一种热质传递过程的单元操作。热力场中热风流体与物料表层完成热质传递。在热力场中，热风流体带走物料表层的水分并提供加工的热能，通过综合控制热力场中温度、水分活度、湿度、对流风速和场切换速率等参数实现热力场的智能控制，为肉制品绿色制造技术提供技术支撑。

传统的加热干燥方法主要是以均匀的温度加热食物。在这些过程中，热量主要通过辐射和对流传递于肉品。在这种情形下，往往把温度以标量进行研究。而在温度为 110~120℃ 的一个相对开放的空间里，肉品的加热不仅涉及传统的传热传质过程，同时也是一个非稳态的热力场加热过程。在这个非均匀非稳热力系统中，可以把温度看作矢量温度，热能以热扩散的方式进行传播；在热力场变换（脉冲）期间，肉品的保水性、质构特性、微细结构以及感官特性都发生了重大变化。

一、经典的传热传质

肉品热处理，作为一个复杂的常见的过程，关系到传热传质。为了准确预测肉品在这个过程中水分、温度、水分活度、色泽和气味的变化，往往需要建立数学模型。肉制品热加工中应用传热传质数学模型的目的是在既定的加热过程中尽可能准确地描述物理过程，进而数字化控制肉制品热加工工艺及肉制品质量。在烘、烧、烤等加热操作中，由于系统内部各部分之间缺乏平衡而招致热质传递。进而，肉块会发生肉汁和脂肪流失，皱缩变形，肉重减轻，水分含量、水分活度、微细结构、质构特性和色泽等产品品质属性都发生了重大变化。

通过模型假说、建立和分析模型、模型预测并与实测数据比较等，不难发现，这些主要现象决定了产出的动态变化，而传热传质的耦合则是引起这些物理现象变化的基础。

（一）模型设计

传统加热干燥技术基于能量和质量守恒原则、多孔介质理论建立数学模型。通过以下基本假设（以禽胴体为例），确定传热传质数学模型（图10-1）。

（1）脂肪运输和脂肪流失只发生在皮下脂肪层；

（2）在表皮层可形成一个外壳层，而且壳层有龟裂形成；

（3）水分蒸发发生在皮层表面。表面的水蒸气被输送到干燥室，并立即从干燥室顶部的排气管排出；

（4）加热期间禽胴体内部发生水分运输和肉汁流失；

（5）脂肪流失和肉质流失发生在毛囊处和胴体表面的龟裂处，流出的脂肪和肉汁立即从干燥室底部的排泄孔排出；

（6）除脂肪外，物质和能量平衡可以忽略其他组成成分；

（7）无内部产热。

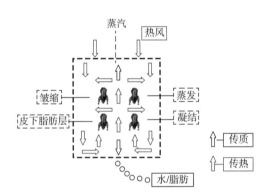

图10-1 热力场加热干燥模型

（二）肉品在热力场加热期间的传热传质遵循经典传热传质理论

生肉的结构在加热或加工过程的初期时是完整的，水输送受到低渗透性的阻碍。然而，生肉在热加工期间，一方面水分逐渐流失，形成孔隙和通道等组织结构的变化；另一方面，热加工会导致肌肉蛋白质变性，从而使其持水能力下降、蛋白质基质逐渐收缩。蛋白质基质的收缩最终导致肌肉内部产生压力梯度。肉的渗透性对中心的水通量的抵抗力要大于肉块表面的阻力。因而，肉的渗透性随着位置和时间的变化而变化，水沿着最小阻力的方向流动（图10-2）。

1. 能量平衡公式

$$\rho_m C_{pm} \frac{\partial T}{\partial t} + \nabla(-k_m \nabla T) + \rho_w C_{pw} u_w \nabla T + \rho_f C_{pf} u_f \nabla T = 0 \qquad (10-1)$$

式中 ρ_m、ρ_w 和 ρ_f——分别为肉、水、脂肪密度，kg/m^3

k_m——肉热导率，$W/(m \cdot ℃)$

C_{pm}、C_{pw} 和 C_{pf}——分别为肉、水、脂肪的热容，$J/(kg \cdot ℃)$

u_w、u_f——分别为水和脂肪的扩散速度，m/s

T——温度，℃

t——时间，s

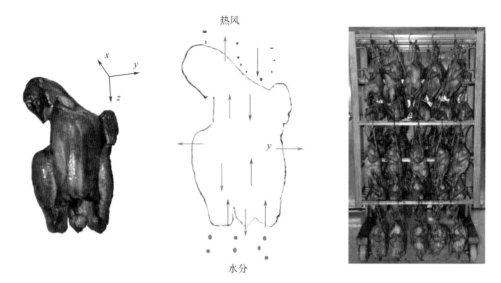

图 10-2 肉制品在热力场加热干燥中传热传质示意图

2. 物质平衡公式

$$\frac{\partial C_w}{\partial t} + \nabla(C_w u_w) = \nabla(D_w \nabla C_w)$$ （10-2）

$$\frac{\partial C_f}{\partial t} + \nabla(C_f u_f) = \nabla(D_f \nabla C_f)$$ （10-3）

式中 C_w、C_f——分别为水分和脂肪的质量分数，%

t——时间，s

u_w、u_f——水和脂肪扩散速度，m/s

D_w、D_f——水分扩散系数，m^2/s

3. 水分活度的变化

水分含量不能很好地表征食品稳定性。食品中水分含量和水分活度之间的关系可由其吸附等温线表示。因为加热温度、加热时间、肉品成分、水分活度和 pH 等都是影响美拉德反应体系褐变程度的重要因素，可以用水分活度代替水分含量来描述水分含量对褐变程度的影响。水分活度（A_W）对美拉德反应影响同样重要。A_W 可表示体系中可以参与反应的水组分，是美拉德反应产生的关键指标。利用有限元分析法预测物料中 A_W 变化，并与实际数据比较，得出式（10-4）。

$$A_W = K \cdot \frac{\int dT_i \int dRh}{\int dS \int dT_r}$$ （10-4）

式中 K——物料传热系数

T_i——热力场中物料内部各部分温度

Rh——热力场系统的相对湿度

S——热力场中热风流速

T_r——热力场中供热温度

热力场加热条件下，系统能量平衡、物质平衡的达成与打破对于被加热食品水分、蛋白质和脂肪流失速率、形状和重量变化速率、水分含量和水分活度下降速率、色泽和风味的形成起着至关重要的影响。

二、热力场和热力场加热

(一) 热力场

在动态热力系统中，我们引入矢量温度和广义时间坐标，则该系统中每一热涡旋 (x, y, z, τ) 都存在其方向和大小，且其大小涉及其对时间的变化速率，而广义时间坐标则与空间坐标 (x, y, z) 构成热力场四维时空。在四维非稳热力场中，热能以热扩散的方式进行传播，热扩散速度则决定于导热系数，而与时间呈反变关系。因为热力场也是能量场，热力场的热扩散规律遵从力场的哈密顿原理（Hamilton principle）。哈密顿原理认为，在一个真实的场系统中，系统动能和势能之差在任一时间间隔内的积分等于零。哈密顿原理的数学表达形式为：

$$\delta S = 0 \tag{10-5}$$

即对于真实运动来说，哈密顿作用量（S）的变分等于 0。

哈密顿作用量的计算如式（10-6）所示：

$$S = \int_{t_1}^{t_2} L(q_1, \cdots, q_i; q_1^g, \cdots, q_i^g; t) \, \mathrm{d}t \tag{10-6}$$

式中　$L(q_1, \cdots, q_i; q_1^g, \cdots, q_i^g; t)$——拉格朗日函数

q_i——系统的广义坐标

q_s^g——系统的广义速度

(二) 物料在热力场加热期间的变化

在一个封闭的系统里，能量的传播是以热扩散的形式而非以辐射的形式进行的，而且在热扩散每个时刻，热能总是守恒的。在动态热力场里，物料在瞬变热扩散过程中被加热熟制。动物组织，特别是肌肉组织，由于其特殊的构造（多向异性）和强大的毛细管功能且水分含量高达 70%，在加热干燥过程中热传输能力显得非常重要。随着组织中水分含量的降低和溶质浓度的提高，其传热、传质性能也发生明显的变化。尤其是形状不规则肉品，其表面温度的差异是非常大的。热力场加热条件下，激光测温仪监测到的肉品表面的辐射温度依所测部位的空间分布和不规则肉品的分割部位而变，如一头乳猪、一只鸡或鸭和鹅，各个部位的表面温度是不一样的。由于皮下组织组分不同，皮下的肌肉组织层厚度存在差异，各个部位的导温系数也不相同。鸡背部和颈部的辐射温度高，鸡胸部温度较低，翅根与躯体结合部（死角）的温度最低。翅尖部往往呈现出更高的辐射温度，以至于发生更强的褐变。所以，边稍部位和肌肉组织薄的部位，加热温度不宜太高。与鸡的皮层相比，鸭的皮层更易于发生褐变。所以，热力场加热的设计要考虑到尽量降低加热温度、缩短加热时间、保持热

力场空间热涡旋均匀分布、及时变换热力场参数等。使被加热物料表层有一个较大且大小相对一致的导温系数也是非常重要的。需要指出的是，热力场空间内不同时空、不同不规则肉品之间的整体辐射温度也是不一样的。

(三) 加热干燥期间品温变化规律和皮层水分活度-色泽的耦合

1. 品温变化规律

跟踪测定畜禽肉制品（以白条鸭为例）表面温度及内部温度在热力场加热中的变化规律，绘制参数变化趋势图（图10-3）。将白条鸭放在工作温度达到130℃的加热干燥室内。鸭子的表面温度随着时间的推移而升高，在加热40min时达到80℃，然后迅速上升，直到加热干燥70min时，表面温度达到110.9℃。表面温度在加热70~90min无显著性差异（$P>0.05$）。事实上，鸭胴体表面温度达到了最高平台期。与此同时，鸭胴体在加热干燥过程中不同时间的内部温度显著升高（$P<0.05$），在加热40min、50min、70min、80min和90min时分别达到55.4℃、65.9℃、77.4℃、80.5℃和83.7℃。加热干燥60min后，表面温度和内部温度之间的差异约为30℃，这种差异在加热90min之前保持稳定，这意味着两者达到了一个平衡状态。

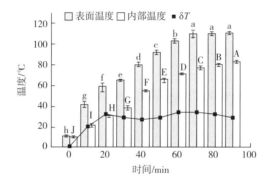

图10-3 热力场干燥加工肉品时表面温度及内部温度变化趋势

注：数值表示为平均值±标准差，柱形图中不同小写字母表示差异显著（$P<0.05$）。

2. 水分活度-色泽耦合

以水分活度（代替水分含量）作为一个指标来描述水分含量对鸭皮颜色变化的影响（图10-4）。如图所示，在加热约50min之前，鸭胸部表皮水分活度缓慢下降，当加热到90min时，水分活度急剧下降（$P<0.05$）。鸭体表面温度和内部温度的变化可以解释水分活度的变化。温度的升高会使鸭皮中的蛋白质变性，从而降低其持水能力。特别是，当内部温度在50~60℃时，会有相当大的水分流失（约30%）。在随后的加热干燥过程中，水在鸭皮表面迅速蒸发，鸭皮表面可以形成不透水的干燥层。因此，水分活度下降到0.938~0.96，这样低的水分活度有利于美拉德褐变的发生。需要说明的是，某单一水分含量值可能对应于不同温度下的几个不同水活度值。与水分活度的变化相反，鸭皮表面的红度（a^*）值从加热20~70min期间急剧上升（$P<0.05$），然后变得相对稳定。在加热70min时，a^*值达到稳定值（约12.2）。食品制造商关心的是，在加热过程中由美拉德反应形成的色香味。蜂蜜中的还原糖可以与鸭皮中蛋白质上的游离氨基酸发生反应，很容易在鸭皮表面形成颜色。值得注意的是，水分活度曲线和红度值曲线在加热约50min时相交，此时鸭皮表面出现可见颜

色。在加热 70min 时，烤鸭的理想颜色已经形成。也就是说，鸭皮表面的红度值在加热 1h 内上升了 87.91%，而在加热后期的 30min 内上升了 12.09%。温度和/或加热时间的增加导致颜色的加深。

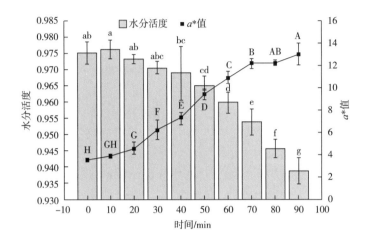

图 10-4　加热干燥过程中水分活度和红度（a^*）值的变化

注：数值表示为平均值±标准差，柱形图中不同小写字母表示差异显著（$P < 0.05$）。

3. 成品鸭表皮色泽预测

表皮水分活度值在加热干燥的头 1h 内下降了 40.5%，在加热后期的 30min 内却下降了 59.5%（图 10-5），而表面温度在这两个阶段分别上升了 92.6% 和 7.4%。此外，在这两个阶段，鸭肉内部温度分别提高了 84.2% 和 15.8%（图 10-3）。因此，加热后期对鸭表面的颜色形成非常重要。除了 a^* 值曲线外，如图 10-5 所示，水分活度曲线在加热约 50min 时与表面温度曲线相交，在加热 60min 时与鸭肉内部温度曲线相交。分析揭示，在水分活度曲线

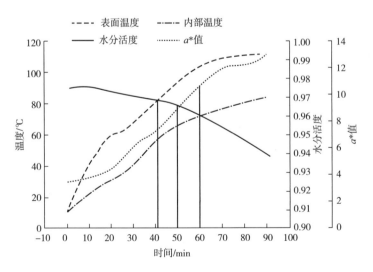

图 10-5　加热期间温度、水分活度和红度值的变化

和内部温度曲线所包围的区域内的这些条件下，鸭皮表面能表现出良好的颜色形成。加热到60~70min 时，鸭皮表面的基本颜色已形成。水分活度在 0.96~0.938，在表面温度曲线与水分活度曲线相交后，水分活度的急剧下降使美拉德反应立即发生。于是，在温和的温度下，水分活度的降低加速了鸭皮的褐变过程，特别是在加热后期。换言之，鸭皮表面的颜色发展依赖于水分活性。然而，在 a^* 值曲线与水分活度曲线相交之前，尽管 a^* 值也在增加，但没有可见的色泽形成，这表明鸭皮表面的色泽的形成可能与水分活度有关，而与干燥时间无关。此外，烤鸭独特的风味与色泽的发展相关联，禽胴体含水量、皮下脂肪分布和胴体化学成分、禽胴体在加热干燥室内的位置分布和密度等都影响品温变化、水分活度和色泽的形成。综上所述，水分活度为 0.964~0.938、表面温度为 109~111.9℃、内部温度为 77~83.7℃ 的条件下，可使烤鸭得到预期的红度值和色泽，并产生令人愉悦的香气。

第二节　热力场加热干燥下肉制品色泽与风味控制技术

一、美拉德反应的定向控制技术

美拉德反应是一把双刃剑。一方面，美拉德反应会产生人们期望的化合物，使食品产生某些独特的色、香、味，同时又能增强食品的防腐性、抗氧化性；另一方面，有些美拉德反应产物，如杂环胺、丙烯酰胺等，对肉制品的安全构成隐患。肉制品绿色制造加工技术，就是要控制美拉德反应朝着有利的方向发生。

（一）肉制品加工中美拉德反应产生的杂环胺

氨基酸和还原糖的种类决定着杂环胺的生成种类。研究证实，精氨酸、赖氨酸、丝氨酸或谷氨酰胺与葡萄糖的美拉德反应产物具有遗传毒性，能够使鼠伤寒沙门菌 TA98 和 TA100 发生诱变。甘氨酸、丙氨酸、缬氨酸、亮氨酸、异亮氨酸、苯丙氨酸、苏氨酸，半胱氨酸、甲硫氨酸、脯氨酸与葡萄糖同时加热的反应产物同样具有致突变性。牛肉汤加热后产生 IQ、IQx、MeIQ、MeIQx、4,8-DiMeIQx、PhIP、MeAαC、7,8-DiMeIQx、AαC、Trp-P-1、Trp-P-2。猪肉汤加热后产生的杂环胺有 PhIP、DMIP、TMIP、IQx、IFP MeIQx、4,8-DiMeIQx。而鸡肉汤加热产生的杂环胺则是 PhIP、DMIP、TMIP、MeIQx、4,8-DiMeIQx。丙氨酸、甘氨酸及苏氨酸等与还原糖、肌酐反应会产生不同种类的杂环胺，见表10-1。

表 10-1　美拉德反应的前体物与杂环胺

前体物	杂环胺
苯丙氨酸、葡萄糖、肌酐	Phe-P-1
甘氨酸、葡萄糖、肌酐	8-MeIQ、MeIQx
丙氨酸、果糖、肌酐	4-MeIQ、4,8-DiMeIQx
甘氨酸、果糖、肌酐	IQ、MeIQx
甘氨酸、葡萄糖、肌酸	MeIQx、4,8-DiMeIQx
苏氨酸、葡萄糖、肌酸	MeIQx、DiMeIQx

（二）期望的美拉德反应

热力场加热技术为美拉德反应提供了较低的温度条件。生产上，还要选择合适的反应底物，以期获得所期望的色泽和风味，尽可能减少有害物质的形成。D-木糖与甘氨酸反应生成蓝色素。精氨酸与呋喃-2-羧醛反应、戊糖和己糖与某些氨基酸的反应可产生疏水性的红褐色和红色化合物。美拉德反应产生的类黑素及其前体物具有很强的抗脂肪氧化活性，是抑制肉制品陈腐味的重要抗氧化剂。碱性氨基酸、精氨酸、组氨酸、赖氨酸可与还原糖反应形成抗氧化性很强的化合物。在 pH 7~9 时形成的产物抗氧化性最强、色度最高。组氨酸和葡萄糖的产物可阻止陈腐味的产生。有些美拉德反应产物，可有效地抑制牛肉制品陈腐味的产生。虽然有些美拉德反应产物是无色的，但也有较好的抗氧化性。葡萄糖与甘氨酸、葡萄糖与亮氨酸反应能形成良好的抗氧化产物，组氨酸和葡萄糖在 100℃ 下反应 2h 所形成的美拉德反应产物可抑制牛肉、猪肉制品陈腐味的形成。色氨酸、酪氨酸、天冬氨酸、天冬酰胺，谷氨酸或胱氨酸与葡萄糖同时加热的反应产物不具有致突变性。因此，选择性地组合氨基酸和还原糖，既能获得良好色泽和风味，又能避免杂环胺等有害物质的生成，从而达到定向控制美拉德反应的目的。

二、肉制品陈腐味抑制技术

陈腐味是肉制品产生的一种令人不愉快异味，熟肉制品冷藏过程中会因脂质氧化及蛋白质氧化而风味变差。

（一）陈腐味的形成

通常认为，任何破坏肌肉组织完整性的加工方法，如加热、斩拌、剔骨、重组或冷冻都会导致陈腐味的产生。陈腐味的形成是一个动态过程，主要基于肉的氧化作用。因此，陈腐味产生的机理及如何抑制陈腐味的产生是肉品研究者关注的焦点问题。陈腐味的形成主要包括脂质氧化和蛋白质氧化。

1. 陈腐味与脂质氧化

陈腐味的产生主要由脂质氧化引起。肉中的脂肪主要包括肌内脂肪和肌间脂肪，它们都含有饱和脂肪酸和不饱和脂肪酸。膜磷脂的不饱和脂肪酸含量更高，因此更容易发生氧化。肉在加工处理时细胞膜和肌肉组织的完整性被破坏，细胞内含物包括氧化催化剂亚铁血红素、非血红素铁和细胞膜中的磷脂被释放，不饱和脂肪酸暴露而易被氧化，因此，陈腐味仅在肉制品加热后的几个小时内即产生，而生肉则需要数天才会产生陈腐味。有研究表明，陈腐味产生过程中，皮下脂肪可产生近 50 种挥发性化合物，而肌内磷脂可产生 200 多种挥发性化合物，这表明磷脂的氧化是陈腐味产生过程中异味物质的主要来源。

冷藏期间熟肉陈腐的产生与肉中不饱和脂肪酸（油酸、亚麻油酸、α-亚麻油酸）氧化产生低分子的醛类（$C_3 \sim C_{12}$）密切相关。肉中含有的不饱和脂肪酸含量越多，肉类越容易氧化产生陈腐味。不饱和脂肪酸发生自动氧化生成脂肪过氧化物，再裂解产生戊醛、己醛、戊基呋喃、2-戊基呋喃、2-辛烯醛、2,3-辛二酮和 E,E-2,4-癸二烯醛等短链挥发性化合物，这些挥发性脂质氧化产物可以作为陈腐味产生的特征性风味物质。当冷藏后的熟肉再次加热，挥发性异味物质受热分子运动加强，使人察觉到明显的不愉悦的陈腐味。己醛是被广泛用作肉制品脂肪氧化及陈腐味的指示物，此外，表征丙二醛（MDA）含量的 2-硫代巴比妥酸值（TBARS）、表征纯不饱和脂肪酸氧化体系早期氧化情况的共轭二烯值以及衡量脂肪初级氧化产物含量的过氧化值（POV）等也可以作为评价陈腐味的指示物。

2. 陈腐味与蛋白质氧化

最初人们普遍认为陈腐味的产生仅与脂肪氧化有关，但从 1980 年开始许多研究人员证实蛋白降解反应也同样影响陈腐味的产生。肉中不稳定的含硫化合物（包括生成二硫键的蛋白质以及含硫杂环化合物）的降解均可导致冷藏过程中肉香味的减少或消失。研究表明贮藏过程中异味的强弱与蛋白质氧化过程中形成的羰基含量呈正相关，也可能与对肉香味有贡献的挥发性物质含量的减少有关。蛋白质氧化可以降低肉类风味化合物的含量，而脂质氧化产生的异味风味化合物可以覆盖正在消失的肉类风味化合物的作用，最终肉品呈现出异味。在冷藏前期，含硫杂环化合物的变化可能是引起肉香味减少或消失的主要原因；冷藏后期，陈腐味的产生已很明显，此时脂质氧化产生的异味挥发物对肉香味的掩盖作用是异味产生的主要原因。

（二）陈腐味的抑制

目前对肉制品陈腐味的控制主要是通过在肉制品中加入抗氧化物或具有抗氧化活性的添加物以减少或阻止陈腐味的产生。化学合成的抗氧化剂有叔丁基对苯二酚、丁基羟基茴香醚、二丁基羟基甲苯和没食子酸丙酯。然而随着对合成抗氧化剂安全性问题关注度的提升，天然抗氧化物越来越多地被用于抑制陈腐味的产生。

1. 母源性有机硒和甲硫氨酸的抑制作用

母源性有机硒和甲硫氨酸的添加能够通过影响脂肪氧化和蛋白质氧化抑制陈腐味的形成。

（1）对脂肪氧化的影响　当母源性有机硒的补充量为 0.73mg/kg 时，仔鸡腿肉的 TBARS 含量随着甲硫氨酸补充量的升高而显著降低；同时，当甲硫氨酸的补充量为 0.54% 时，仔鸡腿肉的 TBARS 含量也随着有机硒补充量的增加而显著降低。

（2）对蛋白质氧化的影响　当母源性硒添加量为 0.6mg/kg，随着甲硫氨酸添加量的增加，子代鸡胸肉的蛋白质羰基值显著降低，谷胱甘肽过氧化物酶活力和肌浆中谷胱甘肽含量显著升高，羟自由基抑制能力显著升高，蛋白质氧化程度显著降低。

（3）对挥发性氧化产物含量的影响　当母源性有机硒添加量为 0.73mg/kg 时，仔鸡腿肉 4℃冷藏 6h 后挥发性氧化产物总量、己醛含量、庚醛含量、1-戊醇含量及 1-己醇含量均随着甲硫氨酸添加量的增加而显著降低，并且发现母源性有机硒和甲硫氨酸对陈腐味形成初期（6h）仔鸡腿肉中己醛含量存在互作效应，高硒高甲硫氨酸与低硒低甲硫氨酸处理组的仔鸡腿肉中己醛含量最低。由此可知，通过调控母源性有机硒和甲硫氨酸水平，能显著地改善仔鸡肉的氧化稳定性，有效抑制陈腐味的产生。

2. 蜂花粉的抑制作用

用 80% 乙醇提取油菜蜂花粉得到的类黄酮提取物中黄酮类化合物含量为 604mg/g，其中 8 种黄酮类化合物含量比较丰富，它们是山奈酚（145.15mg/g）、槲皮素（38.68mg/g）、芦丁（35.52mg/g）、柚皮素（25.57mg/g）、槲皮苷（21.25mg/g）、槲皮素-3-O-葡萄苷（20.21mg/g 醇提物）、山奈酚-3-O-葡萄糖苷（19.13mg/g）、异鼠李素（3.25mg/g）。

（1）油菜蜂花粉醇提物的总抗氧化能力　据图 10-6 可知，油菜蜂花粉醇提物和维生素 E 随着样品液质量浓度的增加，其总抗氧化能力显著增强。在 25～250μg/mL 的浓度范围内，油菜蜂花粉黄酮提取液的总抗氧化能力为 2.13~66.06U/mL，而维生素 E 的总抗氧化能力为 1.23~40.74U/mL。在低浓度下（样品液浓度低于 150μg/mL）时，油菜蜂花粉提取物总抗氧化活性略高于维生素 E（$P > 0.05$）。当样品液浓度大于 150μg/mL 时，油菜蜂花粉的总抗氧化活性显著高于维生素 E（$P < 0.05$）。黄酮含量为 250μg/mL 的油菜蜂花粉提取物的总抗氧化能力是维生素 E（250μg/mL）的 1.62 倍。

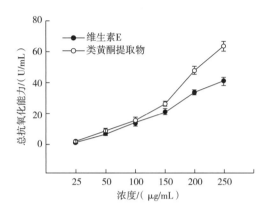

图 10-6 油菜蜂花粉醇提物的总抗氧化能力

（2）油菜蜂花粉醇提物的清除 DPPH 自由基能力 图 10-7 反映的是油菜蜂花粉类黄酮提取物和维生素 E 对 DPPH 自由基的清除作用。可以看出，在 25~250μg/mL 的浓度范围内，油菜蜂花粉类黄酮提取物和维生素 E 均表现出较好的清除 DPPH 自由基的能力。且随着浓度的增加，当样品液浓度低于 150μg/mL 时，油菜蜂花粉类黄酮提取物和维生素 E 对 DPPH 自由基的清除能力均显著增强（$P < 0.05$）。当质量浓度增加到 50μg/mL 时，油菜蜂花粉类黄酮提取物对 DPPH 自由基的清除率增加较慢，油菜蜂花粉类黄酮提取物清除 DPPH 自由基能力为 22.5%~97.68%，而维生素 E 清除 DPPH 自由基能力为 21.04%~82.76%。除样品液浓度为 50μg/mL 时油菜蜂花粉类黄酮提取物和维生素 E 对 DPPH 自由基的清除能力差异性不显著（$P > 0.05$），在其他每一个浓度点，油菜蜂花粉类黄酮提取物的清除 DPPH 自由基能力都显著高于维生素 E（$P < 0.05$）。类黄酮含量为 250μg/mL 的油菜蜂花粉提取物的 DPPH 自由基清除能力是维生素 E（250μg/mL）的 1.18 倍。

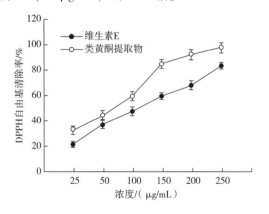

图 10-7 油菜蜂花粉及其提取物的抑制作用

（3）油菜蜂花粉醇提物的清除羟自由基能力　不同浓度蜂花粉醇提物清除羟自由基（·OH）的能力如图 10-8 所示。由图可见，样品液在较低浓度时，油菜蜂花粉的类黄酮提取物就表现出较好的清除羟自由基能力，而维生素 E 清除羟自由基的能力较弱，试验组间差异性显著（$P<0.05$）。随着样品液加入量增加，油菜蜂花粉类黄酮提取物清除羟自由基的能力有所增强。油菜蜂花粉醇提物清除羟自由基的能力为 61.45% ~ 93.56%，而维生素 E 清除羟自由基的能力为 13.23% ~ 30%。黄酮含量为 250μg/mL 的油菜蜂花粉提取物的羟自由基清除能力是维生素 E（250μg/mL）的 3.11 倍。本研究中油菜蜂花粉醇提物在总抗氧化能力和自由基清除能力的离体评价体系中，取得了理想的效果，主要是由于油菜蜂花粉黄酮的分子结构中富含活性基团，遇到多种自由基均能提供 H^+，从而发挥清除自由基的作用。

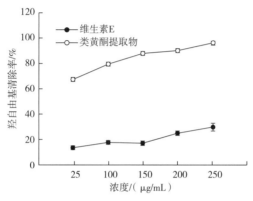

图 10-8　油菜蜂花粉醇提物的清除羟自由基能力

（4）油菜蜂花粉对萨拉米香肠共轭二烯值的影响　共轭二烯值是反映脂质初始氧化的情况，它代表的是不饱和脂肪酸受自由基攻击而氧化形成的共轭双键的多少。由图 10-9 可以看出，在萨拉米加工期间，共轭二烯值呈现逐渐上升的趋势。发酵结束后，添加 1% 的油菜蜂花粉和 0.05% 的醇提物的萨拉米香肠共轭二烯值分别比对照组降低了 13.74% 和 17.29%，加工第 6 天后，共轭二烯值上升较为缓慢，终产品（第 12 天）时，添加 1% 的油菜蜂花粉和 0.05% 的油菜蜂花粉醇提物可以显著降低萨拉米香肠的共轭二烯值（$P<0.05$），分别比对照组降低了 12.53% 和 10.1%。

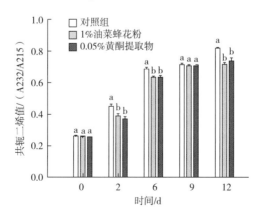

图 10-9　油菜蜂花粉对萨拉米香肠共轭二烯值的影响

注：数值表示为平均值±标准差；柱形图中不同小写字母表示差异显著（$P<0.05$）。

（5）油菜蜂花粉对萨拉米香肠过氧化值（POV）的影响　过氧化值主要用来衡量脂质初级氧化产物的数量。由图10-10可以看出，在萨拉米香肠加工期间，对照组过氧化值前九天呈增长趋势，之后过氧化值有所降低；在加工的第2天，也就是发酵结束后，对照组萨拉米香肠的过氧化值为4.65meq/kg（1meq/kg = 0.5mmol/L），比添加1%油菜蜂花粉（3.95meq/kg）和0.05%的醇提物萨拉米香肠（4.23meq/kg）分别高出0.7meq/kg、0.42meq/kg。干燥第9天时，对照组的萨拉米香肠过氧化值为8.72meq/kg，而添加1%的蜂花粉和0.05%蜂花粉醇提物的萨拉米香肠分别为7.22meq/kg和7.21meq/kg，分别比对照组降低1.5meq/kg和1.51meq/kg。在此期间，过氧化值的变化差异显著（$P < 0.05$）。到终产品时，对照组的过氧化值为8.09meq/kg，而添加1%的油菜蜂花粉和0.05%蜂花粉醇提物的萨拉米香肠分为6.33meq/kg和6.21meq/kg。总体说来，对照组与添加1%的油菜蜂花粉和0.05%的类黄酮提取物的萨拉米香肠在整个加工过程中变化趋势相近。添加1%的油菜蜂花粉和0.05%的油菜蜂花粉提取物成品萨拉米香肠的过氧化值与对照组相比明显降低（$P < 0.05$），过氧化值相比对照组分别降低了21.75%和23%。说明油菜蜂花粉类黄酮提取物可以有效地降低萨拉米香肠加工过程中的过氧化值。

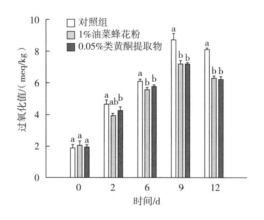

图10-10　油菜蜂花粉对萨拉米香肠过氧化值的影响

注：①数值表示为平均值±标准差；②柱形图中不同小写字母表示差异显著（$P < 0.05$）。

（6）油菜蜂花粉对萨拉米香肠硫代巴比妥酸反应产物值的影响　硫代巴比妥酸反应产物值［以丙二醛（MDA）计］，用作脂质氧化的指示物，评价的是自由基诱导的肉制品中多不饱和脂肪酸的氧化程度，主要反映了脂质氧化的产物丙二醛的含量。由图10-11可知，对照组和添加组的硫代巴比妥酸反应产物值在萨拉米香肠加工期间都呈现上升趋势，前期上升缓慢，后期上升速度较快。干燥第6天时，对照组萨拉米香肠的硫代巴比妥酸反应产物值为0.571mg/kg，分别比添加1%油菜蜂花粉和0.05%的蜂花粉醇提物萨拉米香肠高出0.076mg/kg和0.198mg/kg。干燥结束后（第12天），对照组萨拉米香肠的硫代巴比妥酸反应产物值为1.321mg/kg，而添加1%的油菜蜂花粉和0.05%醇提物的萨拉米香肠分别为1.024mg/kg和0.871mg/kg。在干燥中后期萨拉米香肠的硫代巴比妥酸反应产物值变化差异显著（$P < 0.05$），添加1%的油菜蜂花粉和0.05%醇提物的成品萨拉米香肠硫代巴比妥酸反应产物值分别比对照组降低了22.48%和34.07%。一般说来，产生陈腐味的丙二醛浓度临界值是0.5mg/kg。油菜蜂花粉中的类黄酮可以减缓脂质过氧化，降低萨拉米香肠的硫代巴比

妥酸反应产物值，主要是由于其含有山奈酚、槲皮素等黄酮类化合物。

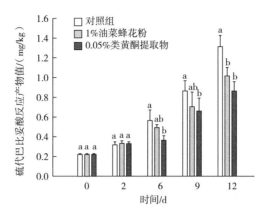

图 10-11　油菜蜂花粉对 Salame 香肠硫代巴比妥酸反应产物值的影响

注：①数值表示为平均值 ± 标准差；②柱形图中不同小写字母表示差异显著（$P < 0.05$）。

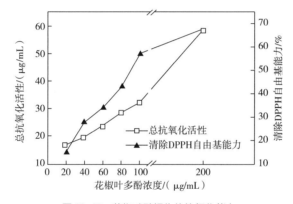

图 10-12　花椒叶醇提物的抗氧化能力

3. 花椒叶醇取物的抑制作用

（1）花椒叶醇提物的总抗氧化活性和清除二苯代苦味酰肼（DPPH）自由基能力　用乙醇提取得到的花椒叶醇提物多酚含量为 555.0mg/g，其中含量较高的是绿原酸 2.67g/100g、金丝桃苷 8.25g/100g 和槲皮苷 11.62g/100g，其他还有奎宁酸、5-阿魏酰奎宁酸、芦丁、槲皮素 -3-阿拉伯糖苷和牡荆素。20μg/mL、40μg/mL、60μg/mL、80μg/mL、100μg/mL 和 200μg/mL 六个浓度花椒叶醇提物的总抗氧化活性和清除 DPPH 自由基能力如图 10-12 所示。在花椒叶多酚溶液浓度在 20~200μg/mL 范围内，其总抗氧化活性和 DPPH 自由基清除能力逐渐上升，花椒叶醇提物表现出很好的总抗氧化能力和 DPPH 自由基清除能力。

（2）花椒叶醇提物对白鲢咸鱼共轭二烯值的影响　由表 10-2 可知，背侧肌与对照组相比，添加 0.015% 花椒叶醇提物的咸鱼与对照组无显著差异（$P > 0.05$），而添加 0.030% 和 0.045% 的两种咸鱼的共轭二烯值显著降低（$P < 0.05$）；对于腹侧肌，添加 0.015% 和 0.030% 花椒叶醇提物的咸鱼与对照组咸鱼都无显著差异（$P > 0.05$），只有添加 0.045% 的咸鱼比对照组的共轭二烯值显著降低（$P < 0.05$）。这些结果说明，白鲢咸鱼背侧肌添加 0.030% 花椒叶醇提物、腹侧肌添加 0.045% 花椒叶醇提物可以降低加工过程中共轭二烯值，

也就可以抑制纯不饱和脂肪酸早期氧化状况。

表10-2　白鲢咸鱼背侧肌和腹侧肌共轭二烯值　　　　单位：μmol/mg

组别	加工时间/d				
	原料	2d	4d	6d	8d
背侧肌					
对照组	1.193±0.001^{Aa}	1.190±0.004^{Aa}	1.193±0.006^{Aa}	1.192±0.001^{Aa}	1.196±0.001^{Aa}
0.015%花椒叶醇提物	1.193±0.001^{Aa}	1.182±0.003^{Bb}	1.187±0.006^{ABab}	1.184±0.008^{ABab}	1.194±0.001^{Ab}
0.030%花椒叶醇提物	1.193±0.001^{Aa}	1.166±0.002^{Bc}	1.171±0.014^{Bbc}	1.189±0.003^{Aab}	1.193^{Ab}
0.045%花椒叶醇提物	1.193±0.001^{Aa}	1.163±0.001^{Cc}	1.155±0.011^{Cc}	1.181±0.008^{Bb}	1.189±0.001^{ABc}
腹侧肌					
对照组	1.196±0.004^{Aa}	1.193±0.001^{Aa}	1.198±0.007^{Aa}	1.193±0.004^{Aa}	1.198±0.002^{Aa}
0.015%花椒叶醇提物	1.196±0.004^{Aa}	1.191±0.001^{Aa}	1.196±0.011^{Aa}	1.193±0.003^{Aa}	1.194±0.002^{Ab}
0.030%花椒叶醇提物	1.196±0.004^{Aa}	1.191±0.002^{Aab}	1.194±0.007^{Aa}	1.192±0.002^{Aa}	1.191±0.002^{Abc}
0.045%花椒叶醇提物	1.196±0.004^{Aa}	1.188±0.002^{Bb}	1.191±0.005^{ABa}	1.192±0.001^{ABa}	1.188±0.001^{Bc}

注：①加工过程中0~2d为盐腌阶段，2~8d为干燥阶段；②数值表示为平均数±标准差（$n=3$）；同列数值肩标不同字母（a~c）为差异显著（$P<0.05$），背侧肌与腹侧肌单独比较差异性，同行数值肩标不同字母（A~E）为差异显著（$P<0.05$）。

4. 新疆多枝柽柳皮醇提物的抑制作用

新疆多枝柽柳皮醇提物，或粗提物（简称红柳提取物）总多酚含量为323.45mg/g，总黄酮含量为87.32mg/g。从红柳提取物中共分离出13种多酚类化合物，异鼠李素、高车前素、蓟黄素和槲皮素在红柳提取物中含量较高，分别为36.91μg/mg、2.79μg/mg、13.35μg/mg和4.21μg/mg提取物，其中高车前素和蓟黄素首次从柽柳属植物中分离获得。

（1）多枝柽柳皮醇提物清除DPPH自由基的能力　DPPH自由基被广泛用于研究天然抗氧化剂的清除活性。从图10-13（1）中可以看出，当醇提物浓度从25μg/mL增加至200μg/mL时，其对DPPH自由基的清除能力急剧增加，当浓度在300μg/mL时趋于平稳，此时达到最大清除活性（91.70%±0.78）；当浓度高于200μg/mL时，醇提物和对照组（抗坏血酸）的清除活性无显著差异（$P>0.05$），并且此时不同浓度醇提物（300μg/mL、400μg/mL和500μg/mL）之间的清除活性也无显著差异（$P>0.05$）。多枝柽柳皮醇提物对DPPH自由基清除活性的IC_{50}值为117.05μg/mL，指出红花多枝柽柳花和叶提取物对DPPH的清除活性的IC_{50}值分别为2μg/mL和9μg/mL，这可能是由于不同提取物中多酚种类的差异所致。

（2）多枝柽柳皮醇提物清除ABTS自由基的能力　如图10-13（2）所示，多枝柽柳皮醇提物的ABTS自由基清除活性随浓度的增加而增强。当醇提物浓度为25μg/mL时，其ABTS自由基清除率仅为2.90%，当浓度增高至500μg/mL时，其ABTS自由基清除率达到67.02%，并且不同浓度醇提物的ABTS自由基清除活性均有显著差异（$P<0.05$）；在所检测

的浓度范围内（25~500μg/mL），醇提物的 ABTS 自由基清除活性均显著低于对照组（$P<0.05$）；多枝柽柳皮醇提物对 ABTS 自由基清除活性的 IC_{50} 值为 314.88μg/mL，显著高于本试验中抗坏血酸的 IC_{50} 值（82.90μg/mL），但是与红花多枝柽柳花提取物的 IC_{50} 值相近（316.70μg/mL），远低于红花多枝柽柳叶提取物的 IC_{50} 值（1040μg/mL）。不同提取物 ABTS 自由基清除活性的差异可能主要是因为其总多酚含量、类黄酮含量以及多酚类物质组分的差异所致。

（3）多枝柽柳皮醇提物清除超氧阴离子自由基的能力　与 DPPH 自由基和 ABTS 自由基产生机制不同的是，超氧阴离子自由基和羟自由基的产生是通过过氧化物分解实现的。多枝柽柳皮醇提物对超氧阴离子自由基的清除活性如图 10-13（3）所示，醇提物清除超氧阴离子自由基的活性随浓度的增加而增强；当醇提物的浓度低于 50μg/mL 时，其与对照组的清除活性差异不显著（$P>0.05$），但当浓度增加至 100μg/mL 以上时，对照组的清除活性显著高于醇提物（$P<0.05$）；同时，当醇提物的浓度为 200μg/mL 和 300μg/mL 时，其清除活性差异也不显著（$P>0.05$）；多枝柽柳皮醇提物对超氧阴离子自由基清除活性的 IC_{50} 值为 442.53μg/mL。

（4）多枝柽柳皮醇提物清除羟自由基的能力　多枝柽柳皮醇提物对羟自由基的清除能力如图 10-13（4）所示，从图中可以看出，醇提物的羟自由基清除活性在 25~200μg/mL 急剧增加，当浓度增大至 300μg/mL 以上时趋于稳定；不同醇提物浓度之间（25μg/mL、50μg/mL、100μg/mL 和 200μg/mL）的羟自由基清除活性有显著差异（$P<0.05$），但此时醇提物与对照组的羟自由基清除活性无显著差异（$P>0.05$）；多枝柽柳对羟自由基清除活性的半抑制浓度（IC_{50}）值为 151.57μg/mL，这与对照组的 IC_{50} 值（114.08μg/mL）无显著差异（$P>0.05$），表明多枝柽柳皮醇提物具有令人满意的羟自由基清除活性。

（5）多枝柽柳皮醇提物的还原力　天然抗氧化剂的还原力与其抗氧化活性密切相关。醇提物的还原力如图 10-13（5）所示，由图可知，醇提物具有较强的还原力，并随着质量浓度的增加而增强。当醇提物质量浓度低于 200μg/mL 时，其还原力随质量浓度的增加而快速增强，但均显著低于对照组（$P<0.05$）；但当醇提物质量浓度达到 300μg/mL 时，与对照组差异不显著（$P>0.05$），同时，随着质量浓度的进一步增加，二者的差异仍不显著（$P>0.05$）。醇提物还原力的 IC_{50} 值为 93.77μg/mL。

（6）多枝柽柳皮醇提物的荧光漂白后恢复（FRAP）能力　FRAP 与还原力的检测机制类似，两者都用于反映抗氧化剂将 Fe^{3+} 还原成 Fe^{2+} 的能力，但稍有不同的是，在 FRAP 试验中，铁-吡啶基三嗪（ferric tripyridyltriazine，Fe^{3+}-TPTZ）复合物在较低 pH 下被还原成亚铁形式（Fe^{2+}-TPTZ）。本研究中，醇提物和抗坏血酸的铁离子还原活性如图 10-13（6）所示。由图可知，随着抗氧化剂浓度的增加，Fe^{2+}-TPTZ 复合物的形成明显增加了 $FeSO_4$ 含量，并且 $FeSO_4$ 含量随抗氧化剂浓度呈线性增加趋势（醇提物的 $R^2=0.9879$，抗坏血酸的 $R^2=0.9961$）；当抗氧化剂浓度在 0~100μg/mL 时，醇提物与抗坏血酸的 FRAP 活性无显著差异（$P>0.05$），但随着抗氧化剂浓度的升高，二者的差异逐渐增大；当抗氧化剂浓度为 500μg/mL 时，多枝柽柳皮醇提物的 $FeSO_4$ 含量为 7.64mmol/g，抗坏血酸的 $FeSO_4$ 含量为 12.28mmol/g。

5. 香辛料提取物的抑制作用

香辛料经文火煮 30min 的水提物的总酚含量具有较大差异（表 10-3）。丁香水提物的总酚含量最高，达到 303.16mg/g，其次分别是红花椒、高良姜、香叶和桂皮水提物，这四种

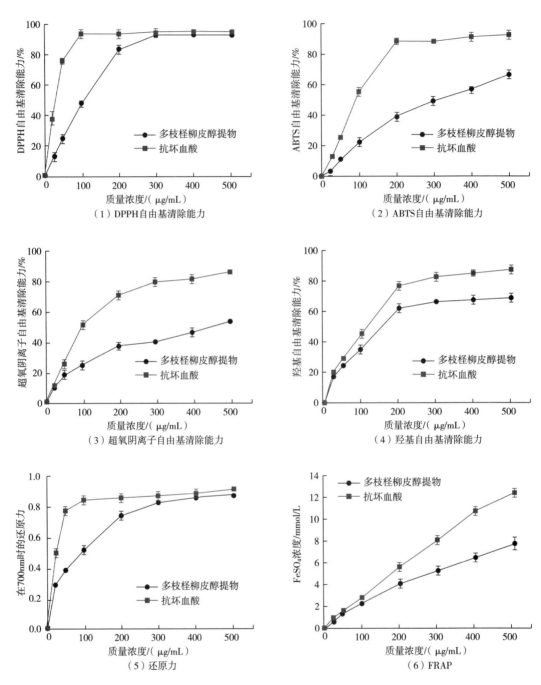

图 10-13 多枝柽柳皮醇提物的离体抗氧化活性

香辛料水提物的总酚含量均在 50mg/g 以上。其他香辛料的总酚含量相对较低，特别是肉豆蔻、荜拨和山奈，均低于 10mg/g。总体而言，樟科和芸香科的香辛料含总酚较高，平均含量为 49.44mg/g 和 48.80mg/g；其次是八角科、姜科（良姜除外）和伞形科香辛料，平均总酚含量分别为 32.86mg/g、23.60mg/g、13.06mg/g；胡椒科和肉豆蔻科香辛料水提物总酚含量最低，平均分别仅为 9.33mg/g 和 7.17mg/g。与总酚含量相对应，丁香、红花椒、桂皮、良姜和香叶 5 种香辛料对 ABTS 自由基的清除率较高，均高于 40%，其他香辛料的 ABTS 自由基清除能力较低，特别是肉豆蔻、荜拨、砂仁和山奈，仅为 2.11%～6.67%。总之，丁香、红花椒、桂皮、良姜和香叶热水浸提物总酚含量较高，抗氧化能力较强。

由表 10-3 可知，香辛料醇提物的总酚含量存在较大差异性，丁香的总酚含量最高，为 151.88mg/g；其次为桂皮和红花椒，分别为 54.32mg/g 和 42.27mg/g；总酚含量最低的为白豆蔻，仅为 4.06mg/g。桂皮、红花椒和白豆蔻分别为 57.71mg/g、68.71mg/g 和 13.12mg/g。DPPH 自由基清除率方面，不同香辛料同样表现出差异性。丁香、桂皮、良姜和红花椒提取物的自由基清除率均超过 90%，且相互间无显著差异。白芷提取物的自由基清除率最低，仅为 54.48%。自由基清除率与多酚含量呈现一定的相关性，多酚含量较高的香辛料其自由基清除率一般较高。

丁香、桂皮和红花椒醇提物抑制脂质氧化的能力是不同的。肉制品中的不饱和脂肪酸氧化可以产生令人不悦的陈腐味。TBARS 值是广泛用于评价脂质氧化程的方法之一。丁香、桂皮和红花椒醇提物对油炸鸭肉丸 TBARS 值的影响见图 10-14。与对照组相比，丁香提取物可以显著降低炸肉丸的 TBARS 值（$P<0.05$），且呈量效关系，0.45% 时肉丸的 TBARS 值仅为对照组的 55%。红花椒在低添加量下对 TBARS 值的降低不显著，而在高添加量下（0.45%）显著降低了炸肉丸的 TBARS 值（$P<0.05$）。桂皮提取物在 3 种添加量下均能显著降低炸肉丸的 TBARS 值（$P<0.05$），但抑制效果不如丁香，这可能是由于红花椒的抗氧化能力弱于丁香。

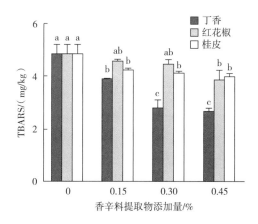

图 10-14 香辛料提取物对油炸鸭肉丸 TBARS 值的影响

注：①结果表示为平均值±标准差；②图中不同小写字母表示差异显著（$P<0.05$）。

丁香水提物对卤煮鸭肉丸 TBARS 值的影响与油炸鸭肉丸类似。3 种添加量均能显著降低 TBARS 值。红花椒水提物在高添加水平（0.45%）下显著抑制脂肪氧化。桂皮水提物在中低添加量下可以显著降低 TBARS 值，抑制效果弱于丁香和红花椒。

第三节　加工肉制品绿色制造的非油炸技术

油炸食品是我国的传统食品类型之一。逢年过节吃的炸麻花、炸春卷、炸丸子，每天早餐所食用的油条、油饼、面窝，儿童喜欢食用的快餐中的炸薯条、炸面包、炸鸡翅以及零食里的炸薯片、油炸饼干等，均为油炸食品。油炸食品因其色泽金黄、质构酥脆、特有风味与口感，能增进食欲，已成为国内外消费者广泛接受并难以割舍的一大类食品。但近年来的研究表明，油炸食品安全性存在很大的问题，经常食用油炸食品对身体健康极为不利。如油在高温下反复使用会产生反式脂肪酸以及丙烯酰胺，油炸的油烟中含有3,4-苯并芘、甲醛等有害物质。这些物质均为直接的或潜在的致癌致畸物，严重威胁着人类的健康。肉制品绿色制造技术是采用优质原料，采用绿色化学原理、绿色化工手段，对产品进行绿色工艺加工，从而把对人体和环境的危害降到最低。绿色制造技术采用非油炸工艺，在较低温度下上色增香的同时，大大提高产品的安全性，符合消费者健康安全的饮食需求，为加工肉制品的绿色制造开创了新的途径。

一、非油炸工艺

一般油炸温度高于160℃。非油炸工艺是指不以食用油作为加热介质，食品原料在低于130℃的温度下进行熟化，使制品具有类似油炸的色泽和香气，有效降低反式脂肪酸产生的加工过程。

（一）一般工艺流程

$$原料 \longrightarrow \boxed{清洗} \longrightarrow \boxed{盐渍入味} \longrightarrow \boxed{热力场干燥} \longrightarrow \boxed{冷却} \longrightarrow 成品$$

料包底物　　　风味底物

（二）酶解液制备条件

以鸡胸肉为原料制备蛋白酶解液，复合蛋白酶（protamex）和复合风味蛋白酶（flavourzyme）两种酶进行双酶水解，以其提高水解速度，缩短水解时间，可以在美拉德反应中提高产品的风味，其也为鸡胸肉深加工提供一条新思路，提高其附加值。采用中心组合试验设计，以水解度（degree of hydrolysis，DH）为优化指标，分别对酶解时间、温度、加酶量及复合蛋白酶与风味蛋白酶的比例（P/F值）等试验条件进行优化，各因素对水解度的影响如下。

1. 酶比

复合蛋白酶与复合风味蛋白酶的比例是影响酶解液水解度的显著影响因子（$P<0.05$）。当温度为55℃，时间为5h，随着P/F值的增大，水解度增大，当升到1.25左右后，上升的趋势开始缓慢。复合蛋白酶的水解能力较强，而复合风味蛋白酶主要起到一些修饰和去苦味作用，所以复合蛋白酶比风味蛋白酶多25%时达到最大的水解度。

2. 加酶量

加酶量对酶解液水解度的影响也是显著的（$P<0.05$）。当温度为55℃，时间为5h，随

着加酶量增加，水解度呈上升趋势。酶的添加量从 1% 升到 3% 左右时，水解度上升迅速，说明添加的酶是高效的；当继续增大酶的添加量，水解度上升则缓慢。从经济的角度出发，应选择的添加量为 3% 左右。

3. 酶解温度

温度对酶催化反应的影响是多方面的，包括对酶催化发反应的反应速度和对酶稳定性的影响，因而酶反应进行的程度和温度密切相关。当时间为 5h，P/F 为 1 时，温度从 50℃上升到 52℃ 左右时，水解度有所上升，说明这时的温度是复合蛋白酶和复合风味蛋白酶在一起时的最佳活性温度；当温度继续升高，水解度反呈下降趋势，可能是温度过高影响酶活性，降低了其催化能力。

4. 酶解时间

酶解时间也影响酶解的最终结果，当温度为 55℃，P/F 为 1，反应时间从 3h 增加到 7h，水解度有大幅的增高趋势，且肉腥味也逐渐减少。同时，水解时间太长，可能会产生副反应，使酶解液的产生苦味，因此酶解时间也不能过长。

最终得出酶解温度为 56.46℃、时间为 6.9h、P/F 为 1.31、加酶量为 3.07% 时，可以得到较大的水解度值。经验证，所得水解为 31.17，达到了理想的目标。

（三）风味料包制备

利用蛋白质酶解技术和美拉德反应原理，研制风味料包以改善鸡肉产品的色泽和风味。将蛋白酶解液，加上不同种类和添加量的还原糖、氨基酸等反应前体物质，采用 Plackett-Burman 试验设计分析，对风味料包的风味（Y）进行逐步回归分析，得到以风味为响应值的最优回归方程式（10-7）。

$$Y = -8.15 + 3.12D + 10.48B + 0.06J \quad (R^2 = 0.904) \tag{10-7}$$

式中 D——丙氨酸含量

B——谷氨酸钠含量

J——温度

由方差分析表 10-3 可以看出，所得回归方程极显著（$P < 0.01$），失拟性检验不显著（$P > 0.05$），说明该回归方程在被研究的整个回归区域拟合得很好（$R^2 = 0.904$）。由偏回归系数及显著性检验可知，影响风味的主要影响因子是谷氨酸钠、丙氨酸、温度。剩余各因子由于影响不显著，故可舍去。

表 10-3 风味料包风味偏回归系数及显著性检验

模型项	回归系数	标准误差	t 值	P 值
截距	-8.1481	2.1868	-3.73	0.0058
丙氨酸含量	3.1157	0.5516	5.65	0.0005
谷氨酸钠含量	10.4803	2.3641	4.43	0.0022
温度	0.0607	0.0165	3.67	0.0063

谷氨酸钠、丙氨酸以及鸡肉酶解物为美拉德反应提供了氨基，半胱氨酸盐酸盐为美拉德反应的氨基来源之一，且与硫胺素都是含硫化合物，为肉香味提供前体物质；木糖、葡萄

糖、麦芽糖和乳糖为美拉德反应提供了必不可少的羰基。谷氨酸在反应条件下主要产生的焦香味对产物的风味起到补充和强化作用。温度在很大程度上决定反应的路线，对最终产物的香型有决定性作用。温度的升高有利于美拉德反应，较高的温度不仅加速各种化学反应，而且增加肉中游离氨基酸和其他风味前体物的释放速度。在130℃反应，产生了较强的肉香味，但也产生了较重的焦煳味和异味；90℃反应，产品的肉味较淡；考虑温度对风味的影响程度，选择反应温度为120℃。反应40min，时间太短，可能反应不完全，产生的肉香味淡；反应90min可能又反应过度，产物焦煳味和不愉快气味较强。从试验结果看，考虑时间对褐变程度的影响，选择反应时间为60min。

二、畜禽类肉制品的非油炸工艺

根据不同禽类肉制品种类所制备的料包有一定差异。

（1）制备风味料包　将L-半胱氨酸盐酸盐、D-木糖、盐酸硫胺素和重蒸水按质量比10:1:3:1混合，充分溶解后制得风味料包。

（2）制备盐渍料包　将砂仁、高良姜、白芷、丁香、草果、桂皮、陈皮、豆蔻、食盐和谷氨酸钠按一定比例混合后加水大火煮沸，文火维持煮沸状态2.5h，加入风味料包继续煮沸0.5h，盐渍鸡肉。

（3）热力场加热　将白条三黄鸡在4℃解冻，清洗干净后放入腌制液中，0~5℃腌制10h。进行三段加热干燥：阶段一，50℃干燥20min，风味料包按体积比3:2稀释后喷淋表面，继续干燥10min，再次喷淋风味料包；阶段二，升温至100℃，保持20min；阶段三，升温至130℃，保持30min，真空包装后杀菌、冷却，即为成品。

新工艺制备的非油炸鸡肉产品，能有效提高鸡肉制品的色泽和风味，显著减少致癌物质3,4-苯并芘的产生，提高鸡肉制品的安全卫生和使用品质，有利于提高相关企业的经济效益，加快我国肉鸡养殖业的发展。

三、鱼类制品非油炸工艺

熏鱼也称"油爆鱼"，是较高档的水产熟制品之一。传统的油炸加工方式，温度变化幅度较大，常发生炸不透或炸焦的现象，产品品质不均一，且传统油炸油温通常高于160℃，国内外大量的研究表明，经过高温油炸的肉制品含有一定的致癌物质，如3,4-苯并芘等多环芳烃类物质和杂环胺类物质。此外，食用油的长期加热会产生反式脂肪酸，对人体的健康造成很大的威胁。随着人们生活水平的提高，人们越来越关注饮食的安全，生产健康的鱼肉制品，替代传统油炸的新型加工方式势在必行。熏鱼绿色制造技术采用非油炸工艺，在较低温度下上色增香的同时，大大提高产品的安全性，符合消费者健康安全的饮食需求，为水产品的绿色制造开创了新的途径。

绿色制造熏鱼的加工工艺主要由两部分组成：第一部分是干燥阶段，在此阶段产品失去部分水分，有利于产品的着色以及产品形态的形成；第二阶段是着色阶段，此时向干燥后的鱼饼喷淋风味料包对产品进行着色和增香。通过采用Box-Benhnken响应面试验设计（BBD）优化，最终得出的绿色制造熏鱼的加工条件为食盐含量为8%（质量分数），干燥温度为85℃，干燥时间为97min，着色温度132℃。

四、非油炸肉制品的特点

（一）感官特点

通过感官评定和色度仪测定，绿色制造熏鱼颜色与传统熏鱼均差异不明显；通过感官评定和顶空固相微萃取-气相色谱-质谱联用技术（SPME-GC-MS），对绿色制造熏鱼和传统熏鱼在风味上进行检测。从绿色制造熏鱼中检测出 40 种挥发性风味物质。风味物质以醇类、酯类化合物为主，这些物质与醛类、烃类、酮类、呋喃类、酸类、醚类、噻唑类化合物共同构成了良好的风味。风味感官评定结果也显示绿色制造熏鱼的风味独特，具有熏鱼的特有风味。

（二）主要营养成分分析

分别对比了绿色制造熏鱼与传统熏鱼样品中主要营养成分的含量（表10-4）。从表中可以看出，绿色制造熏鱼中水分含量、脂肪含量与传统熏鱼样品均有显著差异，脂肪含量低于传统熏鱼，蛋白质含量与传统熏鱼无显著差异。这表明采用绿色制造非油炸工艺制作的肉制品在主要营养成分方面有显著性优势，保证了消费者营养健康饮食。

表10-4 样品主要营养成分分析

样品	水分含量/%	脂肪含量/%	蛋白质含量/%	灰分含量/%
传统熏鱼 1	56.51	11.20	22.61	5.44
传统熏鱼 2	43.15	21.51	27.37	6.35
传统熏鱼 3	54.47	11.92	21.27	5.47
试验样品	60.58	5.89	25.66	5.97
绿色制造熏鱼	60.50	5.39	24.66	5.62

（三）有害物质含量

在绿色制造熏鱼中，致癌性杂环胺未检出，仅检出 Norharman 这一种杂环胺，含量为 1.48ng/g，比传统熏鱼中下降 75.90%~98.03%；采用 GB 5009.257—2016《食品安全国家标准 食品中反式脂肪酸的测定》的方法，绿色制造熏鱼中反式脂肪酸未检出，而长三角地区的市售熏鱼反式脂肪酸总含量一般为 0.5~1.3g/kg 熏鱼，其中反式脂肪酸组成多为反棕榈酸、反油酸、反亚油酸和反芥酸。"苏鸡"产品中苯并芘未检出 {检出限 0.5μg/kg，GB 5009.27—2016《食品安全国家标准 食品中苯并［a］芘的测定》}，反式脂肪酸未检出（最低检测限 0.05%，GB 5009.257—2016），而传统油炸烧鸡反式脂肪酸总含量一般多为 0.7~1.2g/kg，反式脂肪酸组成多为反棕榈酸、反油酸、反亚油酸。由油炸肉制品中反式脂肪酸组成来看，油炸油多为棕榈油。在"苏鸡"产品中未检出致癌性杂环胺，而传统油炸烧鸡中含有 4,8-DiMeIQx、PhIP、Trp-p-1 和 Trp-p-2 等 2B 类杂环胺化合物。

第四节 肉制品绿色制造的非卤煮技术

酱卤肉制品是传统中式肉制品中常见的肉类产品，其加工过程中，卤汤赋予产品独特的风味。传统酱排骨是新鲜猪排骨经清洗、预煮后放入含酱油、糖、盐等多种配料的老卤中，大火煮沸后用小火长时间煮制而成。虽然具有浓厚而鲜美的味道，但酱卤肉制品的添加物、老卤煮制能使产品产生较多的有害物质。

一、非卤煮工艺

非卤煮工艺是指不以老卤为加热介质，食品原料在低于130℃的温度下进行熟化的过程。

工艺流程如下：

原料选择 ⟶ 清洗 ⟶ 盐渍入味 ⟶ 冲淋 ⟶ 热力场干燥 ⟶ 冷却 ⟶ 成品

二、盐渍入味

（一）富含天然抗氧化物的香辛料的选择

香辛料富含多酚类物质，具有独特的气味，常用于酱卤肉制品等肉制品的加工。前人研究各种抗氧化剂或者植物提取物对杂环胺含量的影响主要集中在模型体系或锅煎、油炸、烧烤等加工方式。抗氧化剂或香辛料等添加物对杂环胺形成的抑制或者是促进作用受肉的种类、添加浓度、加工方式等多种因素的影响。各地根据口味不同会在酱卤肉制品煮制过程中添加不同种类和浓度的香辛料，而不同浓度的香辛料的添加对酱卤肉制品中杂环胺含量的影响是值得关注的。一般地，酱卤肉制品在加工过程中通常会加入料酒、白酒等含乙醇的作料以增香入味，而乙醇在之前的研究中被证明会影响杂环胺的形成。酱卤肉制品的加热是采用水煮方式，而对于香辛料在水煮条件下杂环胺种类和含量的影响也是值得研究的。本节测定了常见的20种香辛料水提物的总酚含量与抗氧化能力，并选出其中多酚含量较高、抗氧化作用较强的5种香辛料，研究其对酱牛肉中杂环胺含量的影响。选取的20种香辛料分别为肉豆蔻、丁香、八角、黑胡椒、荜拨、红花椒、青花椒、桂皮、桂丁、香叶、香菜籽、孜然、白芷、小茴香、香果、草果、砂仁、白豆蔻、高良姜、山柰。

（二）20种香辛料水提物的抗氧化性与ABTS自由基清除能力

香辛料用高速搅拌机粉碎后过40目筛，取0.5g粉末置于25mL具塞具刻度大试管中，用蒸馏水定容后在沸水浴条件下提取30min。提取液5000r/min离心3min，取上清液备用。不同香辛料水提物的总酚含量具有较大差异，如表10-5所示。丁香的总酚含量最高，达到303.16mg/g，其次分别是红花椒、高良姜、香叶和桂皮，这四种香辛料的总酚含量均在50mg/g以上。其他香辛料的总酚含量相对较低，特别是肉豆蔻、荜拨、香菜籽和山柰，均低于10mg/g。总体而言，樟科和芸香科的香辛料总酚含量较高，平均含量为

49.44mg/g 和 48.80mg/g；其次是八角科、姜科（高良姜除外）和伞形科香辛料，平均总酚含量分别为 32.86mg/g、23.60mg/g、13.06mg/g；胡椒科和肉豆蔻科香辛料水提物总酚含量最低，平均分别仅为 9.33mg/g 和 7.17mg/g。与总酚含量相对应，丁香、红花椒、桂皮、高良姜和香叶 5 种香辛料对 2，2-联氮-二（3-乙基-苯并噻唑-6-磺酸）二铵离子（ABTS 自由基）的清除率较高，均高于 40%，其他香辛料具有较低的 ABTS 自由基清除能力，特别是肉豆蔻、荜拨、香菜籽、砂仁和山柰，仅为 2.11%～6.67%。总酚含量与对ABTS 自由基清除能力呈显著正相关（$P<0.01$），相关系数为 0.973；两者之间的线性拟合曲线如图 10-15 所示。

表 10-5　20 种香辛料的产地、植物学分类、水提物的抗氧化性与对 ABTS 自由基清除能力

香辛料	产地	植物学分类	总酚含量/（mg/g）	ABTS 自由基清除率/%
肉豆蔻（*Myristica fragrans*）	云南	肉豆蔻科	7.17±0.31[kl]	6.67±1.41[kl]
丁香（*Eugenia caryophllata*）	广西	桃金娘科	303.16±6.48[a]	100.00±0.00[a]
八角（*Illicium verum*）	广西	八角科	32.86±0.50[e]	33.78±0.63[e]
黑胡椒（*Piper nigrum*）	云南	胡椒科	12.00±0.27[ij]	10.06±0.24[i]
荜拨（*Piper longum*）	云南	胡椒科	6.650±0.11[l]	5.11±0.31[l]
红花椒（*Zanthoxylum bungeanum*）	四川	芸香科	68.71±1.66[b]	53.00±1.41[c]
青花椒（*Zanthoxylum bungeanum*）	四川	芸香科	28.89±2.09[f]	23.67±0.79[g]
桂皮（*Cinnamomum japonicum*）	广东	樟科	57.71±1.08[d]	56.39±0.86[b]
桂丁（*Cinnamomum cassia*）	广东	樟科	30.06±2.60[ef]	28.50±0.86[f]
香叶（*Laurus nobilis*）	广西	樟科	60.56±1.22[d]	42.11±0.79[d]
香菜籽（*Coriandrum sativum*）	江苏	伞形科	8.47±0.02[jkl]	5.33±0.63[l]
小茴香（*Cuminum cyminum*）	甘肃	伞形科	13.91±0.11[i]	8.50±0.55[ij]
白芷（*Angelica dahurica*）	云南	伞形科	11.60±0.00[ij]	15.61±1.34[h]
孜然（*Foeniculum vulgare*）	新疆	伞形科	20.74±0.36[h]	16.39±0.24[h]
香果（*Ligusticum chuanxiong*）	云南	伞形科	10.82±0.07[ijk]	9.06±0.55[ij]
草果（*Amomum tsaoko*）	广西	姜科	24.77±1.01[g]	24.44±0.63[g]
砂仁（*Amomum villosum*）	广西	姜科	12.80±0.20[i]	6.11±0.47[kl]
白豆蔻（*Amomum kravanh*）	广西	姜科	13.12±0.22[i]	7.50±1.02[jk]
良姜（*Alpinia officinarum*）	广东	姜科	64.99±0.14[c]	56.61±0.55[b]
山柰（*Kaempferia galanga*）	广西	姜科	2.35±0.08[m]	2.11±0.47[m]

注：①数值表示为平均数±标准差；②同列数值肩标字母不同表示差异显著（$P<0.05$）。

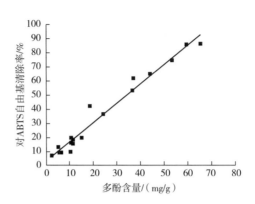

图 10-15 20 种辛香料水提物对 ABTS 自由基清除能力与总酚含量的关系

（三）盐渍入味

根据不同地区消费者的习惯，选择不同种类和比例的香辛料配比，制备香辛料料包底物。同时选取优质原料肉，冷水洗净残留组织及血液，洗好后放入冷水中浸泡 2h 左右，清除肉内的血，使肌肉洁白，备用。盐渍过程采用静置盐渍或者滚揉盐渍的方法。

三、热力场干燥

将滚揉后的产品分三个阶段进行热力场干燥，热力场干燥工艺如下：

第一阶段：循环热风温度 40~60℃，风速为 1~3m/s，干燥 0.5~1.0h，之后向产品肉表皮喷淋护色剂；

第二阶段：循环热风温度 90~100℃，风速为 4~8m/s，干燥 15~45min；

第三阶段：循环热风温度 110~120℃，风速为 6~10m/s，干燥 20~40min。

采用循环热力场干燥技术，分三个阶段对肉制品进行干燥。在节约时间的同时，能够通过控制热风速度和温度，注射保水剂以及添加护色剂，调控原料肉表皮的温湿度以及在一定时间内调控原料肉和表皮的质构和色泽，使其经过高温灭菌后仍能保持脆嫩口感。

四、绿色制造酱排骨

传统酱卤肉制品加热方式是煮制，或老卤煮制。加工肉制品绿色制造，则利用非卤煮工艺，采用盐渍入味和热力场干燥技术，保证畜禽肉制品传统的风味，同时极大降低了产品中杂环胺和胆固醇氧化物的形成。传统酱排骨要经过卤煮过程，特别是采用老卤煮制，一般 2~4h。然后以散装的方式鲜销，或高温灭菌后销售。绿色制造酱排骨生产工艺主要是盐渍入味和热力场加热干燥熟制。以下比较传统卤煮散装产品（MJF）、传统卤煮高温灭菌产品（MJS）、热力场干燥散装产品（TFF）和热力场干燥高温灭菌产品（TFS）的胆固醇氧化物和杂环胺含量。

（一）热力场加热干燥酱排骨与传统酱排骨的杂环胺含量

由表 10-6 可知，对比热力场干燥散装产品和传统卤煮散装产品的杂环胺含量，两组中 IQ、MeIQ、Harman、Norharman 存在显著性差异（$P<0.05$），传统卤煮散装产品中这四种杂

环胺的含量明显高于热力场干燥散装产品，分别是热力场干燥散装产品的 10.3 倍、33.3 倍、3.2 倍和 1.7 倍。虽然热力场干燥散装产品中 8-MeIQx、MeAαC、Trp-P-1 三种杂环胺含量相较于传统卤煮散装产品也有显著增加，但比以上四种杂环胺含量变化相对较低。传统卤煮散装产品的杂环胺总量高达 308ng/g，高于传统产品近 2 倍。对于高温灭菌产品来说，传统产品中 IQ、MeIQ、Harman、Norharman 这四种杂环胺仍然显著高于热力场干燥高温灭菌产品（$P<0.05$），其含量分别是热力场干燥高温灭菌产品的 6.0 倍、10.6 倍、3.1 倍和 2.3 倍，而后者的 MeAαC、Trp-P-1 也有显著降低且变化量很小。传统卤煮高温灭菌产品中杂环胺总含量达到 601ng/g，是新技术产品的 3.4 倍。传统卤煮散装产品的杂环胺总含量也比热力场干燥高温灭菌产品高了许多。由表 10-6 还可以看出，高温灭菌提高了酱排骨产品的杂环胺含量。这可能是真空包装高温灭菌前冷却时间长引起的。

表 10-6 不同加工方式处理组酱排骨中杂环胺含量　　　　单位：ng/g

杂环胺	加工方式			
	TFF	MJF	TFS	MJS
PhIP	0.11 ± 0.01^A	0.15 ± 0.03^A	0.14 ± 0.02^A	0.15 ± 0.06^A
IQ	2.15 ± 0.02^D	22.17 ± 0.23^C	33.75 ± 1.42^B	202.08 ± 0.53^A
MeIQ	0.20 ± 0.02^D	6.66 ± 0.43^B	2.26 ± 0.28^C	23.96 ± 0.86^A
8-MeIQx	0.08 ± 0.02^A	ND	0.06 ± 0.00^A	0.12 ± 0.03^A
4/7,8-DiMeIQx	ND	0.092 ± 0.00^A	0.092 ± 0.00^A	0.092 ± 0.00^A
A αC	ND	ND	0.06 ± 0.00^A	0.06 ± 0.00^A
MeA αC	0.78 ± 0.02^A	0.26 ± 0.05^C	0.12 ± 0.03^D	0.38 ± 0.05^B
Harman	59.29 ± 0.63^D	192.12 ± 0.50^B	77.58 ± 1.34^C	240.46 ± 0.99^A
Norharman	49.44 ± 0.82^D	85.77 ± 0.76^B	59.68 ± 2.60^C	133.01 ± 1.04^A
Trp-P-1	0.78 ± 0.05^A	0.26 ± 0.08^{BC}	0.12 ± 0.03^C	0.38 ± 0.05^B
Trp-P-2	0.34 ± 0.03^B	0.69 ± 0.20^A	ND	0.70 ± 0.06^A
总量	113.16 ± 0.24^D	308.17 ± 0.35^B	173.86 ± 5.13^C	601.39 ± 0.24^A

注：①A~D 表示同行数值肩标不同字母表示差异显著（$P<0.05$）；②ND 表示未检出；③TFF 为热力场干燥散装产品，TFS 为热力场干燥高温灭菌产品，MJF 为传统卤煮散装产品，MJS 为传统卤煮高温灭菌产品。

（二）热力场加热干燥酱排骨与传统酱排骨的胆固醇氧化物含量

热力场干燥散装酱排骨、传统卤煮散装酱排骨、热力场干燥高温灭菌酱排骨三者之间的胆固醇氧化物总含量几乎是一样的（表 10-7），都在 680~690ng/g 范围内。而传统卤煮高温灭菌酱排骨中胆固醇氧化物总含量却最高，达 853ng/g，其主要贡献者是 7β-OH，含量是其他三种产品的 3 倍。综上所述，为了延长产品保质期，传统方法加工的酱排骨再经高温灭菌后，其胆固醇氧化物总含量会明显上升，主要是由于 7β-OH 的升高所造成的。在大部分畜产食品中，鸡蛋粉中的 7β-OH 是很高的，可高达 59.2mg/kg 脂肪。

表 10-7　不同加工方式处理组酱排骨胆固醇氧化物含量　　　　单位：ng/g

胆固醇氧化物	处理组			
	TFF	MJF	TFS	MJS
7 β-OH	80.00 ± 1.40^C	76.86 ± 1.49^C	83.04 ± 0.54^B	258.94 ± 1.86^A
5,6 α-EP	262.23 ± 0.71^A	266.54 ± 3.64^A	250.68 ± 1.02^B	250.43 ± 1.49^B
Triol	105.07 ± 0.04^A	104.42 ± 0.37^A	107.23 ± 1.64^A	104.22 ± 0.76^A
25-OH	85.78 ± 0.37^A	84.98 ± 0.23^A	84.73 ± 0.24^A	86.46 ± 1.51^A
7-keto	159.02 ± 0.45^A	159.52 ± 1.77^A	155.47 ± 2.07^AB	153.84 ± 1.86^BC
总量	692.10 ± 2.89^B	692.32 ± 4.07^B	681.14 ± 5.51^B	853.88 ± 1.47^A

注：①A～D 同行数值肩标不同字母表示差异显著（$P < 0.05$）；②7β-OH 为 7β-羟基胆固醇；5,6α-EP 为 5α,6α-环氧化胆固醇；Triol 为胆甾烷-3β,5α,6β-三醇；25-OH 为 25-羟基胆固醇；7-keto 为 7-酮基胆固醇。

（三）冷却方式对热力场干燥酱排骨杂环胺和胆固醇氧化物含量的影响

热力场加热干燥熟制的酱排骨分别于室温自然冷却 30min、室温自然冷却 1h、快速冷却 10min，再经 125℃ 高温灭菌 25min 后常温保藏。比较它们与冷冻处理的酱排骨杂环胺（表 10-8）和胆固醇氧化物含量（表 10-9）的区别。对于喹啉类 IQ 和 MeIQ 来说，室温自然冷却的酱排骨 IQ 含量明显高于快速冷却产品，自然冷却 30min 和 1h 的产品分别比快速冷却产品多 4.5 倍和 3.2 倍。室温自然冷却的酱排骨 MeIQ 含量比快速冷却产品多 1.3 倍。对于 β-咔啉类 Harman 和 Norharman 来说，快速冷却的酱排骨这两种杂环胺含量也比自然冷却的产品低了许多，其降低幅度尽管不如 IQ 和 MeIQ 杂环胺。由表 10-8 还可看出，速冻的酱排骨杂环胺总含量最低，其次是快速冷却产品，室温下自然冷却的产品杂环胺总含量最高。值得注意的是，PhIP、8-MeIQx、7,8-DiMeIQx、AαC、MeAαC、Trp-P-1 和 Trp-P-2 的含量在所有冷却方式中几乎是稳定不变的。可见，为了得到杂环胺含量低的产品，采用快速冷却和速冻的方式是非常有效的。总体说来，室温长时间自然冷却增加了酱排骨的胆固醇氧化物含量。采用快速冷却和速冻的方式能够使产品的胆固醇氧化物明显降低。

与传统的卤煮加工的酱排骨相比，采用肉制品绿色制造技术，在基于热力场加热干燥加工下熟制的酱排骨不仅保持了传统色泽和风味，而且有效地减少酱排骨中的杂环胺含量和胆固醇氧化物含量。但是酱排骨绿色制造技术也需要进行优化加工参数。热加工后的冷却、二次加热和贮藏方式对产品杂环胺和胆固醇氧化物有一定的影响。商业上，尽量减少产品冷却时间明显能有效抑制杂环胺和胆固醇氧化物的含量。为延长产品货架期而采用的二次加热会使产品产生更多的杂环胺，无论是 95℃ 杀菌，还是高温灭菌，都能形成更多的杂环胺和胆固醇氧化物。

表 10-8　冷却方式对酱排骨杂环胺含量的影响　　　　　　单位：ng/g

杂环胺	冷却方式			
	冷却 I	冷却 II	冷却 III	速冻
PhIP	0.15±0.01[A]	0.09±0.00[A]	0.11±0.02[A]	ND
IQ	33.81±0.96[A]	25.90±1.15[B]	6.10±0.53[C]	2.60±0.43[D]
MeIQ	2.35±0.03[A]	0.41±0.11[AB]	0.99±0.05[AB]	0.09±0.00[B]
8-MeIQx	0.08±0.02[A]	0.06±0.00[A]	0.08±0.02[A]	ND
7,8-DiMeIQx	0.092±0.00[A]	0.092±0.00[A]	ND	0.092±0.00[A]
A αC	0.06±0.00[A]	ND	ND	ND
MeA αC	0.11±0.02[A]	0.12±0.00[A]	0.12±0.00[A]	0.14±0.02[A]
Harman	73.09±0.76[B]	80.47±1.42[A]	52.16±2.57[C]	37.08±1.91[D]
Norharman	63.08±0.96[B]	67.28±1.13[A]	42.43±0.47[C]	20.78±0.64[D]
Trp-P-1	0.09±0.03[A]	0.09±0.03[A]	0.12±0.00[A]	ND
Trp-P-2	0.09±0.00[A]	0.15±0.03[A]	0.21±0.06[A]	0.12±0.03[A]
总量	173.00±0.82[A]	174.67±3.56[A]	102.32±3.71[B]	60.90±2.11[C]

注：①A~D 同行数值肩标不同字母表示差异显著（$P<0.05$）；②ND 为未检出；③冷却 I 为自然冷却 30min，冷却 II 为自然冷却 1h，冷却 III 为快速冷却 10min，速冻为酱排骨经快速冷却后速冻 3h，然后冻藏。

表 10-9　冷却方式处理组酱排骨胆固醇氧化物含量　　　　　单位：ng/g

胆固醇氧化物	冷却方式			
	冷却 I	冷却 II	冷却 III	速冻
7β-OH	73.13±0.98[B]	88.56±1.61[A]	56.13±0.31[C]	47.99±1.80[D]
5,6 α-EP	260.33±1.42[A]	264.28±2.00[A]	253.69±2.50[B]	248.39±0.74[B]
Triol	104.86±1.07[AB]	105.32±0.55[A]	104.84±0.18[AB]	101.87±1.30[B]
25-OH	85.27±0.34[AB]	85.46±0.05[A]	85.19±0.22[AB]	83.08±1.14[B]
7-keto	162.26±1.89[B]	170.13±1.22[A]	156.95±0.35[C]	139.15±1.68[D]
总量	685.85±5.69[B]	713.75±2.88[A]	656.80±2.86[C]	620.48±4.07[D]

注：①A~D 同行数值肩标不同字母表示差异显著（$P<0.05$）；②7β-OH 为 7β-羟基胆固醇；5,6α-EP 为 5α,6α-环氧化胆固醇；Triol 为胆甾烷-3β,5α,6β-三醇；25-OH 为 25-羟基胆固醇；7-keto 为 7-酮基胆固醇。

用肉制品绿色制造技术改造传统的肉品加工方式，能有效地将肉制品中的有害物含量降低。研究人员比较了肉制品绿色制造技术和传统加工技术加工鸭肉制品的 PM2.5 排放量以及产品表皮含有 3,4-苯并芘、12 种杂环胺的含量变化。结果表明，用肉制品绿色制造技术加工鸭肉制品时 PM2.5 的平均排放质量浓度小于 $200\mu g/m^3$，只达到传统加工烤鸭的 10%，并且产品中 3,4-苯并芘残留量与 12 种杂环胺残留总量大幅度降低。

五、非卤煮肉制品的特点

(一) 感官特点

采用非卤煮工艺制作的加工肉制品，摒弃了传统盐水肉制品（如盐水鸭）重复使用老卤的方法。非卤煮工艺采用干腌、滚揉相结合的方式，将不同香辛料的香味渗透到鸭肉里面，满足了不同地区消费者的需求，同时保证了盐水肉制品传统的特色风味，产品色香味俱佳。

(二) 有害物质含量

采用非卤煮新工艺制作的加工肉制品中的有害物质含量大大降低，其中主要致癌物质杂环胺类化合物在传统盐水肉制品（如盐水鸭）中的总量为 $20.89 \sim 108\mu g/kg$，而在非卤煮工艺制作的加工肉制品中杂环胺总量为 $0.98 \sim 1.5\mu g/kg$，并且有多种杂环胺未检出，大大降低了肉制品中有害物质的含量，有益于人体健康。绿色制造的酱排骨和酱猪肘等猪肉产品中杂环胺和胆固醇氧化物等有害物质的形成得到了有效抑制。

第五节　肉制品绿色制造的非烧烤技术

烤肉风味独特，在发达国家与发展中国家都很受欢迎。然而肉品在传统烧烤和油炸加热期间会有致癌致突变物质形成，经常食用烤肉，特别是我国民众习惯食用全熟的烤肉，增加了罹患肠癌、乳腺癌、膀胱癌、前列腺癌和胰腺癌的风险。避免明火烧烤和避免以直接辐射热为加热方式、降低加热温度和应用天然抗氧化物等方法能有效减少肉制品中的有害物质的形成。

一、烧烤与烧烤风味

(一) 烧烤的定义

烧烤在欧美又被称作 "BBQ（barbecue）"，是欧美国家最为主要的肉品加热方式。烧烤文化在我国更是源远流长，在汉代就有民间炙烤羊肉串的记载。

烧烤是一种以直接辐射热加热肉的干热方式。热源可以为烤箱、电烧烤器或户外烤架，并且肉可放在热源的上方或者下方。烧烤时烤箱的温度分为两种，一种是一直维持在 150~160℃；另一种是开始时温度高达 250℃，之后降到 150℃。在烤制期间，由于美拉德反应的发生导致肉的表面出现棕褐色。欧美国家根据烧烤热源的不同，将烧烤称之为 "Broiling" "Grilling" 或 "Roasting"。热源在肉的周围，肉随转轴单向旋转，这种靠辐射热加热的烧烤方式称为 "Broiling"；主要以直接辐射热为加热方式，以烤架、烤盘为加热工具，被用来快速加热肉制品的烧烤方式称为 "Grilling"；以明火、烤箱等其他方式为热源，使周围空气达到 150℃以上，这种烧烤方式称为 "Roasting"。

综上所述，烧烤是以空气或燃料为热源，直接或间接加热食物，温度至少在150℃以上，一般在190~260℃，在此温度条件下发生焦糖化反应和美拉德反应产生特有烤香味和色泽的一种加热方式。

（二）烧烤风味物质的形成

烧烤风味的形成机理主要是由肉中的天然组分在加热条件下发生美拉德反应而产生的，烧烤风味不是由一种风味物质组成，而是由多种风味物质综合作用而形成的，主要包括含氮、硫、氧等的杂环化合物，如吡嗪、吡啶、呋喃、吡咯等。

1. 烧烤风味的前体物质

风味前体物质，即为原料肉中能够在热加工过程中产生一定挥发性肉香风味物质的组分。根据目前国内外的一些研究报道，风味前体物质主要包括水溶性的风味前体物质和非水溶性的风味前体物质两大类。

其中水溶性的风味前体物质主要包括蛋白质、多肽和游离氨基酸（组氨酸、谷氨酸、β-丙氨酸、天冬氨酸、甘氨酸、精氨酸、丝氨酸、酪氨酸、亮氨酸、色氨酸、苏氨酸、赖氨酸、缬氨酸、异亮氨酸、苯丙氨酸、脯氨酸、甲硫氨酸和鸟氨酸等），以及碳水化合物（葡萄糖、葡萄糖胺、果糖、核糖、木糖、蔗糖、麦芽糖、乳糖等）。其他水溶性的风味前体物质主要包括核苷酸和硫胺素。核苷酸主要是肌苷-5-磷酸盐（IMP）和鸟苷-5-磷酸盐（GMP）。硫胺素分子内包含一个噻吩基，本身并无嗅感，但在加热条件下能形成挥发性物质，产生肉类风味。其热降解产物非常复杂，主要为含硫化合物，如噻吩类、嘧啶类、呋喃类、噻唑类、其他含硫化合物等。

另外，非水溶性前体物质主要为脂质类。肉中的脂类包括肌内脂肪和肌间脂肪，前者主要由甘油三酯组成，后者主要由磷脂组成。Mottram等研究了甘油三酯和磷脂对加工肉制品风味物质的影响，结果表明，相比甘油三酯，磷脂对肉品风味的形成更重要，而磷脂中实际起作用的组分则是不饱和脂肪酸。这些不饱和脂肪酸极容易被氧化，进而降解产生一系列小分子产物，这些中间产物又能进一步分解，或参与美拉德反应，从而产生许多脂肪烃、醇类、醛类、酮类、酸类、内酯类、吡啶类、吡嗪类、噻吩类、噻唑类、呋喃类等。

2. 烧烤风味的形成

（1）美拉德反应产生的烧烤风味物质　美拉德反应中的Strecker降解对风味物质的形成和食品质量有着至关重要的作用，尤其是对于加热的食品，它赋予食品良好的色泽、风味，同时影响食品的营养价值。在美拉德反应的末期，会生成吡啶、吡嗪、吡咯、噻吩、噻唑等杂环化合物，而这些杂环化合物正是烤肉风味形成的重要贡献者。

风味物质的形成主要取决于：①氨基酸和还原糖的种类；②反应温度、时间、pH、水分含量或水分活度。总体来说，氨基酸和还原糖的种类决定所产生的风味物质的类型，而其他外在因素则影响美拉德反应的机制。就肉类风味而言，半胱氨酸和核糖（来自核苷酸）反应主要产生含硫化合物。脯氨酸主要产生典型的面包、谷物和爆米花风味。

（2）氨基酸和肽热降解作用产生的烧烤风味物质　肉制品中的氨基酸和肽类物质含量丰富，且具有热不稳定性，分解形成醛类、甲基醇、烃类、乙基醇等，这些物质的形成主要是通过脱羧、脱氨基、脱氢或脱羰基反应进行的。反应生成的一些关键化合物，如3-甲基丁酮、苯乙醛、1,4-二戊醛、α-氨基羰基化合物等，具有较高的活性，在一定条件下可以相互作用、相互反应产生一系列具有良好嗅感的风味物质，对食品最终风味形成具有重要的作用。比较典型的热解风味物质有苏氨酸、赖氨酸、丝氨酸、甘氨酸等，加热分解主要产生吡嗪和吡咯类化合物，具有一定的烘烤香气以及熟肉香气，其中吡嗪被认为是烧烤风味的特征性物质；杂环类氨基酸主要是指脯氨酸和羟脯氨酸，这两种氨基酸热解后主要形成含氮杂环类化合物，如吡咯和吡啶类，呈面包香、饼干香及谷物香；若有硫元素的存在，这些物质还可以进一步形成硫化物，包括含杂环的和不含杂环的，且都具有肉类特征性气味。

（3）硫胺素降解产生的烧烤风味物质　硫胺素（维生素 B_1）被认为是肉制品热加工风味产生的来源之一，主要产生一些风味中间体或终产物。硫胺素的反应受 pH 影响较大，pH 为 9 时，噻唑和吡啶是主要产物；pH 为 5 和 7 时，生成肉香味很浓的挥发性物质，如噻吩类化合物。研究报道表明，硫胺素热降解产物主要包括 4-甲基-5（-2-羟乙基）-噻唑，该物质在后续反应中继续形成噻唑或其他硫化物，如 5-羟基-3-巯基乙醇，继而生成噻吩类和呋喃类物质。其他硫化物如 3-巯基-2-戊酮、2-甲基呋喃-3-硫醇等，具有煮肉或烤肉的气味。

（4）脂类物质降解产生的烧烤风味物质　脂质是食品中最不稳定的成分，很多有关肉类风味的研究表明，熟肉制品挥发性香气物质中，60% 来自脂类氧化。除了美拉德反应之外，脂质是食品体系及风味形成过程中另一个极为重要的反应。对于肉制品而言，有 50% 的风味物质都是由脂质衍生而来，其形成机理是在热诱导下，脂质的酰基链发生氧化、聚合等反应。很多时候肉制品中的脂质反应不是单独完成的，而是跟美拉德反应产物交联反应，形成更为丰富的物质。

磷脂是原料肉中典型的脂类，在美拉德反应体系中对肉香味的形成起重要作用。有研究表明，去除甘油三酯的肉样与未去除甘油三酯的肉样在风味感官评价上没有明显区别，但去除磷脂和未去除磷脂的肉样在风味感官评价上却有显著区别。原因就在于磷脂与甘油三酯相比，含有较多不饱和脂肪酸，不饱和脂肪酸比饱和脂肪酸更容易发生自动降解，进而分解成酮、醛、酸等有机挥发性物质，而这些反应是肉类风味形成的重要基础。

（5）香辛料对烧烤风味的影响　香辛料或调香料，添加到肉制品中，能赋予或增强产品的风味，或促进食欲、促进消化。常用的香辛料很多，主要包括大茴香、小茴香、肉蔻、白芷、陈皮、草果、桂皮、丁香、砂仁、山奈、胡椒、花椒、月桂叶、蒜、姜黄、葱、生姜、辣椒等。有关研究者利用固相萃取-气质联用的方法，鉴定了烤香猪中的挥发性风味物质，其中有 86 种含量丰富，含量最多的是来源于脂质降解产生的醛类物质，其次就是由香辛料（八角茴香、茴香等）产生的氧化苯类物质、丁香油酚、1-（4-甲基苯酚）-2-丙酮、草蒿脑、茴香脑、肉桂酸乙酯等。

二、非烧烤工艺

由于烧烤加热的温度至少在 150℃ 以上（一般在 190~260℃）才能产生烧烤风味和色泽，而非烧烤工艺，是食品原料在低于 130℃ 的温度下进行熟化，使制品产生良好的色泽和特殊的烧烤风味的过程。

（一）一般工艺流程

原料 ⟶ 清洗 ⟶ 切块 ⟶ 盐渍入味 ⟶ 沥干 ⟶ 热力场干燥 ⟶ 冷却 ⟶ 成品

（盐渍入味）↑ 料包底物

（热力场干燥）↑ 风味底物

（二）料包底物的制备

几乎大部分的肉制品在加工过程中都会经过腌渍或腌制这一工序，当然烧烤肉制品也不例外，其最终目的是增加肉的风味，稳定产品的感官特性。在肉制品的腌制过程中硝酸盐和亚硝酸盐是最主要的腌制剂，除此之外，根据不同的产品，在腌制过程中还加入食盐、香辛料、磷酸盐、葡萄糖、维生素 C 等，以形成不同的风味。

肉制品在烧烤之前也要经过适当的前处理。对于烤牛肉腌制剂，盐糖比例、香辛料对最后的烤制产品风味有很大的影响。一般来说，当盐糖比例为 1∶0.4 时烧烤牛肉制品的咸度适中，口味佳，感官品质最好，适合大多数人的口味习惯，有较高的接受度；烧烤牛肉常用的香辛料种类有孜然、胡椒、陈皮、甘草、生姜、八角、山奈、肉蔻、砂仁，香辛料的添加量并不是越高越好，随着香辛料量的增加烤牛肉制品的品质风味呈现先上升后下降的趋势。有研究表明，当复合香辛料的添加量为原料肉的 4% 时，牛肉制品的感官特性较好，质构和口感都达到最佳水平。

（三）烧烤风味底物的制备

1. 烤牛肉风味基础底物的研究

首先制备牛肉酶解液，制备条件为牛肉糜 10g，底物浓度 30% 左右，酶解温度 50℃，pH 6.5，风味蛋白酶∶复合蛋白酶＝1∶1，加酶量质量分数 8%，酶解时间 5h。然后以牛肉酶解液为基础，用葡萄糖、甘氨酸、硫胺素设计析因试验（表 10-10）。

表 10-10 因素水平表

水平	因素		
	葡萄糖/g	甘氨酸/g	硫胺素/g
-1	0.5	0.4	0.3
1	1.0	0.8	0.6

表 10-11 褐变程度方差分析

来源	平方和	自由度	均方	F 值	P 值
葡萄糖	0.019	1	0.019	527.736	0.000
甘氨酸	0.063	1	0.063	1715.315	0.000
硫胺素	0.002	1	0.002	62.481	0.000
葡萄糖×甘氨酸	0.004	1	0.004	111.078	0.000
葡萄糖×硫胺素	7.225×10^{-5}	1	7.225×10^{-5}	1.959	0.199
甘氨酸×硫胺素	0.001	1	0.001	32.278	0.000
葡萄糖×甘氨酸×硫胺素	1.600×10^{-5}	1	1.600×10^{-5}	0.434	0.529
误差	3.000×10^{-4}	8	3.688×10^{-5}		
总和	0.091	15			

表 10-12 烤牛肉香气方差分析

来源	平方和	自由度	均方	F 值	P 值
葡萄糖	3.151	1	3.151	22.622	0.001
甘氨酸	10.208	1	10.208	73.294	0.000
硫胺素	0.051	1	0.051	0.363	0.563
葡萄糖×甘氨酸	2.059	1	2.059	14.785	0.005
葡萄糖×硫胺素	0.065	1	0.065	0.467	0.514
甘氨酸×硫胺素	0.004	1	0.004	0.030	0.866
葡萄糖×甘氨酸×硫胺素	0.038	1	0.038	0.273	0.615
误差	1.114	8	0.139		
总和	16.690	15			

通过析因试验得出当葡萄糖、甘氨酸为高水平，硫胺素为低水平时，吸光度为最大值，此时褐变程度相比于其他试验组要高。对析因试验结果进行方差分析，如表 10-11 所示：三个因素葡萄糖、甘氨酸、硫胺素对褐变程度都有显著影响（$P<0.05$）；葡萄糖与甘氨酸、甘氨酸与硫胺素之间存在交互作用且对褐变程度影响显著（$P<0.05$）；葡萄糖、硫胺素之间，葡萄糖、甘氨酸、硫胺素三者之间不存在交互作用或交互作用不显著（$P>0.05$）。将三个因素按照对褐变程度影响的重要程度分类，由 F 值大小可知，甘氨酸是最主要因素，葡萄糖为主要因素，硫胺素为次要因素。同时，如表 10-12 所示，葡萄糖、甘氨酸的含量变化对感官品质的影响较为显著（$P<0.05$），而硫胺素对其影响不显著（$P>0.05$）；葡萄糖、甘氨酸之间存在交互作用且对感官品质影响显著（$P<0.05$）；葡萄糖与硫胺素、甘氨酸与硫胺素之间，葡萄糖、甘氨酸、硫胺素三者之间在对反应液感官品质的影响不存在交互作用或交互作用不显著（$P>0.05$）。将三个因素按照对感官品质影响的重要程度分类，由 F 值大小可知，甘氨酸是最主要因素，葡萄糖为主要因素，硫胺素为非主要因素。因此确定底物混合物的最优配比为牛肉酶解液 20g、葡萄糖 1.0g、甘氨酸 0.8g、硫胺素 0.3g，于 120℃、pH 7.5 条件下反应 90min。

通过气相色谱-质谱法分析结果表明，在该模型体系烤牛肉特征风味物质中，2-甲基-3-呋喃硫醇、2-甲基四氢噻吩-3-酮和双（2-甲基-3-呋喃基）二硫相对含量较高。该模型体系褐变程度高，吸光度达到最高值，通过感官评定表明，其肉香纯正，烤牛肉风味浓郁。

2. 烤猪肉风味基础底物的研究

通过测定猪肉烤制前后主要前体物质如游离氨基酸、还原糖、硫胺素等含量的变化，寻找出烤制前后含量变化比较大，且认为是对烧烤风味贡献较大的前体物。通过研究发现，前体物苏氨酸、丙氨酸、赖氨酸、半胱氨酸、硫胺素、还原糖等在烤制前后含量变化相对比较大，因此推断出这些前体物对于烤肉风味的形成有重要影响。

采用制备牛肉风味底物的类似方法，选取苏氨酸、丙氨酸、赖氨酸、半胱氨酸、硫胺素、核糖和葡萄糖 7 种前体物，并筛选能产生明显猪肉烧烤风味的物质，最终制备出一种能在 110~120℃ 条件下产生烧烤猪肉风味的底物混合物和加工条件。烤猪肉风味底物混合物组成成分：葡萄糖 1.00g，核糖 1.82g，赖氨酸为 1.40g，硫胺素盐酸盐 2.00g，半胱氨酸盐酸盐 0.20g，苏氨酸 0.80g，丙氨酸 0.10g。加工条件为时间 120min、pH7.0、温度 128℃。该体系中，丙氨酸作为小分子氨基酸，有较高的反应活性，对美拉德反应可作为中介物质与其他中间产物发生反应，生成风味物质。这些模型体系中的氨基酸在美拉德反应中具有较高的活性，容易与葡萄糖和肌酸酐的中间产物形成羰基化合物，并进一步形成非杂环化合物。碱性条件有利于含氮、硫、氧等杂环化合物的形成。

（四）非烧烤工艺参数

1. 烤猪肉的非烧烤工艺

料包底物混合物配方（按肉质量计）：白糖 1.0%、孜然粉 0.2%、胡椒粉 0.1%，陈皮粉 0.1%、甘草粉 0.1%、生姜粉 0.1%、八角粉 0.2%、山奈粉 0.1%、肉蔻粉 0.1%、砂仁粉 0.1%，加盐量 1.5%。

首先将整理好的原料肉按配方要求进行浸渍入味，或滚揉，然后进行热力场干燥。第一阶段干燥温度 80℃（40min），然后按肉质量喷淋风味底物混合物 8%，混合物浓度 80%。第二阶段干燥温度 110~120℃（30min）。

2. 烤羊肉的非烧烤工艺

羊肉的料包底物混合物配方（按肉质量计）：生姜粉 0.2%、桂皮 0.15%、小茴香 0.1%、八角 0.2%、甘草 0.12%、山奈 0.1%、胡椒 0.15%、花椒 0.2%、孜然 3%，加糖量 1.5%，加盐量 1.8%。

将整理好的 6cm×8cm×8cm 的羊肉块按上述配方要求进行腌渍入味，然后将其悬挂于热风干燥设备中进行阶段式干燥。第一阶段，干燥温度 85℃（25min），之后将 5% 的底物混合物均匀喷淋在羊肉表面，其浓度为 60%；第二阶段，干燥温度 115℃（50min）。底物混合物在干燥的第二阶段定向发生美拉德反应，产生烤羊肉特有的香气和色泽。

3. 烤鸭肉的非烧烤工艺

鸭肉的料包底物混合物配方（按肉质量计）：八角 0.1%、小茴香 0.2%、桂皮 0.15%、丁香 0.1%、花椒 0.15%、食盐 6%，0~4℃ 腌制 8h。

原料采用樱桃谷鸭，经腌渍处理后沥干水分，然后将其悬挂于热风干燥设备中进行阶段式干燥。采用三阶段模式：第一阶段为干燥阶段，其参数为 80℃（20min），其目的是为降低鸭表皮水分活度为定向美拉德反应做准备；第二阶段为干燥反应阶段，参数为 100℃（20min），此阶段风味料包在鸭表皮发生初始反应，目的是实现最终产色增香；第三阶段为干燥熟制阶段，参数为 120℃（30min），目的是完成最终产色增香效果并将烤鸭熟制。

三、烤羊肉杂环胺和 PhIP 的形成与抑制机理

烤羊肉由于其独特的风味受到我国各族人民的喜爱。新疆烤羊肉（烤羊肉串、馕坑肉和烤全羊等），特别是红柳烤羊肉串，因独特风味和良好的口感更是备受消费者的青睐和欢迎。然而，羊肉在高温烤制条件下形成特色风味的同时，一些致癌致突变的有害物质也伴随产生。

（一）烤羊肉饼的蛋白质氧化与脂质氧化水平

蛋白质氧化和脂质氧化会降低肉的营养价值。羰基含量和巯基含量变化常来反映肉制

品中蛋白质的氧化状况。TBARS值是用来反映肉制品脂质氧化程度的主要指示物。6.0cm×1.5cm的羊肉饼置于电烤箱中，烤制温度200℃。烤制完成后将肉饼冷却至室温，真空包装后保存于-20℃下备用。

一般来说，新鲜原料肉的羰基含量是1~2nmol/mg蛋白质。从表10-13可以看出，加热15min的羊肉饼的羰基含量与原料肉的差别不大。随着烤制时间的延长，羰基含量显著增加（$P<0.05$）。与加热15min相比，加热25min和35min的烤羊肉饼羰基含量分别增加了55%和109%。这表明烧烤加热明显地促进了蛋白质氧化。蛋白质发生氧化致使蛋白质分子中的巯基基团在分子间和分子内形成二硫键，且随着氧化反应程度加剧，二硫键形成量增加，巯基的浓度逐渐降低，所以，巯基含量也是衡量蛋白质氧化水平的合适指标。加热时间延长，巯基含量显著减少（$P<0.05$）。与加热15min相比，加热35min烤羊肉饼巯基含量分别减少了22.8%。同蛋白质氧化一样，烤制加热加快了脂质氧化。烤制时间对烤羊肉饼的TBARS值有显著影响，烤制时间越长，TBARS值越高（$P<0.05$）。

表10-13 烤羊肉饼中羰基、巯基含量和TBARS值

加热时间/min	羰基含量/（nmol/mg）	总巯基含量/（nmol/mg）	TBARS值/（mg/kg）
15	1.77 ± 0.11^C	52.08 ± 1.19^A	1.45 ± 0.03^C
25	2.75 ± 0.32^B	45.73 ± 2.49^B	1.53 ± 0.02^B
35	3.70 ± 0.24^A	40.19 ± 1.42^C	1.64 ± 0.06^A

注：①数值表示为平均值±标准差；②同列数值肩标不同的大写字母（A~C）表示不同烤制时间差异显著（$P<0.05$）。

（二）烤羊肉饼中的杂环胺和3,4-苯并芘的含量

如表10-14所示，烤羊肉饼中总杂环胺含量在4.09~21.58ng/g。一般来说，原料肉中是没有杂环胺的。烤制加热促进了烤羊肉饼中杂环胺的形成，而且影响非常明显。与烤制15min相比，烤制25min和烤制35min烤羊肉饼杂环胺含量分别增多了72.6%、364%。采用电烤箱烤制羊肉饼的办法，用GB 5009.27—2016《食品安全国家标准 食品中3,4-苯并芘的测定》对所有处理组中的3,4-苯并芘进行检测，均未能检测到3,4-苯并芘（低于最低定量限0.5μg/kg）。这表明在烤制温度为200℃条件下，羊肉饼样品中的3,4-苯并芘含量低于0.5μg/kg。这个残留量低于国标限量。

表10-14 烤羊肉饼中杂环胺总含量　　　　　　　　　单位：ng/g

加热时间/min	极性杂环胺	非极性杂环胺	认定致癌的杂环胺	杂环胺总含量
15	1.02 ± 0.04^C	3.63 ± 0.19^C	2.19 ± 0.01^C	4.65 ± 0.16^C
25	2.59 ± 0.03^B	5.43 ± 0.29^B	3.94 ± 0.07^B	8.03 ± 0.29^B
35	11.35 ± 0.66^A	10.22 ± 0.66^A	13.12 ± 0.60^A	21.58 ± 0.29^A

注：①数值表示为平均值±标准差；②同列数值肩标不同的大写字母（A~C）表示不同烤制时间差异显著 $P<0.05$。

（三）红柳提取物及烤制时间影响烤羊肉饼杂环胺形成

多枝柽柳的叶、花和柳枝皮提取物都可以用来作为烤羊肉的辅料（简称红柳提取物，

TRE)。这里用的红柳提取物是红柳枝皮醇提物。在烤制时间为15min的红柳烤羊肉饼中，从分析的12种杂环胺标准品中分离获得了以下6种杂环胺，IQ、MeIQ、PhIP、MeAαC、Harman和Norharman，其他杂环胺未检出（表10-15）。

表10-15　红柳提取物对烤羊肉饼杂环胺形成的影响　　　单位：ng/g

红柳添加量/ (g/kg)	PhIP	IQ	MeIQ	Harman	Norharman	MeA αC	杂环胺总量
对照组	0.28 ± 0.04^a	0.60 ± 0.04^a	0.14 ± 0.01^a	0.49 ± 0.03^d	1.97 ± 0.13^c	1.17 ± 0.04^a	4.65^c
0.15	0.20 ± 0.02^b	0.37 ± 0.02^b	0.07 ± 0.01^b	0.89 ± 0.04^c	1.48 ± 0.14^d	1.07 ± 0.05^b	4.09 ± 0.06^c
0.30	0.15 ± 0.01^{bc}	0.17 ± 0.00^d	0.07 ± 0.01^{bc}	1.62 ± 0.06^b	2.57 ± 0.17^b	1.06 ± 0.06^b	5.64 ± 0.11^b
0.45	0.10 ± 0.02^c	0.22 ± 0.01^c	0.06 ± 0.01^c	2.00 ± 0.17^a	3.33 ± 0.20^a	1.08 ± 0.0^b	6.79 ± 0.35^a

注：①数值表示为平均值±标准差；②同列数值肩标不同小写字母（a~d）表示烤制15min条件下不同红柳添加量之间差异显著（$P<0.05$）。

与没有添加红柳的对照组相比，添加红柳显著抑制了PhIP、IQ、MeIQ和MeAαC形成。添加红柳的烤制15min的烤羊肉饼中杂环胺总量在4.09~6.79ng/g。烤制15min时，3个浓度水平红柳提取物的添加均能够显著降低烤羊肉饼中PhIP、IQ、MeIQ形成（$P<0.05$），然而红柳提取物总体上促进了Harman和Norharman的形成。PhIP是肉制品中最为常见的杂环胺之一。随着红柳添加量的提高，羊肉饼中PhIP的形成逐渐降低，这表明红柳对PhIP的形成具有明显的抑制作用。烤羊肉饼杂环胺总量的增加是由于Harman和Norharman的增加所致。

（四）红柳提取物抑制烤羊肉饼中PhIP形成的机制

红柳明显抑制PhIP、IQ、MeIQ和MeAαC形成，这是与红柳的化学组成分不开的。多枝柽柳皮提取物的多酚含量为323.45mg/g，总黄酮含量为87.32mg/g。在从提取物中共分离出13种多酚类化合物中，高车前素和蓟黄素首次从柽柳属植物中分离获得。异鼠李素、高车前素、蓟黄素和槲皮素在提取物中含量相对较高，分别为36.91μg/mg、2.79μg/mg、13.35μg/mg和4.21μg/mg提取物。提取物清除DPPH自由基和羟基自由基的IC_{50}值分别为117.05μg/mL和151.57μg/mL，还原力的EC_{50}值为93.77μg/mL，表现出良好的抗氧化活性。

1. 红柳提取物及类黄酮化合物抑制烤羊肉饼中PhIP的形成

UPLC-MS检测分析显示（图10-16），红柳提取物及类黄酮化合物显著抑制了烤羊肉饼中PhIP的形成。红柳提取物、异鼠李素和高车前素对PhIP形成的抑制率呈浓度依赖性，虽然是非线性关系，即随着类黄酮添加量的增加，其对PhIP形成的抑制率逐渐增加。从图中可以看出，红柳提取物添加水平从0.15mg/g增加至0.45mg/g，烤羊肉饼PhIP的浓度分别为0.36ng/g、0.24ng/g和0.14ng/g，并且任意两组之间均存在显著性差异（$P<0.05$），表明PhIP能够显著抑制烤羊肉饼中PhIP的形成。异鼠李素和高车前素也表现出类似的抑制效应。与对照组相比，添加蓟黄素能够显著抑制PhIP的形成，但是添加水平之间的差异不显著（$P>0.05$）。由图10-16可见，添加0.45mg/g红柳提取物和添加18.0μg/g异鼠李素，其抑制率分别为72.92%和69.82%，抑制效果非常强。

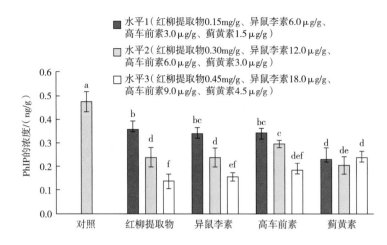

图 10-16　红柳提取物及类黄酮化合物对烤羊肉饼中 PhIP 形成的影响

注：①水平_p 代表烤羊肉饼中各物质的添加水平；②柱形图中不同小写字母（a~f）表示不同处理组间差异显著（$P<0.05$）。

2. 化学模型中红柳提取物及类黄酮化合物抑制 PhIP 的形成作用

与烤羊肉饼中对 PhIP 的抑制结果相类似，如图 10-17 所示，与对照组相比，化学模型体系中 4 种添加物均显著抑制 PhIP 的形成（$P<0.05$），除蓟黄素外，红柳提取物、异鼠李素和高车前素对 PhIP 形成的抑制率也随着添加量的增加而呈显著增加趋势（$P<0.05$）。化学模型中红柳提取物添加量为 12.5mg/mL、25.0mg/mL 和 37.5mg/mL 时，其对 PhIP 的抑制率分别是 62.15%、69.11% 和 72.85%。3 种类黄酮化合物对化学模型体系中 PhIP 形成的抑制作用有一定差异，PhIP 的生成量随异鼠李素和高车前素添加量的增加呈显著降低趋势（$P<0.05$），而蓟黄素的添加水平间无显著差异（$P>0.05$）。添加 0.03mmol 高车前素对 PhIP 的抑制率为 47.74%。异鼠李素对 PhIP 的抑制效果在 3 个添加水平上均显著高于高车前素（$P<0.05$），0.03mmol 异鼠李素对模型体系中 PhIP 的抑制率为 57.84%，表明异鼠李素是一种很好的 PhIP 抑制剂。

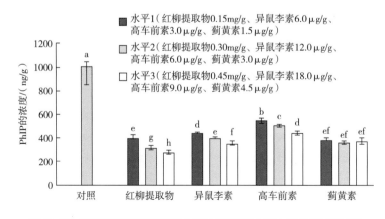

图 10-17　红柳提取物及类黄酮化合物对化学模型体系中 PhIP 形成的影响

注：①水平_m 代表化学模型体系中各物质的添加水平；②柱形图中不同小写字母（a~h）表示不同处理组间差异显著（$P<0.05$）。

3. 模型体系中红柳提取物及类黄酮化合物清除苯乙醛的作用

苯乙醛是苯丙氨酸的热降解或 Strecker 降解产物，在 PhIP 的形成过程中起着重要作用。在反应体系中，多种类黄酮类化合物能与苯乙醛反应，形成类黄酮-苯乙醛加合物，从而抑制 PhIP 的形成。4 种添加物对模型体系中苯乙醛的捕获能力如图 10-18 所示，添加物、添加水平对化学模型体系中苯乙醛的含量均有显著影响（$P<0.05$）。4 种添加物均能够显著减少模型体系中苯乙醛的含量（$P<0.05$），其对苯乙醛的捕获能力均随着添加量的增加而增强。红柳提取物具有相对最强的苯乙醛捕获能力，GC-MS 定量分析结果显示，3 个浓度的红柳提取物模型体系中，苯乙醛的残留量分别为 0.02mmol/L、0.03mmol/L 和 0.02mmol/L，其对苯乙醛的清除率分别相应为 87.54%、82.16% 和 86.57%，并且 3 个添加水平之间的清除率差异不显著（$P>0.05$）。与红柳提取物相比，异鼠李素、高车前素和蓟黄素的苯乙醛的清除率显著降低，大约是红柳提取物的苯乙醛清除率的二分之一。这可能是由于红柳提取物中富含的多种多酚类化合物的协同作用所致。然而，异鼠李素的苯乙醛清除率在三个水平间的差异是显著的（$P<0.05$）。0.16mmol 高车前素的苯乙醛清除率显著大于 0.03mmol 的清除率（$P<0.05$），0.06mmol 蓟黄素的苯乙醛的清除率显著大于 0.02mmol 的清除率（$P<0.05$）。从以上结果可以看出，在化学模型体系和烤羊肉中，红柳提取物、异鼠李素和高车前素的 PhIP 抑制作用可能是通过清除或与苯乙醛发生反应实现的。蓟黄素的 PhIP 抑制作用与其清除苯乙醛的能力没有密切关联。

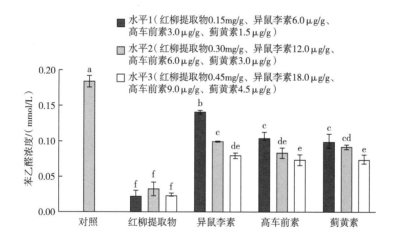

图 10-18　化学模型中红柳提取物及其类黄酮化合物对苯乙醛形成的影响

注：①水平$_m$ 代表化学模型体系中各物质的添加水平；②柱形图中不同小写字母（a～f）表示不同处理组间差异显著（$P<0.05$）。

4. 化学模型体系和烤羊肉中异鼠李素、高车前素和蓟黄素-苯乙醛加合物的形成

苯乙醛可能与类黄酮化合物发生反应，形成相应的加合物而被捕获。通过预测相应的化合物分子量，从化学模型体系中共分离获得 3 种类黄酮-苯乙醛加合物。它们分别为 8-C-（E-苯乙烯基）异鼠李素［8-C-（E-Phenylethenyl）isorhamnetin］、6-C-（E-苯乙烯基）异鼠李素［6-C-（E-Phenylethenyl）isorhamnetin］和 8-C-（E-苯乙烯基）高车前素［8-C-（E-Phenylethenyl）hispidulin］。通过对比 UPLC 分离后的保留时间、各化合物的相对分子质量以及四极杆飞行时间二级质谱分析（TOF-MS/MS），对化学模型体系和烤羊肉饼中

这 3 种类黄酮-苯乙醛加合物进行了结构分析鉴定（图 10-19）。

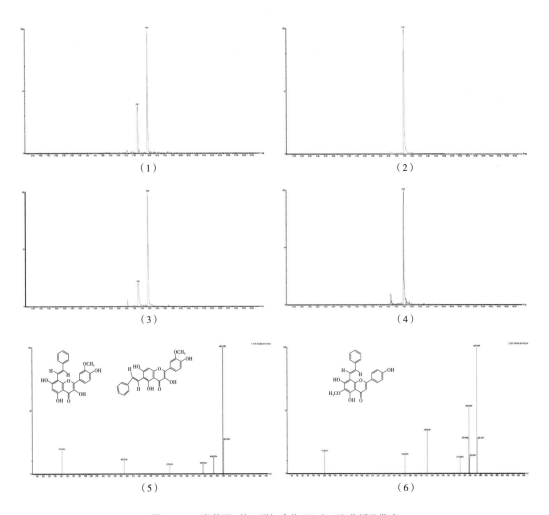

图 10-19　类黄酮-苯乙醛加合物 UPLC-MS 分析及鉴定

注：（1）和（2）分别为化学模型中异鼠李素-苯乙醛和高车前素-苯乙醛加合物 UPLC 色谱图；（3）和（4）分别为烤羊肉饼中异鼠李素-苯乙醛和高车前素-苯乙醛加合物 UPLC 色谱图；（5）和（6）分别为异鼠李素-苯乙醛和高车前素-苯乙醛加合物 TOF-MS/MS 色谱分析。

化学模型体系中苯乙醛与类黄酮化合物反应产物的色谱图如图 10-19（1）所示。对于异鼠李素-苯乙醛加合物，通过阳离子 ESI-MS 分析在相对分子质量为 418 ｛m/z 419.1 ［M+H］$^+$｝处共检测到两个分子离子峰，它们分别属于 8-C-（E-苯乙烯基）异鼠李素和 6-C-（E-苯乙烯基）异鼠李素，是异鼠李素与苯乙醛通过发生 A 环 6-位和 8-位取代脱去一分子水所形成。对于高车前素-苯乙醛加合物来说，由于高车前素 A 环 6-位存在甲氧基基团，因此在该位置不能再发生苯乙醛取代反应，只能在高车前素 A 环 8-位进行苯乙醛取代，因此通过阳离子 ESI-MS 分析在相对分子质量为 402 ｛m/z 403.1 ［M+H］$^+$｝处只检测到单个分子离子峰，是高车前素与苯乙醛通过发生 A 环 8-位取代脱去一分子水所形成。但是，与异鼠李素和高车前素不同，采用同样的分析方法通过阳离子 ESI-MS 分析，没能在相对分子质量为 416 ｛m/z 417.1 ［M+H］$^+$｝处检测到蓟黄素的单一分子特征离子峰（图 10-20），这意味着在模型体系中蓟黄素与苯乙醛可能没有发生直接反应生成相应的加合物。如图 10-19（2）所示，在化学模型体系中所获得的 3 种加合物在相应的烤羊肉饼中也被检测发现。

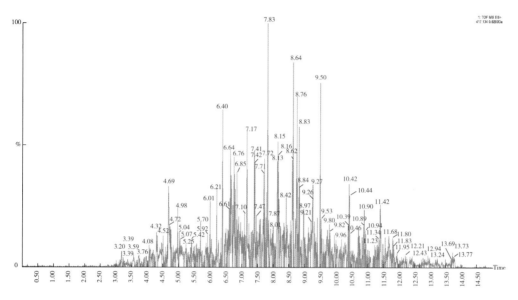

图 10-20　化学模型中蓟黄素的 UPLC-MS 图谱（m/z 417.1）

　　为进一步证实 3 种加合物的存在，采用碰撞诱导裂解法（Collision-induced dissociation，CID）进行更深一步的鉴定分析。如图 10-19（3）所示，异鼠李素-苯乙醛加合物主要损失 5 个特征碎片离子，分别为 m/z 15、m/z 32、m/z 88、m/z 164 和 m/z 268。高车前素-苯乙醛加合物同样损失 5 个特征碎片离子，分别为 m/z 15、m/z 32、m/z 92、m/z 133 和 m/z 282。基于上述发现，著者提出了导致特征碎片离子形成的碎片化途径（图 10-21）。从图中可以看出，异鼠李素和高车前素加合物分别在 B 环和 A 环的 3′-位和 6-位失去一个甲基基团后形成 m/z 404 和 m/z 388 离子峰；碎片离子 m/z 255 和 m/z 270 分别是由碎片离子 m/z 404 和 m/z 388 发生逆狄尔斯-阿德尔裂解（Retro-Diels-Alder cleavage）所产生。对这些碎片离子信息进一步分析确认，m/z 419 和 m/z 403 的化合物分别是苯乙醛在异鼠李素 A 环 6-位或 8-位以及高车前素 A 环 8-位发生亲电取代反应而生成。这表明异鼠李素和高车前素可能是通过捕获苯乙醛，进而抑制 PhIP 的形成。为什么蓟黄素未能直接与苯乙醛反应形成加合物，尚需要进一步的研究。

　　5. 异鼠李素和高车前素抑制 PhIP 形成的可能机制

　　三种类黄酮-苯乙醛加合物都具有较强的抑制 PhIP 形成作用，其原因主要有：①在异鼠李素和高车前素的化学结构中（图 10-22），A 环上存在间位二羟基结构，这对其抑制 PhIP 形成的能力有较大影响，虽然高车前素的 A 环 6-位上有额外甲氧基的引入会略微降低其抑制活性；蓟黄素 A 环上存在的 3-甲氧基苯酚结构也是一种非常有效的 PhIP 抑制剂；②3 种化合物的 B 环 4′-位置均存在有一个羟基结构，这对其 PhIP 抑制活性有增强作用；③C 环上 4-位的共轭羰基结构也能够增强 3 种多酚化合物对 PhIP 的抑制活性。

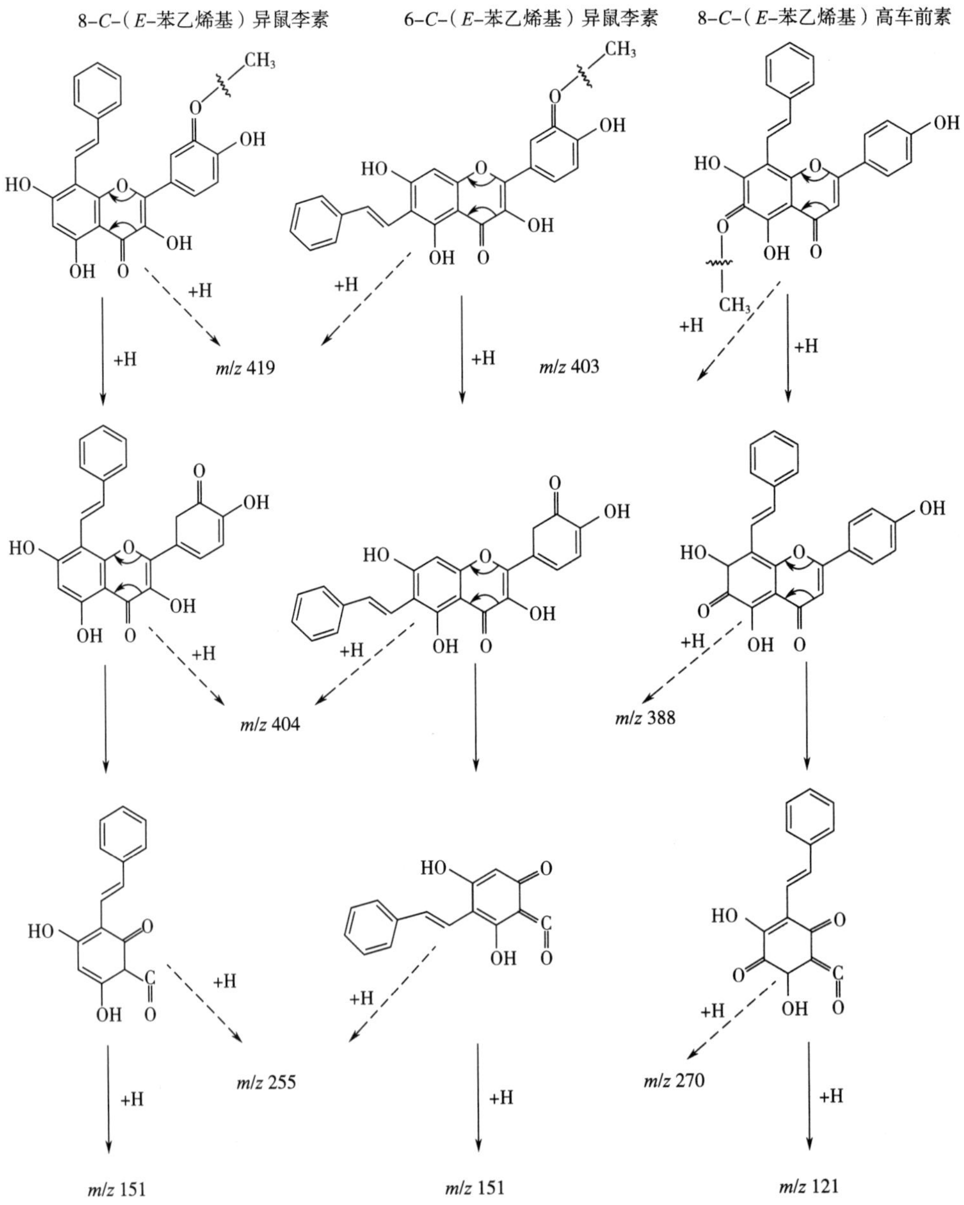

图 10-21 三种类黄酮-苯乙醛加合物的特征离子碎片化途径

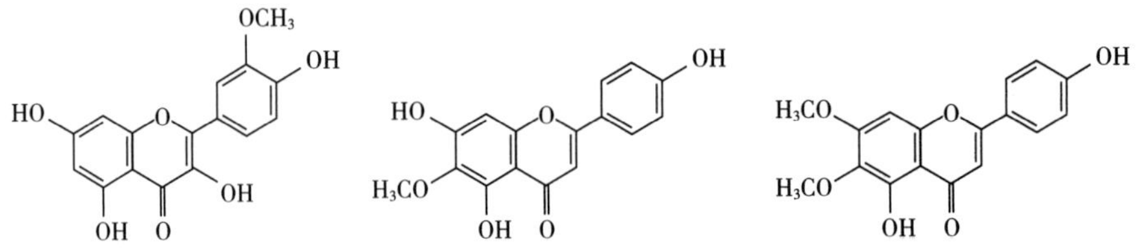

（1）异鼠李素　　　　　（2）高车前素　　　　　（3）蓟黄素

图 10-22 三种类黄酮化合物的化学结构

异鼠李素与苯丙氨酸的热降解产物或 Strecker 降解产物苯乙醛发生反应，通过发生 A 环 6-位或 8-位取代脱去一分子水，生成异鼠李素-苯乙醛加合物，即 6-*C*-（*E*-苯乙烯基）异鼠李素，或 8-*C*-（*E*-苯乙烯基）异鼠李素，从而阻断 PhIP 的形成（图 10-23）。

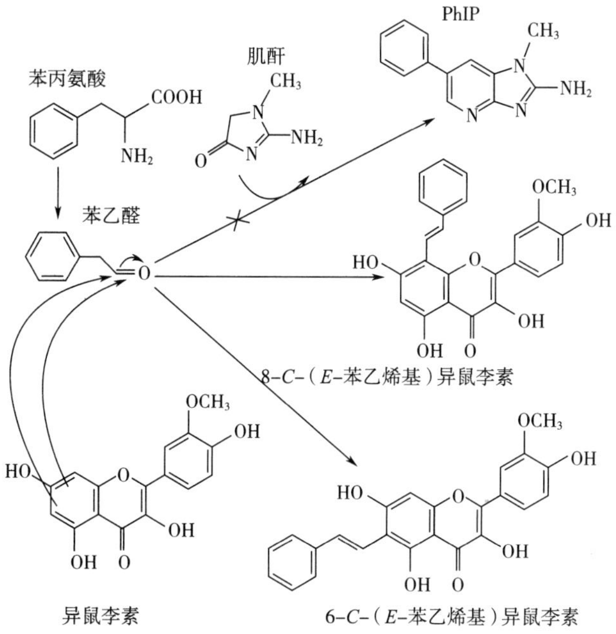

图 10-23　异鼠李素抑制 PhIP 形成的可能机制

高车前素与苯乙醛发生反应，通过发生 A 环 8-位取代脱去一分子水，生成高车前素-苯乙醛加合物，8-*C*-（*E*-苯乙烯基）高车前素，从而阻断 PhIP 的形成（图 10-24）。

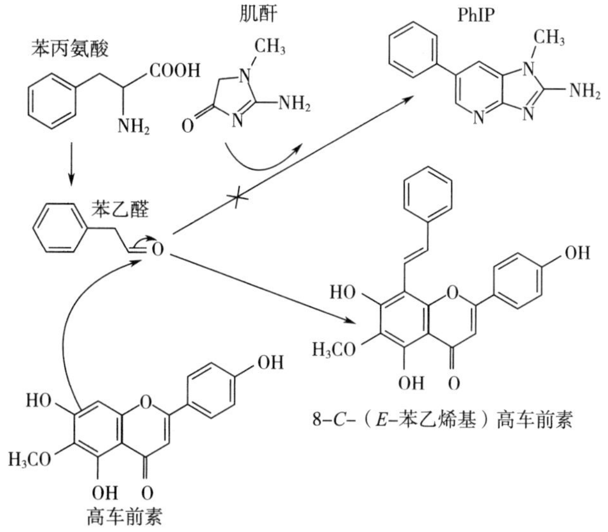

图 10-24　高车前素抑制 PhIP 形成的可能机制

关于所生成的类黄酮-苯乙醛加合物的毒性作用，一般认为，类黄酮-苯乙醛加合物具有改善人体健康的有益作用。如6-C-（E-苯乙烯基）柚皮素能够与人类大肠癌中起主要致癌作用的细胞环氧化酶相结合，特异性地抑制其体内外活性，最终抑制结直肠癌细胞的生长。柚皮素、槲皮素与苯乙醛所形成的加合物对不同的肝癌细胞株均表现出一定细胞毒性作用。又如，8-C-（E-苯乙烯基）槲皮素能够激活细胞外信号调节激酶，诱导自噬细胞死亡，最终抑制结肠癌细胞的生长。至于6-C-（E-苯乙烯基）异鼠李素、8-C-（E-苯乙烯基）异鼠李素和8-C-（E-苯乙烯基）高车前素这3种加合物的抗癌能力亟待进一步研究。

四、烤牛肉中杂环胺的形成与PhIP抑制机理

（一）烤牛肉饼中的杂环胺（HCAs）含量

将新鲜牛肉清净并绞碎，制成厚约1cm、直径6cm、高1.5cm的肉饼。依据GB 2760—2014《食品安全国家标准 食品添加剂使用标准》中天然抗氧化剂的添加量的规定，分别设置三个水平花椒叶醇提物（0.015%、0.030%和0.045%）添加牛肉饼中，对照组不添加花椒叶醇提物。把肉饼放在电烤箱中，烤制温度为225℃，烤制时间为每面10min。烤制过程中不添加任何油、盐等其他调味料。烤制完成后将肉饼冷却至室温，用于烤制损失、色差值和质构特性的测定，将烤牛肉饼冻干并真空包装于-20℃储存，测定杂环胺含量。结果发现，对照组牛肉饼经225℃烤制20min，有6种杂环胺被检出，其中MeIQ含量最高，达到2.69ng/g，总杂环胺含量6.17ng/g（表10-16）。

表10-16　烤牛肉饼中的杂环胺含量　　　　　　　　　　　　　　单位：ng/g

极性杂环胺			非极性杂环胺			总杂环胺
PhIP	IQ	MeIQ	Harman	Norharman	AαC	
0.85±0.05	0.91±0.05	2.69±0.13	0.67±0.04	1.02±0.05	0.02±0.00	6.17±0.23

注：数值表示为平均值±标准差。

（二）花椒叶醇提物烤牛肉饼的杂环胺含量

随着花椒叶醇提物水平增加。烤牛肉饼中总杂环胺含量逐渐降低（表10-17）。与不添加花椒叶醇提物的对照组比，3个水平醇提物对总杂环胺的抑制率分别为22%、36%和39%。花椒叶醇提物添加对β-咔啉类杂环胺的影响不是很明显，而且添加水平间差异也不大。对于2B类杂环胺，添加醇提物完全抑制了AαC的形成，却促进了8-MeIQx生成。醇提物烤牛肉饼中PhIP、IQ、MeIQ的含量均明显低于不添加醇提物的烤牛肉饼，并且其含量随着添加水平的增加而降低。醇提物对PhIP的抑制效应呈剂量依赖型，与对照组相比，当添加量为0.045%时，抑制率达到71.76%。0.045%的花椒叶醇提物对MeIQ的抑制率为49.07%。3个添加水平的醇提物对IQ的抑制率分别为52.75%、71.43%和78.02%。上述结果表明花椒叶醇提物对烤牛肉饼中杂环胺的形成有良好的抑制作用。

表10-17　花椒叶醇提物烤牛肉饼中杂环胺含量　　　　　　　　　单位：ng/g

醇提物水平/%	极性杂环胺				非极性杂环胺			总杂环胺
	PhIP	IQ	MeIQ	8-MeIQx	Harman	Norharman	AαC	
0.015	0.51±0.05[b]	0.43±0.06[b]	2.29±0.06[b]	nd	0.52±0.03[b]	1.02±0.10[b]	nd	4.77±0.08[b]

续表

醇提物水平/%	极性杂环胺				非极性杂环胺			总杂环胺
	PhIP	IQ	MeIQ	8-MeIQx	Harman	Norharman	A α C	
0.030	0.32±0.03^c	0.26±0.01^c	1.71±0.09^c	0.13±0.01^a	0.46±0.05^{bc}	1.02±0.06^b	nd	3.90±0.14^c
0.045	0.24±0.05^c	0.20±0.03^c	1.37±0.05^d	0.09±0.01^a	0.43±0.04^c	1.39±0.07^a	nd	3.72±0.08^c

注：①数值表示为平均值±标准差；②nd 表示未检出；③同列数值肩标不同的小写字母（a~d）表示不同醇提物水平间差异显著（$P<0.05$）。

（三）绿原酸、金丝桃苷和槲皮苷抑制烤牛肉饼 PhIP 形成的机制

花椒叶中的主要多酚是绿原酸、金丝桃苷和槲皮苷，将这三种多酚在烤牛肉饼中的最低添加量分别确定为 5ng/g、15ng/g 和 20ng/g，其他添加水平见表 10-18。模型体系中苯丙氨酸和肌酐的含量约为生牛肉中的 35 倍，因此在化学模型体系中三种多酚化合物的添加水平也相应增加 35 倍。

表 10-18 烤牛肉饼和化学模型体系中 3 种多酚化合物的添加水平

处理组	烤牛肉饼/（μg/g）			化学模型体系/（mmol/L）		
	水平$_p$ 1	水平$_p$ 2	水平$_p$ 3	水平$_m$ 1	水平$_m$ 2	水平$_m$ 3
绿原酸	5	10	15	0.15	0.30	0.45
金丝桃苷	15	30	45	0.3	0.6	0.9
槲皮苷	20	40	60	0.4	0.8	1.2

注：①水平$_p$ 代表各物质在烤牛肉饼中的添加水平，水平$_m$ 代表各添加物在化学模型体系中的添加水平；②1、2 和 3 代表 3 个不同的添加水平。

1. 化学模型中绿原酸、金丝桃苷和槲皮苷影响 PhIP 的形成

多酚对模型体系中 PhIP 形成的影响如图 10-25（1）所示。方差分析表明，多酚与其添加水平之间的相互作用对 PhIP 的形成有极显著影响（$P<0.01$）。由图可见，与对照组相比，三种多酚化合物均显著抑制 PhIP 的形成（$P<0.05$）。绿原酸的 PhIP 抑制作用在不同添加水平之间的差异是不显著的（$P>0.05$）。而在金丝桃苷和槲皮苷模型体系中，对 PhIP 的抑制作用随着这两种多酚添加水平的增加而逐渐增强，即模型体系中金丝桃苷和槲皮苷的添加水平越高，PhIP 的生成量越低。三个添加水平间金丝桃苷的 PhIP 抑制作用均存在显著性差异（$P<0.05$）。0.8mmol/L 槲皮苷对 PhIP 的抑制作用显著强于 0.4mmol/L 槲皮苷（$P<0.05$），但与 1.2mmol/L 槲皮苷差异不显著（$P>0.05$）。综上所述，0.9mmol/L 金丝桃苷的 PhIP 抑制作用最强的，最高抑制率为 63.86%，其次是 0.15mmol/L 绿原酸，对 PhIP 的抑制率为 61.77%。

2. 烤牛肉饼中绿原酸、金丝桃苷和槲皮苷影响 PhIP 的形成

三种多酚化合物抑制了烤牛肉饼中 PhIP 形成，如图 10-25（2）所示。方差分析结果表明，多酚与其添加水平的相互作用对烤牛肉饼中 PhIP 的形成均有极显著影响（$P<0.01$）。金丝桃苷和槲皮苷的 PhIP 抑制作用与模型体系是相似的。PhIP 的生成量随金丝桃苷水平的

增加而降低，当金丝桃苷的添加水平从 15μg/g 增加到 45μg/g 时，烤牛肉饼中 PhIP 的生成量从 0.61ng/g 降低至 0.25ng/g，并且任意两组间存在显著性差异（$P<0.05$）。槲皮苷也表现出相似的抑制作用，与对照组相比，随着槲皮苷添加水平的增加，其对 PhIP 的抑制作用逐渐增强。与化学模型中的作用相反，一定浓度的绿原酸促进了烤牛肉饼中 PhIP 的形成。与对照组和添加 5μg/g 绿原酸的烤牛肉饼相比，添加 10μg/g 和 15μg/g 的绿原酸显著增加了 PhIP 的生成量（$P<0.05$）。总体而言，三个水平的金丝桃苷的 PhIP 抑制作用显著强于绿原酸和槲皮苷（$P<0.05$）。各处理组中，抑制效果最强的是添加 45μg/g 金丝桃苷，抑制率高达 76.19%，其次是添加 60μg/g 槲皮苷，抑制率为 55.24%。

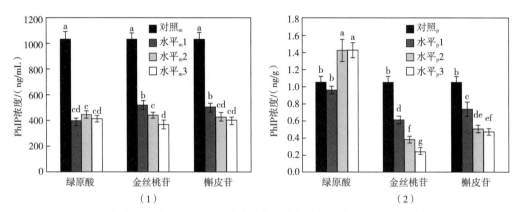

图 10-25　三种多酚对化学模型（1）和烤牛肉饼（2）中 PhIP 形成的影响

注：①水平$_m$ 代表化学模型体系中各物质的添加水平，水平$_p$ 代表各物质在烤牛肉饼中的添加水平，1、2 和 3 代表 3 个不同的添加水平（表 10-18），对照$_m$ 和对照$_p$ 是对照；②图中不同小写字母（a~d）表示不同处理组差异显著（$P<0.05$）。

（四）化学模型中绿原酸、金丝桃苷和槲皮苷清除苯乙醛的能力

研究证实，苯乙醛（苯丙氨酸的热降解或 Strecker 降解产物）是 PhIP 形成的关键中间产物，在 PhIP 的形成中发挥着重要作用。许多研究显示，类黄酮通过与苯乙醛直接反应形成加合物从而抑制 PhIP 的形成。但是，绿原酸、金丝桃苷和槲皮苷清除苯乙醛的能力尚未见报道。GC-MS 分析发现（图 10-26），对照组苯乙醛含量最高，为 41.04μmol/mL。添加三种多酚均显著降低了苯乙醛的含量（$P<0.05$），且苯乙醛的含量随多酚添加水平的增加而降低。绿原酸、金丝桃苷和槲皮苷均在各自最高添加水平处的苯乙醛含量最低，分别为 18.61μmol/mL、15.38μmol/mL 和 13.39μmol/mL，对应的苯乙醛捕获率分别为 54.65%、62.52% 和 67.37%。而在最低添加水平下，金丝桃苷组的苯乙醛含量显著低于绿原酸和槲皮苷组（$P<0.05$），这表明相较于绿原酸和槲皮苷，金丝桃苷具有相对最强的苯乙醛捕获能力。绿原酸的苯乙醛清除能力相对较弱，清除率为 37.67%~54.65%。在所有添加水平下，金丝桃苷处理组的苯乙醛清除能力都显著强于绿原酸处理组（$P<0.05$）。绿原酸、金丝桃苷和槲皮苷清除苯乙醛的能力方面的差异性可能与其不同的化学结构有关。

（五）绿原酸、金丝桃苷和槲皮苷-苯乙醛加合物的分析与鉴定

为探讨绿原酸、金丝桃苷和槲皮苷清除苯乙醛的机理，用 UPLC-MS/MS 结果分析鉴定苯乙醛与多酚反应可能形成的化合物。在本研究中，通过对可能产生加合物的分子量进行预

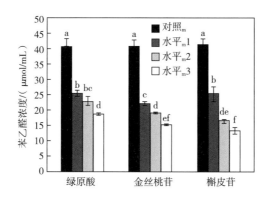

图 10-26　多酚化合物对化学模型中苯乙醛的清除作用

注：①水平$_m$1~3 代表化学模型体系中各物质不同的添加水平（表 10-18），对照$_m$是对照；②图中不同小写字母（a~f）表示不同处理组差异显著（$P<0.05$）。

测，在化学模型中共分离鉴定出 4 种加合物，分别是 8-C-（E-苯乙烯基）金丝桃苷 [8-C-（E-Phenylethenyl）hyperoside]，6-C-（E-苯乙烯基）金丝桃苷 [6-C-（E-Phenylethenyl）hyperoside]，8-C-（E-苯乙烯基）槲皮苷 [8-C-（E-Phenylethenyl）quercitrin] 和 6-C-（E-苯乙烯基）槲皮苷 [6-C-（E-Phenylethenyl）quercitrin]，如图 10-27 所示。化学模型体系和烤牛肉饼中 4 种多酚-苯乙醛加合物的鉴定：通过对比 UPLC 分离后的保留时间、各化合物的相对分子质量以及四极杆飞行时间二级质谱分析鉴定（TOF-MS/MS）获得化合物的结构。模型体系中金丝桃苷与苯乙醛反应产物的总离子色谱图（Total ion chromatogram，TIC），如图 10-27（1）A1 所示。通过阳离子 ESI-MS 检测到 m/z 567.15 [M+H]$^+$处有两个分子离子峰，相应的相对分子质量为 566，这与一分子的金丝桃苷和一分子的苯乙醛结合再脱去一分子水之后的相对分子质量相一致。对于模型体系中槲皮苷与苯乙醛反应产物 [图 10-27（2）A2]，在分子量为 550 的阳离子 ESI-MS 中，两个主要的分子离子峰出现在 m/z 551.16 [M+H]$^+$处，这与槲皮苷与苯乙醛结合再脱去一分子水的相对分子质量相当。在烤牛肉饼中也检测到相应的金丝桃苷-苯乙醛加合物 [图 10-27（2）B1] 和槲皮苷-苯乙醛加合物 [图 10-27（2）B2]。然而，绿原酸与金丝桃苷和槲皮苷表现出截然不同的结果，采用同样的分析方法在相对分子质量为 456 的阳离子 ESI-MS 中，在 m/z 457.15 [M+H]$^+$处未检测到较强信号的单一分子离子峰 [图 10-27（4）]，这表明在模型体系中绿原酸与苯乙醛之间可能未直接发生反应生成相应的加合物。

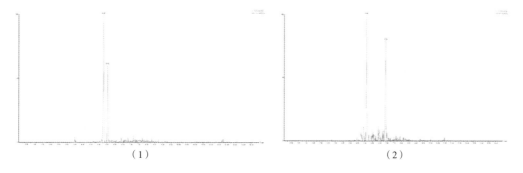

（1）　　　　　　　　　　　　　　　（2）

图 10-27　多酚-苯乙醛加合物 UPLC-MS 分析及鉴定

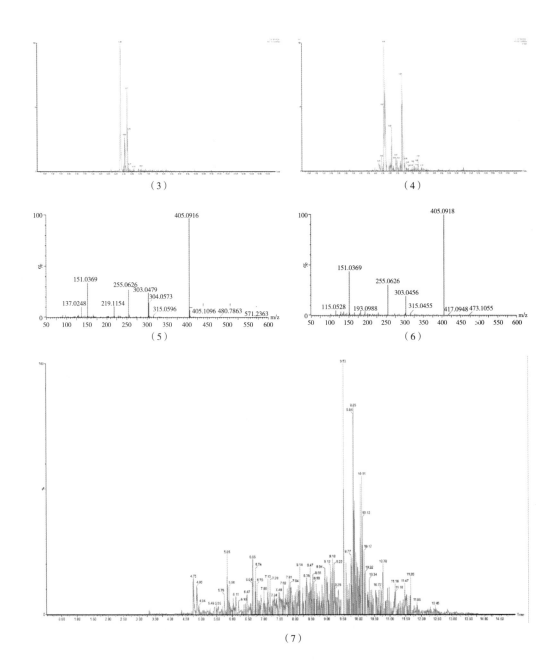

图 10-27　（续）

注：（1）和（2）分别代表化学模型中金丝桃苷-苯乙醛和槲皮苷-苯乙醛加合物 UPLC 色谱图；（3）和（4）分别代表烤牛肉饼金丝桃苷-苯乙醛加合物和槲皮苷-苯乙醛加合物 UPLC 色谱图；（5）和（6）分别代表金丝桃苷-苯乙醛加合物和槲皮苷-苯乙醛加合物 TOF-MS/MS 色谱分析；（7）代表绿原酸在 m/z 457.15 处的 UPLC 色谱图。

金丝桃苷-苯乙醛加合物、槲皮苷-苯乙醛加合物碰撞诱导裂解分析发现（图 10-28），m/z 567.15 [M+H]⁺ 处的金丝桃苷-苯乙醛加合物，出现两个主要碎片离子，分别为 m/z 405 和 m/z 255。由于槲皮苷和金丝桃苷在结构上的相似性，m/z 551.16 [M+H]⁺ 处 CID 分析表明，同样在 m/z 405 和 m/z 255 处产生了主要碎片离子。碎片离子 m/z 405 主要是由于 C 环

3-位上糖苷基的断裂。碎片离子 m/z 255 的产生是由于 m/z 405 发生逆第尔斯-阿尔德裂解（Retro-Diels-Alder）。因此，进一步证实 B 环和 C 环不是苯乙醛的活性捕集位点，而苯乙醛的捕获位点位于 A 环。许多研究揭示，类黄酮化合物通过在 A 环 C_6 和 C_8 位点上发生亲电取代反应从而清除苯乙醛，换句话说，C_6 和 C_8 是金丝桃苷和槲皮苷捕获苯乙醛的活性位点。

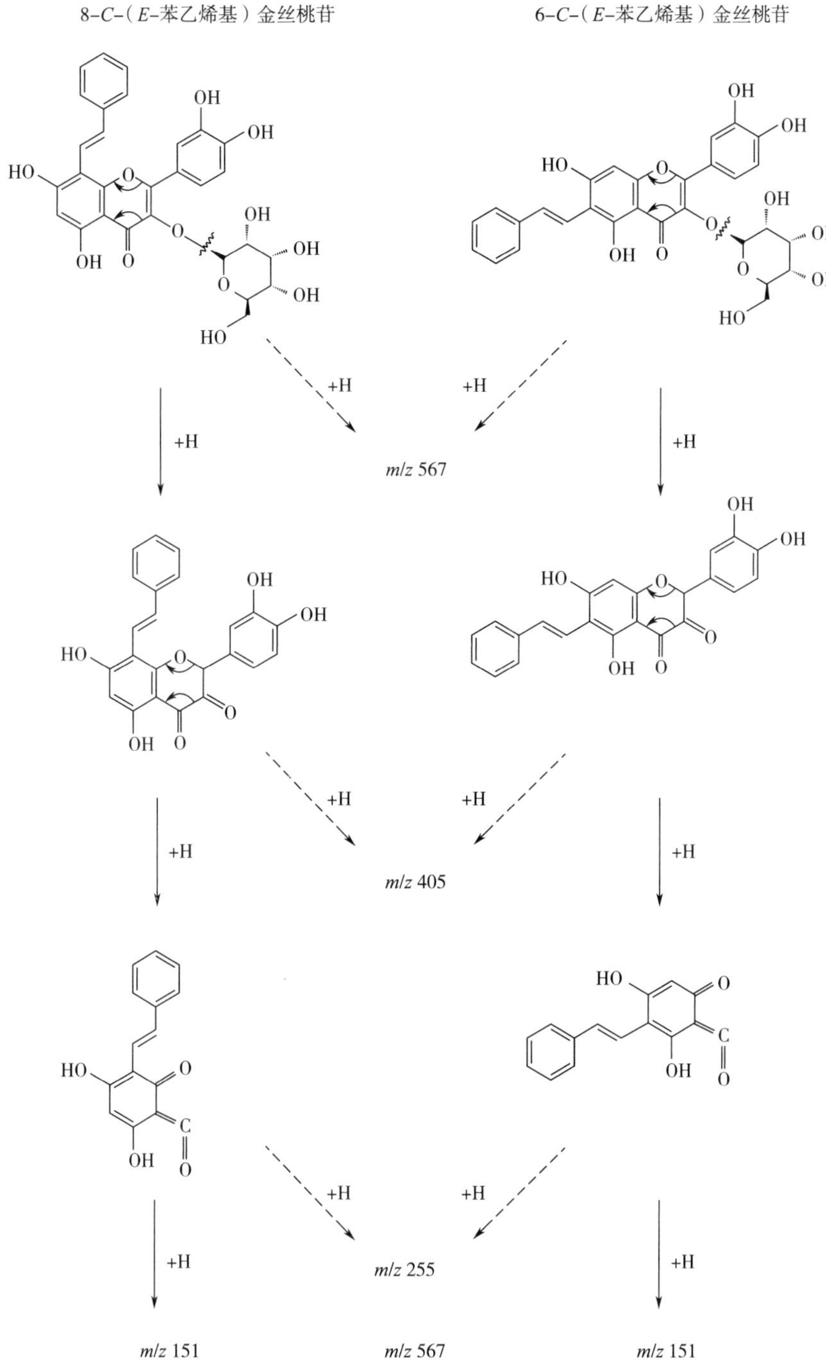

图 10-28 四种多酚-苯乙醛加合物在 m/z 567 和 m/z 551（2）处的 MS/MS 碎片化分析

8-C-（E-苯乙烯基）槲皮苷　　　　　6-C-（E-苯乙烯基）槲皮苷

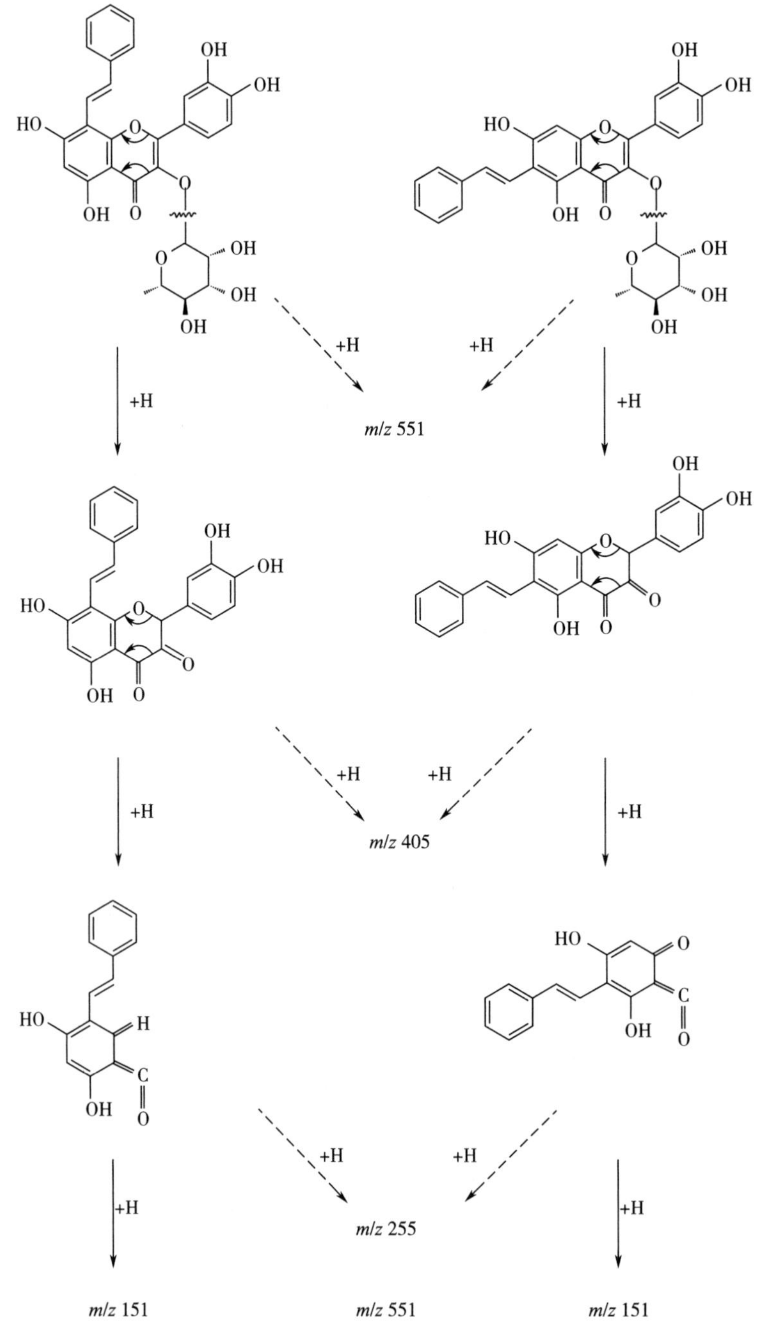

m/z 551

m/z 405

m/z 255

m/z 151　　　　m/z 551　　　　m/z 151

（2）

图 10-28（续）

金丝桃苷和槲皮苷比绿原酸表现出较强的抑制 PhIP 形成活性，其原因主要包括以下两个方面：一是，含有芳香环间位羟基结构的酚类化合物是最有效的 PhIP 抑制剂，金丝桃苷和槲皮苷 A 环上均存在间位羟基结构，绿原酸 A 环上则是邻位羟基结构（图 10-29）；二是，金丝桃苷和槲皮苷 C 环上的共轭羰基结构以及 C_2 和 C_3 位之间的双键能够增强其对 PhIP 的抑制活性。

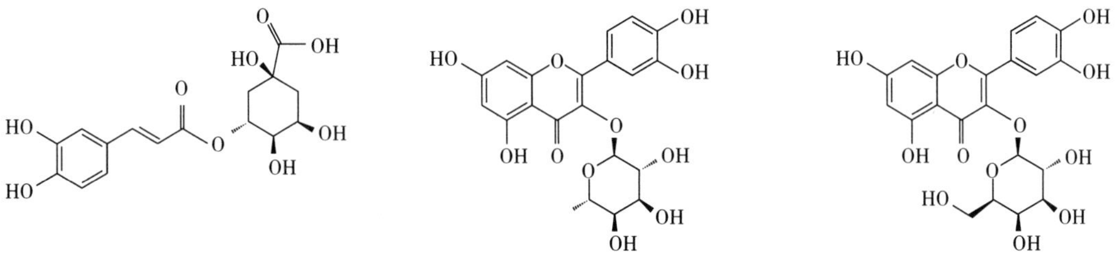

图 10-29　三种多酚化合物的化学结构

绿原酸　　　　　　槲皮苷　　　　　　金丝桃苷

在 PhIP 的形成路径中，苯乙醛的生成以及苯乙醛与肌酐的后续反应是关键步骤，苯乙醛是 PhIP 形成的关键中间产物。金丝桃苷和槲皮苷均对化学模型中的苯乙醛有良好的捕获能力，它们捕获羰基物质的活性与其结构中游离羟基的数量和位置有关。清除活性羰基需要具有高电子密度的酚碳原子的存在，当存在两个间位羟基时，电子密度最高的位置是酚环上紧邻羟基碳的 α 位碳。根皮素和 EGCG 在 PhIP 生成的模型体系中都能与苯乙醛发生反应，清除苯乙醛的活性很强。柚皮素、芹菜素、木犀草素、山奈酚、槲皮素可以在其 A 环上的 C_6 和 C_8 位点捕获苯乙醛，形成加合物，阻断 PhIP 形成。所以，结合本研究中金丝桃苷和槲皮苷对苯乙醛的清除活性与其对模型体系和烤牛肉饼中 PhIP 抑制活性之间的关系，以及其活性羰基捕获位点的存在，可以得出结论：金丝桃苷和槲皮苷的 PhIP 抑制是它们与苯乙醛直接发生反应，在其 A 环 C_6 和 C_8 位捕获苯乙醛，形成丝桃苷-苯乙醛加合物、槲皮苷-苯乙醛加合物，苯乙醛被清除，从而阻断 PhIP 产生的过程。本研究提出的抑制路径如图 10-30 所示。

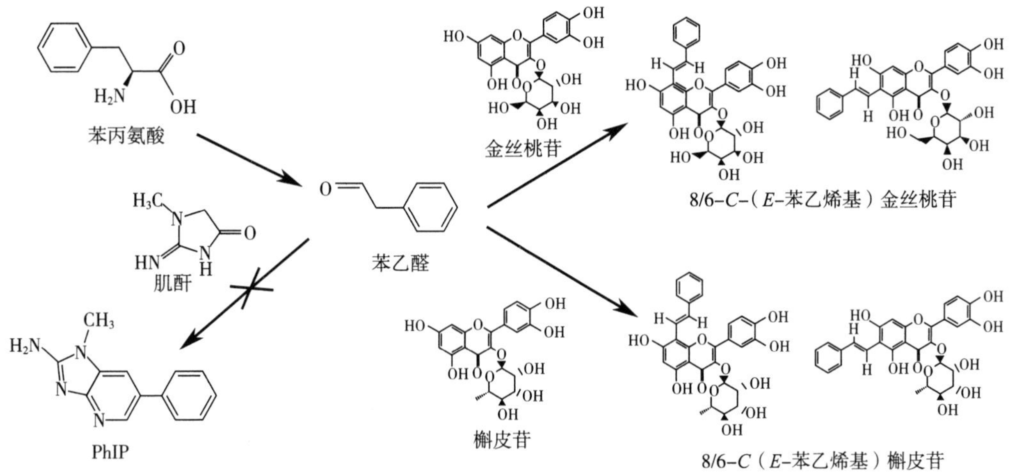

苯丙氨酸　　　　　　　　金丝桃苷　　　　　　8/6-C-（E-苯乙烯基）金丝桃苷

肌酐　　　　苯乙醛

PhIP　　　　　　槲皮苷　　　　　8/6-C（E-苯乙烯基）槲皮苷

图 10-30　金丝桃苷和槲皮苷的 PhIP 抑制机理图

与金丝桃苷和槲皮苷不同，绿原酸在化学模型体系和真实肉品体系中未能直接与苯乙醛形成加合物，对 PhIP 的形成表现出相反的作用效果。可能的原因有：PhIP 在这两种体系中形成的机制可能有所不同，且两种体系化学组成上的差异可能使添加的多酚化合物对 PhIP 形成的作用存在一定影响；酚酸中的一些活性基团（如羧基），能够与苯丙氨酸的氨基相互作用，也可能影响 PhIP 的形成。

绿原酸在化学模型体系中虽然也表现出潜在的抑制 PhIP 形成和捕获苯乙醛的能力，但在当前试验条件下未能检测到绿原酸与苯乙醛加合物的存在。咖啡酸首先释放一分子 CO_2 产生 4-乙烯基儿茶酚，后者与苯乙醛形成加合物，从而抑制 PhIP 形成。二氢杨梅素在加热过程中降解为杨梅素，后者在其 A 环上的 C_6 和 C_8 位捕获苯乙醛形成加合物，进而抑制 PhIP 形成。绿原酸可受热降解为多种酚类化合物（图 10-31），其首先降解成咖啡酸和奎尼酸；咖啡酸部分先降解产生 4-乙烯基儿茶酚，进一步产生儿茶酚、4-乙基儿茶酚和 4-甲基儿茶酚；奎尼酸部分则热解产生连苯三酚、羟基对苯二酚和儿茶酚。因此，可以推测，在模型体系中，绿原酸在加热后可能发生降解，产生上述多酚物质，这些多酚可能具有很好的抑制 PhIP 形成以及清除苯乙醛的能力。

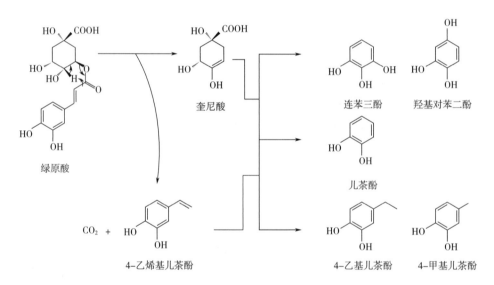

图 10-31　绿原酸的热降解反应图

关于多酚-苯乙醛加合物的作用，许多研究显示，柚皮素和苯乙醛形成的加合物 6-*C*-（*E*-苯乙烯基）柚皮素认定为环氧合酶-1（Cyclooxygenase-1，COX-1）的选择性抑制剂，在体外体内均能与之结合并抑制其活性。这种抑制作用使 COX-1 在为期 28d 的结肠癌异种移植模型中有效地抑制了结直肠癌的生长，而没有表现出任何明显的毒性。8-*C*- 和 6-*C*-（*E*-苯乙烯基）柚皮素在人类结肠癌小鼠试验中对结肠癌细胞具有选择性的细胞毒性和抗癌活性。8-*C*- 和 6-*C*-（*E*-苯乙烯基）槲皮素显著诱导 HepG2、SMMC-7721 和 QGY-7703 三个肝癌细胞株的癌细胞死亡。

五、绿原酸、金丝桃苷和槲皮苷抑制 IQ 和 MeIQ 形成及机制机理

IQ 型杂环胺（主要包括 IQ 和 MeIQ）具有更强的致突变性，是 PAHs 的 10 ~ 100 倍。

1993 年，国际癌症研究机构将 IQ 认定为 2A 级致癌物，将 MeIQ 认定为 2B 级致癌物，美国将 IQ 和 MeIQ 列为潜在的人类致癌物。许多研究显示，有些植物提取物能够抑制高致癌致突变性 IQ 型杂环胺的形成，但其抑制机制尚不清楚。

（一）IQ 和 MeIQ 模型体系建立和烤牛肉饼制备

IQ 和 MeIQ 化学模型体系的建立：模型体系由 0.2mmol 甘氨酸、0.2mmol 肌酐和 0.1mmol 果糖组成。反应物溶于 3mL 含有 14% 去离子水的二乙二醇溶液。绿原酸、金丝桃苷和槲皮苷添加水平为表 10-18 中模型体系添加水平的十分之一（IQ 和 MeIQ 模型体系的前体物浓度为 PhIP 模型体系的十分之一），对照组不添加多酚化合物。将反应物用涡旋振荡仪充分涡旋溶解后置于密封的玻璃管中在电热干燥箱中（130±2）℃加热 1h。然后将试管置于冰浴冷却以终止反应。将上述反应液用色谱甲醇稀释后用 0.22μm 滤膜过滤，备用。添加多酚化合物的烤牛肉饼的制备见本节"四、烤牛肉中杂环胺的形成与 PhIP 抑制机理"。用 UPLC-MS 测定模型体系和烤牛肉饼中 IQ 和 MeIQ 含量。

（二）化学模型中绿原酸、金丝桃苷和槲皮苷影响 IQ 和 MeIQ 的形成

UPLC-MS 结果表明，甘氨酸-肌酐-果糖的化学模型体系中主要生成 IQ 和 MeIQ 两种杂环胺。如图 10-32（1）所示，与对照组相比，绿原酸、金丝桃苷和槲皮苷对化学模型中 IQ 的形成均具有显著抑制效果（$P<0.05$），但三种多酚对 IQ 的抑制活性有一定差异。IQ 的生成量随绿原酸添加量的增加呈降低趋势。0.045mmol/L 绿原酸模型中 IQ 生成量为 186.9ng/mL，显著低于 0.015mmol/L（IQ 生成量为 233.0ng/mL）和 0.030mmol/L（IQ 生成量为 214.2ng/mL）绿原酸模型（$P<0.05$）。3 个添加水平的绿原酸对模型体系中 IQ 的抑制率分别是 66.85%、69.53% 和 73.41%。在金丝桃苷模型体系中，IQ 的生成量随添加量的增加呈现先增加后降低的趋势。金丝桃苷添加量为 0.06mmol/L 时，IQ 的生成量达到最高，为 224.6ng/mL。在槲皮苷模型体系中，IQ 的生成量随添加量的增加先降低后升高。当添加量为 0.08mmol/L 时，IQ 生成量最低，为 172ng/mL，但与 0.12mmol/L 组（IQ 生成量为 189.7ng/mL）差异不显著（$P>0.05$）。在所有模型中，0.09mmol/L 的金丝桃苷和 0.08mmol/L 的槲皮苷表现出最高的抑制活性，抑制率分别高达 76.58% 和 75.53%。

三种多酚对模型体系中 MeIQ 形成的影响如图 10-32（2）所示，对照组的 MeIQ 的生成量最高，为 31.8ng/mL，三种多酚的添加均显著降低了 MeIQ 的生成量（$P<0.05$）。对绿原酸而言，其添加水平越高，则 MeIQ 的生成量越低，最低为 8.0ng/mL。在金丝桃苷模型中，MeIQ 的生成量随添加水平的增加呈先增加后降低的趋势，这与金丝桃苷对 IQ 的抑制结果相类似。当添加量为 0.09mmol/L 时，MeIQ 的生成量最低，为 9.9ng/mL。槲皮苷模型中 MeIQ 的生成量则随着添加水平的增加呈先降低后增加的趋势。0.08mmol/L 槲皮苷组的 MeIQ 的生成量最低，为 7.4ng/mL，这也是对 MeIQ 的形成表现出最强的抑制效果的处理组，抑制率高达 76.73%。

（三）烤牛肉饼中绿原酸、金丝桃苷和槲皮苷影响 IQ 和 MeIQ 的形成

在体研究揭示，烤牛肉饼中 IQ 和 MeIQ 的含量分别介于 0.15～0.59ng/g 和 0.96～2.39ng/g 之间。三种多酚对烤牛肉饼中 IQ 形成的影响如图 10-33（1）所示。方差分析表明，多酚种类、添加水平及两者的交互作用对 IQ 的形成均有极显著影响（$P<0.01$）。与对照组相比，三种多酚不同程度地抑制了烤牛肉饼中 IQ 的形成（$P<0.05$）。绿原酸对 IQ 的抑

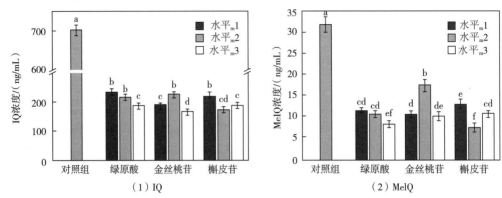

图 10-32　三种多酚对化学模型体系中 IQ 和 MeIQ 形成的影响

注：①水平$_m$1~3 代表化学模型体系中三种多酚的不同添加水平（表 10-18）；②图中不同小写字母（a~f）表示模型间差异显著（$P<0.05$）。

制作用随其添加水平的增加而逐渐增强。当绿原酸的添加量从 5μg/g 增加至 15μg/g 时，IQ 的生成量从 0.36ng/g 降低至 0.15ng/g，且任意两处理组之间均存在显著差异（$P<0.05$）。槲皮苷也表现出类似的抑制效果，其对应的 IQ 浓度介于 0.20ng/g 和 0.39ng/g 之间，但 40μg/g 与 60μg/g 槲皮苷组之间差异不显著（$P>0.05$）。然而金丝桃苷表现出与绿原酸和槲皮苷不同的抑制效果，随着金丝桃苷添加量的增加，IQ 的生成量呈现先增加后降低的趋势，添加 15μg/g 金丝桃苷时，IQ 的生成量最低，为 0.22ng/g。在所有烤牛肉饼中，对 IQ 抑制效果最强的是添加 15μg/g 绿原酸，抑制率高达 74.58%，其次是添加 40μg/g 槲皮苷，其抑制率为 69.49%。

图 10-33（2）为三种多酚对烤牛肉饼中 MeIQ 形成的影响。由图可知，MeIQ 的形成受到三种多酚不同程度地抑制，添加多酚的烤牛肉饼中 MeIQ 的生成量比对照组均显著降低（$P<0.05$）。绿原酸和槲皮苷对 MeIQ 形成的抑制作用在同一添加水平下差异均不显著（$P>0.05$），抑制率分别为 30.13%~59.83% 和 26.78%~51.88%。金丝桃苷对 MeIQ 的抑制效应与模型体系相类似，当添加量为 45μg/g 时，其抑制率达到最高，为 50.21%。

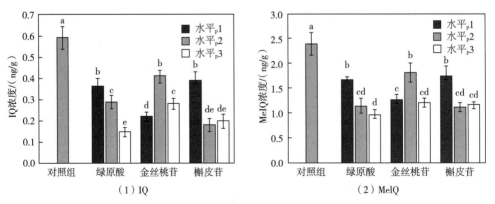

图 10-33　多酚化合物对烤牛肉饼中 IQ 和 MeIQ 形成的影响

注：水平$_p$1~3 代表烤牛肉饼中多酚的不同添加水平，柱形图中不同小写字母（a~e）表示模型间差异显著（$P<0.05$）。

（四）绿原酸、金丝桃苷和槲皮苷的自由基清除能力

1. 四甲基哌啶氧化物（TEMPO）对化学模型中 IQ 和 MeIQ 生成量的影响

用 TEMPO 作为自旋标记物验证 IQ 和 MeIQ 生成的自由基途径。众所周知，若向反应体系中加入过量的 TEMPO 可阻止目标产物的生成或显著减少目标产物的生成量，则说明该反应涉及自由基的参与。试验研究发现（表 10-19），与对照组相比，在加入 TEMPO 的模型体系中，IQ 和 MeIQ 的生成量均显著降低，分别降低了 75.60% 和 69.42%。故可以验明，IQ 和 MeIQ 生成量的急剧减少是由于 TEMPO 淬灭了前体物在加热过程中形成的自由基，从而抑制了 IQ 和 MeIQ 的形成。

表 10-19　TEMPO 对 IQ 和 MeIQ 生成量的影响　　　　单位：mg/mL

	IQ	MeIQ
对照组	692.34 ± 20.45	24.30 ± 2.89
TEMPO 组	168.93 ± 9.35	7.43 ± 0.71

2. 化学模型中绿原酸、金丝桃苷和槲皮苷的自由基清除能力

电子顺磁共振（ESR）技术基于对未配对电子在磁场中跃迁的测量，是一种最有效最直接的检测自由基的方法。样品中自由基越多，未配对电子的含量越高，由于电磁波辐射而发生跃迁时吸收的能量越大，光谱图的峰值（强度）就越高，峰面积就越大。苯基硝酮（PBN）是具有较好的热稳定性的自由基捕获剂，适用于本试验的研究条件。PBN 捕获自由基的途径如图 10-34 所示。

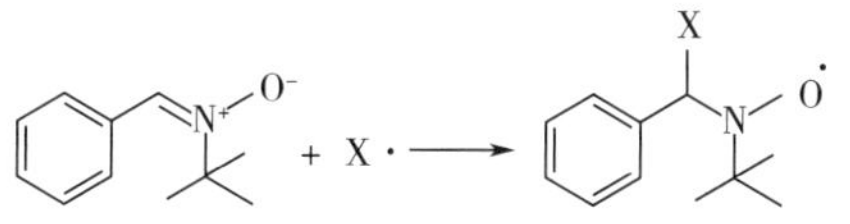

苯基硝酮　　　　　苯基硝酮自由基加合物（氮氧化物）

图 10-34　PBN 自旋加合物的形成

在试验中，添加有 PBN 的对照组化学模型的 ESR 波谱图如图 10-35 所示，ESR 波谱显示出明显的自由基信号峰，其最高相对强度为 15777.11，表明 130℃ 加热导致了模型中自由基的产生。该谱图特征为三重峰，超精细耦合常数 $a_N = 15.0G$，$a_H = 3.71G$，该超精细耦合常数与 Tetsuta 报道的 PBN—碳中心自由基加合物的超精细耦合常数相似，因此可以判定检测到的自由基为碳中心自由基。

添加多酚和 PBN 的化学模型的 ESR 波谱见图 10-36。由图可知，所有谱图的特征为三重峰，超精细耦合常数相似，并且可以粗略地看出信号的相对强弱。根据这些 ESR 波谱得出如表 10-20 所示的化学模型体系中碳中心自由基的信号强度结果。所有绿原酸组的信号强度明显低于对照组，其最高峰强度比对照组分别降低了 45.24%、54.58% 和 8.67%。这一结果表明绿原酸可以减少模型体系中碳中心自由基的形成，且较低添加水平（0.015mmol/L 和 0.030mmol/L）的绿原酸对自由基的清除作用更为显著。对于金丝桃苷组，可以明显看出

0.060mmol/L 模型的自由基信号强度显著低于对照组（$P<0.05$），清除率为 30.92%，这表明该添加水平下的金丝桃苷具有较好的清除碳中心自由基的能力。而其他两个模型的自由基信号强度高于对照组，分别为 17044.71 和 19453.80。添加 0.040mmol/L 槲皮苷模型中形成的碳中心自由基信号强度（16166.32）略高于对照组（$P>0.05$），但添加 0.080mmol/L 和 0.120mmol/L 槲皮苷模型的自由基信号强度均显著降低（$P<0.05$），比对照组分别降低了 53.52% 和 54.43%。综上所述，绿原酸、金丝桃苷和槲皮苷均具有碳中心自由基清除能力，且绿原酸和槲皮苷的清除能力相对较强。

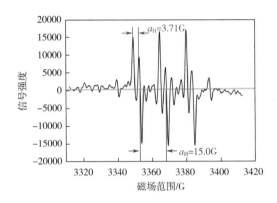

图 10-35　添加 PBN 的对照组化学模型的 ESR 波谱图

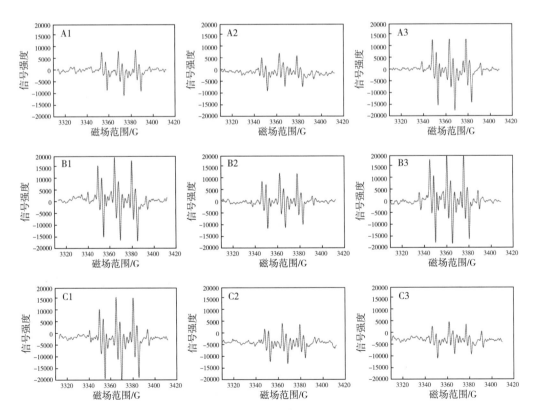

图 10-36　添加多酚和 PBN 的模型体系的 ESR 波谱图

注：①A 为绿原酸、B 为金丝桃苷、C 为槲皮苷；②1、2、3 分别代表 3 个添加水平。

表 10-20 不同多酚的模型体系的 ESR 信号强度

多酚	信号强度	抑制率/%
对照组	15777.11 ± 1025.89[b]	
0.015mmol/L 绿原酸	8640.04 ± 428.68[cd]	45.24
0.030mmol/L 绿原酸	7166.51 ± 950.13[d]	54.58
0.045mmol/L 绿原酸	14409.78 ± 1038.92[b]	8.67
0.030mmol/L 金丝桃苷	17044.71 ± 1849.22[ab]	-8.03
0.060mmol/L 金丝桃苷	10899.23 ± 1889.67[c]	30.92
0.090mmol/L 金丝桃苷	19453.80 ± 1304.58[a]	-23.30
0.040mmol/L 槲皮苷	16166.32 ± 2861.72[b]	-2.47
0.080mmol/L 槲皮苷	7332.57 ± 1255.16[d]	53.52
0.120mmol/L 槲皮苷	7189.47 ± 1040.31[d]	54.43

注：①数值表示为平均值 ± 标准差；②同列数值肩标不同的小写字母（a~d）表示不同模型间差异显著（$P<0.05$）。

3. 烤牛肉饼中绿原酸、金丝桃苷和槲皮苷的自由基清除能力

添加 3 种多酚和 PBN 的烤牛肉饼的 ESR 波谱（图 10-37）显示，所有肉样在 3362G 磁场下均表现出稳定的自由基信号。自由基信号的超精细耦合常数显示，捕获到的自由基属于碳中心自由基。

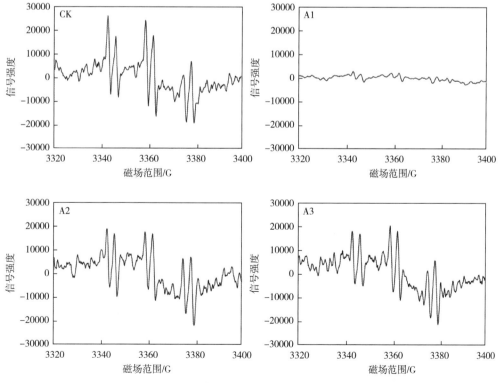

图 10-37 添加多酚和 PBN 的烤牛肉饼的 ESR 波谱图

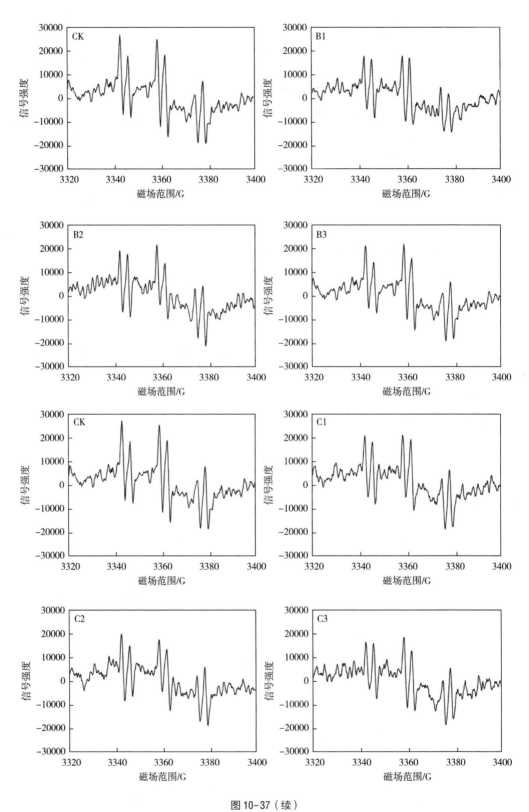

图 10-37（续）

注：①CK 为对照组、A 为绿原酸、B 为金丝桃苷、C 为槲皮苷；②1、2 和 3 分别代表 3 个添加水平。

　　烤牛肉饼中的碳中心自由基信号强度结果如表10-21所示。0.015mmol/L绿原酸表现出最高的碳中心自由基清除活性，清除率高达88.88%；但当绿原酸添加水平继续增加时，其清除活性逐渐减弱，最低清除率为24.74%。金丝桃苷对碳中心自由基清除活性的变化趋势与绿原酸相似，均随着其添加水平的增加而降低，其抑制率介于15.63%和30.38%。而槲皮苷组则表现出相反的作用趋势，其清除自由基的能力随着添加水平的增加呈增加趋势，当添加量为60μg/g时达到最大清除效果，清除率为30.34%。从图10-37可以看出，在烤牛肉饼中，相较于金丝桃苷和槲皮苷，绿原酸整体表现出较强的自由基清除活性。

　　比较发现，3种多酚化合物在化学模型体系和烤牛肉饼中对自由基的清除能力存在一定差异，这可能是由于肉饼中含有较多的脂质、糖类等物质，比模型体系更为复杂。

表10-21　不同多酚的烤牛肉饼的ESR信号强度

多酚	信号强度	抑制率/%
对照组	25715.27±1278.87[a]	
5μg/g 绿原酸	2860.20±317.82[d]	88.88
10μg/g 绿原酸	18235.72±903.39[c]	29.09
15μg/g 绿原酸	19352.18±1739.22[bc]	24.74
15μg/g 金丝桃苷	17902.94±46.20[c]	30.38
30μg/g 金丝桃苷	20267.75±1762.68[bc]	21.18
45μg/g 金丝桃苷	21695.65±494.76[b]	15.63
20μg/g 槲皮苷	20026.15±231.75[bc]	22.12
40μg/g 槲皮苷	18858.36±1658.13[c]	26.66
60μg/g 槲皮苷	17914.40±1378.85[c]	30.34

　　注：①数据表示为平均值±标准差；②同列肩标不同的小写字母（a~d）表示不同处理组差异显著（$P<0.05$）。

4. 模型体系中绿原酸、金丝桃苷和槲皮苷对吡啶和吡嗪形成的影响

　　吡啶和吡嗪是IQ型杂环胺产生的基础。IQ型杂环胺分子结构中的氨基咪唑部分来源于肌酐，而其余部分则来自还原糖和氨基酸经Strecker降解形成的吡啶和吡嗪。因此，有必要进一步探究绿原酸、金丝桃苷和槲皮苷对吡啶和吡嗪形成的影响。在化学模型体系中主要检测出4种吡嗪衍生物（图10-38），分别为2,5-二甲基吡嗪（2,5-Dimethylpyrazine，2,5-DMP）、2,6-二甲基吡嗪（2,6-Dimethylpyrazine，2,6-DMP）、2,3,5-三甲基吡嗪（2,3,5-Trimethylpyrazine，TrMP）和2,3,5,6-四甲基吡嗪（2,3,5,6-Tetramethylpyrazine，TMP）。但模型体系中未检出吡啶。pH在美拉德反应中起着至关重要的作用。碱性条件下葡萄糖-氨基丁酸异构体的模型体系中可检出2-甲基-5-羟基-6-丙基吡啶和多种吡嗪衍生物。本研究模型体系的pH呈弱酸性，可能是本模型体系中未检出吡啶的主要原因。由图10-38还可以看出，3种多酚均能够显著减少模型体系中4种吡嗪衍生物的形成（$P<0.05$）。总体来说，吡嗪衍生物的相对峰面积均随着多酚添加水平的增加呈先下降后上升的趋势，但也有例外，

2,5-DMP 的相对峰面积随着金丝桃苷添加水平的增加呈先下降后上升再轻微下降的趋势。此外，3 种多酚对 TrMP 和 TMP 产生的影响在 3 个添加水平下均差异不显著（$P>0.05$）。模型体系中 3 种多酚对吡嗪衍生物形成的抑制率均大于 80%。吡嗪衍生物的减少，则其与肌酐进一步反应生成 IQ 型杂环胺的路径受到抑制，进而导致生成的杂环胺也相应地减少。综上所述，绿原酸、金丝桃苷和槲皮苷有效地抑制模型体系和烤牛肉饼中 IQ 和 MeIQ 形成，且抑制能力可能与其抑制吡嗪衍生物的形成有关。

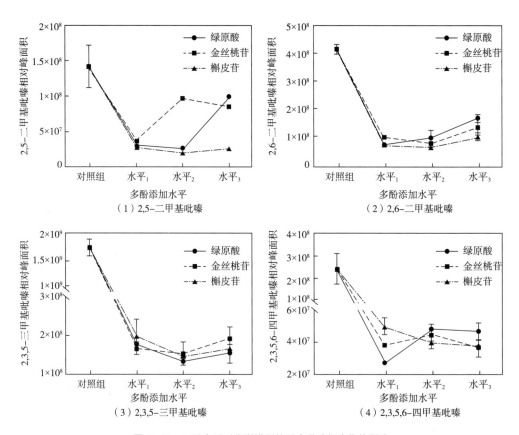

图 10-38　三种多酚对化学模型体系中吡嗪衍生物的影响

　　IQ 型杂环胺广泛存在于各类加工肉制品中，具有极强的致癌致突变活性，如 MeIQ 的致突变活性约为黄曲霉毒素的 110 倍。迄今为止，国内外关于植物多酚抑制 IQ 型杂环胺的作用机制多归因于其抗氧化活性，具体作用机理尚不明晰。绿原酸、金丝桃苷和槲皮苷均显著抑制了 IQ 和 MeIQ 模型体系和烤牛肉饼中碳中心自由基的形成。但抑制活性并不完全一致，这可能与 3 种多酚化合物不同的结构有关。多酚的自由基清除活性依赖于其结构中游离羟基的数量和位置，B 环上的羟基构型是最重要的决定因素。从图 10-29 三种多酚化合物的化学结构可知，其 B 环均含有邻苯二酚基结构，金丝桃苷和槲皮苷 C 环上还具有共轭结构，可以推测，以上是 3 种多酚物质均表现出一定的碳中心自由基清除活性的主要原因。相较于绿原酸，金丝桃苷和槲皮苷的自由基清除活性较弱，这可能是由于这两者 C 环 3-位的糖苷基取代。多酚化合物能够与自由基反应使自由基获得一个氢原子，同时自身转变为多酚自由基，而该多酚自由基的稳定性良好，能起到抑制体系中杂环胺形成的作用。可以认为，绿原酸、金丝桃苷和槲皮苷可能通过向碳中心自由基提供一个氢原子进而清除该自由基，起到抑制 IQ 型杂环胺形成的作用。图 10-39 为多酚化合物通过清除碳中心自由基途径抑制 IQ 型杂环胺形成的可能机制。

多酚化合物抑制 IQ 型杂环胺的形成不仅仅是清除自由基机制，可能还涉及多种化学反应和变化的发生，可能是多种机制共同作用的结果，如吡啶或吡嗪衍生物也对 IQ 和 MeIQ 的形成发挥着重要作用。综上所述，绿原酸、金丝桃苷和槲皮苷抑制 IQ 和 MeIQ 形成的机制可能是同时通过清除碳中心自由基以及抑制美拉德反应产物吡嗪的形成来实现的。

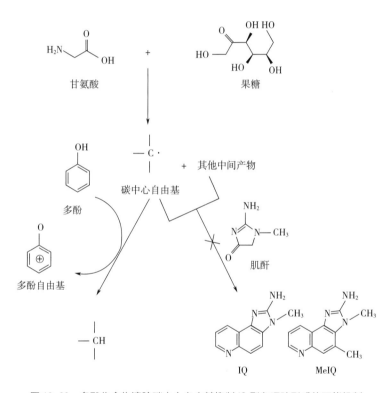

图 10-39　多酚化合物清除碳中心自由基抑制 IQ 型杂环胺形成的可能机制

六、非烧烤肉制品的特点

（一）感官特点

采用非烧烤工艺制作的烤牛肉在加工过程中能够产生诱人的色泽和明显的烧烤风味，因牛肉属于红肉，且表层脂肪含量极少，美拉德反应对其表面色泽的影响不显著，因此对于加工后牛肉色泽的变化研究较少。而在烤猪肉方面的研究当中发现，采用干燥工艺制作的烤猪肉，其 L^* 值和 b^* 值显著增加，但对 a^* 值并无显著性影响；在质构方面，采用非烧烤工艺制作的烤肉制品相比于传统烤肉在硬度方面显著性降低。

总而言之，非烧烤的干燥工艺相比于传统烧烤，能够保持传统烤肉的色泽和质构品质，具有良好的烤香风味，具有传统特色烧烤产品的感官品质。

（二）加工过程中产生的有害物质

1. 3,4-苯并芘

3,4-苯并芘很大程度上受加工方式的影响，加工方式如烟熏、烧烤、架烤、卤煮、油炸等都可能产生3,4-苯并芘。在烧烤过程中，原料肉中的脂肪在高温（>200℃）条件下可产生3,4-苯并芘。尤其是在700℃以上的高温下，其他有机物质如蛋白质和碳水化合物也会分解产生3,4-苯并芘。四种不同加工方式的烤肉3,4-苯并芘含量见图10-40。

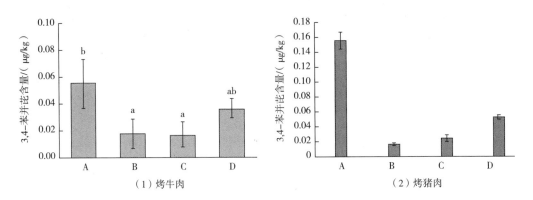

图 10-40　四种烤牛肉样品中3,4-苯并芘的含量及四种烤猪肉样品中3,4-苯并芘的含量
注：A表示传统电烤，B表示干燥工艺，C表示干燥工艺+底物混合物，D表示干燥工艺+香辛料+底物混合物。

从图10-40可以看出，传统烤牛肉中3,4-苯并芘含量最大为0.055μg/kg，与B、C组3,4-苯并芘含量相比差异显著（$P<0.05$）；B、C组中的3,4-苯并芘含量差异不显著；添加底物混合物和香辛料的烤牛肉中的3,4-苯并芘含量为0.036μg/kg，略高于不添加香辛料的烤牛肉。烤猪肉中A、B、C、D组中的3,4-苯并芘的含量分别为（0.158±0.011）μg/kg、（0.016±0.002）μg/kg、（0.024±0.005）μg/kg、（0.052±0.003）μg/kg，B、C、D三组相比于A组都具有显著性降低，而C组与B组相比不显著（$P>0.05$），可见底物混合物的添加并不明显增加3,4-苯并芘的生成；D组相比B组显著增加（$P<0.05$），相比C组略有增加，但变化不明显（$P>0.05$），可见底物混合物和香辛料的同时添加增加了3,4-苯并芘的生成。

但是不论哪种工艺，3,4-苯并芘的含量都远远小于国家规定的3,4-苯并芘在肉制品中的残留量标准（≤5μg/kg）。但从中可以得出一些结论：①3,4-苯并芘的产生和原料肉的种类、脂肪的多少有很大的关系；②采用添加底物混合物加之干燥工艺后可以显著降低3,4-苯并芘的生成量；③香辛料的添加却可以增加3,4-苯并芘的生成量。

2. 杂环胺

由于烧烤通常是在高温条件下进行的，因此很容易导致杂环胺的形成。Sigimura等（1977）首先在直接以明火或炭火炙烤的烤鱼中发现强烈致突变物质——杂环胺，其活性远大于其所含有的3,4-苯并芘的活性。后来，又陆续在烧烤鸡肉、鱼肉、鹿肉、鳝鱼等中检测到杂环胺。

如表10-22所示，原料肉的种类对烧烤后杂环胺的含量有很大的影响，烤牛肉中的杂环胺总量明显高于烤猪肉。在对烤猪肉的研究当中发现，传统电烤下烤猪肉测得的杂环胺总量为 29.567μg/kg，干燥工艺下测得的杂环胺含量为 1.202μg/kg，比传统工艺降低了 95.93%，表明温和条件下加工能够降低杂环胺的形成，且香辛料对杂环胺的形成有显著抑制作用；而在对烤牛肉的研究中发现，传统烤牛肉中检测出 8 种杂环胺，总含量为 112.048μg/kg；烤牛肉 B 中共检测出 4 种杂环胺，总含量为 22.433μg/kg，其中 Norharman 含量最高；烤牛肉 C 共检出 7 种杂环胺，总含量为 60.749μg/kg；添加底物混合物和香辛料的烤牛肉 D 中检测出 5 种杂环胺，总含量为 38.628μg/kg。因此采用非烧烤工艺制作的烤肉，不仅杂环胺的种类大大减少，而且其总体含量也有大幅度的下降。热风射流加热干燥加工的真空包装的烤鸭胸皮中 3,4-苯并芘未检出，Norharman 为 （0.62± 0.1）ng/g、Harman 为 （0.31± 0.05）ng/g，2A 类和 2B 类杂环胺未检出。

表 10-22　不同加工条件下烤猪肉和烤牛肉制品中杂环胺的总量　单位：μg/kg

杂环胺	样品（加工条件）			
	A（电烤）	B（干燥工艺）	C（干燥工艺+反应液）	D（干燥工艺+反应液+香辛料）
烤猪肉	29.567	3.336	4.931	1.202
烤牛肉	112.048	22.433	60.749	38.628

第六节　肉制品绿色制造的非烟熏技术

烟熏肉制品在国内外均有悠久的历史。由于长期流传的饮食习惯，世界各地人们对不同浓度的烟熏味均有一定的爱好，在我国湖南、四川、重庆、贵州、云南等地，人们对烟熏味尤其青睐。肉制品加工中传统的烟熏味获得方法是将木材、锯木屑等易发烟物料用电加热或炭火加热至烟点处产生大量浓烟并熏制肉品，常在肉品经预干燥后进行。肉制品烟熏可以使肉制品脱水，赋予产品特殊的香味，改善肉的颜色，并且有一定的杀菌防腐和抗氧化作用，能延长肉制品的保质期。但是传统烟熏肉制品在形成烟熏风味和色泽的同时，也受到了许多有害物质的污染，如多环芳烃、甲醛等强致癌致畸物质。目前液熏法的广泛使用很好地避免了多环芳烃的污染，但目前市售烟熏液中大多仍含有甲醛，生产出的产品无法避免甲醛对人体造成的伤害。因此，研究出一种以色味安全烟熏液为核心的无甲醛无 3,4-苯并芘烟熏肉制品加工技术就显得尤为重要，能够实现在保持传统烟熏风味的同时产品不含有害物质，做到真正的安全健康。

一、非烟熏工艺

非烟熏是指不使用木材、木屑和农作物秸秆等物料直接发烟，而使制品具有烟熏色、烟熏味和烟熏口感，有效降低甲醛、苯并芘等有害物质产生的加工过程。

（一）一般工艺流程

原料的选择与预处理 ⟶ 腌制 ⟶ 预热 ⟶ 干燥 ⟶ 烟熏 ⟶ 冷却 ⟶ 成品

（二）无3,4-苯并芘无甲醛烟熏液的制备

1. 烟熏液组分的确定

液熏法是在烟熏法的基础上发展起来的食品加工技术，它是用烟熏液替代气体烟进行熏制食品的一种方法。烟熏液具有和气体烟几乎相同的风味成分，但经过滤提纯除去了聚集在焦油液滴中的多环芳烃等有害物质。许多研究表明，采用烟熏液加工成的产品中多环芳烃含量显著低于采用传统烟熏方法加工而成的产品。然而目前市售的烟熏液由于其生产工艺特点，大多含有甲醛（6.27~61.22mg/L），用这种烟熏液生产出的产品会受到甲醛的污染。目前普遍认为熏烟以及烟熏液中的主要成分有酚类化合物、羰基类化合物、有机酸类化合物、醇类化合物以及酯类化合物等。一般酚类物质含量在2.1%~2.5%，羰基化合物含量在3.0%~4.5%，有机酸含量在14%~15%。多位学者的研究中普遍出现的含量较高的物质有愈创木酚、4-甲基愈创木酚、丁香酚、4-甲基丁香酚、糠醛、5-甲基糠醛、γ-巴豆酰内酯、2-甲基-1,3-环戊二酮、乙酸、丙酸甲酯和丁酸乙酯。

2. 烟熏液各组分比例的确定

将愈创木酚、4-甲基愈创木酚、丁香酚、4-甲基丁香酚等物质按表10-23中比例进行复配选择，将按配方均匀设计表配制出的烟熏液稀释100倍后进行，主要对产品的色泽、烟熏风味及滋味进行感官评定，采用配方均匀实验获得回归方程如式（10-8）

$$Y = 2.269 + 14.77X_4^2 + 12.578X_1 \cdot X_3 - 18.34X_1 \cdot X_4 + 34.01X_1 \cdot X_5 + 22.89X_2 \cdot X_4 + 33.27X_6 \cdot X_7$$

$$(10-8)$$

$R^2 = 0.917$，$P < 0.01$。

从方程式中可以看出，4-甲基丁香酚（X_4）对评定结果有显著影响，而其他各种单一物质由于影响很小，均不显著，因此未进入方程；两种物质的交互作用对烟熏肉制品品质的形成有很大贡献，愈创木酚（X_1）和5-糠醛（X_5）交互作用的影响最大，其次为5-甲基糠醛（X_6）和食醋（X_7）交互作用的影响，影响相对较小的是愈创木酚（X_1）和丁香酚（X_3）的交互作用；对烟熏肉制品品质有损伤作用的是愈创木酚（X_1）和4-甲基丁香酚（X_4）的交互作用。方程中当Y达到极值（6.449）时，式中$X_1 = 0.061$、$X_2 = 0.047$、$X_3 = 0.019$、$X_4 = 0.441$、$X_5 = 0.050$、$X_6 = 0.179$、$X_7 = 0.204$，即愈创木酚、4-甲基愈创木酚、丁香酚、4-甲基丁香酚、糠醛、5-甲基糠醛、食醋的含量分别为0.061、0.047、0.019、0.441、0.050、0.179和0.204。此时的感官评分均值为6.454，与预测值6.449之间的差异为0.09%。采用电子鼻技术通过主成分分析和聚类分析所得出的结论与配方均匀实验（表10-23）感官评定的结果保持一致。最终得到绿色制造烟熏液的最佳配比：愈创木酚、甲基愈创木酚、丁香酚、甲基丁香酚、糠醛、甲基糠醛、乙酸的含量分别为6.08%、4.67%、1.87%、44.07%、5.07%、17.90%和20.37%。

表10-23 配方均匀试验设计

序号	愈创木酚（X_1）	4-甲基愈创木酚（X_2）	丁香酚（X_3）	4-甲基丁香酚（X_4）	5-糠醛（X_5）	5-甲基糠醛（X_6）	食醋（X_7）	感官评分预测值（Y）
1	0.439	0.147	0.097	0.051	0.022	0.023	0.222	3.2±0.549
2	0.326	0.095	0.046	0.246	0.055	0.051	0.182	3.2±0.414

续表

序号	愈创木酚（X_1）	4-甲基愈创木酚（X_2）	丁香酚（X_3）	4-甲基丁香酚（X_4）	5-糠醛（X_5）	5-甲基糠醛（X_6）	食醋（X_7）	感官评分预测值（Y）
3	0.266	0.047	0.398	0.023	0.084	0.063	0.12	3.9±0.325
4	0.224	0.005	0.156	0.184	0.203	0.107	0.122	4.8±0.735
5	0.191	0.251	0.033	0.006	0.36	0.094	0.065	5.1±1.015
6	0.163	0.138	0.312	0.074	0.005	0.222	0.087	4.4±0.480
7	0.139	0.07	0.137	0.357	0.035	0.222	0.041	4.4±0.674
8	0.119	0.017	0.036	0.086	0.17	0.554	0.018	3±0.309
9	0.1	0.339	0.208	0.122	0.084	0.005	0.143	3.9±0.109
10	0.083	0.176	0.108	0.02	0.326	0.045	0.241	3.5±0.650
11	0.068	0.092	0.02	0.183	0.524	0.032	0.081	4.2±0.549
12	0.054	0.032	0.289	0.429	0.009	0.076	0.111	5.4±0.874
13	0.04	0.48	0.059	0.055	0.056	0.165	0.145	3.5±0.269
14	0.028	0.218	0.006	0.297	0.122	0.216	0.113	5.4±0.578
15	0.016	0.117	0.236	0.035	0.247	0.273	0.077	3.2±0.229
16	0.005	0.048	0.095	0.221	0.382	0.226	0.023	3.8±0.229

二、肉制品的非烟熏工艺

（一）绿色制造烟熏乳化肠

1. 乳化肠的制备

将牛肉、烟熏液、亚硝酸盐以及食盐等原料在3000r/min条件下斩拌6min，灌制后将肠放入烘箱中在60℃条件下加热20min，再放入80~90℃水中煮制20min，喷洒5%的烟熏液后放入烘箱中加热，干燥过程中喷洒浓度为5%的烟熏液。

2. 烟熏液浓度的确定

烟熏液浓度主要影响产品的色泽与烟熏风味，其中羰基化合物被认为是烟熏色泽的最主要的贡献者，羰基化合物的含量越高，烟熏液的着色能力越强。而浓度越大，烟熏液的着色强大则越强，但过了一定浓度后，其对颜色的影响会变小。且烟熏液过多会有一些苦味。从表10-24中可以看出，L^*先减小后增大；a^*随着烟熏液浓度的增加呈先减小后增大的趋势，且8%以上浓度a^*变化不显著；b^*整体呈先减小后增大的趋势；感官评分随烟熏液浓度增加先增大后减小，8%处最大，达4.513。综合考虑，最佳的烟熏液浓度为8%。

表10-24　烟熏液浓度对乳化肠品质的影响

烟熏液浓度/%	感官评分	亮度值（L^*）	红度值（a^*）	黄度值（b^*）
2	3.811	29.139	16.324	16.943
4	3.921	28.323	15.810	15.823

续表

烟熏液浓度/%	感官评分	亮度值（L^*）	红度值（a^*）	黄度值（b^*）
6	4.167	31.180	16.434	17.312
8	4.586	33.588	19.746	20.666
10	3.967	26.923	14.189	13.487

（二）绿色制造烟熏腊肉

1. 腌渍液的制备

配料有盐 3%、大葱 1%、姜 0.5%、大蒜 0.25%、八角 0.25%、花椒 0.2%、小茴香 0.1%、桂皮 0.08%、丁香 0.08%、砂仁 0.08%、肉蔻 0.05%、甜面酱 0.25%、酱油 0.45%、醋 0.1%。加入 1.5 倍质量的水，大火煮制配料 3h。冷却后弃残，肉坯与色味安全烟熏液放入滚揉机慢速滚揉 2~6h，温度控制在 0~4℃。

2. 预热、干燥、烟熏

预热是将烟熏箱内温度设定为 40℃，湿度为 90%，预热 2h；干燥是将烟熏箱升温到 70℃，维持湿度 40%，保持 3h，以高温低湿的环境提高水分迁移速率；烟熏是用所述的色味安全烟熏液均匀喷洒于肉坯上进行熏制，温度 40℃，同时调整湿度为 60%，维持期间需再向肉胚上喷洒色味安全烟熏液，烟熏液的总用量为 8%。

3. 产品特点

该工艺烟熏腊肉脂肪颜色金黄，瘦肉深玫瑰红色，切面光泽、弹性好、有硬实感；烟熏味浓郁，咸淡适中，十分爽口。腊肉相关指标如下：瘦肉水分含量达 25.20%，瘦肉部分色差红度值（a^*）为 27.56，瘦肉部分剪切力值为 20.03N，总体感官评分为 9.4（感官评分从 1~10，口感、风味逐渐递增）；而对照试验组的传统腊肉相关指标如下：瘦肉水分含量达 35.21%，瘦肉部分色差红度值（a^*）为 19.32，瘦肉部分剪切力值为 44.12N，总体感官评分为 8.2（感官评分从 1~10，口感、风味逐渐递增）。

（三）绿色制造烟熏牛肉

1. 腌渍液的制备

配料有盐 3%、大葱 1%、姜 0.5%、大蒜 0.25%、八角 0.25%、花椒 0.2%、小茴香 0.4%、桂皮 0.08%、丁香 0.08%、砂仁 0.08%、肉蔻 0.05%、白糖 0.08%、甜面酱 0.25%、酱油 0.45%、醋 0.1%。加入 1.5 倍质量的水，大火煮制配料 2h。冷却后弃残，肉坯与色味安全烟熏液放入滚揉机慢速滚揉 2~6h，温度控制在 0~4℃。

2. 预热、干燥、烟熏

预热是将烟熏箱内温度设定为 50℃，湿度为 100%，预热 1h；干燥是将烟熏箱升温到 85℃，维持湿度 20%，保持 7h，以高温低湿的环境提高水分迁移速率（干燥时间还剩 2h 时，在牛肉上涂布一层香油，改善色泽，后继续干燥）；烟熏是用所述的色味安全烟熏液均匀喷洒于肉坯上进行熏制，温度 80℃，同时调整湿度为 70%，维持 60min（期间需再向肉胚上喷洒色味安全烟熏液），烟熏液的总用量为 8%。

3. 产品特点

该工艺烟熏牛肉色泽乌红，鲜嫩爽口、烟熏味浓郁。相关指标如下：水分含量 60.45%，色差红度值（a^*）为 29.73，剪切力值为 75.35N，总体感官评分为 9.2（感官评分从 1~10，口感、风味逐渐递增）；而对照试验组的传统烟熏牛肉相关指标如下：水分含量 75.91%，色差红度值（a^*）为 20.83，剪切力值为 90.50N，总体感官评分为 8.4（感官评分从 1~10，口感、风味逐渐递增）。

（四）绿色制造烟熏猪肚

将猪肚用醋、明矾搓洗去净污垢和黏液，再冲洗干净，再加入食品级碳酸钠的水中浸泡 5h，捞出沥干备用。

1. 腌渍液的制备

配料有盐 3%、大葱 1%、姜 0.5%、大蒜 0.25%、八角 0.25%、花椒 0.2%、小茴香 0.1%、桂皮 0.08%、丁香 0.08%、砂仁 0.08%、肉蔻 0.05%、白糖 0.08%、甜面酱 0.25%、酱油 0.45%、醋 0.1%。加入 1.5 倍质量的水，大火煮制配料 1.5h。冷却后弃残，长发好的猪肚与色味安全烟熏液放入滚揉机慢速滚揉 2~4h，温度控制在 0~4℃。

2. 预热、干燥、烟熏

预热是将烟熏箱内温度设定为 50℃，湿度为 95%，预热 1.5h；干燥是将烟熏箱升温到 70℃，维持湿度 40%，保持 2h，以高温低湿的环境提高水分迁移速率（干燥 1h 时后，在猪肚上涂布一层花生油，改善色泽，后继续干燥）；烟熏是用所述的色味安全烟熏液均匀喷洒于猪肚上进行熏制，温度 50℃，同时调整湿度为 70%，维持 60min（期间需再向肉胚上喷洒色味安全烟熏液），烟熏液的总用量为 8%。

3. 产品特点

该工艺烟熏猪肚表面暗红，爽滑可口、酥脆有弹性、烟熏味浓郁。相关指标如下：水分含量 41.03%，色差红度值（a^*）为 20.27，剪切力值为 12.32N，总体感官评分为 9.1（感官评分从 1~10，口感、风味逐渐递增）；而对照试验组的传统烟熏牛肉相关指标如下：水分含量 57.23%，色差红度值（a^*）为 12.34，剪切力值为 16.79N，总体感官评分为 8.3（感官评分从 1~10，口感、风味逐渐递增）。

（五）绿色制造熏鸡

烟熏是一种古老的贮藏肉的方式，赋予食物特殊的烟熏色、气味和味道，并能延长食品保质期。熏鸡遍布大江南北。

1. 传统熏鸡制品中 PAH4 和甲醛残留

有机物质，如木材、农作物秸秆、食用糖等的不完全燃烧会产生多环芳烃和甲醛等有害物质。这些有害物质的形成受发烟温度、烟熏时间、烟熏方法、熏材种类等因素的影响。食品中常见的多环芳烃有 16 种，其中 3,4-苯并芘（BaP）是世界各国普遍采用的指代多环芳烃形成的指示物。而欧盟 2011 年声明，BaP 不是食品中多环芳烃的最适代表物，则以 PAH4（BaA、Chr、BbF、BaP）作为食品中多环芳烃的指示物。有机物质不完全燃烧形成的甲醛会沉积或吸附在食品表层，造成污染。

（1）四种市售熏鸡中的 PAH4 含量　由表 10-25 可见，四种熏鸡分别购自 A、B、C、D 四地市场。四种熏鸡中，熏鸡 A 鸡皮和精肉中 PAH4 总量分别达到 225.17μg/kg 和 129.54μg/kg，分别显著高于其他三种熏鸡 PAH4 总量的 4~7 倍（$P<0.05$）。而熏鸡 A 鸡皮中 BaP 含量也明显高于其他三种熏鸡鸡皮（$P<0.05$）。熏鸡 A 鸡皮中 BaA、Chr、Bbf 含量均

显著高于熏鸡 B、熏鸡 C、熏鸡 D（$P<0.05$）。精肉中四种多环芳烃也表现出相似的趋势。欧盟规定，烟熏肉制品中 PAH4 的含量不得超过 12μg/kg。在四种熏鸡中，鸡皮中的 PAH4 以及 BaA、Chr、BbF 和 BaP 均明显高于精肉，其原因可能是这些多环芳烃首先沉积到熏鸡表面，然后扩散到肉的深层。烟熏色越深、烟熏味越浓的熏鸡含有越多的多环芳烃。

表 10-25　四种市售熏鸡中 PAH4 含量　　　　　　　　　单位：μg/kg

多环芳烃		熏鸡			
		熏鸡 A	熏鸡 B	熏鸡 C	熏鸡 D
BaA	皮	40.96 ± 0.78^{Aa}	12.42 ± 0.05^{Ca}	10.54 ± 0.82^{Da}	15.28 ± 0.37^{Ba}
	肉	19.42 ± 0.44^{Ab}	9.05 ± 0.19^{Bb}	5.49 ± 0.32^{Cb}	6.47 ± 0.08^{Cb}
Chr	皮	113.28 ± 7.75^{Aa}	7.91 ± 0.39^{Ba}	6.92 ± 0.63^{Ba}	9.65 ± 0.09^{Ba}
	肉	67.95 ± 1.40^{Ab}	5.85 ± 0.77^{Bb}	4.75 ± 0.41^{BCb}	3.73 ± 0.54^{Cb}
BbF	皮	48.91 ± 0.61^{Aa}	5.77 ± 1.08^{Caa}	9.73 ± 0.29^{Ba}	10.77 ± 0.42^{Ba}
	肉	36.74 ± 0.39^{Ab}	4.68 ± 0.27^{Ca}	5.99 ± 0.16^{Bb}	3.33 ± 0.33^{Db}
BaP	皮	22.03 ± 0.77^{Aa}	4.33 ± 0.45^{Da}	6.08 ± 0.54^{Ca}	7.53 ± 1.12^{Ba}
	肉	5.43 ± 0.51^{Ab}	1.84 ± 0.63^{Cb}	4.29 ± 0.34^{Bb}	5.24 ± 0.31^{Ab}
PAH4	皮	225.17 ± 6.81^{Aa}	30.43 ± 1.97^{Ca}	33.27 ± 0.62^{Ca}	43.13 ± 1.08^{Ba}
	肉	129.54 ± 1.95^{Ab}	26.43 ± 0.60^{Bb}	20.53 ± 0.54^{BCb}	18.75 ± 0.42^{Cb}

注：①数值表示为平均值 ±标准差；②每行数值肩标小写字母不同者差异显著，每列数值肩标大写字母不同者差异显著（$P<0.05$）。

（2）四种市售熏鸡中的甲醛含量　从表 10-26 中可以看出，四种市售熏鸡均含有甲醛，且鸡皮中甲醛含量明显高于瘦肉中甲醛含量（$P<0.05$），这可能是甲醛首先沉积到熏鸡表面，然后扩散到精肉中的原因。在四种熏鸡产品中，熏鸡 B 中甲醛含量最高，皮中达到 6.84mg/kg，精肉中达到 2.95mg/kg，且四种熏鸡鸡皮之间甲醛含量存在明显差异（$P<0.05$），精肉中的甲醛含量也表现出同样的趋势。不同品牌熏鸡之间甲醛含量差异显著的原因可能与熏材和烟熏方法有关。到目前为止，国际上尚未建立熟肉制品中甲醛测定方法标准，也没有确定烟熏肉制品中甲醛的残留限量，但由于甲醛具有致癌致畸致突变作用，食品中的甲醛含量应该尽可能低。

表 10-26　四种市售熏鸡产品中甲醛含量　　　　　　　　　单位：mg/kg

多环芳烃		熏鸡			
		熏鸡 A	熏鸡 B	熏鸡 C	熏鸡 D
甲醛	皮	2.34 ± 0.05^{Ca}	6.84 ± 0.04^{Aa}	3.48 ± 0.01^{Ba}	2.17 ± 0.02^{Da}
	精肉	0.86 ± 0.01^{Db}	2.95 ± 0.13^{Ab}	2.25 ± 0.09^{Bb}	0.95 ± 0.05^{Cb}

注：①数值表示为平均值 ±标准差；②每行数值肩标小写字母不同者差异显著，每列数值肩标大写字母不同者差异显著（$P<0.05$）。

2. 熏鸡绿色制造技术

将新鲜的白条鸡洗净，将鸡腿塞进鸡腹腔，整形。将香料装入布袋中，水煮 20~30min 制备浸渍液。待冷却后，放入整形后的整鸡进行浸渍。浸渍结束，洗净表面香料渣，进行加热干燥。期间喷淋烟熏液，烟熏液质量分数 14%，喷淋次数为 2 次，在中心温度达到 70℃ 的条件下，加热 60min，冷却后包装，高温灭菌。绿色制造熏鸡，PAH4 和甲醛均未检出，且烟熏色、烟熏气味和味道俱佳。

三、非烟熏肉制品的特点

（一）感官特点

绿色制造非烟熏工艺制作的肉制品在色、香、味各方面与传统工艺烟熏肉制品基本一致，甚至更优。主要呈烟熏肉制品特有的红棕色或黄棕色的色泽，赋予烟熏肉制品特有的烟熏风味和滋味。与传统烟熏牛肉乳化肠相比，绿色制造烟熏乳化肠挥发性风味物质中增加了 6 种酚类物质，其含量从 0% 上升至 47.65%；烃类化合物的含量大幅度下降，从 18.82% 下降至 1.89%，种类也从 12 种降至 8 种；醇类物质种类基本不变，但含量从 10.36% 下降至 1.26%；醛酮类物质种类总体略有上升，含量基本保持不变；酸类、酯类物质含量下降，醚类物质含量上升；另外，绿色制造烟熏乳化肠中还增加了两种呋喃类挥发性风味物质，含量为 1.59%。牛肉乳化肠中以烃类物质为主。愈创木酚、4-甲基愈创木酚、2-乙氧基苯酚、4-甲氧基苯酚和 2,6-二甲氧基苯酚等酚类物质是烟熏乳化肠中主要的风味物质，与醛酮类、醇类、呋喃类以及酯类等化合物共同构成了良好的烟熏风味。同时，非烟熏工艺采用分段式干燥，提高了产品的品质，解决了传统工艺导致的肉制品表面结痂、干硬的问题，新工艺简化并优化了传统烟熏工艺，缩短了工艺时间，降低了生产成本，显著提高了产品品质。

（二）有害物质含量

采用国标规定方法分别对绿色制造非烟熏肉制品中的 3,4-苯并芘和甲醛含量进行检测，检测结果见表 10-27。

表 10-27　绿色制造非烟熏肉制品中有害物质含量对比

有害物质	绿色制造非烟熏肉	重庆熏肉	湖南熏肉	我国国家标准限量	欧盟标准限量
甲醛/（μg/kg）	未检出	22.51~124.30	8.88~24.99	未检出	未检出
3,4-苯并芘/（μg/kg）	未检出	1~10	0.98~8.89	<5.0μg/kg	<2.0μg/kg

第七节　低自由基肉制品加工技术

自由基普遍存在于加热食物中。加热影响肉品脂质自由基形成的因素很多，包括肉的种类、加热时间、加热方式以及加热温度等。自由基形成是脂质氧化的前期反应。肉制品中自由基的形成量与酸败、酸价、己醛、过氧化值及丙二醛的含量有关。对烧烤肉制品来说，产品中脂质自由基的形成主要决定于肉中脂肪的性质而非数量，肌红蛋白含量对脂质自由基的形成影响较小。

一、肉制品中自由基含量

（一）辐照肉制品中自由基含量

辐照杀菌作为冷杀菌的一种，其工艺简单容易控制，且不损害加工产品的外观品质和内在特性，在食品行业中一度流行。1980 年由联合国粮食及农业组织（FAO）、国际原子能机构（IAEA）以及世界卫生组织（WHO）组成的"辐照食品卫生安全性联合专家委员会"就辐照食品的安全性得出结论：食品经不超过 10kGy 的辐照，没有任何毒理学危害，也没有任何特殊的营养或微生物学问题。

1. 含骨类动物源性食品

早在 1996 年，欧盟就颁布了 EN 1786：1996《食品　含骨类辐照食品的 ESR 波谱检测法》；2007 年我国农业部发布了 NY/T 1573—2007《辐照含骨类动物源性食品的鉴定—ESR 法》。含骨类动物源性食品中都含有钙化物质，经 γ 射线或低能加速器放射出的高能电子束（EB）辐照后会产生电离辐射作用，钙化物质的共价键会均裂而产生大量长寿命自由基，通过 ESR 可检测出辐照后在骨组织中产生的自由基（图 10-41），未辐照波谱则如图 10-42 所示，反应在 ESR 波谱上出现典型的不对称信号（分裂峰），产生的自由基数量随吸收剂量的增加而增加，故 ESR 信号强度也随吸收剂量的增加而增加。

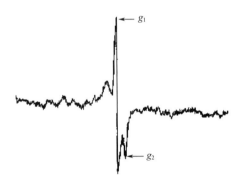

图 10-41　辐照鸡肱骨 ESR 波谱

注：g 为自由基信号峰。

图 10-42　未辐照鸡肱骨 ESR 波谱

2. 辐照肉品

肉品经辐照会产生异味，肉色变淡，1kGy 剂量辐照鲜猪肉即能产生异味，30kGy 时异味增强，这主要是含硫氨基酸分解的结果。辐照处理的剂量与处理后的贮藏条件会直接影响其效果，辐照剂量越高，保藏时间越长。不同肉类辐照剂量与保藏时间如表 10-28 所示。

表 10-28　不同肉类辐照剂量与保藏时间

肉类	辐照剂量/kGy	保藏时间
鲜猪肉	$^{60}Co\gamma$：15	常温保存 2 个月

续表

肉类	辐照剂量/kGy	保藏时间
鸡肉	γ 射线：2~7	延长保藏时间
牛肉	γ 射线：5	3~4 周
羊肉	γ 射线：47~53	灭菌保藏
腊肉罐头	^{60}Co γ：45~56	灭菌保藏

未干燥处理的样品经辐照后形成的自由基易衰减，而经干燥处理如冷冻干燥的样品其自由基能存在更长的时间而被 ESR 检测到。Rosa 研究发现在 0~4kGy 辐照过的西班牙干腌火腿（serrano ham）的脂肪和肌肉部分均能检测到 ESR 信号，信号强度与辐照剂量呈正相关，且肌肉部分信号强度显著高于脂肪部分。脂肪中饱和及不饱和脂肪酸酯和甘油三酯经辐照后会形成烷基、羰基、烯丙基以及酰基自由基等大量自由基，在 ESR 波谱上显示出较为复杂的多峰，且信号强度随辐照剂量增加而增加。

（二）热加工肉制品中的自由基含量

检测热加工肉制品中自由基含量主要利用两种技术——冷冻干燥技术和自旋捕获技术。冷冻干燥的样品几乎都能检测到 ESR 信号，主要是由于在冷冻干燥过程中氧气会与样品发生反应以及水的去除引起了化学键的断裂等，样品中原有的信号发生改变甚至引入了新的自由基信号，因而通常不能反映样品中实际的自由基。自旋捕获技术是将一种不饱和的抗磁性物质——自旋捕获剂加入待检测样品体系中，加合形成寿命较长的自旋加合物，可以用 ESR 检测，最常用的自旋捕获剂有 PBN（phenyl-tert-butynitrone）、DMPO（5，5-dimethyl-1-pyrroline-1-oxide）等。

热加工肉制品种自由基含量主要来源于脂质氧化和蛋白质氧化，脂质来源的自由基活性较高且寿命短，蛋白质来源的自由基活性较低且寿命较长。加工肉制品中自由基含量与加工温度和加热时间呈正相关。本实验室前期研究表明，如图 10-43（1）所示牛肉在 55℃水中煮 1h 几乎检测不到自由基信号，如图 10-43（2）所示，在 65℃时能看到明显的 ESR 信号，且随热加工温度和时间的提高，ESR 信号强度增加，自由基含量增加。

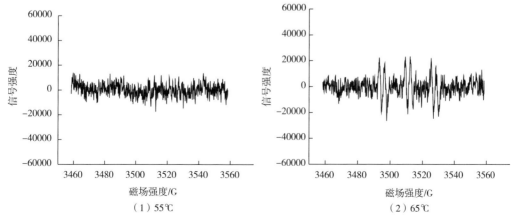

图 10-43　55℃和 65℃水煮牛肉 1h 的 ESR 信号图谱

（三）超高压肉制品中的自由基含量

超高压，国外称高静压（high hydrostatic pressure，HHP），是指将 100~1000MPa 的静态液体压力施加于处理制品上，同时保持一定时间，以达到杀菌、破坏酶以及改善物料结构和特性为加工目的的处理手段。超高压灭菌技术是一种非热加工技术，其更能较好地保持食品的固有营养成分、质构、色泽和新鲜程度，一直是国内外食品科学与工程领域的研究热点。

超高压能够导致脂类（甘油三酯）溶解温度的可逆上升，一般为 $10℃/100MPa$，室温状态下液体的油脂结晶化，还能引起脂质的氧化和水解。而对蛋白质的一级结构基本不产生影响，主要会对非共价键如氢键、盐键和疏水键等有修饰作用，引起蛋白质发生变性或形成新的稳定结构。Tomas Bolumar 发现高压处理的鸡胸肉中有自由基的形成，且自由基的生成与温度和压强相关。在 5℃ 下，自由基产生的压强阈值为 400MPa，在 25℃ 条件下，压强阈值升高，达到 500MPa。在阈值之上，随着压强（400~800MPa）、温度（5~40℃）和时间（0~60min）的增加，ESR 信号强度增加，自由基增多（表 10-29）。可见，高压处理条件的优化对于减少肉制品中的自由基含量有重要作用。

表 10-29　鸡胸肉在 25℃ 高压处理过程中产生自由基含量　　　　单位：μmol

时间/min	高压处理/MPa		
	500	600	700
10	0.183	0.239	0.697
30	0.505	0.651	1.468
60	0.871	1.248	1.881

（四）低水分活度肉制品中的自由基

在我国，肉干制品因其水分活度低（水分活度一般在 0.4~0.65），易保存、口感好，深受消费者青睐。在各种各样的干燥过程中形成的每种自由基都被束缚在肉干的相应结构中而显得"稳定"，延长了自由基的寿命。一旦遇到复水过程，这些自由基有可能启动自由基链反应，从而导致脂质氧化，引起肉品氧化酸败和异味；或引起正常细胞功能异常、细胞信号传递异常，影响机体抵抗病原体入侵的能力甚至诱发疾病。

二、　ESR 定量测定烤牛肉脂质自由基

与低水分活度肉制品不同，高水分活度肉制品中自由基化学性质非常活泼，因而测定自由基的前提是选择合适的捕获剂并在适当的温度-时间条件下孵育被测样品。例如，测定熟猪肉糜的自由基含量，需要 α-（4-pyridyl-1-oxide）-N-$tert$-butylnitrone（POBN）捕获剂并在 30℃ 下培养 1h。测定超高压鸡肉饼的自由基含量，需要 N-叔丁基-α-苯基硝酮（PBN）作捕获剂并在 55℃ 孵育 3h。有报道测定生牛肉样品自由基含量，是在 100℃ 孵育 50min 条件下进行的。就发表的文献来说，孵育温度和时间各种各样，莫衷一是，而且孵育温度和时间影响自由基含量的检测。这样一来，很难对不同的研究结果进行比较，也很难从数量上把孵育产生的自由基和处理产生的自由基区分开来。所以，孵育方案的建立对于准确测定肉制品中自由基含量是非常必要的。

（一）TEMPO 自由基标准曲线

当待测样品的溶剂主要为水和用氮氧化物 PBN 为捕获剂时，可选择水溶性较好的氮氧化物 2,2,6,6-四甲基哌啶-1-氧自由基（2,2,6,6-tetramethyl-1-piperidinyloxy，TEMPO）为标准物，根据其 ESR 波谱的第二信号峰的两次积分面积与其自旋数作标准曲线，定量测定烤肉中 PBN-自由基加成物含量。当自由基信号不饱和时，ESR 波谱吸收曲线下的两次积分面积与自由基的自旋数及自旋加合物浓度成正比。因此，为了定量测定烤肉中产生的自由基的含量，可以测定不同浓度的稳定自由基 TEMPO 的 ESR 波谱，制作自由基含量的标准曲线。精确称量 0.10g TEMPO 溶于 32mL MES 缓冲液（50mmol/L，pH 5.7）中，制备浓度为 20mmol/L 标准液母液。然后将母液稀释成 0.5μmol/L、1μmol/L、2μmol/L、5μmol/L、10μmol/L 和 20μmol/L 的 TEMPO 待测液，进行 ESR 测定。ESR 测定条件：微波功率 20mV，扫描宽度 100G，扫描时间 82ms，调制幅度 2.0G，调制频率 100kHz，时间常数 41ms。

如图 10-44 所示，TEMPO 溶液的 ESR 波谱显示出信号强度为 1∶1∶1 的三峰信号图，其中 $g = 2.0045$，超精细分裂常数 $a = 1.53$mT。在不含 TEMPO 的缓冲液中，并未检测到自由基信号峰，而当 TEMPO 浓度为 0.5μmol/L 时，即可检测到明显的自由基信号，且随着 TEMPO 溶液浓度的增加，自由基信号峰的强度也随之明显增加。以 TEMPO 自由基自旋浓度（x）为横坐标，以 ESR 波谱中第二峰的两次积分面积（y）为纵坐标建立自由基含量的标准曲线。结果表明，TEMPO 在 0.5~20μmol/L 浓度范围内，即自旋浓度 $3.01 \times 10^{15} \sim 120.04 \times 10^{15}$ spin/g 线性关系良好，线性回归方程为 $y = 0.66x - 0.28$，相关系数 $r = 0.9986$，满足定量检测的要求。

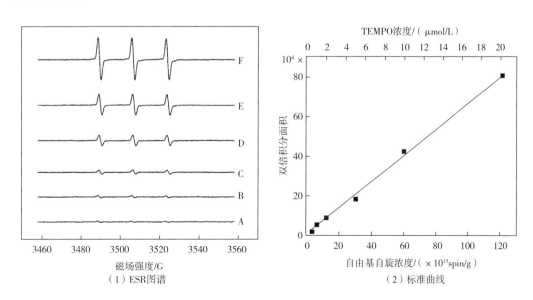

图 10-44 不同浓度 TEMPO 的 ESR 图谱及其标准曲线

注：ESR 图谱 A~F 分别是 0.5μmol/L，1μmol/L，2μmol/L，5μmol/L，10μmol/L 和 20μmol/L 的 TEMPO。

（二）烤肉脂质自由基制备方法和 ESR 测定条件

待测样品制备：牛肉在 160℃ 烤制 20min。取 3.0g 烤肉加入 28.5mL MES 缓冲液和 1.5mL 捕获剂 PBN 溶液于 80mL 离心管中，在 8000r/min 条件下匀浆 1min。烤肉匀浆液分别在 25℃、35℃、45℃、55℃、65℃和 75℃孵育 1h，取出迅速放入冰屑中降至室温。然后用定性滤纸过滤，滤液于 4℃中避光保存，待测。ESR 测定在常温下进行。用毛细管（直径 0.1cm，高 10cm）吸取待测滤液 60μL，毛细管一段用橡皮泥堵住防止液体漏出。然后将毛细管放入圆柱形石英管中，放入 ESR 腔内进行测定。ESR 测定条件：微波功率 20mV，扫描宽度 100G，扫描时间 164s，转换时间 160ms，调制幅度 2.0G，调制频率 100kHz，时间常数 164ms。g 值计算公式：$g = h\nu / H\beta$，其中，h 为普朗克常数 6.626×10^{-34}J·s，ν 为微波频率（GHz），H 为磁场强度，β 为玻尔磁子 9.274×10^{-24}J/T。超精细耦合常数 a_N 和 a_H 计算方式：氮原子引起的 1:1:1 三重分裂用于计算 a_N，而 β-氢引起的两重分裂用于计算 a_H。

（三）烤牛肉自由基的 ESR 波谱分析

用 PBN 作为自旋捕获剂测定烤肉中自由基。由图 10-45 可见，ESR 波谱呈现出典型的三重双峰结构，其 g 值为 2.0056± 0.0005，这种三重双峰的自由基信号峰结构分别由 PBN 上的 N 和 β-氢引起，其超精细分裂常数 $a_N = 16.1$G，$a_H = 3.3$G。

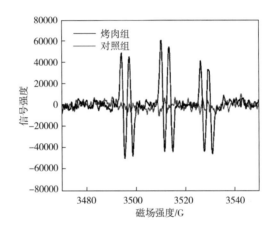

图 10-45　烤牛肉 ESR 图谱

注：烤肉组为含 PBN 的烤肉滤液和缓冲液，对照组为原料肉。

（四）孵育方案的建立和待测样品储存

孵育方案影响肉制品中自由基的含量。为准确反映烤肉中真实的自由基含量，避免因孵育加热形成的自由基的干扰，孵育方案的选择至关重要。由图 10-46（1）可见，在 55℃加热 1h 的原料肉（对照组）中，未检测到明显的自由基信号，也就是说，原料肉在 25～55℃孵育温度范围内均未检测到自由基的形成，说明这样的孵育方案未导致原料肉中自由基的形成。65℃加热 1h 的原料肉中只有微弱的三重双峰的自由基信号，或者说，当温度超过 55℃，原料肉中自由基含量开始升高，65℃和 75℃时原料肉中自由基含量分别为 9.14×10^{15}spin/g 和 35.25×10^{15}spin/g，表明 55℃以上的孵育条件即可引起原料肉中产生自由基。如图 10-46（2）所示，在烤牛肉组，25℃孵育 1h 便可检测到自由基的形成，其自旋浓度为 8.98×10^{15}spin/g；当加热温度从 25℃升高到 55℃时，自由基浓度的增加较为平缓，55℃孵育的烤牛肉中自由基浓度为 23.32×10^{15}spin/g；而孵育温度从 55℃升高到 75℃，自由基浓度随孵育温度的增加而剧烈增加，表明自由基产生的速度加快，75℃时自由基浓度达到了

$58.91×10^{15}$ spin/g。从图 10-46（3）可见，随着孵育温度的升高，烤牛肉和原料肉中的脂质自由基的含量总体上皆呈上升趋势。在 25℃、35℃、45℃、55℃、65℃ 和 75℃ 孵育 1h，烤牛肉中自由基浓度均显著高于原料肉组（$P<0.05$）。

总之，考虑到原料肉在 55℃ 孵育条件下没有检测到自由基，而 65~75℃ 时自由基大量产生，表明孵育温度大于 65℃ 会有新的自由基生成。而在 55℃ 孵育下的烤牛肉中检测到的自由基浓度高于 25℃、35℃ 和 45℃ 下孵育下的烤牛肉。因此，55℃ 孵育可以最大限度地检测出因烤制加热过程形成的自由基，且没有因孵育加热产生的自由基。所以可以确定，55℃ 孵育 1h 可作为最佳孵育方案。采用这个孵育方案可以将由孵育加热产生的自由基与烤制加热产生的自由基区分开来。

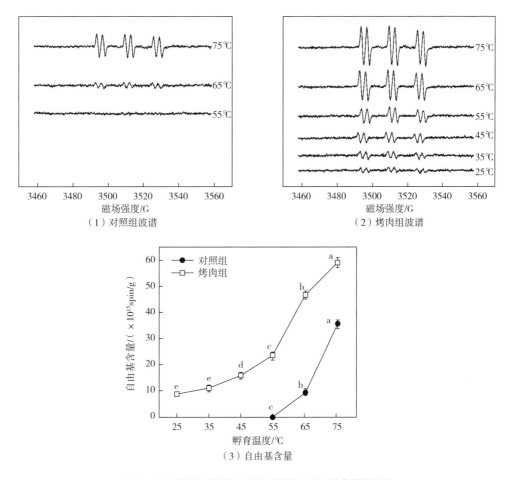

（1）对照组波谱

（2）烤肉组波谱

（3）自由基含量

图 10-46 孵育温度对烤牛肉和原料肉中自由基含量的影响

注：不同的字母（a~e）表示差异显著（$P<0.05$）。

55℃ 孵育 1h 的烤牛肉样品待测滤液在 1~4℃ 储存 1d、2d 和 5d 时间后测定样品的自由基含量。如图 10-47 所示，样品中 PBN-自由基加成物的含量，随着储存时间的延长，所检测到的待测样品中自由基含量随之减少，表明 PBN-自由基加成物是不稳定的。储存 1d 和储存 2d 的样品 PBN-自由基加成物含量差异不显著（$P>0.05$）；储存 5d 的样品中 PBN-自由基加成物含量显著降低（$P<0.05$）。所以，用该孵育方案制备的烤牛肉样品待测滤液应在 1~4℃避光储存 2d 内完成检测。

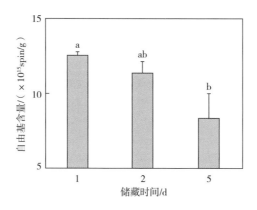

图 10-47　储藏时间对待测样品中 PBN-自由基加成物含量的影响

注：不同字母（a~b）代表差异显著（$P<0.05$）。

三、低自由基烤牛肉

烧烤属于干热加热，是常用的肉制品加热方法。在高温烤制下烤肉中脂质极易发生氧化反应，从而产生脂质自由基。因此，了解烧烤食品中脂质自由基的形成对健康消费是非常必要的。

（一）牛肉、猪肉和鸡肉烤制后脂质自由基含量

1. 原料肉的基本化学成分

如表 10-30 所示，牛肉（新鲜眼肉）、猪肉（新鲜通脊）和鸡肉间水分含量为 74%~78% 但鸡胸肉和鸡腿肉间差异不显著（$P>0.05$），牛肉中水分含量最高。牛肉和猪肉肌红蛋白含量近乎鸡胸肉的两倍（$P<0.05$），鸡腿肉中的肌红蛋白含量低于牛肉和猪肉，但其显著高于鸡胸肉（$P<0.05$）。四种原料肉之间的脂肪含量差异较大，鸡腿肉中含量最高，而鸡胸肉中含量最低。在四种肉中，脂肪酸成分占总脂质含量各不相同。牛肉中饱和脂肪酸和单不饱和脂肪酸比例均显著高于其他三种原料肉（$P<0.05$），但其多不饱和脂肪酸比例最低，仅有 11%；鸡腿肉中饱和脂肪酸和单不饱和脂肪酸比例最低，但其多不饱和脂肪酸比例是牛肉的 3 倍以上。按总脂质含量计算，鸡腿肉中的总多不饱和脂肪酸含量约为 1.87g/100g，猪肉中为 0.86g/100g，鸡胸肉中为 0.52g/100g，牛肉中为 0.20g/100g。

表 10-30　原料肉的基本化学成分

成分	牛肉	猪肉	鸡胸肉	鸡腿肉	标准误（SEM）
水分/%	78.63[a]	77.45[b]	74.60[c]	74.33[c]	0.29
肌红蛋白/（mg/kg）	7.69[a]	6.40[ab]	3.77[c]	5.68[b]	0.38
脂肪/%	1.77[d]	3.26[b]	1.56[d]	5.03[a]	0.22

续表

成分	牛肉	猪肉	鸡胸肉	鸡腿肉	标准误（SEM）
饱和脂肪酸（SFA）/%	43.72[a]	37.93[b]	33.02[c]	31.77[c]	0.70
单不饱和脂肪酸（MUFA）/%	45.20[a]	35.88[b]	33.47[bc]	31.01[c]	0.68
多不饱和脂肪酸（PUFA）/%	11.09[c]	26.30[b]	33.52[a]	37.23[a]	1.32

注：脂肪酸为在脂肪中的百分比；数值肩标不同的字母（a~d）表示显著性差异（$P<0.05$）。

2. 四种烤肉饼中脂质自由基含量

将规格为6cm×1.5cm（直径×高度）的带有锡箔纸的牛肉饼、猪肉饼、鸡胸肉饼以及鸡腿肉饼在预热的烤箱中220℃烤制25min。烤制结束后将肉饼粉碎于-20℃中储存备用。用ESR自旋捕获的方式测定肉饼的自由基的含量，PBN作为自由基捕获剂，其检测图谱为典型的PBN-自由基加成物引起的三个两重峰波谱图，且信噪比较大、信号清晰、峰形对称，如图10-48（1）所示。四种肉饼的g值和超精细耦合常数完全相同，均为$g=2.0056$、$a_N=1.61mT$、$a_H=0.32mT$。可见，这四种肉在烤制加热过程中产生了相同种类的自由基，均为脂质自由基。从自由基信号峰峰高看，鸡腿肉、鸡胸肉、猪肉和牛肉肉饼的信号峰峰高分别约为92669、77590、55140和44879，鸡腿肉饼中自由基信号峰最强，鸡胸肉饼次之，猪肉和牛肉肉饼的峰高则明显低于鸡肉。如图10-48（2）所示，四种烤肉饼中脂质自由基含量在$9.74\times10^{15}\sim19.66\times10^{15}$spin/g，其中鸡腿肉饼中含量最高，牛肉饼中含量最低，脂质自由基含量存在显著差异（$P<0.05$）。这表明不同肉饼的脂质自由基形成潜力存在天然差异。

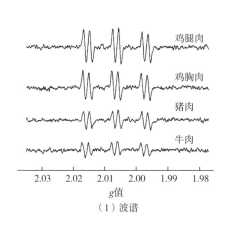

（1）波谱

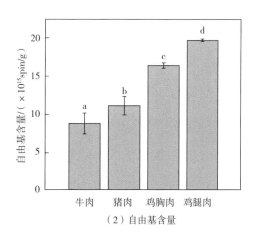

（2）自由基含量

图10-48　不同烤肉的ESR波谱及脂质自由基含量

注：不同字母（a~d）表示差异显著（$P<0.05$）。

（二）烤制方式和烤制时间对烤牛肉中脂质自由基形成的影响

规格为3cm×5cm×0.25cm的牛肉片分别在电烤架、煎烤和烤箱烤制三种方式烤制。加热温度为200℃，加热时间为10min、15min、20min和25min。按上述方法制备样品并测定脂质自由基含量（表10-31）。

表 10-31 不同烤制方式及烤制时间的烤牛肉中脂质自由基含量

单位：$\times 10^{15}\,spin/g$

烤制方式	时间/min			
	10	15	20	25
烤箱	10.54 ± 1.04^b	34.62 ± 1.56^g	41.01 ± 1.78^i	29.99 ± 1.64^{ef}
煎烤	26.83 ± 1.57^d	38.08 ± 1.69^h	46.53 ± 1.83^j	39.30 ± 1.72^{hi}
电烤架	7.64 ± 0.96^a	18.01 ± 1.44^c	32.25 ± 1.52^{fg}	28.30 ± 1.6^{de}

注：①数值表示为平均数 ±标准差；②a~i、x~y 数值肩标不同字母代表差异显著（$P<0.05$）。

烤制方式、烤制时间对烤牛肉的脂质自由基含量均有显著影响（$P<0.05$）。总体上看，煎烤组的脂质自由基含量最高，其次是烤箱组和电烤架组（$P<0.05$）；由表 10-31 可知，脂质自由基含量随烤制时间的增加呈现先显著增加后显著降低的趋势（$P<0.05$）。在烤制 10min 的牛肉中即可检测到明显的自由基形成。当烤制时间从 10min 增加到 20min 时，烤箱组、煎烤组和电烤架组烤肉中的脂质自由基含量分别由 $10.54\times10^{15}\,spin/g$ 显著增加到 $41.01\times10^{15}\,spin/g$、$26.83\times10^{15}\,spin/g$ 显著增加到 $46.53\times10^{15}\,spin/g$ 和 $7.64\times10^{15}\,spin/g$ 显著增加到 $32.25\times10^{15}\,spin/g$（$P<0.05$）。这说明在这个时间范围内，烤牛肉中脂质自由基的生成速度要大于其衰减速度；而当烤制时间进一步延长至 25min 时，烤箱组、煎烤组和电烤架组的脂质自由基含量分别显著下降了 26.87%、15.54% 和 12.24%（$P<0.05$），这表明脂质自由基已进入衰减阶段，脂质氧化的终止阶段的自由基反应速度要快于启动和传播阶段。尽管如此，在 200℃下烤制 3cm×5cm×0.25cm 的牛肉片时，烤制 10min 不仅达到了熟制和杀灭致病菌条件的要求，也可使减少烤牛肉的脂质自由基含量。

自由基是烧烤食品中普遍存在的物质。这是由于加热会使细胞膜破坏，增加了氧气与脂肪的接触面积，从而加速脂质氧化反应，导致自由基含量的增加。煎烤组的脂质自由基含量最高，其次是烤箱组，而电烤架组的自由基含量最低。在煎烤过程中，牛肉样品与热源直接接触，热传导速度最快，牛肉内部温度迅速升高，其脂质氧化的速度也更快，产生的脂质自由基含量最高。烤制时间影响烧烤食品中自由基的形成。在电烤架、煎烤和烤箱烤制的三种加热方式中，从加热 10min 到加热 20min，自由基含量也随着烤制时间的增加而增加。这可能是由于在烤制初期，脂质氧化的启动和传递阶段的自由基生成速度要大于终止阶段，因而更多的脂质自由基被 PBN 捕获，表现出自由基含量的增加。而随着烤制时间的延长，脂质氧化终止阶段的自由基反应速度要快于启动和传递阶段，产生的脂质自由基如烷基自由基、烷氧自由基和烷过氧自由基经一系列互作反应后形成了更多的非自由基产物，如醛、烷烃和共轭二烯，因而自由基含量呈现下降趋势。肉在 120℃烤制时其自由基含量明显低于 160℃和 200℃，说明烤制温度越高，自由基形成速率越快，自由基形成量越高。就是说，肉的加工温度与肉的自由基形成密切相关。鸡胸肉和鸡腿肉经 200℃烤制处理 20min 后，鸡腿肉中脂质自由基含量显著高于鸡胸肉中，且约为鸡胸肉的 1.2 倍。这四种肉中，鸡肉表现出最强的脂质自由基形成能力，其次是猪肉，烤牛肉中脂质自由基含量最低。这可能与不同种类肉中脂质自由基前体物如不饱和脂肪酸含量和铁离子含量差异有关。铁离子反应是诱导肉中自由基形成的主要途径之一。高温烧烤可以使肉中抗坏血酸等还原化合物失活，铁离子和亚铁离子之间的可逆反应遭到破坏，铁离子的作用受限，肌红蛋白含量更高的牛肉和猪肉的自由基形成能力比鸡胸肉和鸡腿肉更低。猪肉总脂质含量显著高于鸡胸肉，但其脂质自由基含量却明显低于鸡胸肉。这是由于鸡胸肉中多不饱和脂肪酸成分的所占比重远高于猪。这四种烤肉的脂质自由基形成能力与其多不饱和脂肪酸含量密切相关，即多不饱和脂肪酸含量越高，自由基形成能力越强。

四、自由基消减技术

为了减少肉制品中自由基含量，需要考虑肉的种类、组分和加热方式的选择，同时降低加热温度和缩短加热时间等。除了采用这些措施之外，从肌肉食品自由基形成全过程角度出发，还可以采用其他办法减少自由基的形成，如加工过程中抗氧化剂的应用和贮藏期间氧的阻隔。

（一）抗氧化剂的应用

抗氧化剂（antioxidant）和自由基清除剂（scavenger）在自由基生物学上几乎是同义词。自由基清除剂能清除自由基，或者能使一个有毒自由基变成另一个毒性较低的自由基。

抗氧化剂主要通过两种途径清除自由基：一是清除自由基引发剂，或启动剂（initiator）和自由基中间产物（如·OH/ROO·），能够提供氢原子或电子给·OH，从源头上防止脂质或蛋白质自由基链反应的发生，或是结合脂质氧化中间产物 ROO·，破坏并终止脂质或蛋白质的自由基链式反应，从而防止额外的脂质或蛋白质自由基的形成，见式（10-9）。形成的苯氧自由基（PO·）相对稳定，也可以与其他自由基反应，中断自由基链反应，见式（10-10）。二是螯合过渡金属离子（如 Fe^{2+}/Cu^+）形成不溶性的或不活泼的化合物，防止 Fenton 反应的发生以此限制自由基启动剂的产生，见式（10-11）。

$$OH \cdot /ROO \cdot +POH \longrightarrow H_2O/ROOH+PO \cdot \qquad (10-9)$$

$$PO \cdot +R \cdot \longrightarrow POR \qquad (10-10)$$

$$(10-11)$$

在商业上，有效预防和减缓肌肉食品加工和储存中过度氧化的方法是使用抗氧化剂，如人工合成抗氧化剂 TBHQ、BHA 以及 BHT 等。考虑到 TBHQ 具有形成 ROS 的能力和诱导 DNA 损伤的作用，许多国家禁止在食品中使用。我国规定，这三种合成抗氧化剂的最大添加量为 0.02%（按油脂计）。植物多酚类及其所属黄酮类物质较维生素 E 和抗坏血酸具有更强的体外抗氧化能力。在肉制品加工过程中，为了改善和提高肉制品的感官品质和食用特性，常在肉制品中添加一些香辛料。现代科学技术研究发现，许多香辛料也具有较强的抗氧化作用和清除自由基能力。

1. 七种香辛料醇提物及 TBHQ 的离体抗氧化能力

香辛料粉碎并过 60 目筛。取 20.0g 的香辛料粉加入 400mL 60% 乙醇溶液混合，在室温下进行超声波萃取。萃取液经抽滤、离心、再抽滤，滤液经 50℃ 旋转蒸发后冻干 40h，得到香辛料醇取物粉末。7 种香辛料醇提的提取率、香辛料醇提物和 TBHQ 的 DPPH 自由基清除能力、还原力和 ORAC 见表 10-32。7 种香辛料醇提物的提取率在 6.4%~22.5%。其中，丁香、迷迭香和孜然的提取率最高，均在 18% 以上；次之是黑胡椒，仅有 8.60%；而桂皮、排草和肉蔻的提取率最低且非常接近。为便于比较，将各种香辛料的 DPPH 自由基清除率和还原力转换为维生素 C 当量抗氧化能力（vitamin C equivalent antioxidant capacity，VCEAC），用 mg 抗坏血酸/g 香辛料醇提物表示。由图 10-49 可见，在 100mg/L 的浓度下，香辛料的 DPPH 自由基清除率为 11.13% ~ 89.44%。7 种香辛料 DPPH-VCEAC 为 47.9 ~ 359.0mg/g，其中，丁香和桂皮 DPPH-VCEAC 较高，超过 300mg/g；肉蔻和迷迭香的 DPPH-VCEAC 为 100 ~ 300mg/g；孜然、黑胡椒和排草的抗氧化能力低于 100mg/g。在 50mg/L 的浓度下，TBHQ 的 DPPH 自由基清除率高达 84.27%，其 DPPH-VCEAC 值为 786.5mg/g，显著高于 7 种香辛料提取物（$P<0.05$），表现出极高的抗氧化能力。

对于香辛料提取物和 TBHQ 的氧自由基吸收能力，如表 10-32 所示，在 3mg/L 的浓度下，7 种香辛料提取物的 ORAC 值（ROO·）的范围为 334.8 ~ 843.1μmol Trolox/g，迷迭香的 ORAC 值最高（$P<0.05$），其次是丁香、桂皮和孜然。黑胡椒、肉蔻和排草的 ORAC 值更低，且仅约为迷迭香的一半。而浓度为 0.3mg/L 的合成抗氧化剂 TBHQ 的 ORAC 值为 25402.8μmol Trolox/g，比香辛料提取物的显著高了两个数量级，表现出极强的清除过氧自由基的能力。

表 10-32　香辛料醇提物提取率及离体抗氧化能力

香辛料	提取率/%	DPPH 清除率/%	还原力/RP	ORAC/μmol Trolox / g
丁香	22.5	89.44 ± 0.80[i]	2.24 ± 0.19[e]	723.8 ± 43.2[e]
孜然	18.0	11.13 ± 0.08[b]	0.93 ± 0.02[ab]	511.2 ± 42.8[c]
黑胡椒	8.6	11.98 ± 0.80[b]	1.14 ± 0.07[bc]	400.3 ± 20.2[b]
排草	6.5	21.07 ± 0.16[d]	1.09 ± 0.02[abc]	334.8 ± 19.3[b]
肉蔻	6.4	33.11 ± 1.12[e]	1.27 ± 0.10[c]	369.6 ± 35.3[b]
桂皮	6.6	86.27 ± 0.80[h]	2.17 ± 0.16[e]	603.3 ± 26.1[d]
迷迭香	22.0	55.20 ± 0.40[f]	1.53 ± 0.08[d]	843.1 ± 59.8[f]
THBQ	—	84.27 ± 0.80[g]	2.38 ± 0.06[e]	25402.8 ± 1563.9[h]

注：①DPPH 清除率测定：香辛料醇提物浓度为 100mg/L，TBHQ（对照）浓度为 50mg/L；②还原力测定时香辛料醇提物和 TBHQ 的浓度均为 100mg/L；③ORAC 测定时香辛料醇提物浓度为 3mg/L、TBHQ 的浓度为 0.3mg/L；④数值表示为平均数 ± 标准差；⑤数值肩标不同的字母（a ~ i）表示显著性差异，$P<0.05$；⑥DPPH、还原力和 ORAC 测定方法见 LWT - Food Science and Technology 130（2020），doi.org/10.1016/j.lwt.2020.109626。

2. 七种香辛料醇提物及 TBHQ 影响烤肉的脂质自由基形成

将规格为 6cm×1.5cm（直径×高度）的带有锡箔纸的牛肉在预热的烤箱中 220℃烤制 25min，用于测定烤牛肉脂质自由基含量和 TBARS 含量。添加 0.03% 不同香辛料提取物和 TBHQ 的在 220℃下烤制 25min 牛肉饼其脂质自由基的 ESR 波谱图如图 10-50 所示。烤牛肉饼样品的 ESR 波谱呈现出三个两重峰。以 g 值为横坐标，所有样品组的 ESR 波谱除峰高外

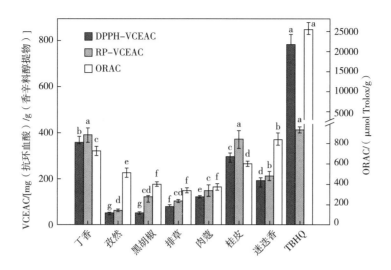

图10-49 香辛料提取物及 TBHQ 的 VCEAC 和 ORAC

注：不同字母（a~g）表示差异显著（P<0.05）。

可以完全重叠，其 g 值为 2.0053。这意味着所有样品组中的自由基种类是一样的，均为碳原子中心的脂质自由基（为减少重复起见，其他各组的 ESR 波谱图未示出）。对照组牛肉饼的 ESR 波谱显示出明显的自由基信号峰，表明烤制加热使牛肉饼产生了脂质自由基。添加 0.03% 丁香醇提物的牛肉饼 ESR 波谱图未见自由基信号峰出现，或信号峰与噪声没有区别，这表明丁香提取物完全抑制或清除了脂质自由基的形成。对迷迭香牛肉饼来说，自由基信号峰峰高要明显低于对照组，表明迷迭香的添加一定程度上抑制了烤牛肉饼中脂质自由基的形成。而离体抗氧化能力极强的 TBHQ 的牛肉饼，其自由基信号峰峰值最高，说明 TBHQ 极其明显地促进了脂质自由基的形成。

根据 ESR 波谱图的第三峰的两次积分面积，对脂质自由基的含量进行定量分析，结果如图 10-51 所示。对照组烤牛肉饼脂质自由基含量为 9.80×10^{15} spin/g。丁香组中未检测到脂质自由基；迷迭香、肉蔻和桂皮的添加显著降低了烤牛肉中脂质自由基含量（P<0.05），其脂质自由基含量分别为

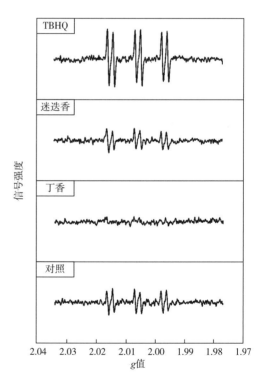

图10-50 添加香辛料提取物和 TBHQ 的烤牛肉 ESR 波谱图

8.44×10^{15}spin/g、7.94×10^{15}spin/g 和 7.81×10^{15}spin/g，三者之间差异不显著（$P>0.05$），表明这三种香辛料的抑制脂质自由基能力相近；而孜然、黑胡椒和排草三组中自由基含量分别为 9.23×10^{15}spin/g、9.27×10^{15}spin/g 和 9.95×10^{15}spin/g，与对照组差异并不显著（$P>0.05$），表现出较弱的抑制脂质自由基能力。令人惊讶的是，TBHQ 烤牛肉饼的脂质自由基含量为 19.49×10^{15}spin/g，为对照组烤牛肉饼的 2.1 倍（$P<0.05$），表明 TBHQ 的添加促进了烤牛肉中脂质自由基的生成。

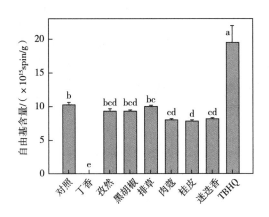

图 10-51　香辛料醇提物和 TBHQ 对烤牛肉饼脂质自由基含量的影响

注：不同字母（a~e）表示显著性差异（$P<0.05$）。

3. 香辛料醇提物及 TBHQ 影响烤牛肉饼 TBARS 含量

自由基形成在癌症发展中起着重要作用。自由基诱导的最具特征的生物损伤是脂质氧化。在非酶促自由基介导的链式反应脂质氧化过程中，可产生许多非自由基化合物，如醇类、丙二醛等醛类、酮类、挥发性芳香化合物和烷烃类等。所以，自由基链式反应中自由基的产生伴随着硫代巴比妥酸反应物质（TBARS）的形成。肉类加工和贮藏过程中肉品氧化水平通常以 TBARS 值表示。添加 0.03% 不同香辛料提取物和 TBHQ 的牛肉饼在 220℃ 下烤制

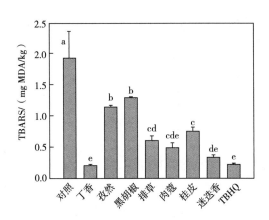

图 10-52　香辛料提取物和 TBHQ 的添加对烤牛肉中 TBARS 含量的影响

注：不同字母（a~e）表示显著性差异（$P<0.05$）。

25min 后，其 TBARS 含量如图 10-52 所示。7 种香辛料提取物均不同程度地抑制了烤牛肉饼的脂质氧化程度，TBARS 的抑制率在 33.33% ~ 89.58%。丁香和迷迭香组的 TBARS 值分别为 0.20mg/g 和 0.34mg/g，表现出更强的抑制脂质氧化的能力。其次是肉蔻、排草、桂皮、孜然和黑胡椒抑制 TBARS 的能力相对最差。TBHQ 烤牛肉饼的 TBARS 值为 0.22mg/g。这说明 TBHQ 对烤牛肉饼脂质氧化有明显的抑制作用，但是其抑制作用低于丁香提取物。

铜能催化许多酚类化合物的氧化激活。TBHQ 可以被肉中的铜氧化成 2-叔丁基（1,4）对苯二酚［2-tert-butyl（1,4）paraquinone，TBQ］，产生半醌阴离子自由基、羟基自由基、超氧阴离子自由基、单线氧和过氧化氢等活性氧自由基（ROS）。ROS 对大多数革兰阳性和阴性腐败菌、病原菌和病毒都有杀菌作用，既能延长食品的微生物货架期，也能导致食品脂质氧化，诱发异味和质构变差，引起细胞 DNA 损伤。TBHQ 的酚羟基上的氢原子可以与脂质氧化反应中产生的脂质过氧自由基结合以终止氧化过程。在体研究显示，TBHQ 降低了烤肉饼中 TBARS 的含量，但却增加了烤肉中碳原子中心脂质烷基自由基的含量。这可能是由于 TBHQ 活化产生的 ROS 诱导脂质发生氧化损伤，促进了碳中心脂质烷基自由基的形成。这个结果却与 TBHQ 的高效离体抗氧化能力形成鲜明的对比。香辛料中的酚类成分主要通过两种途径起到抗氧化作用：一是通过提供酚羟基上的氢原子给自由基从而起到直接清除自由基的作用；二是通过转移电子共价螯合 Fe^{2+}、Fe^{3+} 和 Cu^{2+} 等金属离子，以防止过渡金属诱导自由基的形成。丁香清除 DPPH 自由基的能力等离体抗氧化能力在 7 种香辛料中是非常强的，也能明显地抑制烤牛肉饼的脂质自由基形成和 TBARS 形成。需要指出的是，丁香离体抗氧化能力和在体抗氧化能力貌似一致的现象，实际上是偶然的，没有相互关联。讨论这两类性状之间的相关性在科学上是无意义的。这是缘于香辛料的离体抗氧化能力和在体抗氧化能力在数理统计上是两个相互独立的事件。

（二）真空包装

影响自由基链式反应的因素很多，其中氧是最重要的影响因素之一。理论上讲，氧分子和多不饱和脂肪酸不能相互发生反应。但是，生理条件下所消耗的分子氧有 2% ~ 5% 能转化成活性氧 ROS，如 $O_2^{-\cdot}$、$\cdot OH$、H_2O_2、HO_2、脂质过氧自由基（ROO·）、烷氧基自由基（LO·）等，有些活性氧自由基能启动脂质氧化反应，铁、铜等过渡金属离子也能起到催化作用。可见，真空包装对于消减肉制品自由基含量是非常重要的。真空包装是指除去包装袋内的空气，经过密封，使包装袋内的食品与外界隔绝。真空包装一般需要结合其他一些常用的防腐方法才能取得良好的保护效果。

1. 氧气浓度影响肉制品自由基含量

包装袋（罐）中氧浓度的降低到不足以产生 ROS 时，也就不会启动自由基链式反应，脂质自由基以及丙二醛的形成也会受到抑制。包装内氧气浓度越高，则自由基含量越大。否则反之。如果包装内没有氧，也就不会有自由基形成。真空包装肉制品时，除了对真空度的严格要求外，还可以采取其他措施，如采用热包装的办法，就是在熟制完成后趁热立即进行真空包装，不仅能降低产品的自由基含量，也能有效降低产品在贮藏期间 TBARS 的形成，从而延长产品的风味和色泽货架期，减少杂环胺等有害物质的形成。当然，真空包装结合天然抗氧化物的添加以及低温贮藏是更好的选择。

2. 包装材料的选择

由于产品中己醛、TBARS 值以及与此相关的感官品质货架期的缩短决定于产品中形成的自由基含量，那对包装材料的选择也就显得非常重要了。要选择对氧气和水分阻隔性好的不透光的包装材料。在我国，许多包装产品往往添加防腐剂以延长保质期，但是消费者不喜欢在食品配料表中看到防腐剂，甚至不喜欢添加合成的食品添加剂。这样一来，具有清除自由基能力的活性包装材料应运而生。选用非迁移活性涂层的具有抗氧化和抗菌能力的包装材料不仅能清除自由基，少添加或不添加防腐剂，还能起到食品有效防腐的目的，满足消费者对健康的需求。

综上所述，通过近年来食品自由基相关研究结果的综合评述，我们可以引出食品自由基化学的概念。食品自由基化学，顾名思义是研究食品贮藏加工中自由基反应的一门学科，是食品科学的一个分支。它的主要研究内容包括食品各组分自由基的形成，自由基与自由基间、自由基与底物间的化学反应以及决定于这些反应的食品属性的变化。尽管这个领域的研究目前还不够充分，但有理由相信，随着经济社会的发展，科学技术的进步和人类健康饮食意识的加强，我们对食品自由基化学、自由基测定和自由基控制，以及食品自由基影响有机体脂质过氧化的理解越来越深刻。

参考文献

[1] 彭增起, 吕慧超. 绿色制造技术: 肉类工业面临的挑战与机遇 [J]. 食品科学, 2013, 34 (7): 345-348.

[2] 彭增起, 惠腾, 王园, 等. 四非肉制品加工方法: 201210131864.8 [P]. 2012-08-01.

[3] 姚瑶, 彭增起, 邵斌, 等. 20 种市售常见香辛料的抗氧化性对酱牛肉中杂环胺含量的影响 [J]. 中国农业科学, 2012, 45 (20): 4252-4259.

[4] 刘森轩, 彭增起, 吕慧超, 等. 120℃条件下模型体系烤牛肉风味的形成 [J]. 食品科学, 2015, 36 (10): 119-123.

[5] 石金明, 王园, 彭增起, 等. 基于绿色制造技术的烤鸭品质特性与安全性研究 [J]. 食品科学, 2014, 35 (23): 274-278.

[6] 石金明, 彭增起, 朱易, 等. 烧鸡油炸烟气中 PM2.5 浓度及有害物质含量的测定 [J]. 肉类研究, 2013, 27 (4): 36-39.

[7] VERONIQUE B, DANA L, KATHRYN Z G, et al. Carcinogenicity of consumption of red and processed meat [EB/OL]. (2015-10-26) [2015-12-01]. http://dx.doi.org/10.1016/S1470-2045 (15) 00444-1.

[8] MARMOT M, ATINMO T, BYERS T, et al. Food, nutrition and the prevention of cancer: A global perspective [C]// World Cancer Research Fund and American Institute for Cancer Research. Washington, DC, AICR, 1997: 472-497.

[9] WANG Y, HUI T, ZHANG Y, et al. Effects of frying conditions on the formation of heterocyclic amines and trans fatty acids in grass carp (*Ctenopharyngodon idellus*) [J]. Food Chemistry, 2015, 167: 251-257.

[10] BAO Y J, ZHU Y X, REN X P, et al. Formation and inhibition of lipid alkyl radicals in roasted meat [J]. Foods, 2020 (9): 572.

［11］ BAO Y J , REN X P , ZHU Y X, et al. Comparison of lipid radical scavenging capacity of spice extract in situ in roast beef with DPPH and peroxy radical scavenging capacities *in vitro* models ［J］. LWT － Food Science and Technology, 2020. DOI：10. 1016/j. lwt. 2020. 109626.

［12］ REN X P, WANG W , BAO Y J, et al. Isorhamnetin and hispidulin from *tamarix ramosissima* inhibit 2－amino － 1 － methyl － 6 － phenylimidazo ［4, 5 － b］ pyridine （PhIP） formation by trapping phenylacetaldehyde as a key mechanism ［J］. Foods, 2020, 9：420.

［13］ TETSUTA K, TAKEHIRO H, NATSUMI M, et al. Formation of the mutagenic/carcinogenic imidazoquinoxaline－type heterocyclic amines through the unstable free radical Maillard intermediates and its inhibition by phenolic antioxidants ［J］. Carcinogenesis, 1996, 17 （11）：2469-2476.

后 记

百余年来，世界发生了前所未有的变化。工业化水平空前提高所造成的全球性环境污染、生态危机和健康危机，促使人类寄希望于绿色发展，以满足人们对优美生态环境和美好生活的迫切需要。食品在传统加热过程中产生多环芳烃、反式脂肪酸、杂环胺、丙烯酰胺、甲醛等有害物质已经成为全球食品界最大的问题之一。加热方法不当损害了食物及其制品的营养品质，产生了有害物质，降低了市场价值。人们越来越认识到，传统烧烤、油炸、烟熏和老卤煮制等传统加热方法导致食物（特别是富含蛋白质的食物）中有害物质的形成，同时也直接或间接地向环境排放了大量的细颗粒物和温室气体。多年来，心血管病、癌症等慢性病的发病率依然处于高位，引起医学界、食品科学界的高度关注。

病从口入。致癌致突致畸有害物质的长期摄入，无疑增加了罹患乳腺癌、食管癌、胃癌、肺癌、结直肠癌等各种癌症的风险。人体在新陈代谢过程中形成的自由基一旦造成机体氧化状态失衡、免疫力下降，则又使得有害物质趁虚而入。

关于杂环胺类化合物，特别是氨基咔啉类的形成，西方研究一般认为，如 2B 类的 AαC，是蛋白质或谷氨酸和色氨酸在高温下（250~300℃）热解后直接产生的致突剂。而在我们的研究中，鸭肉在 100℃ 条件下煮制 1h 就有 AαC 被检出；猪肘在 98~100℃ 煮制 2.5h 也有 AαC 被检出。而在老卤煮制的酱牛肉中，也有 2B 类的 MeIQ、Trp-P-2、Trp-P-1 被检出。老卤煮制，是中华大地古老的、普遍的加热方法，需扬弃传承，与时俱进。看来，关于 α-咔啉类、γ-咔啉类甚至喹啉类，吾辈尚需探究此类杂环胺的形成及其抑制机制。关于杂环胺测定方法标准的制定（行业标准），我国也已领先西方。有理由相信，可能致癌的杂环胺、甲醛、PAH4、反式脂肪酸和 TBARS 残留限量标准的制定，我国也一定会走在世界的前列。

关于非油炸、非烧烤、非烟熏和非卤煮加热，除了热力场加热技术外，还有中红外辐射加热与过热蒸汽加热技术等，均能有效减少产品中有害物质的形成。有理由相信，随着绿色工厂认证、绿色制造产品标准实施以及绿色消费等绿色体系平台的建立、绿色低碳技术的突破与日臻完善、传统加工技术绿色转型升级等绿色化水平的提高，食物加热过程中有害物质的形成一定会得到有效抑制，甚至被阻断。

在本书第十章引出了食品自由基化学的概念，意在抛砖引玉。与人体内自由基形成相似，食品中自由基不仅关乎人体健康，而且与食品诸属性紧密相关。对食品自由基化学的深刻理解，有助于研究食品各主要组分的自由基形成、自由基性质，探索自由基与自由基、自由基与底物之间的化学反应、自由基链反应产物以及决定这些反应的食品营养属性、感官属性和健康属性的变化，为人类开发更健康的食品。

更有理由相信，革命性、过程创新性技术的涌现和综合应用，能够使一些食品加工和食品制造领域的二氧化碳排放减少四分之一至三分之二，食品业等相关领域的全面绿色转型必将为可持续发展做出积极贡献，为人类命运共同体建设贡献中国智慧。

彭增起

2023 年 3 月